CAMBRIDGE LIBRARY COLLECTION

Books of enduring scholarly value

Mathematics

From its pre-historic roots in simple counting to the algorithms powering modern desktop computers, from the genius of Archimedes to the genius of Einstein, advances in mathematical understanding and numerical techniques have been directly responsible for creating the modern world as we know it. This series will provide a library of the most influential publications and writers on mathematics in its broadest sense. As such, it will show not only the deep roots from which modern science and technology have grown, but also the astonishing breadth of application of mathematical techniques in the humanities and social sciences, and in everyday life.

Essai sur l'application de l'analyse à la probabilité des décisions rendues à la pluralité des voix

A central figure in the early years of the French Revolution, Nicolas de Condorcet (1743–94) was active as a mathematician, philosopher, politician and economist. He argued for the values of the Enlightenment, from religious toleration to the abolition of slavery, believing that society could be improved by the application of rational thought. In this essay, first published in 1785, Condorcet analyses mathematically the process of making majority decisions, and seeks methods to improve the likelihood of their success. The work was largely forgotten in the nineteenth century, while those who did comment on it tended to find the arguments obscure. In the second half of the twentieth century, however, it was rediscovered as a foundational work in the theory of voting and societal preferences. Condorcet presents several significant results, among which Condorcet's paradox (the non-transitivity of majority preferences) is now seen as the direct ancestor of Arrow's paradox.

Essai sur l'application de l'analyse à la probabilité des décisions rendues à la pluralité des voix

Nicolas de Condorcet

Cambridge University Press

CAMBRIDGE
UNIVERSITY PRESS

University Printing House, Cambridge, CB2 8BS, United Kingdom

Cambridge University Press is part of the University of Cambridge.
It furthers the University's mission by disseminating knowledge in the pursuit of education, learning and research at the highest international levels of excellence.

www.cambridge.org
Information on this title: www.cambridge.org/9781108077996

This edition first published 1785
This digitally printed version 2014

ISBN 978-1-108-07799-6 Paperback

ESSAI
SUR L'APPLICATION
DE L'ANALYSE
À LA
PROBABILITÉ
DES DÉCISIONS
Rendues à la pluralité des voix.

Par M. LE MARQUIS DE CONDORCET, Secrétaire perpétuel de l'Académie des Sciences, de l'Académie Françoise, de l'Institut de Bologne, des Académies de Péterſbourg, de Turin, de Philadelphie & de Padoue.

Quòd ſi deficiant vires audacia certè
Laus erit, in magnis & voluiſſe ſat eſt.

A PARIS,
DE L'IMPRIMERIE ROYALE.

M. DCCLXXXV.

DISCOURS PRÉLIMINAIRE.

Objet de l'Ouvrage.

UN grand homme *, dont je regretterai toujours les leçons, les exemples, & ſur-tout l'amitié, étoit perſuadé que les vérités des Sciences morales & politiques, ſont ſuſceptibles de la même certitude que celles qui forment le ſyſtème des Sciences phyſiques, & même que les branches de ces Sciences qui, comme l'Aſtronomie, paroiſſent approcher de la certitude mathématique.

Cette opinion lui étoit chère, parce qu'elle conduit à l'eſpérance conſolante que l'eſpèce humaine fera néceſſairement des progrès vers le bonheur & la perfection, comme elle en a fait dans la connoiſſance de la vérité.

C'étoit pour lui que j'avois entrepris cet ouvrage, où en ſoumettant au Calcul des queſtions intéreſſantes pour l'utilité commune, j'eſſayois de prouver, du moins par un exemple, cette opinion qu'il eût voulu faire partager à tous ceux qui aiment la vérité: il en voyoit avec peine pluſieurs qui, perſuadés qu'on ne pouvoit eſpérer d'y atteindre, dans les queſtions de ce genre, dédaignoient, par cette ſeule raiſon, de s'occuper des objets les plus importans.

Si l'humanité n'eût pas eu le malheur, long-temps irréparable, de le perdre trop tôt, cet ouvrage eut été moins imparfait: éclairé par ſes conſeils, j'aurois vu mieux ou plus loin, & j'aurois avancé avec plus de confiance des principes

* M. Turgot.

qui auroient été les ſiens. Privé d'un tel guide, il ne me reſte qu'à faire à ſa mémoire l'hommage de mon travail, en faiſant tous mes efforts pour le rendre moins indigne de l'amitié dont il m'honoroit.

Cet Eſſai ne ſeroit que d'une utilité très-bornée s'il ne pouvoit ſervir qu'à des Géomètres, qui d'ailleurs ne trouveroient peut-être dans les méthodes de calcul rien qui pût mériter leur attention. Ainſi j'ai cru devoir y joindre un Diſcours, où, après avoir expoſé les principes ſondamentaux du Calcul des probabilités, je me propoſe de développer les principales queſtions que j'ai eſſayé de réſoudre & les réſultats auxquels le calcul m'a conduit. Les Lecteurs qui ne ſont pas Géomètres, n'auront beſoin, pour juger de l'ouvrage, que d'admettre comme vrai ce qui eſt donné pour prouvé par le calcul.

Preſque par-tout on trouvera des réſultats conformes à ce que la raiſon la plus ſimple auroit dicté; mais il eſt ſi facile d'obſcurcir la raiſon par des ſophiſmes & par de vaines ſubtilités, que je me croirois heureux quand je n'aurois fait qu'appuyer de l'autorité d'une démonſtration mathématique une ſeule vérité utile.

Parmi le grand nombre d'objets importans auxquels le Calcul peut s'appliquer, j'ai choiſi l'examen de la probabilité des déciſions rendues à la pluralité des voix: ce ſujet n'a été traité par perſonne, du moins avec l'étendue & avec les détails qu'il mérite, & il m'a ſemblé qu'il n'exigeoit point des forces ſupérieures taux miennes, même pour être traité avec une ſorte d'utilité.

Origine & motif de l'uſage de decider les queſtions a la pluralité des voix.

Lorſque l'uſage de ſoumettre tous les individus à la volonté du plus grand nombre, s'introduiſit dans les ſociétés, & que les hommes convinrent de regarder la déciſion de la pluralité comme la volonté commune de tous, ils n'adoptèrent pas cette méthode comme un moyen d'éviter l'erreur & de se conduire d'après des décisions fondées sur la vérité : mais ils trouvèrent que, pour le bien de la paix & l'utilité générale, il falloit placer l'autorité où étoit la force, & que, puisqu'il étoit nécessaire de se laisser guider par une volonté unique, c'étoit la volonté du petit nombre qui naturellement devoit se sacrifier à celle du plus grand.

En réfléchissant sur ce que nous connoissons des constitutions des anciens Peuples, on voit qu'ils cherchèrent beaucoup plus à contre-balancer les intérêts & les passions des différens Corps qui entroient dans la constitution d'un État, qu'à obtenir de leurs décisions des résultats conformes à la vérité.

Les mots de liberté & d'utilité les occupoient plus que ceux de vérité & de justice ; & la liaison de ces objets entre eux, aperçue peut-être par quelques-uns de leurs Philosophes, n'étoit pas assez distinctement connue pour servir de base à la politique.

Dans les Nations modernes, où la Scolastique introduisit un esprit de raisonnement & de subtilité, qui peu-à-peu s'étendit sur tous les objets, on aperçoit, même au milieu des siècles d'ignorance, quelques traces de l'idée de donner aux Tribunaux une forme qui rende probable la vérité de leurs décisions.

L'unanimité exigée en Angleterre dans les jugemens par Jurés, l'usage d'exiger en France une pluralité de deux ou de trois voix pour condamner, sur-tout celui de ne regarder comme irrévocable une décision de la Rote, que lorsqu'elle a été donnée par trois jugemens uniformes, & quelques coutumes ſemblables, établies dans pluſieurs États d'Italie; toutes ces inſtitutions remontent à des temps fort antérieurs au retour des lumières, & toutes ſemblent annoncer des efforts pour obtenir des déciſions conformes à la raiſon.

Les circonſtances ſemblent l'exiger de nous. Chez les Anciens, c'eſt-à-dire, chez les Romains & les Grecs, ſeuls peuples dont l'Hiſtoire nous ſoit bien connue, les grandes affaires ſe décidoient, ou par l'aſſemblée générale des Citoyens, ou par des Corps qui s'étoient emparés de la puiſſance ſouveraine: leur volonté juſte ou injuſte, fondée ſur la vérité ou ſur l'erreur, devoit avoir l'appui de la force; & propoſer des moyens d'aſſujetir leurs volontés à la raiſon, c'eût été leur propoſer des chaînes & mettre des bornes à leur autorité ou à leur indépendance.

Parmi nous au contraire, les affaires ſont le plus ſouvent décidées par le vœu d'un corps de Repréſentans ou d'Officiers, ſoit de la Nation, ſoit du Prince. Il eſt donc de l'intérêt de ceux qui diſpoſent de la force publique, de n'employer cette force que pour ſoutenir des déciſions conformes à la vérité, & de donner aux Repréſentans, qu'ils ont chargés de prononcer pour eux, des règles qui répondent de la bonte de leurs déciſions.

Utilité d'appliquer le calcul à l'examen de la probabilité de ces déciſions.

En cherchant, d'après la raiſon ſeule, quelle confiance plus ou moins grande mérite le jugement d'aſſemblées plus ou moins nombreuſes, aſſujetties à une pluralité plus ou moins forte, partagées en pluſieurs Corps différens ou réunies en un ſeul, formées d'hommes plus ou moins éclairés; on ſent qu'on ne parviendroit qu'à des réſultats vagues, & ſouvent aſſez vagues pour devenir incertains, & pour nous induire en erreur ſi nous les admettions ſans les avoir ſoumis au calcul.

Ainſi, par exemple, on ſentiroit aiſément qu'en exigeant d'un Tribunal une pluralité plus grande pour condamner un accuſé, on acquiert une ſûreté auſſi plus grande qu'un innocent ne ſera pas envoyé au ſupplice: mais la raiſon ſans calcul ne vous apprendra ni juſqu'à quelles bornes il peut être utile de porter cette ſûreté, ni comment on peut la concilier avec la condition de ne pas laiſſer échapper trop de coupables.

La raiſon, avec un peu de réflexion, fera ſentir la néceſſité de conſtituer un Tribunal de manière qu'il ſoit preſque impoſſible qu'un ſeul innocent ſoit condamné, même dans un long eſpace de temps; mais elle n'apprendra ni dans quelles limites on peut renfermer cette probabilité, ni comment y parvenir, ſans multiplier le nombre des Juges au-delà des bornes qu'il n'eſt guère poſſible de paſſer.

Ces exemples ſuffiſent pour faire apercevoir l'utilité &, j'oſerois preſque dire, la néceſſité d'appliquer le calcul à ces queſtions.

Avant de rendre compte de mes recherches, il m'a paru néceſſaire d'entrer dans quelques détails ſur les principes du calcul des probabilités. Principe général du calcul des probabilités

Tout ce calcul, du moins toute la partie qui nous intéreſſe ici, eſt appuyée ſur un ſeul principe général.

Si ſur un nombre donné de combinaiſons également poſſibles, il y en a un certain nombre qui donnent un évènement, & un autre nombre qui donnent l'évènement contraire, la probabilité de chacun des deux évènemens ſera égale au nombre des combinaiſons qui l'amènent, diviſé par le nombre total.

Ainſi, par exemple, ſi on prend un dez de ſix faces, dont on ſuppoſe que chaque face puiſſe arriver également, comme une ſeule donne ſix points, & que les cinq autres donnent d'autres points, $\frac{1}{6}$ exprimera la probabilité d'amener cette face, & $\frac{5}{6}$ la probabilité de ne pas l'amener.

On voit que le nombre des combinaiſons qui amènent un évènement & celui des combinaiſons qui ne l'amènent pas, ſont égaux enſemble au nombre total des combinaiſons, & que par conſéquent la ſomme des probabilités de deux évenemens contradictoires eſt égale à l'unité.

Or, ſuppoſons que l'une de ces probabilités ſoit nulle, l'autre toute ſeule ſera donc égale à l'unité; mais une probabilité n'eſt nulle que parce qu'aucune combinaiſon ne peut amener l'évènement qui y répond: l'évènement contradictoire, ou celui dont la probabilité eſt 1, arrive donc néceſſairement; donc cet évènement eſt certain.

Il faut néceſſairement qu'un évènement arrive ou qu'il n'arrive pas: il eſt donc ſûr qu'il arrivera un des deux évènemens contradictoires, & la ſomme de leurs probabilités eſt exprimée par 1.

Voilà tout ce qu'on entend, en diſant que la probabilité eſt exprimée par une fraction, & la certitude par l'unité.

Ce principe ſuffit pour tous les cas. En effet, ſi l'on conſidère trois évènemens qui peuvent réſulter d'un certain nombre de combinaiſons poſſibles, la probabilité du premier ſera égale au nombre des combinaiſons qui l'amènent, diviſé par le nombre total des combinaiſons; & celle de l'un ou l'autre des deux autres évènemens, au nombre des combinaiſons qui n'amènent pas le premier diviſé par le nombre total.

Par la même raiſon, la probabilité du ſecond évènement ſera égale au nombre des évènemens qui l'amènent diviſé par le nombre total.

Il en ſera de même de la probabilité du troiſième, & les

ſommes des probabilités des trois évènemens ſeuls poſſibles ſeront encore égales à l'unité.

Si les combinaiſons ne ſont pas également poſſibles, le même principe s'y applique encore. En effet, une combinaiſon deux fois plus poſſible qu'une autre, n'eſt autre choſe que deux combinaiſons égales & ſemblables, comparées à une combinaiſon unique.

De la nature de la probabilité & du motif de croire qui en réſulte.

Examinons maintenant ce premier principe. On voit d'abord que ſi on ſe borne à entendre par probabilité d'un évènement le nombre des combinaiſons où il a lieu, diviſé par le nombre total des combinaiſons poſſibles, le principe n'eſt qu'une vérité de définition, & qu'ainſi le calcul, dont il eſt la baſe, devient d'une vérité rigoureuſe.

Sens abſtrait du mot probabilité.

Mais on ne ſe borne point à ce ſeul ſens.

Sens plus étendu de ce mot, & propoſitions, dont en le prenant dans ce ſens, on ſuppoſe la vérité.

On entend de plus, 1.° que ſi on connoît le nombre des combinaiſons qui amènent un évènement, & le nombre des combinaiſons qui ne l'amènent pas, & que le premier ſurpaſſe le ſecond, il y a lieu de croire que l'évènement arrivera plutôt que de croire qu'il n'arrivera pas.

2.° Que ce motif de croire augmente en même temps que le rapport du nombre des combinaiſons favorables avec le nombre total.

3.° Qu'il croît proportionnellement à ce même rapport.

Preuve de ces propoſitions : la troiſième eſt une conſéquence des deux premières.

La vérité de cette derniere propoſition dépend de celle de la ſeconde & de la première. En effet, ſi le motif de croire devient plus fort lorſque le nombre des combinaiſons augmente, on peut demontrer que ſi on repète un certain nombre de fois le jugement conforme à cette opinion, c'eſt-à-dire, que l'évènement qui a plus de combinaiſons en ſa faveur arrivera plutôt que l'autre, la combinaiſon la plus probable eſt celle où le nombre des jugemens vrais ſeroit au nombre total des jugemens, comme le nombre des combinaiſons favorables à l'évènement à leur nombre total, c'eſt-à-dire, que la combinaiſon la plus probable eſt celle où le rapport du nombre des jugemens vrais au nombre total des jugemens, ſera égal à ce que nous appelons la probabilité de l'évènement.

On peut démontrer également que plus on multipliera les jugemens, plus il deviendra probable que ces deux rapports s'écarteront très-peu l'un de l'autre *. Ainſi admettre qu'une probabilité plus grande (ce mot étant pris dans le ſens abſtrait de la définition) eſt un motif plus grand de croire, c'eſt admettre en même temps que ces motifs ſont proportionnels aux probabilités.

Que la ſeconde eſt auſſi une conſéquence de la première.

Cela poſé, du moment qu'on admet que, dès que le nombre des combinaiſons qui amènent un évènement, eſt plus grand que le nombre des combinaiſons qui ne l'amènent pas, on a un motif de croire que l'évènement arrivera; on doit admettre que ſi la probabilité d'un autre évènement eſt plus grande, le motif de croire ſera plus grand auſſi.

En effet, ſi les probabilités ſont égales, les motifs de croire ſont égaux. Suppoſant donc une probabilité donnée, & qu'on trouve par le calcul, que ſi on juge conformément au motif de crédibilité qui en réſulte, on aura une certaine probabilité de ne ſe tromper dans ſes jugemens qu'une fois ſur dix; en appliquant le même calcul à une probabilité plus grande, on trouvera qu'en jugeant conformément au motif

* *Voyez* pour ces deux démonſtrations, la troiſième partie de l'*Ars conjectandi de Jacques Bernoulli,* Ouvrage plein de génie & l'un de ceux qui font le plus regretter que ce grand homme ait commencé ſi tard ſa carrière mathématique, & que la mort l'ait ſi-tôt interrompue.

de

de crédibilité qui en résulte, on aura la même probabilité de ne se tromper qu'une fois sur un nombre plus grand de jugemens *. On aura donc dans les deux cas une égale probabilité, un égal motif de croire qu'on se trompera moins en jugeant d'après la seconde probabilité qu'en jugeant d'après la première, & par conséquent un motif plus fort pour se déterminer à juger d'après la seconde. Ainsi la vérité de la seconde des propositions précédentes dépend encore de la vérité de la première proposition.

Preuve de la première proposition.

Il nous reste donc à examiner seulement si, lorsque la probabilité d'un évènement (ce mot étant toujours pris dans le sens abstrait) est plus grande que celle de l'évènement contraire, on a un motif de croire que le premier évènement arrivera.

Il suffira d'examiner cette proposition, dans le cas où la différence de ces probabilités est fort grande; car ce motif ne peut subsister dans ce cas sans subsister, quoiqu'avec moins de force, lorsque la différence est très-petite.

En effet, quelque petit que soit l'excès d'une probabilité sur l'autre, on trouve, par le calcul, que si on considère une suite d'évènemens semblables, on pourra obtenir une très-grande probabilité que l'évènement qui avoit en sa faveur la plus grande des deux probabilités, arrivera plus souvent que l'autre **. On aura donc, par l'hypothèse, un motif de croire qu'il arrivera plus souvent que l'autre, & par conséquent un motif de croire plutôt qu'il arrivera que de croire qu'il n'arrivera pas.

Examinons maintenant cette première proposition, à

* Ceci ne demande qu'un calcul très-simple, & qu'il suffit d'indiquer.

** Cette proposition est démontrée dans cet Ouvrage, *pages 14 & 25*.

laquelle nous venons de réduire les deux autres, & que nous avons elle-même réduite à ses termes les plus simples.

Nature du motif de croire qui résulte de la probabilité.

Un évènement futur n'est pour nous qu'un évènement inconnu. Supposons un sac dans lequel je sache qu'il existe quatre-vingt-dix boules blanches & dix noires, & qu'on me demande quelle est la probabilité d'en tirer une boule blanche; ou que la boule étant déjà tirée, mais couverte d'un voile, on me demande quelle est la probabilité que l'on a tiré une boule blanche: il est clair que dans les deux cas ma réponse sera la même, & que la probabilité est égale. Je répondrai donc qu'il est plus probable de tirer une boule blanche; cependant c'est une boule blanche ou une boule noire qui est nécessairement sous le voile.

Ainsi le motif qui me porte à croire que la boule est blanche, ou la probabilité qu'elle est blanche, reste la même, quoiqu'il soit sûr que la boule est blanche, ou qu'il soit sûr qu'elle est noire, quoique l'un ou l'autre de ces faits puisse être certain pour un autre individu, & j'ai dans ce cas une égale probabilité pour la couleur blanche de la boule, un égal motif de la croire blanche, & lorsque ce fait est certain, & lorsqu'il est certainement faux.

Il n'y a donc aucune liaison immédiate entre ce motif de croire & la vérité du fait qui en est l'objet; il n'y en a aucune entre la probabilité & la réalité des évènemens.

Ce motif est le même que celui qui nous fait croire à la constance des phénomènes de la Nature.

Pour connoître la nature de ce motif, il nous suffira d'observer que toutes nos connoissances sur les évènemens naturels qui n'ont pas frappé nos sens, sur les évènemens futurs, c'est-à-dire, toutes celles qui dirigent notre conduite & nos jugemens dans le cours de notre vie, sont fondées sur ces deux principes: *que la Nature suit des loix invariables, & que* *les phénomènes obſervés nous ont fait connoître ces loix.* L'expérience conſtante que les faits ſont conformes à ces principes, eſt pour nous le ſeul motif de les croire. Or, ſi on pouvoit raſſembler tous les faits, dont l'obſervation nous a conduits à croire ces deux propoſitions, le calcul nous apprendroit à déterminer avec préciſion quelle eſt la probabilité qu'elles ſont vraies *.

Nous ne pouvons à la vérité raſſembler ces données, & nous voyons ſeulement que le calcul nous conduiroit à une probabilité très-grande : mais cette différence ne change point la nature du motif de croire, qui eſt le meme dans les deux cas.

Ainſi le motif de croire que ſur dix millions de boules blanches mêlées avec une noire, ce ne ſera point la noire que je tirerai du premier coup, eſt de la même nature que le motif de croire que le Soleil ne manquera pas de ſe lever demain, & ces deux opinions ne diffèrent entr'elles que par le plus ou le moins de probabilité.

Il eſt le meme que celui des jugemens qui ſe confondent avec les ſenſations.

Si je regarde deux hommes de ſix pieds, l'un à douze pieds de diſtance & l'autre à vingt-quatre, je les vois d'une grandeur égale; & cependant ſi je ne pouvois former aucun jugement d'après leur diſtance, leur forme, le degré de clarté, ou de lumière de leurs images, l'un me paroîtroit une fois plus grand que l'autre. Quel eſt donc mon motif de les juger égaux? c'eſt qu'une expérience conſtante m'a inſtruit que, malgré l'inégalité de leurs images, des corps vus de cette manière dans les mêmes circonſtances, étoient ſenſiblement égaux. Ce jugement eſt donc fondé ſur une ſimple probabilité : le motif de croyance qui naît de la probabilité, a donc

* *Voyez* la troiſieme Partie de cet Ouvrage.

aſſez de force pour devenir involontaire, irréſiſtible; de manière que le jugement, porté d'après ce motif, ſe confonde abſolument avec la ſenſation même. Dans cet exemple, nous voyons ce que ce motif nous porte à croire, & nous ne pouvons voir autrement.

Si je fais rouler une petite boule entre deux doigts croiſés, je ſens deux boules, quoiqu'il n'y en ait qu'une, & cela, parce que j'ai conſtamment éprouvé qu'il exiſtoit deux corps ronds toutes les fois que j'éprouvois cette ſenſation en même temps aux deux côtés oppoſés de deux doigts. Voici donc encore un jugement fondé ſur la probabilité produite par l'expérience, qui eſt devenu une ſenſation involontaire: cependant malgré cette ſenſation, je juge qu'il n'y a qu'un corps en vertu d'une probabilité plus grande, & ce jugement l'emporte ſur le premier, quoique l'habitude n'ait pas eu le pouvoir de le changer en ſenſation.

Il eſt le même que celui qui nous fait croire l'exiſtence des corps.

La croyance de l'exiſtence même des corps, n'eſt fondée que ſur un motif ſemblable, que ſur une probabilité. En effet, l'idée de cette exiſtence eſt uniquement pour nous la perſuaſion que le ſyſtème des ſenſations qui ſont excitées en nous dans un inſtant, ſe repréſenteront conſtamment de même dans des circonſtances ſemblables, ou avec de certaines différences liées conſtamment au changement des circonſtances *. Cette perſuaſion de l'exiſtence des corps n'eſt donc fondée que ſur la conſtance dans l'ordre des phénomènes, que des expériences répétées nous ont fait connoître: le motif de croire à cette exiſtence eſt donc abſolument de la même nature que celui qui naît de la probabilité.

---

* *Voyez* l'article *exiſtence* dans l'Encyclopédie, où cette matière eſt traitée avec beaucoup de profondeur & de clarté.

Si on demande maintenant quelle eſt la certitude d'une démonſtration mathématique, je répondrai qu'elle eſt encore de la même nature.

Ce même motif ſe mêle encore à la certitude des démonſtrations.

En effet, je ſuppoſe, par exemple, que j'emploie dans cette démonſtration la formule du binome, il eſt clair qu'en ſuppoſant même une certitude entière de la vérité de ma démonſtration, je ne ſuis ſûr de l'exactitude de la formule du binome que par le ſouvenir d'en avoir entendu & ſuivi la démonſtration. Or, ſi ce ſouvenir de la bonté de cette démonſtration eſt actuellement pour moi un motif de croire, c'eſt ſeulement parce que l'expérience m'a montré que ſi je m'étois une fois démontré une vérité, je retrouverois conſtamment cette même vérité toutes les fois que j'en voudrois ſuivre la démonſtration. C'eſt donc encore un motif de croire, fondé ſur l'expérience du paſſé, & par conſéquent ſur la probabilité.

Nous n'avons donc à la rigueur une véritable certitude que celle qui naît de l'évidence intuitive, c'eſt-à-dire, celle de la propoſition de la vérité de laquelle nous avons la conſcience; ou bien, dans un raiſonnement ſuivi, de la légitimité de chaque conſéquence, le principe étant ſuppoſé vrai, mais non celle de la conſéquence elle-même, puiſque la vérité de cette conſéquence dépend de propoſitions, de la vérité deſquelles nous avons ceſſé d'avoir la conſcience. Ainſi le motif de croire cette conſéquence, eſt fondé uniquement ſur la probabilité.

Il eſt cependant entre les vérités, regardées comme ayant une certitude entière & les autres, une différence qu'il eſt eſſentiel de remarquer.

Pour les premières, nous ne ſommes obligés d'admettre qu'une ſeule ſuppoſition fondée ſur la probabilité, celle que le ſouvenir d'avoir eu la conſcience de la vérité d'une propoſition ne nous ayant jamais trompé, ce même ſouvenir ne nous trompera point dans une nouvelle occaſion : mais pour les autres, le motif de croire eſt fondé d'abord ſur ce principe, & enſuite ſur l'eſpèce de probabilité propre à chaque objet. La poſſibilité de l'erreur dépend de pluſieurs cauſes combinées. Si on la ſuppoſe la même pour chacune, le calcul montrera qu'elle ſera plus que double s'il y a deux cauſes, plus que triple s'il y en a trois, &c. Ainſi nous donnons le nom de certitude mathématique à la probabilité, lorſqu'elle ſe fonde ſur la conſtance des loix obſervées dans les opérations de notre entendement. Nous appelons certitude phyſique la probabilité qui ſuppoſe de plus la même conſtance dans un ordre de phénomènes indépendans de nous, & nous conſervons le nom de probabilité pour les jugemens expoſés de plus à d'autres ſources d'incertitude.

Si nous comparons maintenant le motif de croire les vérités que nous venons d'examiner, avec le motif de croire d'après une probabilité calculée, nous n'y trouverons que trois différences; la première, que dans les eſpèces de vérités que nous avons examinées, la probabilité eſt inaſſignable, & preſque toujours tellement grande qu'il ſeroit ſuperflu de la calculer: la ſeconde, qu'accoutumés dans le cours de la vie à ſonder nos jugemens ſur cette probabilité, nous formons ces jugemens ſans ſonger à la nature du motif qui les détermine, au lieu que dans les queſtions ſoumiſes au calcul des probabilités, nous y arrêtons notre attention: dans le premier cas, nous cédons ſans le ſavoir à un penchant involontaire; dans le ſecond, nous nous rendons compte du motif qui détermine ce penchant: la troiſième, que dans le premier cas nous pouvons ſavoir ſeulement que nous avons des motiſs de croire plus ou moins forts; au lieu que dans la ſeconde, nous pouvons exprimer en nombres les rapports de ces différens motifs.

Ce ſimple expoſé nous ſuffit pour ſentir la nature du motif de croire qui réſulte de la probabilité calculée, & toute l'étendue de l'utilité de ce calcul, puiſqu'il nous ſert à meſurer avec préciſion les motifs de nos opinions dans tous les cas où cette meſure préciſe peut être utile.

Plan de l'Ouvrage.

Diviſion générale des déciſions en deux genres. Queſtions auxquelles il convient de les appliquer.

DANS l'examen de la probabilité des déciſions à la pluralité des voix, il faut diſtinguer deux eſpèces de déciſions: dans les premières, la déciſion eſt adoptée, quelle que ſoit la pluralité qui la forme.

Alors ſi le nombre des Votans eſt impair, il y a néceſſairement une déciſion.

S'il eſt pair, le cas de partage eſt le ſeul où il n'y ait pas de déciſion.

Cette méthode de décider paroît ne devoir s'appliquer qu'aux queſtions ſur leſquelles il eſt néceſſaire de prendre un parti, à celles où les inconvéniens de l'erreur ſont égaux, quel que ſoit le parti qu'on ait adopté, & ſont en même temps inférieurs à l'inconvénient de remettre la déciſion.

Dans la ſeconde eſpèce de déciſions, on ne les regarde comme prononcées que lorſqu'elles ont en leur faveur une pluralité qui eſt fixée. Si cette pluralité n'a pas lieu; ou l'on remet la déciſion, parce que l'on juge qu'il vaut mieux attendre que de riſquer de prendre un mauvais parti; ou bien l'on choiſit un des deux partis, ſoit parce qu'on juge qu'il vaut mieux riſquer de ſe tromper en le ſuivant que de remettre la déciſion, ſoit parce que le parti contraire ne peut être adopté avec justice, si l'on n'a pas une grande probabilité que ce parti est conforme à la vérité.

Loix. Je suppose, par exemple que l'on propose à une assemblée de décider s'il est à propos de faire une loi nouvelle, on peut croire qu'une loi n'étant utile que lorsqu'elle est conforme à la raison, il faut exiger une pluralité telle qu'elle donne une très-grande probabilité de la justesse de la décision, & qu'il vaut mieux ne faire aucune loi qu'en faire une mauvaise.

On pourroit même alors, & la justice semble l'exiger, distinguer entre les loix qui rétablissent les hommes dans la jouissance de leurs droits naturels, celles qui mettent des entraves à ces droits, & celles enfin, du moins s'il en peut exister de telles, qui paroissent n'augmenter ni ne diminuer l'exercice de la liberté naturelle. Dans le premier cas, la simple pluralité doit suffire; une grande pluralité paroît devoir être exigée pour celles qui mettent des bornes à l'exercice des droits naturels de l'homme, parce qu'il ne peut jamais être ni juste ni légitime d'attenter à ces droits, à moins d'avoir une forte assurance * que l'exercice qu'en feroient ceux à qui on les enlève, leur seroit nuisible à eux-mêmes. Enfin dans le troisième cas, on peut balancer entre la crainte de retarder des changemens utiles si on exige une trop forte pluralité, & celle de prendre un mauvais parti si on se contente d'une pluralité trop foible. Nous avons supposé ici qu'il pouvoit être regardé comme utile, dans certains cas, de restreindre

* Nous nous servirons du mot *assurance* dans la suite de ce Discours, pour designer cette espèce de probabilité, qu'on appelle, dans les écoles, *certitude morale*, afin d'éviter le mot de *certitude* qui pourroit être équivoque.

l'exercice

l'exercice des droits naturels, ou d'en continuer la suspension déjà prononcée; mais c'est seulement comme une hypothèse propre à donner un exemple, & non que nous admettions cette opinion, sur-tout pour une législation permanente.

En général, puisqu'il s'agit, dans une loi qui n'a pas été votée unanimement, de soumettre des hommes à une opinion qui n'est pas la leur ou à une décision qu'ils croient contraire à leur intérêt; une très-grande probabilité de cette décision, est le seul motif raisonnable & juste d'après lequel on puisse exiger d'eux une pareille soumission.

Jugement d'un accusé.

Si l'on considère un Tribunal chargé de rendre des jugemens en matière criminelle; on sent au premier coup-d'œil, qu'il ne peut être permis d'accorder l'appui de la force publique à ces jugemens, lorsqu'ils condamnent un accusé, s'il ne résulte pas de la forme du Tribunal une extrême assurance que l'accusé est coupable, si cette assurance n'existe pas même pour ceux qui ne connoissent du jugement que la constitution du Tribunal seulement, ou que cette constitution avec la pluralité à laquelle le jugement a été rendu : l'obligation imposée à tout homme de défendre le malheureux opprimé, cette obligation de laquelle résulte un véritable droit de la remplir, ne peut céder qu'à l'assurance que cette oppression apparente est une justice réelle.

Prescription.

Cette pluralité, plus grande que celle d'une voix, pourroit même être exigée pour les jugemens en matière civile, dans les cas, par exemple, où l'on admet la prescription. En effet, le motif de rendre les possesseurs plus tranquilles, quelque utile que cette sécurité soit au bien public, ne suffiroit pas pour rendre légitime une atteinte au droit de propriété.

Ainsi la prescription n'est rigoureusement juste que dans

la ſuppoſition qu'au bout d'un certain nombre d'années la probabilité que le poſſeſſeur actuel n'eſt plus en état de produire les titres-originaires de ſa propriété, l'emporte ſur la probabilité que le vrai propriétaire ait négligé ſi long-temps de faire valoir ſes droits. La longue poſſeſſion forme, en faveur de celui qui en a joui, une forte préſomption que ſa poſſeſſion eſt légitime; elle forme un droit tant qu'il n'exiſte pas un droit contraire bien prouvé; mais par-tout où il exiſte une propriété légale, il ſeroit injuſte d'attribuer plus de force à la poſſeſſion.

Cependant la longue poſſeſſion ne doit être attaquée que lorſqu'il exiſte une très-grande probabilité qu'elle eſt illégitime. On pourroit donc, au lieu d'établir une preſcription abſolue de trente ans, par exemple, fixer à cette preſcription abſolue un terme bien plus éloigné; mais ſtatuer que le jugement qui condamneroit celui qui a une preſcription moindre, celle de trente ans par exemple, ne ſeroit exécuté que dans le cas où il auroit la pluralité d'un certain nombre de voix: autrement le bien reſteroit au poſſeſſeur, quand même il auroit une pluralité moindre contre lui.

Cette légiſlation auroit un grand avantage, celui de pouvoir exiger une pluralité plus ou moins grande, ſuivant différentes durées de poſſeſſion, & c'eſt peut-être le ſeul moyen de concilier la ſécurité des poſſeſſeurs avec la ſûreté des propriétés.

De ce qu'il faut conſidérer dans l'examen de la probabilité des déciſions.

Il y a quatre points eſſentiels à conſidérer relativement à la probabilité des déciſions.

1.° La probabilité qu'une aſſemblée ne rendra pas une déciſion fauſſe.

2.° La probabilité qu'elle rendra une déciſion vraie.

3.° La probabilité qu'elle rendra une déciſion vraie ou fauſſe.

4.° La probabilité de la décision, lorsqu'on la suppose rendue, ou lorsque l'on suppose de plus que l'on connoît la pluralité à laquelle elle a été formée.

En effet, il est aisé de voir, 1.° qu'une forme de décision est dangereuse, s'il n'est pas très-probable pour chaque votation qu'il n'en résultera pas une décision fausse,

2.° Que l'on doit chercher une forme qui puisse donner une grande probabilité d'avoir une décision vraie, autrement l'avantage de ne pas craindre une décision fausse, naîtroit uniquement de ce qu'il seroit très-probable de n'en avoir aucune; inconvénient très-grand, puisque, suivant le genre d'objets sur lesquels on décide, il empêche en grande partie l'assemblée qui prononce, de remplir les vues pour lesquelles elle a été instituée.

Le troisième point dépend des deux premiers. En effet, si l'on a une grande probabilité d'avoir une décision vraie, & en même temps une très-grande probabilité de n'avoir pas une décision fausse, il est clair que celle d'avoir une décision fausse ou vraie, approche de la première, & la surpasse.

La quatrième condition exige plus de discussion. Il est nécessaire d'abord d'avoir une grande probabilité que la décision est conforme à la vérité lorsqu'on sait qu'il existe une décision. Cette condition dépend encore des deux premières; car si la probabilité d'avoir une décision vraie est grande, & le risque d'en avoir une fausse fort petit, il est clair que dès que l'on sait qu'il existe une décision, il devient très-probable que cette décision est conforme à la vérité. Il ne faut pas confondre la probabilité d'avoir une décision vraie avec la probabilité qu'une décision qu'on suppose rendue, est conforme à la vérité: la première est contraire, non-seulement à la probabilité d'avoir une décision fausse, mais à celle de n'avoir aucune décision: la seconde n'est contraire qu'à celle d'avoir une décision fausse. Pour la première, il faut comparer le nombre des cas où la décision est vraie au nombre de tous les cas possibles : pour la seconde, il faut comparer ce premier nombre, seulement au nombre total des cas où il y a une décision. La première est, par exemple, la probabilité qu'un accusé coupable sera condamné; la seconde est la probabilité qu'un accusé condamné est coupable. Mais on doit exiger de plus une autre condition, & il faut que si l'on sait qu'il y a une décision, & qu'on connoisse à quelle pluralité elle a été rendue, on ait une probabilité suffisante de la vérité de cette décision. Nous en avons dit ci-dessus la raison. Cette assurance est nécessaire, par exemple, toutes les fois qu'il est question de punir un accusé ; autrement il arriveroit qu'un homme condamné par une pluralité qui ne donneroit pas cette assurance, seroit puni lorsqu'il est très-peu probable que cet homme est coupable. Ainsi dans tous les cas où nous avons vu qu'il seroit convenable de fixer une pluralité au-dessous de laquelle on doit suivre le vœu de la minorité, ou regarder l'affaire comme indécise, il faut que cette moindre pluralité soit telle qu'il en résulte la probabilité qu'on a cru devoir exiger dans la décision.

Nécessité d'avoir une assurance suffisante de la vérité de la décision, même lorsqu'on la sait rendue à la moindre pluralité possible.

Il ne suffiroit pas qu'il fût très-probable que le cas où la pluralité est trop petite pour donner l'assurance demandée, ne se présentera pas, & cela par deux raisons; la première, parce que si cet évènement, très-improbable, arrivoit, ce qui est toujours possible, on seroit obligé de se conduire d'après une décision peu probable, & que l'on connoîtroit comme telle. On est sans doute exposé dans tous les systèmes de pluralité à adopter une décision fausse, mais c'est lorsqu'il y a une grande probabilité qu'elle est vraie; au lieu qu'il ne peut y avoir aucun motif raisonnable de se soumettre à une décision, lorsque pour s'y soumettre il faudroit avoir une véritable assurance de la vérité de cette décision, & qu'on en a au contraire une très-petite probabilité. La seconde raison, est que cet inconvénient ne naît point de la nature des choses, mais de la forme que l'on a choisie. Ainsi, par exemple, il n'est pas injuste de punir un homme, quoiqu'il soit possible que ses Juges se soient trompés en le déclarant coupable, & il le seroit de le punir lorsqu'il n'a contre lui qu'une pluralité qui ne donne pas une assurance suffisante de son crime.

Dans le premier cas, on n'est pas injuste en jugeant d'après une probabilité qui expose encore à l'erreur, parce qu'il est de notre nature de ne pouvoir juger que sur de semblables probabilités: dans le second on le seroit, parce qu'on se seroit exposé volontairement à punir un homme sans avoir l'assurance de son crime. Dans le premier cas on a, en punissant, une très-grande probabilité de la justice de chaque acte en particulier: dans le second, on sait que dans cet acte particulier on commet une injustice.

Plan de l'Ouvrage.

Ces principes une fois établis, il s'agit d'appliquer le calcul aux différentes formes de décisions, aux différentes hypothèses de pluralité.

Pour cela, nous supposerons d'abord les assemblées composées de Votans ayant une égale justesse d'esprit & des lumières égales: nous supposerons qu'aucun des Votans n'a d'influence sur les voix des autres, & que tous opinent de bonne foi. Supposant ensuite que l'on connoît la probabilité que la voix de chaque Votant ſera conforme à la vérité, la forme de la déciſion, l'hypothèſe de pluralité & le nombre des Votans, on cherche, 1.° la probabilité de ne pas avoir une déciſion contraire à la vérité; 2.° la probabilité d'avoir une déciſion vraie; 3.° la probabilité d'avoir une déciſion vraie ou fauſſe, 4.° celle qu'une déciſion qu'on ſait avoir été rendue ſera plutôt vraie que fauſſe; & enfin la probabilité de la déciſion rendue à une pluralité connue. Tel eſt l'objet de la première Partie.

Dans la ſeconde au contraire, on ſuppoſe l'un de ces élémens connus, & l'on cherche l'une de ces trois choſes, ou l'hypothèſe de pluralité, ou le nombre des Votans, ou la probabilité de la voix de chaque Votant, en regardant les deux autres comme données.

On a ſuppoſé connue juſqu'ici, tantôt la probabilité de la voix de chaque Votant, tantôt celle de la déciſion priſe ſous différentes faces. Nous avons dit de plus que l'on devoit chercher l'aſſurance, 1.° de ne pas avoir une déciſion contraire à la vérité, 2.° d'avoir, lorſque l'on ſait que la déciſion eſt portée, une déciſion plutôt vraie que fauſſe, & qu'il falloit également avoir une grande probabilité d'avoir une déciſion vraie; enfin que dans un grand nombre de circonſtances il falloit avoir une aſſurance ſuffiſante de la vérité de la déciſion, lors même que, connoiſſant à quell epluralité la déciſion a été rendue, on ſait que cette pluralité eſt la moindre qu'il eſt poſſible.

Or, comment connoître la probabilité de la voix de chaque Votant, ou celle de la déciſion d'un Tribunal, comment déterminer la probabilité qu'on peut regarder comme une véritable aſſurance, ou celle qu'on peut, dans d'autres cas regarder comme ſuffiſante. Tel eſt l'objet de la troiſieme Partie.

J'examine dans la quatrième les changemens que peuvent apporter dans les réſultats trouvés dans la première Partie, l'inégalité de lumières ou de juſteſſe d'eſprit des Votans, la ſuppoſition que la probabilité de leurs voix n'eſt pas conſtante, l'influence qu'un d'eux peut avoir ſur les autres, la mauvaiſe foi de quelques-uns, l'uſage de réduire à une ſeule les voix de pluſieurs Juges lorſqu'ils ſont d'accord, enfin la diminution de probabilité que doit éprouver la voix des Votans, lorſqu'un Tribunal, dont la première déciſion n'a pas été rendue à la pluralité exigée, vote de nouveau ſur la même queſtion, & finit par la décider avec cette pluralité.

Ces dernières recherches étoient néceſſaires pour pouvoir appliquer la théorie à la pratique.

La cinquième Partie enfin contiendra l'application des principes expoſés dans les premières à quelques exemples, tels que l'établiſſement d'une loi, une élection, le jugement d'un accuſé, une déciſion qui prononce ſur la propriété.

Analyſe de la première Partie.

JE conſidère d'abord le cas le plus ſimple, celui où le nombre des Votans étant impair, on prononce ſimplement à la pluralité.

Première hypothèſe.

On ſuppoſe la déciſion rendue à la ſimple pluralité.

Dans ce cas, la probabilité de ne pas avoir une déciſion fauſſe, celle d'avoir une déciſion vraie, celle que la déciſion rendue eſt conforme à la vérité, ſont les mêmes, puiſqu'il ne peut y avoir de cas où il n'y ait pas de déciſion.

On trouve de plus, que ſi la probabilité de la voix de chaque Votant eſt plus grande que $\frac{1}{2}$, c'eſt-à-dire, s'il eſt

Conſéquences du calcul.

plus probable qu'il jugera conformément à la vérité, plus le nombre des Votans augmentera, plus la probabilité de la vérité de la décision sera grande : la limite de cette probabilité sera la certitude ; en sorte qu'en multipliant le nombre des Votans, on aura une probabilité aussi grande qu'on voudra d'avoir une décision vraie ; & c'est-là ce que nous entendrons toutes les fois que nous dirons que la limite de la probabilité est 1, ou la certitude.

Si au contraire la probabilité du jugement de chaque Votant est au-dessous de $\frac{1}{2}$, c'est à-dire, s'il est plus probable qu'il se trompera, alors plus le nombre des Votans augmentera, plus la probabilité de la vérité de la décision diminuera ; la limite de cette probabilité sera zéro, c'est-à-dire, qu'on pourra, en multipliant le nombre des Votans, avoir une probabilité aussi petite qu'on voudra de la vérité de la décision, ou une probabilité aussi grande qu'on voudra que cette décision sera erronée.

Si la probabilité de la vérité de chaque voix est $\frac{1}{2}$, alors, quel que soit le nombre des Votans, celle de la vérité de la décision sera aussi $\frac{1}{2}$.

Application de ces conséquences aux assemblées populaires.

Cette conclusion conduit d'abord à une remarque assez importante. Une assemblée très-nombreuse ne peut pas être composée d'hommes très-éclairés ; il est même vraisemblable que ceux qui la forment joindront sur bien des objets beaucoup d'ignorance à beaucoup de préjugés. Il y aura donc un grand nombre de questions sur lesquelles la probabilité de la vérité de la voix de chaque Votant sera au-dessous de $\frac{1}{2}$; alors plus l'assemblée sera nombreuse, plus elle sera exposée à rendre des décisions fausses.

Or, comme ces préjugés, cette ignorance, peuvent exister

sur

ſur des objets très-importans, on voit qu'il peut être dangereux de donner une conſtitution dèmocratique à un peuple ſans lumières : une démocratie pure ne pourroit même convenir qu'à un peuple beaucoup plus éclairé, beaucoup plus exempt de préjugés qu'aucun de ceux que nous connoiſſons par l'Hiſtoire.

Pour toute autre Nation cette forme d'aſſemblées devient nuiſible, à moins qu'elles ne bornent l'exercice de leur pouvoir à la déciſion de ce qui intéreſſe immédiatement le maintien de la ſûreté, de la liberté, de la propriété ; objets ſur leſquels un intérêt perſonnel direct peut ſuffiſamment éclairer tous les eſprits.

On ſent par la même raiſon combien, plus les aſſemblées ſont nombreuſes, plus les réformes utiles dans les principes d'adminiſtration, de légiſlation, deviennent peu probables, & combien la longue durée des préjugés & des abus eſt à redouter.

Les aſſemblées très-nombreuſes ne peuvent exercer le pouvoir avec avantage que dans le premier état des ſociétés, où une ignorance égale rend tous les hommes à peu-près également éclairés. On ne peut pas eſpérer d'avoir une grande probabilité d'obtenir des déciſions conformes à la vérité, & par conſéquent on n'a aucun motif légitime pour reſtreindre le nombre des Votans, & ſoumettre par-là le plus grand nombre à la volonté du plus petit ; au lieu que dans le cas où l'on peut former une aſſemblée, telle qu'il y ait une très-grande probabilité que ſes déciſions ſeront vraies, il y a un motif juſte pour les hommes moins éclairés que ſes Membres, de ſoumettre leurs volontés aux déciſions de cette aſſemblée.

Des aſſemblées nombreuſes conviendroient encore à un pays où, par le progrès des lumières, il y auroit une grande égalité entre les esprits, quant à la justesse de leurs jugemens & à la vérité des principes d'après lesquels ils régleroient leur conduite, & c'est le seul cas où l'on puisse attendre d'assemblées très-nombreuses, ou de sages loix, ou la réforme des mauvaises loix.

Deuxième & troisième hypothèses. Le nombre des Votans étant supposé impair ou pair, en exige une pluralité constante.

Dans la seconde & dans la troisième hypothèse, on suppose que la décision n'est regardée comme juste qu'autant que la pluralité est égale, ou supérieure à un nombre qui a été fixé: si le nombre des Votans est impair, la pluralité, qui est la différence du nombre des Votans pour chaque avis, est nécessairement un nombre impair; elle est au contraire toujours un nombre pair si le nombre des Votans est pair.

Quatrième, cinquième & sixième hypothèses. On suppose la pluralité proportionnelle

Dans la quatrième, dans la cinquième & dans la sixième hypothèse, on suppose la pluralité proportionnelle au nombre des Votans simplement, ou au nombre des Votans, plus un nombre fixe.

Par exemple, on peut exiger la pluralité d'un tiers, c'est-à-dire, de 4 pour 12 ou 14 Votans; de 5 pour 13, 15 ou 17, & ainsi de suite; ou bien la pluralité d'un tiers plus trois, c'est-à-dire, pour 13 voix une pluralité de 7; pour 16 une pluralité de 8; pour 19 une pluralité de 9; ou enfin d'un tiers plus deux, c'est-à-dire, de 6 voix pour 12 & 14; de 7 pour 15 & 17; de 8 pour 18 & 20, & ainsi de suite.

Conséquences du calcul.

Pour la probabilité de ne pas avoir une décision fausse.

Si dans toutes ces hypothèses, on cherche la probabilité de ne point avoir une décision fausse, on trouve, 1.° que si la probabilité de la voix de chaque Votant est plus grande que $\frac{1}{2}$ lorsque la pluralité est un nombre constant, plus grande que $\frac{1}{3}$ lorsque la pluralité est d'un tiers plus un nombre constant; plus grande que $\frac{3}{8}$ lorsque la pluralité est d'un quart plus un nombre constant; plus grande que $\frac{2}{5}$ lorsque la pluralité est d'un cinquième, & ainsi de suite; on aura une probabilité de n'avoir pas une décision fausse, qui augmentera avec le nombre des Votans, & dont la limite sera 1 : en sorte qu'on peut, en multipliant le nombre des Votans, avoir cette probabilité aussi grande qu'on voudra.

Mais cette augmentation de probabilité n'a lieu souvent qu'après un certain nombre de termes. Après le premier terme, qui répond au plus petit nombre de Votans qu'on peut supposer dans l'hypothese pour que la pluralité exigée soit possible, la probabilité de la décision peut diminuer pendant quelque temps lorsque le nombre des Votans augmente; mais il arrive un point où elle croît avec ce nombre, & depuis lequel elle continue constamment de croître en s'approchant de la limite 1. Il faut observer encore que cette diminution dans la probabilité de la décision, n'a pas lieu pour toutes les valeurs de la probabilité de chaque voix; mais seulement lorsque cette probabilité est au-dessous de certaines limites. Par exemple, si la pluralité est constante, & de cinq voix, il n'y aura point de diminution dans la probabilité de la décision, à moins que la probabilité de chaque voix ne soit au-dessous de $\frac{5}{6}$. Enfin il faut remarquer que cette diminution n'empêche point que pour chaque valeur du nombre des Votans, la probabilité de la décision ne soit toujours plus grande que pour un nombre égal & une moindre pluralité.

Si la probabilité de chaque voix est exactement égale aux limites que nous avons assignées ci-dessus; par exemple, si elle est $\frac{1}{2}$ dans le cas de la pluralité constante, $\frac{2}{3}$ lorsque la pluralité est d'un tiers, &c. alors la probabilité de ne pas avoir une décision fausse, approchera d'autant plus de $\frac{1}{2}$ que le nombre des Votans sera plus grand, & restera toujours au-dessus de cette limite.

Si la probabilité de chaque voix est au-dessous des limites que nous avons assignées, celle de la décision diminuera continuellement, & sa limite sera zéro.

Pour la probabilité d'avoir une décision vraie.

Si l'on considère ensuite la probabilité d'avoir une décision vraie, alors on trouvera, 1.° que, pourvu que la probabilité de chaque voix soit plus grande que $\frac{1}{2}$ si la pluralité est constante, plus grande que $\frac{2}{3}$ si la pluralité est d'un tiers plus un nombre constant, plus grande que $\frac{5}{8}$ si la pluralité est d'un quart plus un nombre constant, & ainsi de suite, plus on augmentera le nombre des Votans, plus la probabilité de la décision augmentera; elle aura l'unité pour limite, & l'on pourra par conséquent avoir, en multipliant le nombre des Votans, une probabilité aussi grande qu'on voudra d'obtenir une décision vraie.

Mais il est possible, dans le cas où la pluralité est purement proportionnelle, que la probabilité de la décision diminue dans les premiers termes pour augmenter ensuite, & cette diminntion a lieu seulement lorsque la probabilité de chaque voix est au-dessous d'une certaine limite.

Si la valeur de la probabilité de chaque voix est égale à $\frac{1}{2}$ pour une pluralité constante, à $\frac{2}{3}$ pour une pluralité d'un tiers plus une pluralité constante, & ainsi de suite, plus on augmentera le nombre des Votans, plus la probabilité de la décision approchera de $\frac{1}{2}$, qui en est alors la limite.

Cette probabilité approchera continuellement de sa limite en augmentant, excepté dans le cas de la pluralité proportionnelle, où il peut arriver qu'elle diminue pendant les premiers termes, quoique le nombre des Votans augmente, pour croître ensuite avec ce nombre.

Si la valeur de la probabilité de chaque voix est au-dessous de $\frac{1}{2}$ lorsque la pluralité est constante, au-dessous de $\frac{2}{3}$ lorsqu'elle est d'un tiers plus un nombre constant, de $\frac{5}{8}$ lorsqu'elle est d'un quart plus un nombre constant, &c. la probabilité d'avoir une décision vraie diminue lorsque le nombre des Votans augmente; mais cette diminution peut ne commencer qu'après un certain nombre de termes, pendant lesquels la probabilité d'avoir une décision vraie croît avec le nombre des Votans, pour diminuer ensuite avec ce nombre. La limite de cette probabilité est ici zéro.

Pour la probabilité d'avoir une décision en général.

Si on cherche la probabilité d'avoir une décision vraie ou fausse, il suit de ce qui précède que la limite de cette probabilité sera toujours l'unité dans le cas de la pluralité constante; que si la pluralité est d'un tiers plus un nombre constant, la limite de la probabilité d'avoir une décision sera 1, si la probabilité de chaque voix est plus grande que $\frac{2}{3}$, ou plus petite qu'un tiers; que la limite sera $\frac{1}{2}$ si la probabilité de chaque voix est $\frac{2}{3}$ ou $\frac{1}{3}$, & zéro si cette probabilité est entre ces deux nombres. De même si la pluralité est d'un quart, la limite de la probabilité d'avoir une décision sera zéro, $\frac{1}{2}$ ou 1, suivant que la probabilité de chaque voix sera ou entre $\frac{5}{8}$ & $\frac{3}{8}$, ou égale à un de ces nombres[7], ou hors de ces limites, & ainsi de suite.

Pour la probabilité d'une décision qu'on sait être rendue.

La probabilité que la décision qu'on sait être rendue est en faveur de la vérité, pourra approcher continuellement de 1, si la probabilité de chaque voix est plus grande qu'un $\frac{1}{2}$ dans le cas de la pluralité constante, plus grande ou égale à $\frac{2}{3}$ dans le cas de la pluralité d'un tiers, plus grande ou égale à $\frac{5}{8}$ dans le cas de la pluralité d'un quart.

Mais ſi la probabilité de chaque voix eſt $\frac{1}{2}$ dans le cas de la pluralité conſtante, celle d'avoir une déciſion plutôt vraie que fauſſe, ſera toujours $\frac{1}{2}$; & dans le cas de la pluralité d'un tiers ou d'un quart ſi la probabilité de chaque voix eſt entre $\frac{2}{3}$ & $\frac{1}{3}$, entre $\frac{5}{8}$ & $\frac{3}{8}$, celle d'avoir une déciſion vraie plutôt que fauſſe, approchera de plus en plus de $\frac{1}{2}$ à meſure que le nombre des Votans augmentera. Enfin l'on voit qu'elle approchera continuellement de zéro, dans les cas contraires à ceux où elle approche continuellement de 1, c'eſt-à-dire, lorſqu'elle eſt au-deſſous de $\frac{1}{2}$, au-deſſous ou égale à $\frac{1}{3}$, au-deſſous ou égale à $\frac{3}{8}$ dans les hypothèſes de la pluralité conſtante ou d'un tiers ou d'un quart, &c.

Quant à la probabilité de la vérité de la déciſion, lorſqu'on connoît à quelle pluralité elle a été rendue, on trouvera qu'elle eſt plus grande que $\frac{1}{2}$, tant que la probabilité de chaque voix eſt auſſi au-deſſus de $\frac{1}{2}$, & au-deſſous dans le cas contraire: ſi la probabilité de chaque voix eſt au-deſſus d'un demi, la probabilité la plus petite qu'on puiſſe avoir en faveur de la déciſion rendue, eſt celle qui a lieu lorſque la pluralité eſt préciſément celle que la loi exige comme néceſſaire pour former une déciſion.

Nous avons vu ci-deſſus que lorſque la déciſion prononce ou la punition d'un accuſé, ou la ſpoliation du poſſeſſeur d'un bien, qu'il en réſulte un nouveau joug impoſé aux citoyens, une atteinte à l'exercice légitime de la liberté, il eſt eſſentiel que dans le cas même, où la déciſion eſt rendue à la moindre pluralité poſſible, on ait une très-grande probabilité, une véritable aſſurance de la vérité de la déciſion.

Si la pluralité eſt conſtante, cette valeur de la moindre probabilité reſte la même, quel que ſoit le nombre des Votans,

Si la pluralité n'eſt pas conſtante, mais proportionnelle, cette valeur de la moindre probabilité augmente avec le nombre des Votans.

Enfin on voit que la néceſſité que cette moindre valeur donne une aſſurance de la vérité de la déciſion, oblige à ne pas ſe contenter de la pluralité proportionnelle, ou à fixer pour le plus petit nombre de Votans qui puiſſe former une aſſemblée légitime, un nombre aſſez grand pour que la déciſion à la plus petite pluralité ait le degré de probabilité qu'on exige.

Cette théorie peut déjà conduire à des obſervations utiles. En effet, on voit d'abord que, pourvu que l'on ait une probabilité de chaque voix plus grande que $\frac{1}{2}$, on peut, dans le cas d'une pluralité conſtante, obtenir à la fois les cinq conditions principales que doit avoir une déciſion. Mais on peut obſerver, 1.° que dans ce même cas, ſi la probabilité de chaque voix ne ſurpaſſe point beaucoup $\frac{1}{2}$, il faudra exiger une grande pluralité pour que la probabilité de la déciſion, rendue à la moindre pluralité, ſoit ſuffiſante.

Applications de ces conſéquences.

2.° Que dès-lors il faudra un grand nombre de Votans pour ſe procurer l'aſſurance de ne pas avoir une déciſion fauſſe, & un nombre beaucoup plus grand pour avoir la probabilité d'obtenir une déciſion vraie; autrement l'avantage de ne pas craindre une déciſion fauſſe ne ſeroit dû qu'à la très-grande probabilité de ne pas avoir de déciſion; en ſorte qu'on ne pourroit remplir les conditions exigées, à moins de multiplier le nombre des Votans, ſouvent fort au-deſſus des limites dans leſquelles on eſt obligé de ſe renfermer.

Si l'on exige une pluralité proportionnelle, alors il ſuffira, pour n'avoir pas à craindre une déciſion fauſſe, que dans les exemples choiſis ci-deſſus, la pluralité de chaque voix ne ſoit pas fort au-deſſous d'un tiers, de $\frac{3}{8}$, de $\frac{2}{5}$.

Mais on n'obtiendra la probabilité d'en àvoir une vraie que ſi cette même probabilité de chaque voix eſt au-deſſus de $\frac{2}{3}$, $\frac{5}{8}$, $\frac{3}{5}$, &c. & ſi elle n'eſt que très-peu au-deſſus de ces limites, on ne pourra encore réunir ces deux conditions qu'en fixant à un très-grand nombre la quantité de Votans néceſſaires pour rendre légitimement une déciſion.

On ne peut donc ſe flatter de réunir toutes les conditions exigées que lorſque la probabilité de chaque voix ſera ſenſiblement au-deſſus de ces limites; & plus elle ſera grande, plus ces conditions ſeront faciles à remplir avec un moindre nombre de Votans.

Il peut être avantageux, dans quelques circonſtances, d'établir une pluralité proportionnelle: par exemple, ſi on l'établit telle que ſur un nombre donné de voix il faille la pluralité de $\frac{3}{5}$ du total, c'eſt-à-dire, de ſoixante voix pour une aſſemblée de cent Votans, ou de quatre-vingts contre vingt; alors ſi le nombre des Votans eſt conſidérable, on peut avoir une très-grande probabilité qu'il n'y aura pas de déciſion fauſſe, pourvu que la probabilité de chaque voix ſoit au-deſſus d'un cinquième. Ainſi, par exemple, cette eſpèce de pluralité peut être exigée dans une aſſemblée populaire très-nombreuſe, formée d'hommes peu éclairés, ayant quelquefois à décider des queſtions importantes ſur leſquelles il peut être vraiſemblable qu'ils ſe tromperont.

Par ce moyen on n'auroit pas à craindre d'erreurs funeſtes, & l'on ſeroit ſeulement expoſé à ſe priver de changemens utiles.

On peut obſerver que dans le cas de la pluralité proportionnelle,

tionnelle, celle qui eſt exigée pour former une déciſion, augmente avec le nombre des Votans; d'où il paroît réſulter qu'on ſacrifie l'eſpérance d'obtenir une déciſion à l'avantage inutile d'avoir une plus grande probabilité dans le cas de la moindre pluralité. Cet avantage peut en effet être regardé comme inutile dans la théorie abſtraite, puiſque la pluralité qui a lieu pour le moindre nombre de Votans, doit être ſuffiſante & donner une véritable aſſurance que la déciſion eſt conforme à la vérité. Mais ce même avantage n'eſt pas illuſoire dans la pratique: en effet, on n'y peut point regarder la probabilité de chaque voix comme rigoureuſement conſtante. Or, ſi on ſuppoſe cette probabilité variable, il y aura lieu de croire que ſi dans un grand nombre de Votans on a une certaine pluralité, la probabilité de chaque voix ſera plus petite que ſi dans un moindre nombre on avoit eu la même pluralité: d'ailleurs plus il y a de Votans, moins on doit les ſuppoſer éclairés *(voyez la quatrième & la cinquième Partie)*, & par conſéquent on peut avoir des motifs bien fondés de faire croître la pluralité exigée en même temps que le nombre des voix.

Septième hypothèſe.

La déciſion eſt remiſe lorſque la pluralité exigée n'a pas lieu.

La ſeptième hypothèſe eſt celle où l'on renvoie la déciſion à un autre temps, ſi la pluralité exigée n'a pas lieu.

On a ici trois cas à conſidérer, celui de la pluralité en faveur de la vérité, celui de la pluralité en faveur de l'erreur, & celui de la non-déciſion; & nous avons vu ci-deſſus comment dans les différentes hypothèſes de pluralité on détermine les limites de ces trois valeurs.

Huitième hypothèſe.

On convient de prendre les voix de la même aſſemblée juſqu'à ce qu'on ait obtenu la pluralité exigée.

Dans la huitième hypothèſe, on ſuppoſe que ſi l'aſſemblée n'a pas rendu ſa première déciſion à la pluralité exigée, on prend une ſeconde fois les avis, & ainſi de ſuite, juſqu'à ce que l'on obtienne cette pluralité. On trouve dans cette hypothèſe

Conſéquences qui réſultent du calcul.

que, quel que ſoit le nombre des Votans & la pluralité exigée, la probabilité d'avoir une déciſion augmente continuellement, & que ſa limite eſt l'unité; de manière que ſi l'on eſt convenu de reprendre continuellement les avis, on a une probabilité auſſi grande qu'on voudra d'obtenir enfin une déciſion. La probabilité que cette déciſion ſera vraie, ou ſi on la ſuppoſe déjà rendue, & qu'on connoiſſe la pluralité, la probabilité qu'elle eſt conforme à la vérité, ſont abſolument les memes que ſi on avoit obtenu la même déciſion la première fois que l'on a demandé les avis. Cette concluſion paroît abſurde; auſſi ne ſeroit-elle pas légitime dans la pratique. Mais ſi on conſidère les objets dans un ſens abſtrait, on voit que, ſuppoſant que la probabilité de la voix de chaque Votant ſoit reſtée la même, on doit conſidérer la probabilité de la déciſion comme ſi l'on n'avoit demandé les avis qu'une ſeule fois. Le cas où l'on ſauroit que l'on a eu ſur 25 Votans une pluralité de 15, & où l'on demanderoit la probabilité de la vérité de la déciſion, eſt abſolument le même que celui où ſachant qu'il y a dans un ſac un certain nombre de boules noires & un certain nombre de boules blanches, la proportion de ces nombres étant connue, & ſachant de plus qu'on a tiré vingt boules d'une couleur & cinq boules d'une autre, on demanderoit quelle eſt la probabilité que celles qui ont été tirées au nombre de vingt ſont blanches ou noires. Si l'on ſuppoſe que l'on a eu en tirant d'autres fois des boules du même ſac une proportion différente entre le nombre des boules de chaque couleur, on auroit à chaque tirage des probabilités differentes que celles qui ſont venues en tels nombres, ſont blanches ou noires, mais cela n'altère en rien la probabilité qui naît du dernier tirage, tant que la proportion du nombre

Elles ne ſont pas applicables à la pratique.

des boules de chaque couleur, déposées dans le sac, demeurera la même.

La seule différence qu'il y ait entre la conclusion du calcul abstrait & celle qu'on doit trouver dans la réalité, ne peut venir que de la différence de la probabilité de chaque voix qui n'est pas constante pour les mêmes hommes, & qui doit être plus grande lorsqu'ils se réunissent à former une décision à une pluralité donnée la première fois qu'ils donnent leur avis, que lorsqu'ils ne peuvent se réunir avec cette pluralité qu'après plusieurs décisions successives, & par conséquent, après qu'un certain nombre d'entr'eux a été obligé de changer d'avis.

L'examen de cette question doit donc être renvoyé à la quatrième Partie.

Neuvième hypothèse.

La neuvième hypothèse a pour objet les décisions formées par différens systèmes de Tribunaux combinés.

Décisions formées par un système de Tribunaux combinés.

Conséquences du calcul.

On peut d'abord regarder comme fini & déterminé le nombre de ces Tribunaux, & demander, pour que la décision soit censée rendue, ou l'unanimité entre ces Tribunaux, ou une certaine pluralité.

Dans le premier cas, on peut remplir les mêmes conditions qu'avec un seul Tribunal, mais cependant avec quelque désavantage, puisque si l'on obtient, en employant un nombre égal de Votans, l'avantage d'avoir moins à craindre une décision fausse, & plus de probabilité qu'une décision rendue sera vraie, ce n'est qu'en diminuant la probabilité d'avoir une décision; ce qu'on auroit obtenu également d'une manière plus simple avec un seul Tribunal.

On peut dans ce cas, ne regarder l'unanimité comme rompue, que par une décision contraire à la première, &

rendue avec la pluralité exigée, mais non par les décisions où cette pluralité ne se trouve pas. Il se présente alors une difficulté qui n'a pas lieu dans un seul Tribunal; c'est qu'en supposant que l'on connoisse le nombre des décisions & la pluralité de chacune, on peut avoir la somme des pluralités obtenues contre l'opinion qui l'emporte, plus grande que celle des pluralités conformes à cet avis. Par exemple, supposons sept Tribunaux, qu'il faille l'unanimité de ceux qui décident réellement pour condamner un accusé, & qu'on exige une pluralité de cinq voix dans chaque Tribunal; si quatre Tribunaux déclarent l'accusé innocent à la pluralité de quatre voix, pluralité qui ne donne aucune décision, & que trois le déclarent coupable à la pluralité de cinq voix, qui suffit pour former une décision, il est évident qu'il sera condamné, ayant d'un côté une pluralité de seize voix en faveur de son innocence, de l'autre une pluralité seulement de quinze voix contre lui.

Une telle forme seroit nécessairement injuste; ainsi il faudroit y mettre une nouvelle condition, comme, par exemple, que l'unanimité des décisions particulières ne formeroit une décision définitive que lorsque le nombre de ces décisions sera plus grand de tant d'unités que la moitié du nombre total des Tribunaux. Ainsi dans l'exemple proposé, si on exige qu'au moins quatre Tribunaux soient d'avis de condamner: le cas le plus défavorable seroit celui où l'accusé seroit condamné, ayant d'un côté contre lui une pluralité de vingt voix, & pour lui une pluralité de douze, ce qui est équivalent à une pluralité de huit voix.

Si on se borne à exiger une certaine pluralité entre les décisions des Tribunaux, soit qu'on rejette les décisions rendues à la pluralité inférieure, ſoit qu'on les admette comme rendues pour l'avis le plus favorable, on ſe trouve également expoſé à adopter définitivement un avis qui auroit réellement la minorité : à la vérite on peut toujours prendre la pluralité exigée dans chaque Tribunal, le nombre des Tribunaux, la pluralité exigée entre leurs déciſions, de manière que l'on ne ſoit pas expoſé à cet inconvénient; mais on ſent qu'on ne peut y remédier qu'en diminuant beaucoup la probabilité d'avoir une déciſion.

On peut ſuppoſer le nombre des déciſions indéfini, c'eſt-à-dire, prendre continuellement l'avis de différentes aſſemblées, 1.° juſqu'à ce que l'on ait ou un nombre donné de déciſions uniformes, en regardant comme nulles celles qui n'ont pas la pluralité exigée, & il eſt aiſé de ſentir que dans ce cas la déciſion finale peut être rendue avec une minorité indéfinie, en ſorte que la limite de la probabilité de cette déciſion eſt zéro. Par exemple, ſoit 5 la pluralité exigée, & 8 le nombre des déciſions conformes qu'on exige, la déciſion totale peut être produite par une pluralité de 8 fois 5 voix, ou 40 voix ſeulement; mais on peut avoir un nombre indéfini de déciſions contraires, regardées comme nulles à la pluralité de 4 voix, ce qui donne une pluralité indéfinie contre la déciſion finale. Il n'y a d'autre remède ici que de rejeter ſeulement comme nulles les déciſions rendues pour l'opinion regardée comme défavorable avec une pluralité au-deſſous de la pluralité exigée, & compter pour contradictoires aux premières les déciſions rendues avec la plus petite pluralité en faveur de l'opinion favorable. Mais ce moyen auroit un autre inconvénient, celui de faire rejeter l'opinion défavorable, quoiqu'elle l'emportât ſur l'autre d'une pluralité indéfinie; ainſi l'on n'obtiendroit réellement la probabilité de ne pas faire une injuſtice, une choſe nuiſible, qu'en s'expoſant à ne pas rendre juſtice, à ne pas faire de bien, même lorſqu'on a l'aſſurance la plus grande de ne pas être trompé.

2.° On peut continuer de prendre les voix juſqu'à ce que l'on ait obtenu une certaine pluralité de déciſions : ſi cette pluralité eſt fixe, comme on peut avoir un nombre indéfini de jugemens contradictoires, & que ceux qui finiſſent par avoir la pluralité, peuvent être rendus à une moindre majorité que les autres, on ſera encore ici expoſé à regarder comme légitime une déciſion rendue à une minorité indéfinie.

Si on demande une pluralité proportionnelle au nombre total de la ſuite des déciſions, alors on pourra s'aſſurer de ne jamais avoir une déciſion réellement contraire à l'avis de la pluralité ; mais pour cela, ſi la pluralité eſt d'un tiers, il faudra que la majorité exigée dans chaque déciſion, ſoit au moins de moitié du nombre des Votans ; ſi la pluralité eſt d'un quart il faut que la majorité ſoit au moins des trois cinquièmes.

Si enfin on ſuppoſe que l'on exige un nombre fixe de déciſions conſécutives, on pourra non-ſeulement avoir pour déciſion finale un jugement rendu à une minorité de voix indéfinie, mais auſſi à une minorité également indéfinie de jugemens. Par exemple, ſi on demande trois déciſions conformes, on peut avoir deux déciſions *A*, une déciſion *N*, deux déciſions *A*, une déciſion *N*, deux déciſions *A* & trois *N*, & par conſéquent la déciſion *N* l'emporteroit, quoiqu'il y ait eu ſix déciſions *A*, & ſeulement cinq déciſions *N*. Suppoſons que chaque déciſion ait été rendue par ſept Juges, & qu'on exige une pluralité de trois voix, que *N* ait eu cinq fois cette pluralité, & *A* ſix fois l'unanimité, la déciſion ſera rendue à la minorité de 15 voix contre 42.

Il faut obſerver que dans toutes ces hypothèſes, on peut du moins, en multipliant le nombre des Votans, & lorſque la probabilité de la voix de chacun eſt au-deſſus de certaines limites, parvenir à une très-grande probabilité de n'avoir pas une déciſion fauſſe, & même d'en avoir une vraie; en ſorte qu'à cet égard ces formes n'ont d'autres inconvéniens que d'être plus compliquées & de rendre les déciſions plus lentes à obtenir, inconvéniens auxquels on peut oppoſer l'avantage de former des aſſemblées plus petites, & ſi on peut les prendre dans les lieux ſéparés, de pouvoir les compoſer d'un plus grand nombre d'hommes éclairés.

Mais l'inconvénient qu'ont ces formes compliquées, d'expoſer à ſuivre des déciſions rendues avec la minorité, ſuffit pour les faire abſolument rejeter, fût-on très-aſſuré que cet inconvénient ne doit preſque jamais arriver: nous en avons dit les motifs ci-deſſus, & ils ſont ici d'autant plus forts que ceux qui ordonneroient l'exécution de pareilles déciſions, agiroient, ou forceroient les autres d'agir contre le ſentiment de la conſcience, & feroient une injuſtice en connoiſſance de cauſe. Or, il eſt permis d'agir d'après une opinion, quoiqu'il devienne probable que ſur un grand nombre d'actions, déterminées par le même principe, on en fera une injuſte, pourvu que l'on ait pour chaque action en particulier une aſſurance ſuffiſante qu'elle eſt conforme à la juſtice; mais cette conduite ceſſe d'être légitime, ſi dans la ſuite de ces actions il y en a telle en particulier dont on puiſſe connoître l'injuſtice.

Des Tribunaux d'appel.

Dans pluſieurs pays, on décide les affaires par deux Tribunaux, l'un inférieur, l'autre ſupérieur, & on ſuit le vœu du dernier ſans avoir égard à l'autorité du premier jugement. Si on conſidère cette forme de déciſion dans un ſens abſtrait, puiſque le jugement du dernier Tribunal eſt ſeul exécuté, on doit avoir les mêmes concluſions que ſi ce Tribunal avoit prononcé ſeul quant à la probabilité de n'avoir pas une déciſion fauſſe, d'en avoir une vraie, enfin d'en avoir une, vraie ou fauſſe : mais quant aux deux autres objets, ſavoir la probabilite de la déciſion, quand on ſait qu'elle eſt rendue, & quel a été l'avis du premier Tribunal, ou bien quand on connoît la pluralité des deux Tribunaux & leur déciſion, il n'en eſt pas de même. Si les deux déciſions ſont conformes, la probabilité de la vérité de la déciſion eſt à la probabilité de l'erreur comme le produit des probabilités de la vérité de chaque déciſion au produit des probabilités de l'erreur de chacune. Ainſi, par exemple, ſi la probabilité de la vérité de la première déciſion eſt $\frac{9}{10}$, & celle de l'erreur $\frac{1}{10}$, la probabilité de la vérité de la ſeconde déciſion $\frac{99}{100}$, & $\frac{1}{100}$ celle de l'erreur, la probabilité de la vérité du jugement ſera à celle de l'erreur comme 99 fois 9, ou 891 à 1, & par conſéquent la probabilité de l'erreur ſera $\frac{1}{892}$, & celle de la vérité $\frac{891}{892}$.

Si au contraire les deux déciſions ſont oppoſées, la probabilité de la vérité du jugement ſera à celle de l'erreur, comme le produit de la probabilité de la vérité de la dernière déciſion par celle de l'erreur de la première, au produit de la probabilité de l'erreur de la ſeconde par celle de la vérité de la première, c'eſt-à-dire, dans le même exemple comme 99 à 9, ou comme 11 à 1; en ſorte que la probabilité de la vérité ſera ſeulement $\frac{11}{12}$, & celle de l'erreur $\frac{1}{12}$.

Suppoſons que la pluralité ſoit connue, alors ſi les deux déciſions ſont conformes, la probabilité ſera dans le cas d'une égale probabilité de chaque voix, comme ſi l'on avoit eu

une

une pluralité égale à la ſomme des deux pluralités, & ſi les déciſions ſont contraires, comme ſi l'on avoit eu une pluralité égale à la différence de ces pluralités.

Dans le cas où les probabilités de chaque voix ne ſont pas les mêmes dans les deux Tribunaux, on a, ſi les deux déciſions ſont conformes entr'elles, la probabilité de la vérité du jugement, comme pour la pluralité de tant de voix d'une telle probabilité chacune, plus tant d'autres d'une autre probabilité; & ſi les deux déciſions ſont contraires, comme pour la pluralité de tant de voix de la première probabilité, moins tant de voix d'une autre probabilité.

Par exemple, ſuppoſons les probabilités égales, & $\frac{4}{5}$ pour chaque voix dans les deux Tribunaux, que le premier ait une pluralité de 7 voix & le ſecond une de 5, ſi les déciſions ſont conformes, la probabilité de la vérité ſera $\frac{16,777,216}{16,777,217}$, ce qui donne une aſſurance très-grande: mais ſi elles ſont oppoſées, la probabilité de la vérité de la déciſion devient dans le même exemple $\frac{1}{17}$, & celle de l'erreur $\frac{16}{17}$.

Si ces probabilités ſont différentes, & qu'on ſuppoſe celle de chaque voix du premier Tribunal $\frac{2}{3}$, & celle de chaque voix du ſecond $\frac{4}{5}$, la probabilité de la vérité du jugement, ſi les déciſions ſont conformes, ſera $\frac{131072}{131073}$; & ſi elles ſont différentes, la probabilité de la vérité ne ſera que $\frac{8}{9}$.

On voit donc qu'il eſt abſolument néceſſaire dans ce cas, ou d'exiger du Tribunal ſupérieur une pluralité qui donne une aſſurance ſuffiſante, même lorſqu'elle prononce contre l'unanimité du Tribunal inférieur, ce qui peut n'être pas compatible avec la néceſſité d'avoir une grande probabilité d'obtenir une déciſion, ou bien il faudra que la pluralité exigée du

Tribunal ſupérieur ſoit ſuffiſante ſeulement par elle-même quand ſon jugement eſt conforme à celui du premier Tribunal, & plus grande dans le cas contraire, de manière qu'il y ait toujours une aſſurance de la vérité du jugement ſupérieur, même quand il eſt rendu contre l'unanimité du premier.

Réſultat général.

On voit donc ici que la forme la plus propre à remplir toutes les conditions exigées, eſt en même temps la plus ſimple, celle où une aſſemblée unique, compoſée d'hommes éclairés, prononce ſeule un jugement à une pluralité telle, qu'on ait une aſſurance ſuffiſante de la vérité du jugement, même lorſque la pluralité eſt la moindre, & il faut de plus que le nombre des Votans ſoit aſſez grand pour avoir une grande probabilité d'obtenir une déciſion.

Des Votans éclairés & une forme ſimple, ſont les moyens de réunir le plus d'avantages. Les formes compliquées ne remédient point au défaut de lumières dans les Votans, ou n'y remédient qu'imparfaitement, ou même entraînent des inconvéniens plus grands que ceux qu'on a voulu éviter.

Des déciſions où le nombre des avis pour leſquels chaque Membre peut voter, eſt plus grand que deux.

Juſqu'ici on a ſuppoſé qu'il ne pouvoit y avoir que deux avis, c'eſt-à-dire, qu'on délibéroit ſur la vérité d'une propoſition ſimple ou de ſa contradictoire : il reſte à examiner les circonſtances où le vœu ne ſe réduit pas à deux avis oppoſés.

On ſuppoſe d'abord que le troiſième avis eſt nul & ne renferme aucune déciſion.

La première queſtion qui ſe préſente, eſt celle où l'on ſuppoſe que les Votans peuvent non-ſeulement voter pour ou contre une propoſition, mais auſſi déclarer qu'ils ne ſe croient pas aſſez inſtruits pour prononcer.

Alors le calcul conduit à trouver que ſi l'on ne tient aucun compte des voix qui prennent ce dernier parti, on pourra toujours obtenir, en prenantoune pluralité convenable, une probabilité auſſi grande qu'on voudra de ne pas avoir une déciſion contraire à la vérité, & il en ſera de même de la probabilité d'avoir une déciſion.

Mais on ne pourra avoir une probabilité au-deſſus de $\frac{1}{2}$, ni d'avoir une déciſion vraie, ni que la déciſion rendue ſera conforme à la vérité.

On ne pourra non plus avoir une probabilité ſuffiſante de la vérité de la déciſion, en ſuppoſant la pluralité connue, quelque hypothèſe de pluralité qu'on choiſiſſe, parce qu'il y aura toujours des cas où cette probabilité pourra être au-deſſous de $\frac{1}{2}$.

Cette concluſion eſt fondée ſur un principe qui paroît inconteſtable; c'eſt que ſi ceux qui ont pris un parti ſe ſont trompés en regardant la queſtion comme aſſez éclaircie, on ne doit point regarder leur voix comme ayant la même probabilité que s'ils ne s'étoient pas trompés ſur la première queſtion, & même au contraire on doit ſuppoſer que la probabilité de la vérité de la déciſion qu'ils forment eſt moindre que celle de l'erreur.

Ainſi dans le cas où l'on admet ces trois avis, il faut non-ſeulement que celui qui obtient la préférence, ait ſur l'avis contraire une pluralité ſuffiſante: il faut de plus que la ſomme des voix qui prononcent ſur le fond de la queſtion ait auſſi une pluralité ſuffiſante ſur le nombre des voix qui décident que la queſtion n'eſt pas aſſez inſtruite. Mais il ſe préſente de nouvelles difficultés dans cette manière de décider.

Suppoſons, par exemple, qu'il ſoit queſtion de juger un accuſé, & qu'on puiſſe porter les trois avis; l'accuſé eſt coupable, l'accuſé n'eſt pas coupable, l'inſtruction ne donne de preuves ſuffiſantes ni du crime ni de l'innocence. On voit d'abord que les voix qui opinent pour le second ou pour le troisième avis, doivent être également comptées pour faire renvoyer l'accusé, parce que l'on ne doit punir un accusé que lorsqu'on a une probabilité suffisante que son crime est prouvé. Si le renvoi de l'accusé doit entraîner des dédommagemens ou des peines pour ses accusateurs, alors on doit compter ensemble les voix qui sont pour le premier & le troisième avis, parce que l'accusation ne peut être jugée injuste, & regardée comme une véritable oppression que lorsque l'innocence de l'accusé se trouve avoir un certain degré de probabilité.

Si le Tribunal qui juge a droit d'ordonner une nouvelle instruction, & que le troisième avis s'entende dans ce sens; alors si les deux premiers ont ensemble une pluralité de voix suffisante, il faudra décider, d'après la pluralité, entre ces deux avis, parce que la voix de ceux qui regardent une nouvelle instruction comme nécessaire, ne doit être comptée ni pour ni contre.

L'humanité ou la justice ne peuvent exiger que ces voix soient comptées en faveur de l'accusé; parce qu'il est toujours possible d'exiger entre les voix de ceux qui ont jugé l'instruction complète, une pluralité qui donne une assurance suffisante pour la sûreté, & que ce moyen a l'avantage de donner la sûreté qu'exige la justice, & de moins diminuer la probabilité d'avoir une décision vraie.

Ce dernier cas est le seul où, pour cet exemple, la manière de voter que nous considérons ici, puisse être suivie.

On suppose trois avis réellement distincts.

Si on suppose ensuite que l'on ait trois avis distincts, & qu'on cherche, la probabilité de chaque avis étant connue, ou la probabilité d'avoir la pluralité d'un avis sur les deux,

& celle de la décision dans ce cas, ou la probabilité que, soit les deux autres, soit un seul des deux, n'auront pas la pluralité; on trouvera dans tous les cas qu'on peut donner aux décisions une forme telle, qu'en multipliant le nombre des Votans, la probabilité ait pour limite 1, $\frac{1}{2}$, $\frac{1}{3}$ ou zéro.

Résultats du calcul.

Car la limite $\frac{1}{3}$ se trouve ici lorsque les trois avis ont une égale probabilité & qu'il ne s'agit que d'une pluralité constante, & dans différens autres cas; comme la limite $\frac{1}{4}$ a lieu si l'on suppose quatre avis possibles.

Mais il ne suffit pas d'avoir des formules algébriques qui représentent la probabilité dans toutes ces hypothèses, il faut examiner ce que l'on doit entendre par la probabilité des avis.

Examen de la manière dont trois avis peuvent être formés, & la probabilité de chacun d'eux.

Lorsqu'il n'y a que deux avis, & qu'il s'agit de prononcer entre deux propositions contradictoires, dont l'une est vraie & l'autre fausse, si l'on connoît la probabilité que chaque Votant décidera plutôt en faveur de la vérité que de l'erreur, on connoît la probabilité que la décision à une pluralité donnée sera en faveur de la vérité, ou qu'il n'y aura pas de décision erronée, ou qu'il y aura une décision, ou qu'une décision rendue sera vraie plutôt que fausse.

Pour appliquer maintenant la même théorie à des propositions plus compliquées, il faut observer d'abord que toute proposition composée se réduit à un système de propositions simples, & que tous les avis que l'on peut former en délibérant sur cette proposition, sont égaux en nombre aux combinaisons qu'on peut faire de ces propositions & de leurs contradictoires.

Dans ce cas, chaque avis est une combinaison de propositions simples & de leurs contradictoires.

Ainsi, par exemple, si la proposition composée qu'on examine est formée de deux propositions simples, il y a quatre avis possibles; si elle l'est de trois propositions simples, il y a huit avis possibles, seize pour quatre propositions simples, & ainsi de suite.

La probabilité de la voix de chaque Votant pour une proposition particulière étant supposée connue, la probabilité que son avis, composé de deux, de trois, de quatre propositions, sera vrai, est égale à la probabilité qu'il ne se trompera point dans deux, trois, quatre jugemens consécutifs: on aura ensuite pour le nombre des avis, où toutes les propositions seront vraies hors une, la probabilité de ces avis égale à celle qu'il ne se trompera qu'une fois sur deux, trois, quatre. On cherchera de meme la probabilité qu'il n'y aura dans l'avis que deux propositions fausses, ce qui a lieu pour autant d'avis qu'il y a de combinaisons deux à deux dans les propositions, & elle sera égale à la probabilité que chaque Votant se trompera deux fois sur deux, sur trois, sur quatre jugemens, & ainsi de suite.

Ainsi on aura les différentes probabilités qu'on doit supposer à un avis entièrement conforme à la vérité, à un avis qui ne renferme qu'une, deux, trois erreurs; enfin à un avis entièrement erroné, & par conséquent on pourra trouver, par les formules précédentes, la probabilité d'avoir une décision vraie, ou celle de ne pas en avoir une fausse dans les différentes hypothèses de pluralité.

Considération qui rend défectueuse, dans ce cas, la manière ordinaire de prendre la pluralité des voix.

Mais il faut ici faire une observation importante. Il est très-possible que l'avis qui a la pluralité des voix, ne soit pas formé de propositions qui chacune aient réellement la pluralité, & cette réflexion rend absolument défectueuse la manière de former la décision à la pluralité des voix pour chaque avis, & d'en déterminer la probabilité d'après la méthode précédente.

En effet, on a ſeulement ici la pluralité relativement à chaque avis, conſidéré dans ſa totalité, & la probabilité qui en réſulte; & on fait abſtraction de la pluralité pour chaque propoſition en particulier, & de la probabilité que peuvent ajouter ou ôter à chaque propoſition qui forme un avis, les voix qui, en portant d'autres avis, ſont d'accord avec le premier avis, ou le contrediſent ſur chacune de ces propoſitions.

Or, on ne peut faire abſtraction de cette conſidération ſans erreur: un ſyſtème de propoſitions n'eſt vrai que parce que chacune des propoſitions qui le forment eſt une vérité; & la probabilité du ſyſtème ne peut être rigoureuſement déduite que de la probabilité de chaque propoſition en particulier.

Suppoſons, par exemple, que deux propoſitions *A* & *a* forment un avis, & que les deux propoſitions *N* & *n* en ſoient les deux contradictoires, il y aura quatre avis poſſibles; premier, *A* & *a;* ſecond, *A* & *n;* troiſième, *N* & *a;* quatrième, *N* & *n*. Suppoſons maintenant qu'il y ait trente-trois Votans; que le nombre des voix pour le premier avis ſoit 11, 10 pour le ſecond, 3 pour le troiſième, 9 pour le dernier, & qu'en conſéquence on ſe décide pour le premier.

Il eſt aiſé de voir que ce premier avis eſt compoſé des deux propoſitions *A* & *a;* que la propoſition *A* eſt adoptée auſſi par tous ceux qui ont été du ſecond avis, & qu'ainſi elle a réellement en ſa faveur 21 voix, & 12 contre elle. La propoſition *a* eſt adoptée par tous ceux qui ont été du troiſième avis; elle a donc 14 voix pour elle & 19 contre: par la même raiſon, la propoſition *N* a 12 voix pour elle, & la propoſition *n* en a 19. Ce ſont donc les deux propoſitions

A & *n* qui doivent l'emporter, & le second avis, & non le premier, qui a réellement la pluralité.

Moyens de remédier à cet inconvénient.

Il suit de cette observation, 1.° que pour avoir à la pluralité des voix une décision qui mérite de la confiance, il est absolument nécessaire de réduire tous les avis de manière qu'ils représentent d'une manière distincte les différentes combinaisons qui peuvent naître d'un système de propositions simples & de leurs contradictoires.

2.° Que comptant ensuite séparément toutes les voix données en faveur de chacune de ces propositions ou de sa contradictoire, il faut prendre celle des deux qui a la pluralité, & former de toutes ces propositions l'avis qui doit prévaloir.

3.° Qu'il est indifférent dans ce cas, de prendre les voix sur tout le système, ou de les prendre successivement sur chaque proposition.

Il est inutile d'entrer dans aucun détail sur la manière de régler la pluralité. En effet, il est évident qu'il faut s'assurer à la fois pour chaque proposition, & ensuite pour le système entier, de remplir les conditions nécessaires à toutes les espèces de décision.

Plus la question sera compliquée, plus elle renfermera de propositions simples; plus aussi il sera difficile de remplir ces conditions & d'avoir une probabilité suffisante d'obtenir une décision vraie, & que la décision rendue est conforme à la vérité; & le besoin de ne confier la décision qu'à des hommes assez éclairés pour que la probabilité de la voix de chaque Votant soit très-grande, est encore plus indispensable ici que dans le cas où il s'agit de prononcer sur une simple proposition.

Si

Examen du cas ou parmi les combinaisons des systèmes de propositions simples, il s'en trouve qui renferment une contradiction.

Si ces propositions, dont les combinaisons forment les différens avis, étoient toujours telles qu'aucune de ces combinaisons mathématiquement possibles ne renfermât une contradiction, nous n'aurions rien à ajouter ici, mais cela n'a lieu en général que lorsque les propositions sont indépendantes l'une de l'autre.

Si elles sont liées entr'elles, il peut y avoir des combinaisons renfermant des contradictions dans les termes.

Par exemple, 1.° si ces combinaisons renferment deux propositions qui ne peuvent subsister ensemble; ce qui a lieu lorsqu'une proposition d'un des systèmes de propositions contradictoires deux à deux, est une proposition *contraire* à une des propositions d'un autre système.

2.° Si deux des propositions qui entrent dans une combinaison, conduisent à une conclusion qui ne peut être vraie en même temps qu'une troisième proposition, qui fait aussi partie de la même combinaison.

Outre ces contradictions, qui sont rigoureusement dans les termes, il peut exister entre deux propositions de la même combinaison, ou bien entre une proposition & la conclusion de deux autres, une opposition suffisante pour rejeter la combinaison; comme, par exemple, si ces propositions ne peuvent subsister ensemble sans qu'il en résulte une conséquence contraire à une vérité reconnue.

Il peut arriver encore que plusieurs des combinaisons possibles conduisent aux mêmes résultats, & qu'ainsi elles puissent être censées former un seul avis.

Par ces deux raisons, quoique les combinaisons qui naissent des systèmes de propositions contradictoires deux à deux, soient toujours une puissance de 2, dont l'exposant est égal au nombre des systèmes de propositions contradictoires, ou des propositions qui entrent dans chaque avis, c'est-à-dire 2 s'il est formé d'une seule proposition, 4 s'il l'est de deux, 8 s'il l'est de trois, & ainsi de suite, les avis pourront se réduire absolument, ou seulement, quant aux résultats, à un moindre nombre qui ne soit pas une puissance de 2, ou compris dans la suite des nombres 2, 4, 8, 16, &c. Mais il n'en est pas moins nécessaire d'analyser chaque avis, afin de connoître quelles propositions l'ont formé, & de pouvoir juger quelles combinaisons des propositions a réellement la pluralité, & quelle probabilité en résulte.

1.er exemple, d'un jugement criminel, où l'on peut voter, comme à Rome, par le *non liquet*.

Quelques exemples serviront à mieux faire entendre ces principes.

Je suppose que l'on ait à délibérer entre les trois avis suivans.

Il est prouvé qu'un tel accusé est coupable.

Il est prouvé qu'il est innocent.

Ni l'un ni l'autre n'est suffisamment prouvé.

On voit clairement ici deux systèmes de propositions contradictoires entr'elles.

Premier Système

(A) Il est prouvé que l'accusé est coupable.

(N) Il n'est pas prouvé que l'accusé soit coupable.

Second Système.

(a) Il est prouvé que l'accusé est innocent.

(n) Il n'est pas prouvé que l'accusé soit innocent.

Nous avons donc quatre combinaisons.

1.° Les deux propositions *A* & *a*; mais ces deux propositions ſont évidemment contraires l'une à l'autre, & par conſéquent cette combinaiſon eſt abſurde.

2.° La combinaiſon *A* & *n*, la propoſition *n* eſt renfermée dans la propoſition *A*; ainſi cette combinaiſon ſe réduit à l'avis, il eſt prouvé que l'accuſé eſt coupable.

3.° La combinaiſon *N* & *a*, la propoſition *a* renferme la propoſition *N*, & cette combinaiſon forme l'avis, il eſt prouvé que l'accuſé eſt innocent.

4.° Enfin la combinaiſon *N* & *n*, d'où réſulte l'avis, il n'eſt prouvé ni que l'accuſé ſoit innocent ni qu'il ſoit coupable.

Suppoſons maintenant que le premier avis ait 11 voix en ſa faveur, le ſecond 7, & le troiſième 6, nous aurons onze voix pour la propoſition *A* & treize pour la propoſition *N*, ſept voix pour la propoſition *a* & dix-ſept pour la propoſition *n*: ce ſera donc le troiſième avis qui doit avoir la pluralité, quoiqu'en comptant les avis à la manière ordinaire, il parût avoir la minorité.

Dans cet exemple, quelque proportion qu'on ſuppoſe dans le nombre des voix, on ne pourra avoir en même temps la pluralité en faveur des deux propoſitions contraires *A* & *a*: le réſultat de la votation ſera toujours une déciſion pour un des trois avis poſſibles, & la même choſe aura lieu pour tous les cas où de quatre combinaiſons poſſibles entre deux ſyſtèmes de propoſitions ſimples, une des combinaiſons ſera exclue, parce qu'elle contient deux propoſitions contraires.

Manière d'avoir dans ce cas l'avis de la pluralité.

Il paroît d'abord abſolument indifférent, ou d'aller deux fois aux voix ſur chaque propoſition ſimple, ou d'y aller une ſeule fois ſur chacun des trois avis; mais cette parité n'eſt exacte qu'autant qu'on ſuppoſe qu'en prenant deux fois les voix, il n'arrive jamais à aucun des Votans d'être ſucceſſivement de deux avis contraires. Or cela peut arriver, ſurtout ſi on recueille les voix par ſcrutin, & par conſéquent il vaut mieux faire prononcer chacun pour un des trois avis, & enſuite, par un calcul très-ſimple, déduire du nombre des voix de chacun le véritable réſultat de la déciſion. Cette remarque s'étend généralement à tous les cas ſemblables.

Inconvénient de celle qui eſt en uſage dans pluſieurs pays.

On a ſenti dans pluſieurs pays, & particulièrement dans les Tribunaux de France, que ſouvent l'avis qui avoit le plus de voix, n'étoit pas véritablement l'avis de la pluralité, & l'on a imaginé d'y remédier, en prenant deux des avis qui ont le plus grand nombre de voix, & en obligeant les Votans de ſe partager entre ces avis.

Ce que nous avons dit ſuffit pour montrer que cette méthode ne remédie qu'en partie aux inconvéniens.

1.° Elle a celui d'obliger les Votans à ſe ranger à un avis qui n'eſt pas le leur, & à voter non ſelon la vérité, mais ſelon les inconvéniens qu'ils croient apercevoir dans les partis entre leſquels ils ſont obligés de ſe partager.

2.° Il peut même arriver que la pluralité réelle ne ſoit en faveur d'aucun des deux avis qui ont le plus de voix, comme dans l'exemple que nous avons choiſi.

2.d Exemple, d'une déciſion ſur la juſtice de reſtrictions miſes à la liberté du commerce.

Paſſons enſuite à un exemple plus compliqué: ſuppoſons que les trois avis ſoient,

1.° Toute reſtriction miſe à la liberté du commerce, eſt injuſte.

2.° Les reſtrictions miſes à la liberté du commerce par des loix générales, ſont les ſeules qui ſoient juſtes.

3.° Les reſtrictions à la liberté, miſes par des ordres particuliers, peuvent auſſi être juſtes.

On eſt obligé ici de prendre trois ſyſtèmes de propoſitions.

(1.°) *A*, toute reſtriction eſt injuſte.

N, il peut y avoir des reſtrictions juſtes.

(2.°) *a*, les reſtrictions miſes par des loix générales, peuvent être juſtes.

n, les reſtrictions miſes par des loix générales, ne ſont pas juſtes.

(3.°) *α*, les reſtrictions miſes par des ordres particuliers, peuvent être juſtes.

ν, les reſtrictions miſes par des ordres particuliers, ne peuvent être juſtes. Ce qui donne huit combinaiſons mathématiquement poſſibles, formées par les propoſitions (I) *A*, *a*, *α*, (II) *A*, *a*, *ν*, (III) *A*, *n*, *α*, (IV) *A*, *n*, *ν*, (V) *N*, *a*, *α*, (VI) *N*, *a*, *ν*, (VII) *N*, *n*, *α*, (VIII) *N*, *n*, *ν*.

Ces lettres déſignent ici les propoſitions auxquelles elles répondent, & qui forment chaque ſyſtème.

De ces huit combinaiſons il faut rejeter les trois premières, parce qu'elles renferment des propoſitions qui ſont contraires entr'elles.

La quatrième ſe réduit au premier avis, il ne peut y avoir de reſtrictions juſtes.

La cinquième donne le troiſième avis, les reſtrictions miſes par des ordres particuliers peuvent être juſtes, comme celles qui ſont miſes par des loix générales.

La ſixième donne le ſecond avis, les reſtrictions miſes par des loix générales ſont les ſeules juſtes.

La ſeptième doit être rejetée, parce qu'elle contient les deux propoſitions; les reſtrictions miſes par des loix générales ſont injuſtes; celles qui ſont miſes par des ordres particuliers peuvent être juſtes, ce qui paroît contraire à la raiſon.

La huitième doit être rejetée aussi, parce que les deux propositions, les restrictions mises par des loix générales sont injustes, les restrictions mises par des ordres particuliers sont injustes, conduisent à la conclusion, toute restriction est injuste; proposition qui ne pourroit subsister avec la première proposition de ce système; il peut y avoir des restrictions justes.

Si donc le premier avis a eu 15 voix, le second 11, & le troisième 12, la proposition *A* aura réellement 15 voix, & la proposition *N* 23; la proposition *a* 23 voix, & la proposition *n* 15 voix; la proposition *α* 12 voix, & la proposition *ν* 26 voix; la combinaison qui doit l'emporter sera donc composée des propositions *N*, *a* & *ν*, ce qui est le second avis, & précisément celui qui paroissoit avoir le moins de voix.

On trouve encore dans cet exemple, & dans tous ceux où les huit avis seront réduits à trois par de semblables raisons, que les trois propositions, qui ont chacune la pluralité, appartiennent toujours à des systèmes possibles.

3.e Exemple, de la décision d'une question, où l'avis qu'il n'y a pas eu preuves suffisantes, & les deux avis sur la question elle-même sont également admis.

On aura de même la solution des autres cas; par exemple, celui où les Votans qui adoptent une des propositions contradictoires sur une première question, ne peuvent avoir un avis sur la seconde, comme si l'on délibère sur ce système de quatre propositions.

Les preuves acquises sont suffisantes pour décider.

Les preuves acquises ne sont pas suffisantes.

Et ensuite les deux propositions contradictoires sur la question en elle-même; alors il est clair que ceux qui ont voté pour la proposition, les preuves ne sont pas suffisantes, ne peuvent voter sur la seconde question. Ainsi, dans le cas où, lorsqu'il n'y a pas de preuves suffisantes, la justice n'oblige pas à préférer l'un des deux partis à l'autre; il eſt clair que ſi la propoſition, les preuves ſont ſuffiſantes à la pluralité des voix, il faudra décider la deuxième queſtion à la pluralité priſe entre les ſeuls Votans qui ont été de cet avis.

On pourroit objecter ici qu'il peut arriver que la pluralité, ſoit en faveur de l'exiſtence de preuves ſuffiſantes, ſoit en faveur d'un des deux partis, ſoit ſi petite que la probabilité de la déciſion devienne inférieure même à celle de la première opinion, *il n'y a pas de preuves ſuffiſantes,* & que dans ce cas on ne doit adopter aucune déciſion; qu'enfin il faut alors conclure, non *que les preuves ne ſuffiſent pas*, mais que la propoſition qu'elles ſont inſuffiſantes quoiqu'improbable, l'eſt encore moins qu'aucune des propoſitions qui prononcent ſur la queſtion en elle-même.

Mais il eſt aiſé de répondre, que du moment où la propoſition que l'on a des preuves ſuffiſantes eſt la plus probable, tout ce qu'on doit conclure du plus ou moins de probabilité de cette opinion, c'eſt que l'avis de ceux qui décident ſur le fond de la queſtion, eſt auſſi plus ou moins probable: la probabilité de leur déciſion priſe à la pluralité, ſera donc plus ou moins grande, mais toujours plus probable que la déciſion contradictoire, & plus grande que $\frac{1}{2}$, & par conſéquent dans les cas où il y auroit autant d'inconvénient à ne pas décider qu'à ſe tromper ſur le parti qu'on prendra, il faut alors préférer la déciſion rendue à la pluralité des voix.

Dans les autres cas au contraire, comme il ſeroit difficile de ſoumettre au calcul la diminution de probabilité qui réſulte pour l'avis de chacun, de l'incertitude s'il ne s'eſt pas trompé en prononçant que les preuves ſont ſuffiſantes, on ſuivra la méthode que nous avons exposée ci-dessus, *page xliij*, & qui conduit à une probabilité suffisante.

4.e Exemple, d'une élection entre trois Candidats.

Il nous reste à donner un dernier exemple : c'est le cas d'une élection entre trois candidats, que nous nommerons *A*, *B*, *C*.

Il est clair d'abord que celui qui donne sa voix pour *A*, prononce les deux propositions,

A vaut mieux que *B*,
A vaut mieux que *C*;

celui qui vote pour *B*, les deux propositions,

B vaut mieux que *A*,
B vaut mieux que *C*;

celui qui vote pour *C*, les deux propositions,

C vaut mieux que *A*,
C vaut mieux que *B*.

Nous avons donc ici trois systèmes de propositions contradictoires.

A, *A* vaut mieux que *B*,
N, *B* vaut mieux que *A*,
a, *A* vaut mieux que *C*,
n, *C* vaut mieux que *A*,
α, *B* vaut mieux que *C*,
ν, *C* vaut mieux que *B*;

ce qui produit huit combinaisons mathématiquement possibles.

(I) *Aaα*, (II) *Aaν*, (III) *Anα*, (IV) *Anν*,
(V) *Naα*, (VI) *Naν*, (VII) *Nnα*, (VIII) *Nnν*.

De ces combinaisons, la première, formée des trois propositions *Aaα*, ou

A vaut mieux que *B*,

A vaut

A vaut mieux que *C*,
B vaut mieux que *C*,
forme un vœu en faveur de *A*.

La ſeconde, formée des trois propoſitions *A a v*, ou
A vaut mieux que *B*,
A vaut mieux que *C*,
C vaut mieux que *B*,
renferme encore un vœu en faveur de *A*.

La troiſième, formée des trois propoſitions *A n α*, ou
A vaut mieux que *B*,
C vaut mieux que *A*,
B vaut mieux que *C*,
eſt évidemment telle, que de deux quelconques des trois propoſitions qui la forment, réſulte une concluſion contraire à la troiſième.

La quatrième combinaiſon, formée des propoſitions *A n v*, ou
A vaut mieux que *B*,
C vaut mieux que *A*,
C vaut mieux que *B*,
exprime un vœu en faveur de *C*.

La cinquième, formée des propoſitions *N a α*, ou
B vaut mieux que *A*,
A vaut mieux que *C*,
B vaut mieux que *C*,
exprime un vœu en faveur de *B*.

La ſixième, formée des propoſitions *N a v*, ou
B vaut mieux que *A*,
A vaut mieux que *C*,
C vaut mieux que *B*,
eſt telle que comme dans la troiſième, deux quelconques

des trois propositions qui la forment, renferment une conclusion contraire à la troisième.

La septième combinaison, formée des propositions *Naα*, ou

B vaut mieux que *A*,
C vaut mieux que *A*,
B vaut mieux que *C*,

renferme un vœu en faveur de *B*,

La huitième combinaison, formée des propositions *Nnν*, ou

B vaut mieux que *A*,
C vaut mieux que *A*,
C vaut mieux que *B*,

exprime un vœu en faveur de *C*.

Nous aurons donc les deux combinaisons I & II en faveur de *A*, les deux combinaisons V & VII en faveur de *B*, les deux combinaisons IV & VIII en faveur de *C*, enfin les deux combinaisons III & VI, qui donnent un résultat contradictoire.

La méthode employée dans les élections ordinaires, est défectueuse.

Cela posé, il est aisé de voir d'abord que la manière employée dans les élections ordinaires est défectueuse. En effet, chaque Votant se borne à nommer celui qu'il préfère: ainsi dans l'exemple de trois Candidats, celui qui vote pour *A*, n'énonce pas son vœu sur la préférence entre *B* & *C*, & ainsi des autres. Or, il peut résulter de cette manière de voter une décision réellement contraire à la pluralité.

Supposons, par exemple, 60 Votans, dont 23 en faveur de *A*, 19 en faveur de *B* & 18 en faveur de *C*; supposons ensuite que les 23 Votans pour *A* auroient décidé unanimement que *C* vaut mieux que *B*; que les 19 Votans pour *B* auroient décidé que *C* vaut mieux que *A*; qu enfin des 18

Votans pour *C*, 16 auroient décidé que *B* vaut mieux que *A*, & 2 ſeulement que *A* vaut mieux que *B*.

On auroit donc, 1.° 35 voix pour la propoſition *B* vaut mieux que *A*, & 25 pour la propoſition contradictoire.

2.° 37 voix pour la propoſition *C* vaut mieux que *A*, & 23 pour la propoſition contradictoire.

3.° 41 voix pour la propoſition *C* vaut mieux que *B*, & 19 pour la propoſition contradictoire.

Nous aurions donc le ſyſtème des trois propoſitions qui ont la pluralité, formé de trois propoſitions.

B vaut mieux que *A*,
C vaut mieux que *A*,
C vaut mieux que *B*,

qui renferme un vœu en faveur de *C*.

De plus, nous aurions les deux propoſitions qui forment le vœu en faveur de *C*.

C vaut mieux que *A*,
C vaut mieux que *B*,

décidées l'une à la pluralité de 37 contre 23, l'autre à la pluralité de 41 contre 19.

Les deux propoſitions qui forment le vœu en faveur de *B*,

B vaut mieux que *A*,
B vaut mieux que *C*,

décidées l'une à la pluralité de 35 voix contre 25, l'autre à la minorité de 19 contre 41.

Enfin les deux propoſitions qui forment un vœu en faveur de *A*,

A vaut mieux que *B*,
A vaut mieux que *C*,

décidées à la minorité, l'une de 25 voix contre 35, l'autre de 23 voix contre 37.

Ainſi celui des Candidats qui auroit réellement le vœu de la pluralité, ſeroit préciſément celui qui, en ſuivant la méthode ordinaire, auroit eu le moins de voix.

Tandis que *A* qui, ſuivant la forme ordinaire, auroit eu le plus de voix, ſe trouve être celui au contraire qui dans la réalité a été le plus éloigné d'avoir le vœu de la pluralité.

On voit donc déjà que l'on doit rejeter la forme d'élection adoptée généralement: ſi on devoit la conſerver, ce ne pourroit être que dans le cas où l'on ne ſeroit pas obligé d'élire ſur le champ, & où l'on pourroit exiger de ne regarder pour élu que celui qui auroit réuni plus de la moitié des voix. Dans ce cas même, cette forme a encore l'inconvénient d'expoſer à regarder comme non élu celui qui auroit eu réellement une très-grande pluralité.

Méthode qu'il faut y ſubſtituer.

Ainſi l'on devroit en général ſubſtituer à cette forme celle dans laquelle chaque Votant, exprimant l'ordre ſuivant lequel il place les Candidats, prononceroit à la fois ſur la préférence reſpective qu'il leur accorde.

On tireroit de cet ordre les trois propoſitions qui doivent former chaque avis, s'il y a trois Candidats; les ſix propoſitions qui doivent former chaque avis, s'il y a quatre Candidats, les dix s'il y en a cinq, &c. en comparant les voix en faveur de chacune de ces propoſitions ou de ſa contradictoire.

On auroit par ce moyen le ſyſtème de propoſitions, qui ſeroit formé à la pluralité parmi les 8 ſyſtèmes poſſibles pour trois Candidats, les 64 ſyſtèmes poſſibles pour quatre Candidats, les 1024 ſyſtèmes poſſibles pour cinq Candidats & ſi on conſidère ſeulement ceux qui n'impliquent pas contradiction, il n'y en aura que 6 possibles pour trois Candidats, 24 pour quatre, 120 pour cinq, & ainsi de suite.

On peut demander maintenant si la pluralité peut avoir lieu en faveur d'un de ces systèmes contradictoires, & on trouvera que cela est possible.

Supposons en effet que dans l'exemple déjà choisi, où l'on a 23 voix pour *A*, 19 pour *B*, 18 pour *C*, les 23 voix pour *A* soient pour la proposition *B* vaut mieux que *C*; cette proposition aura une pluralité de 42 voix contre 18.

Supposons ensuite que des 19 voix en faveur de *B*, il y en ait 17 pour *C* vaut mieux que *A*, & 2 pour la proposition contradictoire; cette proposition *C* vaut mieux que *A* aura une pluralité de 35 voix contre 25. Supposons enfin que des 18 voix pour *C*, 10 soient pour la proposition *A* vaut mieux que *B*, & 8 pour la proposition contradictoire, nous aurons une pluralité de 33 voix contre 27 en faveur de la proposition *A* vaut mieux que *B*. Le système qui obtient la pluralité sera donc composé des trois propositions,

A vaut mieux que *B*,
C vaut mieux que *A*,
B vaut mieux que *C*.

Ce système est le troisième, & un de ceux qui impliquent contradiction.

Nous examinerons donc le résultat de cette forme d'élection, 1.° en n'ayant aucun égard à ces combinaisons contradictoires, 2.° en y ayant égard.

Nous avons vu que des 6 systèmes possibles réellement, il y en avoit 2 en faveur de *A*, 2 en faveur de *B*, 2 en faveur de *C*.

Ainsi dans un des exemples précédens, où nous avons supposé que sur 60 voix, la proposition

A vaut mieux que *B*,

avoit 25 voix contre 35; la proposition

A vaut mieux que *C*,

23 voix contre 37; la proposition

B vaut mieux que *C*,

19 voix contre 41: la pluralité est en faveur du système VIII, formé des trois propositions

B vaut mieux que *A*,

C vaut mieux que *A*,

C vaut mieux que *B*,

dont la première a la pluralité de 35 voix contre 25; la seconde, celle de 37 voix contre 23; la troisième, celle de 41 voix contre 19.

Et l'on aura, d'après la probabilité de la voix de chaque Votant, celle que ce système est conforme à la vérité.

Mais le quatrième système, formé des propositions

A vaut mieux que *B*,

C vaut mieux que *A*,

C vaut mieux que *B*,

conduit de même à un résultat en faveur de *C*, & la combinaison des deux systèmes donne les deux propositions

C vaut mieux que *A*,

C vaut mieux que *B*,

l'une à la pluralité de 37 voix contre 23, l'autre à la pluralité de 41 voix contre 19.

Or, nous demandons maintenant si nous devons regarder le vœu comme donné en faveur de *C*, seulement parce que le système des trois propositions qui ont la pluralité, renferme ce vœu, ou parce que des trois résultats que donnent les six systèmes pris deux à deux, celui qui est en faveur de *C* est le plus probable.

Cette question seroit peu importante si ce résultat étoit toujours le même, comme dans cet exemple, mais il n'est pas toujours le même. En effet, supposons que des 23 voix en faveur de *A*, 13 aient adopté la proposition

C vaut mieux que *B*,

& 10 la proposition

B vaut mieux que *C*;

que des 19 voix en faveur de *B*, 13 aient adopté la proposition

C vaut mieux que *A*,

& 6 la proposition

A vaut mieux que *C*;

qu'enfin les 18 voix en faveur de *C* aient adopté la proposition

B vaut mieux que *A*.

Le système qui résulteroit de la pluralité, seroit formé des trois propositions

B vaut mieux que *A*,

C vaut mieux que *A*,

C vaut mieux que *B*,

la première ayant une pluralité de 37 voix contre 23, les deux autres une pluralité de 31 voix contre 29, & ce système renferme un vœu en faveur de *C*.

Mais dans le même exemple, le résultat de toutes les combinaisons en faveur de *C* est formé des deux propositions

C vaut mieux que *A*,

C vaut mieux que *B*,

qui ont chacune une pluralité de 31 voix contre 29; mais le résultat des combinaisons en faveur de *B* est formé des deux propositions

B vaut mieux que *A*,

B vaut mieux que *C*,

dont la première a une pluralité de 37 voix contre 23 & la seconde une minorité de 29 voix contre 31.

Or, la probabilité de chaque voix peut être telle que celle de la vérité de ces deux propositions surpasse celle des propositions

C vaut mieux que *A*,

C vaut mieux que *B*,

& il paroît en résulter une probabilité en faveur de *B*, tandis qu'en s'en tenant au système de trois propositions le plus probable, on a une décision en faveur de *C*.

Pour résoudre cette difficulté, nous observerons, 1.° que dans ce cas il est clair que *A* ne doit pas avoir la préférence, puisqu'il n'a pour lui que la minorité, soit qu'on le compare à *B*, soit qu'on le compare à *C* (ce qui a lieu dans tous les cas semblables) : c'est donc entre *B* & *C* qu'il reste à choisir. Or, la proposition *B* vaut mieux que *C*, a la minorité; donc on doit regarder le vœu de la pluralité comme porté en faveur de *C*.

2.° Celui qui prononceroit en faveur de *C*, feroit le raisonnement suivant: j'ai lieu de croire que *C* vaut mieux que *A*; j'ai aussi lieu de croire que *C* vaut mieux que *B*; donc je dois croire que *C* vaut mieux que *A* & que *B*. Celui au contraire qui prononceroit en faveur de *B*, feroit le raisonnement suivant: j'ai lieu de croire que *B* vaut mieux que *A*; j'ai aussi lieu de croire que *C* vaut mieux que *B*; donc je dois

dois croire que *B* vaut mieux que *C;* conclusion qui paroît absurde.

Le résultat du calcul paroîtroit donc en contradiction avec le simple raisonnement, dans le cas où l'on adopteroit pour former la décision, non le système le plus probable, mais le résultat des deux systèmes favorables à un même Candidat, qui seroit le plus probable.

D'ailleurs si on examine le résultat du calcul, on voit que si la combinaison.

B vaut mieux que *A*,
B vaut mieux que *C*,

est plus probable que la combinaison

C vaut mieux que *A*,
C vaut mieux que *B*,

quoique la dernière soit formée de deux propositions qui ont la pluralité, c'est uniquement parce que si on adopte la seconde, on se trompera plus souvent en préférant *C* à *A*, que dans la première en préférant *B* à *A*.

On risquera donc plus souvent de se tromper en interprétant le vœu de la décision en faveur de *C* qu'en l'interprétant en faveur de *B*, mais c'est uniquement parce que l'on se sera trompé en n'accordant pas la préférence à *A*. Il est donc naturel de préferer *C* à *B* du moment où l'exclusion de *A* doit avoir lieu.

Il résulte de ce qu'on vient d'exposer, qu'il faut faire en sorte que les assemblées chargées d'élire, soient formées de manière qu'on soit rarement exposé à n'avoir qu'une pluralité qui conduise à une décision de la nature de celle que nous venons de discuter; ce qui est d'autant plus nécessaire, que du moment où une proposition

C vaut mieux que *B*

a la pluralité, la proposition

B vaut mieux que *A*,

ne peut avoir une plus grande pluralité que la proposition

C vaut mieux que *A*,

sans indiquer une incertitude dans les opinions.

Dans le cas d'ailleurs où l'on a une décision de cette espèce, il faut, si la nature des places qu'on donne par élection le permet, ne pas regarder l'élection comme terminée, & exiger pour élire *C*, par exemple, que les deux propositions

C vaut mieux que *A*,

C vaut mieux que *B*,

soient les deux qui aient la plus grande pluralité, ou bien que le système,

C vaut mieux que *A*,

C vaut mieux que *B*,

ait une pluralité au-dessus de $\frac{1}{2}$.

Dans le cas où l'on est forcé d'élire, comme on ne peut en général éviter l'inconvénient de ces décisions, qu'on peut appeler équivoques, sinon en exigeant une grande pluralité, ou en ne confiant l'élection qu'à des hommes très-éclairés, le second moyen est le seul qu'on puisse employer; & lorsqu'il est impossible d'avoir des Votans assez éclairés, il ne faut admettre au nombre des Candidats que des hommes dont la capacité soit assez certaine pour mettre à l'abri des inconvéniens d'un mauvais choix.

Ces précautions une fois prises, on regardera comme élu par la pluralité des Votans celui pour lequel les deux propositions qui forment un vœu en sa faveur, ont chacune la pluralité ce qui eſt la même choſe que d'adopter le ſyſtème formé par les trois propoſitions qui ont la pluralité. Au reſte, ce cas d'une déciſion équivoque ne peut avoir lieu, à moins que la déciſion réſultante de la pluralité n'ait une probabilité moindre que $\frac{71}{100}$, ce qui en exige une très-petite pour chaque Votant.

Suppoſons maintenant que les trois propoſitions qui ont la pluralité forment un des deux ſyſtèmes contradictoires; s'il n'y a pas néceſſité d'élire, on regardera la déciſion comme nulle; mais s'il y a néceſſité d'élire, on ſe conformera à la déciſion qui réſulte des deux propoſitions les plus probables. Car il eſt aiſé de voir, comme nous l'avons remarqué, que deux quelconques des trois propoſitions, forment alors une déciſion contradictoire avec la troiſième; & que, par exemple, dans le ſyſtème III, formé des trois propoſitions

A vaut mieux que *B*,
C vaut mieux que *A*,
B vaut mieux que *C*,

les deux premières donnent un vœu en faveur de *C*, la première & la troiſième, un vœu en faveur de *A*, la deuxième & la troiſième un vœu en faveur de *C*. Or, ſoit la propoſition *B* vaut mieux que *C* celle qui a la moindre probabilité, & *A* vaut mieux que *B* celle qui en a la plus grande; il eſt clair que ces deux propoſitions,

B vaut mieux que *C*,
B vaut mieux que *A*,

ont chacune une moindre probabilité que les deux propoſitions

A vaut mieux que *B*,
A vaut mieux que *C*.

B doit donc être exclus; mais entre *A* & *C*, *C* doit avoir la préférence, puiſque la propoſition

C vaut mieux que *A*

a la pluralité.

Si c'eſt la propoſition

C vaut mieux que *A*

qui a la plus grande pluralité; on trouvera que dans les combinaiſons

C vaut mieux que *A*,

C vaut mieux que *B*,

B vaut mieux que *C*,

B vaut mieux que *A*,

les deux propoſitions qui forment la première, ont chacune une plus grande pluralité ou une moindre minorité que celles qui forment la ſeconde; donc *C* doit être préféré à *B*; mais entre *C* & *A*, *C* doit avoir la préférence; donc c'eſt en faveur de *C* que le vœu doit s'interpréter.

Obſervons enfin que ces ſyſtèmes contradictoires ne peuvent ſe préſenter ſans indiquer de l'incertitude dans les opinions, & ils n'auront lieu, ni ſi les voix étant priſes à l'ordinaire, un des Candidats a plus de la moitié des voix, ni ſi l'on exige pour admettre les propoſitions qui forment le vœu, une pluralité d'un tiers.

Il réſulte de toutes les réflexions que nous venons de faire, cette règle générale, que toutes les fois qu'on eſt forcé d'élire, il faut prendre ſucceſſivement toutes les propoſitions qui ont la pluralité, en commençant par celles qui ont la plus grande, & prononcer d'après le réſultat que forment ces premières propoſitions, auſſi-tôt qu'elles en forment un, ſans avoir égard aux propoſitions moins probables qui les ſuivent.

Si par ce moyen on n'obtient pas le réſultat le moins ſujet

à l'erreur, ou un résultat dont la probabilité soit au-dessus de $\frac{1}{2}$, & formé de deux propositions plus probables que leurs contradictoires, on aura du moins celui qui n'oblige pas à adopter les propositions les moins probables, & duquel il résulte une moindre injustice entre les Candidats, considérés deux à deux. Nous reviendrons sur cet objet dans la cinquième Partie.

On ne trouve ici qu'un essai très-imparfait de la théorie des décisions rendues sur des propositions compliquées, & de celle des élections : il en résulte que pour réunir les deux conditions essentielles à toute décision, la probabilité d'avoir une décision, & celle que la décision obtenue sera vraie, il faut, 1.° dans le cas des décisions sur des questions compliquées, faire en sorte que le système des propositions simples qui les forment soit rigoureusement développé, que chaque avis possible soit bien exposé, que la voix de chaque Votant soit prise sur chacune des propositions qui forment cet avis, & non sur le résultat seul. La manière de proposer la question à décider est donc très-importante ; la fonction d'établir cette question est donc une des fonctions les plus délicates & les plus difficiles que le Corps, chargé de décider, ou ceux qui l'ont établi, puissent confier. Cependant chez les Anciens, & même chez les Modernes, elle a été presque par-tout abandonnée au hasard, ou donnée comme un pouvoir, un droit attaché à une dignité, & non imposée comme un devoir qui exige de la sagacité & de la justesse. Résultat général.

2.° Il faut de plus que les Votans soient éclairés, & d'autant plus éclairés, que les questions qu'ils décident sont plus compliquées ; sans cela on trouvera bien une forme de décision qui préservera de la crainte d'une décision fausse, mais qui en même temps rendant toute décision presque impossible ; ne sera qu'un moyen de perpétuer les abus & les mauvaises loix.

Ainsi la forme des assemblées qui décident du sort des hommes, est bien moins importante pour leur bonheur que les lumières de ceux qui les composent : & les progres de la raison contribueront plus au bien des Peuples que la forme des constitutions politiques.

Analyse de la seconde Partie.

NOUS avons supposé dans la première Partie, que l'on connoissoit la probabilité de la voix de chacun des hommes qui formoient une assemblée, le nombre des Votans, la pluralité exigée ; & nous avons cherché à déterminer la probabilité, 1.° qu'il n'y auroit pas une décision contraire à la vérité, 2.° qu'il y auroit une décision, 3.° qu'il y auroit une décision conforme à la vérité, 4.° qu'une décision rendue seroit vraie, en supposant que la pluralité qu'elle a obtenue n'est pas connue, 5.° qu'une décision, dont la pluralité est donnée, sera vraie ; 6.° que la décision est vraie dans le cas de la moindre pluralité.

Il est aisé de voir que la première & la troisième de ces probabilités étant connues, on a la seconde & la quatrième.

En effet, la probabilité qu'une décision est vraie, est égale à celle d'avoir une décision vraie, si on prend pour le nombre total de combinaisons celles qui donnent une décision vraie ou fausse, & si on fait abstraction de celles qui ne donnent aucune décision. La probabilité d'avoir une décision est égale à celle d'avoir une décision vraie, plus celle d'avoir une décision fausse & l'on a cette dernière probabilité en retranchant du nombre total des combinaisons celles qui ne donnent pas une décision fausse.

La cinquième & la sixième probabilité ne diffèrent entre elles que par le nombre qui exprime la pluralité, & doivent être regardées comme des quantités de la même forme dans les discussions mathématiques.

On suppose donc dans cette seconde Partie, que l'une de ces trois probabilités est connue, & de plus, que de ces trois choses, le nombre des Votans, la pluralité & la probabilité de chaque voix, on en connoît deux, & on cherche à déterminer la troisième, & en même temps ce qui en est une suite, les deux autres probabilités encore inconnues.

Objet de cette seconde Partie.

Comme dans plusieurs de ces questions on ne peut obtenir, par les méthodes de calcul connues, des valeurs exactes des quantités cherchées, on y supplée par des méthodes d'approximation, au moyen desquelles on obtient ces valeurs avec une précision suffisante dans la pratique.

Les probabilités que nous regardons ici comme connues, peuvent être données d'après les observations faites sur des décisions déjà rendues, ou bien l'on peut supposer qu'elles ont une certaine valeur qu'on a déterminée d'après l'assurance de la vérité des décisions qu'il est nécessaire d'avoir pour pouvoir se conduire d'après cette décision, sans blesser la prudence ou la justice.

Sens dans lesquels on peut regarder comme donnée la probabilité d'une décision

M. le Comte de Buffon a proposé * de fixer en général un certain degré de probabilité, qu'on regarderoit comme donnant la plus grande probabilité possible, & qu'on appelleroit

Nature de l'espèce de probabilité, qu'on peut regarder comme une assurance suffisante.

* *Voyez* l'Encyclopédie, article *Absens*, & dans l'Histoire Naturelle, l'ouvrage intitulé : *Arithmétique morale.*

certitude morale : tous les degrés de probabilité intermédiaires entre ce degré & la certitude rigoureuse, se confondroient & seroient supposés avoir la même valeur, & il ajoute que cette idée lui paroît propre à expliquer plusieurs paradoxes que le calcul des probabilités présente, & qui n'ont pas encore été suffisamment expliqués. S'écarter de l'opinion d'un homme célèbre, c'est s'imposer la nécessité de la combattre : nous prions donc l'Auteur de l'Histoire Naturelle de nous pardonner les détails où nous allons entrer.

Examen de l'opinion de M. le Comte de Buffon.

I. Le principe qu'il propose est inexact en lui-même, puisqu'il tend à confondre, à faire regarder comme équivalentes deux choses d'une nature essentiellement différentes, telles que la probabilité & la certitude.

II. Ce même principe ne peut servir ni à expliquer aucun paradoxe, ni à éclaircir aucune difficulté. En effet, ce qui est faux ou paradoxal, en supposant aux quantités leurs valeurs réelles, ne devient pas vrai ou conforme à la raison commune, parce qu'il paroît tel, si on suppose aux quantités des valeurs différentes de leurs vraies valeurs. On devroit plutôt en conclure que ces nouvelles valeurs ne doivent pas même être prises pour des valeurs approchées, & que la petite différence entr'elles & les vraies valeurs ne doit pas être négligée : car c'est une condition nécessaire pour la bonté d'une méthode d'approximation, que la valeur approchée qu'elle donne puisse être substituée à la vraie valeur, sans produire une différence sensible dans les résultats.

III. La limite de la probabilité est l'unité, & cette limite en est par conséquent le seul véritable *maximum*, c'est-à-dire, la valeur la plus grande qu'on puisse supposer à la probabilité, valeur dont elle peut approcher indéfiniment, mais sans jamais y atteindre, y atteindre. Par conséquent toute méthode où l'on donneroit à la probabilité une limite moindre, seroit défectueuse. Si l'on ignoroit la véritable limite, alors il seroit permis d'en fixer une un peu au-dessus, s'il est question de celle où la quantité a la plus grande valeur, & un peu au-dessous dans le cas contraire ; mais dès que la limite est connue, il ne peut être permis de donner une valeur incertaine à une quantité dont la valeur précise est donnée.

IV. Ce ne sont pas des quantités petites en elles-mêmes qu'on néglige dans les méthodes d'approximation, mais des quantités très-petites par rapport à celles qu'on cherche à déterminer.

Ainsi, par exemple, je pourrai regarder comme égales les probabilités $\frac{999999}{1,000,000}$, $\frac{999998}{1,000,000}$, que je supposerai exprimer les espérances de vivre, & considérer comme petite par rapport à elles la différence $\frac{1}{1,000,000}$ de ces probabilités ; mais il n'en est pas moins vrai que les risques de mourir $\frac{2}{1,000,000}$ & $\frac{1}{1,000,000}$, qui sont doubles l'un de l'autre, ne doivent pas être confondus. S'il y a des cas où les deux risques puissent être négligés ; il en existe où un seul des deux peut l'être, & dans aucun ils ne doivent être regardés comme égaux.

V. Il résulteroit encore une erreur de cette manière de considérer la probabilité, c'est qu'elle donneroit un résultat faux si l'on supposoit une suite un peu nombreuse d'évènemens ayant la même probabilité, car si on suit cette méthode, la certitude morale que l'évènement aura lieu constamment, sera la même que pour un seul évènement, quoique dans ce cas elle puisse devenir réellement au-dessous de la limite assignée.

Ce qu'on doit entendre par une assurance suffisante, ou par un risque que l'on peut négliger.

Ainsi au lieu d'une probabilité tellement grande qu'on puisse la confondre avec la certitude, nous chercherons une probabilité telle, qu'il seroit imprudent ou injuste d'adopter dans la pratique une proposition dont la probabilité seroit au-dessous de cette limite, & qu'on puisse au contraire se conduire avec sûreté d'après une proposition qui auroit ce degré de probabilité, ou un degré supérieur.

Cette limite de la probabilité, cette valeur la plus petite, au-dessous de laquelle on ne doit pas tomber, ne peut pas avoir une valeur fixe: sa valeur peut & doit varier, suivant les iuconvéniens où l'erreur peut exposer, & ceux qui peuvent résulter d'une indécision qui empecheroit d'agir. Elle doit varier sur-tout d'après la nature des objets sur lesquels il est question de prononcer.

Nous avons vu ci-dessus qu'il n'y avoit aucune liaison nécessaire entre la probabilité d'un évènement & son existence. Ainsi le motif de regarder une probabilité comme suffisante, ne peut être tiré que des observations faites sur l'ordre commun des choses humaines, & nous ne pouvons regarder un risque comme assez petit pour être négligé, que dans le cas où nous aurions observé que les hommes sages négligent pour eux-mêmes un risque de la même nature & de la même importance lorsqu'il est aussi petit.

Par exemple, s'il s'agit du jugement d'un accusé, on peut se dire : *Je ne serai point injuste en soumettant cet homme à un jugement qui, s'il est innocent, ne l'expose qu'à un danger si petit, que lui-même, étant supposé de sang-froid, jouissant de sa raison, ayant des lumières, s'exposeroit à un danger égal pour un léger intérêt, pour son amusement, sans croire avoir besoin de courage, ou s'y verroit exposé sans en être frappé, sans presque le remarquer.*

S'il eſt queſtion d'une loi civile, on peut également ſe dire : *Je ne ſerai point injuſte en ſoumettant les hommes à cette loi, s'il eſt auſſi probable qu'elle eſt juſte, & par conſéquent utile, qu'il eſt probable qu'un homme ſage & éclairé, qui a placé ſon patrimoine d'une manière qu'il croit ſûre, & ſans être guidé par aucun motif d'avidité ou de convenance particulière, n'eſt pas expoſé à le perdre.*

Examen de la méthode où l'on ſuppoſeroit la probabilité du danger qui peut être négligé en raiſon inverſe de l'importance de ce danger.

On pourroit dire que ſi l'on connoît, pour un exemple le riſque que l'on peut négliger, le mal auquel ce riſque expoſe étant auſſi connu, on déterminera les riſques qu'on pourra négliger dans d'autres circonſtances, en ſuppoſant ces riſques d'autant plus grands que le mal eſt moindre, & d'autant plus petits que le mal eſt plus grand.

Cette règle ſeroit préciſément celle qu'ont établie les premiers Géomètres qui ſe ſont occupés du calcul des probabilités, & qu'ils ont conſtamment employée dans les calculs des jeux de haſards : mais cette même règle les a conduit à des concluſions tellement oppoſées à la raiſon commune qu'on a été obligé de reconnoître que ſi elle n'étoit point fautive, elle étoit du moins inſuffiſante, & qu'il falloit ou la modifier, ou introduire dans le calcul des conſidérations qu'on avoit négligées.

M. Daniel Bernoulli eſt le premier qui ait fait voir les inconvéniens de cette règle, & qui ait cherché des moyens d'y remédier. M. d'Alembert a depuis attaqué la règle en elle-même, & juſqu'ici ſes objections ſont reſtées ſans réponſes.

Nous chercherons ici ſur quel fondement réel cette proportion entre les valeurs des objets & la probabilité de les obtenir a pu être établie.

Suppoſons, par exemple, un dez de ſix faces, & qu'on

parie que je n'amenerai pas ſix, ſuivant cette règle, il faut, pour jouer à jeu égal, que ſi je mets une pièce, celui qui joue contre moi en mette cinq.

La première réflexion qui ſe préſente, c'eſt qu'il n'eſt pas queſtion d'une égalité rigoureuſe & abſolue, puiſque mon adverſaire a une probabilité $\frac{5}{6}$ de gagner 1, & que j'ai une probabilité $\frac{1}{6}$ de gagner 5.

Suivant la même règle, on égale encore la certitude d'avoir une pièce à la probabilité $\frac{1}{2}$ d'en avoir deux, & ici la différence des deux états eſt plus frappante.

Quelle eſt donc l'eſpèce d'égalité que l'on peut établir entre ces deux états? le voici. Lorſque deux perſonnes ſe déterminent à jouer un jeu avec des probabilités inégales de gagner, elles doivent chercher, comme dans toutes les conventions, à faire en ſorte qu'il n'y ait ni avantages ni déſavantages d'aucun côté, excepté ceux qui tiennent néceſſairement à la nature de la convention.

Or dans celle qu'on fait ici, en ſuppoſant les miſes proportionnelles à la probabilité du gain, on trouve, 1.° que ſi l'on continue le même jeu un certain nombre de fois, plus ce nombre ſera grand, plus les probabilités de gagner ou de ne pas perdre qu'aura chaque Joueur, approcheront d'être égales entr'elles & de la valeur $\frac{1}{2}$.

2.° Que plus auſſi ce nombre ſera grand, plus il y aura de probabilité que chacun des Joueurs ne perdra qu'une partie donnée de ſa miſe totale; mais que cette probabilité, toujours croiſſante, ne peut avoir lieu pour aucune ſomme fixe donnée.

On trouvera de même que cette loi eſt la ſeule qui réuniſſe ces deux conditions, & qu'aucune ne donneroit la troiſième. Ainſi cette règle eſt la ſeule qui rétabliſſe l'égalité, autant qu'il eſt poſſible, entre deux états abſolument différens, & par conſéquent la ſeule qu'on puiſſe adopter.

Mais on voit également que cette égalité ſuppoſe deux conditions : la première, que le jeu ſe puiſſe répéter aſſez pour approcher de l'égalité entre les deux probabilités de perdre & de gagner.

La ſeconde, que la partie de la miſe totale, au-deſſous de laquelle il devient très-probable que la perte ne montera point, puiſſe être riſquée par les deux Joueurs.

D'ailleurs n voit que dans cette même hypothèſe d'une ſuite d'évènemens, l'état de deux Joueurs qui jouent un jeu inégal, ſe rapproche de celui de deux Joueurs qui jouant un jeu égal, riſquent des miſes égales, puiſque les probabilités que l'un ou l'autre gagnera, approchent dans le ſecond cas de l'égalité qu'elles ont toujours dans le premier : qu'il y a dans les deux également une probabilité toujours croiſſante que la perte de l'un ou de l'autre n'excédera pas une certaine partie de la perte totale ; & qu'enfin ni dans l'un ni dans l'autre cette probabilité croiſſante ne peut être pour une ſomme fixe donnée.

Quant à ce qui ſe paſſe dans un jeu égal, on voit que la ſuppoſition d'une miſe égale ne remet pas le Joueur dans un état équivalent à celui d'un homme qui ne joue point, mais le rapproche, autant qu'il eſt poſſible, de cet état où il eſt ſûr de ne gagner ni de perdre, en lui donnant une probabilité toujours égale de gagner ou de perdre, & une probabilité toujours croiſſante de ne perdre qu'une certaine partie de la miſe totale.

On peut obſerver auſſi qu'il réſulte du calcul, qu'en ſuivant cette règle, moins la différence des probabilités & celle des miſes ſeront grandes, plus l'inégalité ou la différence entre l'état des deux Joueurs sera moindre; & il faudra supposer une suite moindre d'évènemens pour rétablir entre ces deux états l'espèce d'égalité dont ils sont susceptibles.

Cette considération peut servir à rendre raison de presque toutes les difficultés que présente l'usage de cette règle; mais ce n'est pas ici le lieu de s'en occuper.

Examinons à présent ce qui résulteroit de l'application de cette même loi aux questions qui nous occupent, & supposons, par exemple, qu'on établisse cette proposition : *la probabilité qu'un accusé condamné est coupable, doit être à la probabilité qu'un accusé renvoyé est innocent, comme l'inconvénient de condamner un innocent est à celui de renvoyer un coupable.*

Il est évident que nous devons avoir pour chaque jugement une probabilité suffisante qu'un accusé condamné est coupable. Or, l'existence de cette probabilité ne seroit pas du tout une conséquence de cette règle; il en résulteroit seulement que sur un grand nombre de jugemens, le nombre des innocens condamnés & celui des coupables renvoyés, approcheroient d'être dans le rapport inverse des inconvéniens qui en résultent, c'est-à-dire, qu'on auroit une grande probabilité de faire à peu-près autant de mal à la société en renvoyant des coupables qu'en condamnant des innocens.

Si on choisissoit une plus grande probabilité de ne pas condamner un innocent, alors à la longue on feroit plus de mal à la société en renvoyant des coupables qu'en condamnant des innocens.

Dans l'hypothèse contraire, le mal qui résulteroit de la condamnation des innocens seroit plus grand à la longue que celui qui naîtroit du renvoi des coupables.

De même, dans le premier cas, la somme du mal total

qui en résulteroit pour la société, seroit probablement moindre durant un long espace de temps, mais aussi ce moindre mal seroit plus probable.

Le seul usage qu'on pourroit faire de cette règle, seroit donc de fixer la limite où le danger de condamner un innocent & celui de renvoyer un coupable, se trouvent égaux, & par conséquent au-dessous de laquelle on ne doit jamais se permettre de condamner; en sorte que si une probabilité moindre donnoit une assurance de ne pas condamner un innocent, que d'ailleurs on pût regarder comme suffisante, il ne faudroit pas s'en contenter.

Mais dans aucun cas il n'en résulteroit qu'on eût pour chaque décision une probabilité suffisante du crime: ainsi quand il seroit vrai que cet équilibre entre les deux risques fût utile à établir pour une suite nombreuse de jugemens, & que ce fût le moyen de faire en sorte que l'erreur fît le moindre mal possible à la société, il seroit injuste & tyrannique de l'établir, parce qu'il résulteroit une véritable lésion pour chaque homme en particulier. La société, si l'on veut, joueroit alors un jeu égal, parce qu'elle le répète un nombre indéfini de fois; mais il n'en seroit pas de même d'un individu qui, relativement au petit risque qu'il a pu courir de la part des coupables renvoyés, n'a pu jouer qu'un nombre de coups, beaucoup trop petit pour que l'égalité ait lieu pour lui.

Nous demandons pardon d'employer le mot de *jeu* dans une matière aussi grave, mais Pascal nous en a donné l'exemple.

Ce sera donc uniquement d'après des considérations, tirées de la nature même des questions à décider, & d'après l'observation, que nous déterminerons les probabilités qui doivent être regardées comme suffisantes; & au lieu de faire les

Méthode qu'il convient de suivre pour déterminer l'assurance.

probabilités en raiſon inverſe des maux qui réſultent de l'erreur, il faut chercher pour chacun de ces maux la probabilité que pour ce genre & ce degré de mal, on peut regarder comme donnant une aſſurance aſſez grande, & ce ſujet ſera traité dans la troiſième Partie.

Des Tribunaux où le nombre des Juges n'eſt pas conſtant, conſidérés relativement à la pluralité exigée.

Nous examinons à la fin de cette ſeconde Partie l'uſage établi dans pluſieurs pays, de fixer le nombre de Juges néceſſaire pour porter une déciſion, & la pluralité à laquelle elle doit être rendue, mais en admettant dans le Tribunal un nombre de Juges plus grand, ce qui fait que ce nombre n'eſt pas conſtant.

Dans ce cas, ſi le nombre de Juges exigé eſt impair, & la moindre pluralité paire, ou au contraire, il eſt clair que le nombre des Juges étant augmenté d'une unité, la pluralité exigée ſe trouvera auſſi diminuée d'une unité.

Par exemple, ſi 7 eſt le nombre des Juges, & 2 la pluralité exigée, il faudra une pluralité de 3 pour 7 Juges, & la pluralité 2 pour 8 Juges. Si 8 eſt le nombre des Juges, & 3 la pluralité exigée, il faudra une pluralité de 4 pour 8 Juges, & une de 3 pour 9.

Si le nombre de Juges exigé eſt impair, ainſi que la pluralité exigée, ou que tous deux ſoient pairs, alors ſi le nombre des Juges augmente d'une unité, la pluralité augmentera d'une unité.

Par exemple, ſi 8 eſt le nombre des Juges, & 2 la plulité, il faudra la pluralité 3 pour 9 Juges; & ſi 7 eſt le nombre des Juges, & 3 la pluralité exigée, il faudra la pluralité 4 pour 8 Juges.

Ainſi en général, ſi la pluralité eſt paire ou impaire, il y aura plus de ſûreté pour l'accuſé, moins d'eſpérance d'avoir

une

une décision, & moins à craindre qu'un innocent ne soit condamné, lorsque le nombre des Juges est de la dénomination contraire.

D'où il résulte que, pour ne pas faire dépendre du hasard le plus ou le moins de sûreté de l'accusé, il faut faire en sorte que dans le cas le plus défavorable, cette sûreté soit telle qu'on ne trouve aucun avantage sensible à exiger la pluralité d'une voix de plus.

Si le nombre des Juges & la pluralité sont de la même dénomination, & qu'un Juge s'absente, il remplit précisément le même objet que s'il votoit pour l'accusé.

S'il survient un Juge, & qu'il vote contre, il n'expose l'accusé à aucun risque de plus; s'il vote pour lui, il le sauve dans une des combinaisons possibles de voix.

Si au contraire le nombre des Juges & la pluralité sont de dénominations contraires, & qu'un Juge s'absente, il fait précisément le même effet que s'il condamnoit l'accusé: si un nouveau Juge survient, il ne change rien s'il est pour l'accusé; mais s'il est contre, il y a une combinaison de voix où il détermine la condamnation.

On voit donc qu'il résultera de cette constitution de Tribunaux, & de l'incertitude dans les jugemens, & peut-être même des abus, parce qu'il faut moins de pouvoir sur un Juge pour le déterminer à s'absenter d'un jugement ou à se joindre aux autres Juges, que pour le faire voter pour ou contre, quoiqu'il puisse savoir, par réflexion, que l'effet en est le même.

Ainsi cette forme doit être regardée comme vicieuse, à moins que le grand nombre des Juges, ou la sûreté résultante de la moindre pluralité, n'en rendent les inconvéniens très-rares & insensibles. Encore vaudroit-il mieux, si on ne veut pas rendre invariable le nombre des Juges, établir le nombre des Juges nécessaire pour former une décision de la même dénomination que la pluralité exigée; & le Tribunal étant une fois d'un nombre de cette même dénomination, établir que de nouveaux Juges ne pourront y entrer, ni les premiers s'en retirer que deux à deux.

La même réflexion s'applique aux cas où l'on exigeroit une pluralité proportionnelle.

Analyse de la troisième Partie.

Objet de cette Partie.

NOUS nous proposons dans cette troisième Partie, de donner les moyens, 1.° de déterminer par l'observation la probabilité de la vérité ou de la fausseté de la voix d'un homme ou de la décision d'un Tribunal; 2.° de déterminer également, pour les différentes espèces de questions qu'on peut avoir à résoudre, la probabilité que l'on peut regarder comme donnant une assurance suffisante, c'est-à-dire, la plus petite probabilité dont la justice ou la prudence puisse permettre de se contenter.

Deux méthodes de déterminer la probabilité des voix.

Pour résoudre la première question, nous emploîrons deux méthodes: la première consiste à déterminer la probabilité d'un jugement futur, d'après la connoissance de la vérité ou de la fausseté des jugemens déjà rendus.

1.° D'après la connoissance de la vérité ou de la fausseté des jugemens déjà rendus.

Il faut donc chercher d'abord une méthode de déterminer cette probabilité, & ensuite un moyen de connoître la fausseté ou la vérité de jugemens rendus, & d'appliquer à la méthode de déterminer la probabilité des Jugemens futurs l'espèce de connoissance qu'on peut acquérir sur cette vérité; connoissance qui, comme il est facile de le voir, ne peut être aussi qu'une probabilité.

La seconde méthode a également pour but de déterminer

la probabilité des jugemens futurs d'après celle des jugemens rendus; mais en employant uniquement cette seule supposition, que la probabilité qu'un homme décidera plutôt en faveur de la vérité que de l'erreur, est au-dessus de $\frac{1}{2}$, c'est-à-dire, en supposant qu'un homme qui porte un jugement se décidera plutôt en faveur de la vérité que de l'erreur.

2.° D'après l'hypothèse, que dans ces jugemens la probabilité de chaque voix est au-dessus de $\frac{1}{2}$.

Cette supposition paroîtra d'abord très-naturelle, & elle doit d'autant plus être admise, que dans l'hypothèse contraire il devient absurde de rien faire décider à la pluralité des voix, du moins en regardant ce genre de décision comme un moyen de parvenir à la vérité, & non comme faisant connoître la volonté du plus grand nombre, c'est-à-dire, la volonté du plus fort.

Méthode générale de chercher la probabilité des évènemens futurs d'après la loi des évènemens passés.

L'idée de chercher la probabilité des évènemens futurs d'après la loi des évènemens passés, paroît s'être présentée à Jacques Bernoulli & à Moivre, mais ils n'ont donné dans leurs ouvrages aucune méthode pour y parvenir.

M.rs Bayes & Price en ont donné une dans les Transactions philosophiques, *années 1764 & 1765*, & M. de la Place est le premier qui ait traité cette question d'une manière analytique.

Principes de cette méthode.

La question fondamentale se réduit à celle-ci: si de deux évènemens contraires, l'un est arrivé cent fois, par exemple, & l'autre pas une seule, ou bien si l'un est arrivé cent fois & l'autre cinquante, quelle est la probabilité que le premier arrivera plutôt que le second?

Elle suppose que la loi des évènemens est constante.

Cette question suppose que la probabilité des deux évènemens demeure constamment la même à chaque fois qu'ils se reproduisent, c'est-à-dire, que la loi inconnue qui en détermine la production est constante. En effet, sans cette condition, le calcul, ainsi que le simple bon sens, font connoître que la probabilité pour l'avenir sera égale pour les deux évènemens, de quelque manière que les évènemens passés se soient succédés.

Probabilité de l'existence d'une loi constante.

Mais aussi le calcul donne en même temps la probabilité de l'existence d'une loi constante dans la production des évènemens.

Et il conduit aux résultats suivans.

1.° Si la différence du nombre de fois qu'arrivent le premier & le second évènement est proportionnel au nombre total, la probabilité que la loi de leur production est constante, peut croître indéfiniment; 2.° si au contraire cette différence est nulle ou constante, & n'augmente pas avec le nombre des évènemens, la probabilité que la loi est constante décroît indéfiniment; d'où il résulte que le nombre des évènemens étant même fort grand, si la différence du nombre de fois que chacun d'eux est arrivé, n'est pas dans une proportion sensible avec la totalité des évènemens, la probabilité de la constance de la loi de production peut être très-petite. On trouve enfin que pour avoir la probabilité d'un évènement futur, d'après la loi que suivent les évènemens passés, il faut prendre, 1.° la probabilité de cet évènement dans l'hypothèse que la production en est assujettie à des loix constantes; 2.° la probabilité du même évènement dans le cas où la production n'est assujettie à aucune loi; multiplier chacune de ces probabilités par celle de la supposition en vertu de laquelle on l'a déterminée, & diviser la somme des produits par celle des probabilités des deux hypothèses.

Moyen qui en résulte d'avoir la probabilité des évènemens futurs lorsqu'on ignore si la loi de leur production est constante.

Supposons, par exemple, qu'un évènement soit arrivé trois fois & un autre une fois; si la loi de leur production est constante, la probabilité que le premier évènement arrivera plus tôt que l'autre, est $\frac{4}{6}$; & si la loi n'est pas constante, cette même probabilité est $\frac{1}{2}$. Mais dans cette même hypothèse la probabilité que la loi est constante, est $\frac{1}{20}$, & celle que la loi n'est pas constante, est $\frac{1}{16}$: la probabilité du premier évènement sera donc $\frac{4}{120}$ plus $\frac{1}{32}$, le tout divisé par $\frac{1}{20}$ plus $\frac{1}{16}$, c'est-à-dire, $\frac{62}{108}$ au lieu de $\frac{72}{108}$ ou $\frac{4}{6}$, qu'on auroit eu si l'on avoit été sûr que la loi de production étoit constante.

Probabilité des évènemens futurs, dans le cas où la loi est constante.

Si l'on regarde comme constante la loi de la production des deux évènemens contraires, & que l'on connoisse le nombre de fois que chaque évènement est arrivé, le calcul donnera la probabilité que l'un des évènemens arrivera une fois de plus; mais il est bon d'exposer ici ce que donne réellement le calcul, & ce que l'on doit entendre par cette probabilité.

On ne connoît pas la vraie probabilité, mais seulement une probabilité moyenne.

On voit que ce ne peut être la vraie probabilité. Supposons en effet qu'il y ait dans une urne cent billets blancs & un noir, & que l'on ait tiré quatre-vingts fois un billet blanc, & une fois un noir, en ayant soin de rejeter à chaque fois dans l'urne le billet qui en a été tiré, il est clair que si je ne connois que ce fait avec le nombre total des billets, & que j'ignore qu'il y avoit cent billets blancs & un noir dans l'urne, jamais je ne le pourrai deviner d'une manière certaine, ni par conséquent connoître la véritable probabilité qui dépend du rapport du nombre des billets blancs à celui des billets noirs; mais je pourrai faire le raisonnement suivant. S'il y a cent un billets blancs, la probabilité d'amener un billet blanc sera 1, ou la certitude : s'il y a cent billets blancs & un noir, celle d'amener un billet blanc sera $\frac{100}{101}$, & ainsi de suite, mais dans chacune de ces suppositions j'ai une certaine probabilité d'amener quatre-vingts billets blancs & un noir ; & par conséquent puisque ce nombre a été amené, j'aurai pour la probabilité que cette hypothèse a lieu, celle d'amener quatre-vingts billets blancs & un noir dans cette hypothèse, divisée par la somme des probabilités d'amener le même nombre dans toutes les hypothèses possibles. En effet, la probabilité d'une chose est le nombre des combinaisons où cet évènement arrive, divisé par le nombre total des combinaisons. Or, ici le nombre des combinaisons qui répondent dans chaque hypothèse à l'évènement d'avoir tiré qutre vingts billets blancs & un noir, est représenté par la probabilité d'amener quatre-vingts billets blancs & un noir dans cette hypothèse ; & par la même raison, la somme de cette probabilité dans toutes les hypothèses représente le nombre de toutes les combinaisons possibles : donc en multipliant la probabilité d'amener un billet blanc dans chaque hypothèse par la probabilité de cette hypothèse, & divisant la somme de ces produits par celle des probabilités de ces hypothèses, j'aurai la probabilité d'amener le billet, puisque j'aurai le nombre de toutes les combinaisons ou ce billet arrive, divisé par celui de toutes les combinaisons possibles.

Tels sont les principes sur lesquels ce calcul est fondé, à cela près que l'on suppose plus grand qu'aucune quantité donnée le nombre des billets, & par conséquent celui des différens rapports que peuvent avoir entr'eux le nombre des billets blancs & celui des noirs.

Ce n'est donc pas la probabilité réelle que l'on peut obtenir par ce moyen, mais une probabilité moyenne.

Ainsi, non-seulement comme dans tout le calcul des probabilités il n'y a aucune liaison nécessaire entre la probabilité

Conséquences qui résultent de ces principes, relativement à la certitude des connoissances humaines.

& la réalité des évènemens, mais il n'y en a non plus aucune entre la probabilité donnée par le calcul & la probabilité réelle. C'est cependant, comme nous l'avons déjà exposé dans le commencement de ce Discours, sur des probabilités de cette espèce que roulent toutes nos connoissances & que sont appuyés tous les motifs qui nous guident dans la conduite de notre vie. Cette incertitude peut paroître effrayante, mais il est utile de la faire connoître; c'est même le seul moyen solide d'attaquer le pirrhonisme, qui n'a jamais pu être combattu avec avantage tant que la méthode d'assujettir les probabilités au calcul a été ignorée. En effet, il étoit facile de montrer que dans toutes nos connoissances, même les plus certaines, dans celles qui sont fondées sur les raisonnemens les plus rigoureux, il reste toujours une incertitude attachée à notre nature, & il étoit impossible de prouver qu'on avoit tort d'en conclure que nous étions condamnés à demeurer dans un doute absolu, à moins de montrer que cette incertitude avoit différens degrés susceptibles d'être appréciés & mesurés.

Difficulté d'attaquer solidement le pirrhonisme tant que cette doctrine a été inconnue.

Dans la question que nous examinons ici, le calcul donne la probabilité de l'évènement qui est arrivé le plus souvent plus grande que celle de l'évènement contraire; mais ces probabilités ne sont pas entr'elles dans le même rapport que le nombre des évènemens.

La probabilité de l'évènement qui est arrivé le plus souvent, est plus grande que celle de l'évènement contraire, mais elle n'est pas proportionnelle au nombre des évènemens.

Par exemple, si le premier évènement est arrivé cent fois, & le second cinquante, la probabilité du premier sera $\frac{101}{152}$, & celle du second $\frac{51}{152}$, au lieu d'être $\frac{100}{150}$ & $\frac{50}{152}$, comme elles le seroient si elles étoient proportionnelles au nombre des évènemens. La probabilité est ici un peu moindre, mais plus le nombre des évènemens d'après lesquels on la cherche est grand, plus elle approche de cette limite. Ainsi cette façon commune de parler, *cet évènement est arrivé cent fois contre cinquante, donc on a 2 à parier contre 1 qu'il arrivera*, est inexacte en elle-même, mais elle approche beaucoup de la vérité, si la proportion a été établie sur un très-grand nombre d'évènemens.

Si un évènement est arrivé cent mille fois & l'autre cinquante mille fois, la probabilité du premier est $\frac{100001}{150002}$ au lieu de $\frac{2}{3}$, celle du second est $\frac{50001}{150002}$ au lieu de $\frac{1}{3}$; celle du premier est donc seulement plus petite, & celle du second plus grande d'un 450006.e Mais pour que les probabilités soient exactement comme le nombre des évènemens, pour que la probabilité moyenne soit égale à la probabilité absolue, & qu'on puisse la regarder comme invariable, il faut que le nombre des évènemens soit infini: en sorte que l'avantage de connoître une probabilité absolue & constante, est ici une limite dont on peut approcher indéfiniment, mais que jamais on ne peut atteindre.

Probabilités d'avoir différentes espèces de pluralités en faveur d'un évènement, ou de ne pas les avoir contre.

Nous avons cherché dans la première Partie à déterminer la probabilité que sur un nombre donné d'évènemens contraires, celui qui étoit le plus probable n'auroit pas contre lui, ou auroit en sa faveur une certaine pluralité, soit constante, soit proportionnelle. On peut demander ici la probabilité d'avoir en faveur d'un évènement une pluralité aussi, soit constante, soit proportionnelle, lorsqu'on sait seulement que cet évènement & l'évènement contraire sont arrivés un certain nombre de fois, ou bien la probabilité de n'avoir pas la même pluralité contre cet évènement.

Pluralité constante.

Si la pluralité est constante, on trouvera que l'évènement qui a obtenu la pluralité aura, après un certain nombre d'évènemens, d'évènemens, une probabilité toujours croissante d'avoir la pluralité exigée; mais cette probabilité ne croît pas indéfiniment jusqu'à l'unité, comme dans le cas où cet évènement auroit eu lui-même une probabilité plus grande que $\frac{1}{2}$; elle est renfermée dans de certaines limites qui ne dépendent point de la grandeur de la pluralité exigée, mais de celle qui a eu lieu dans les évènemens passés.

Par exemple, si on a tiré deux boules blanches d'une urne sans en tirer une noire, la probabilité que l'on tirera plus souvent une boule blanche qu'une noire, sera d'autant plus grande qu'on tirera plus de boules, mais elle ne sera jamais au-dessus de $\frac{7}{8}$.

Si on avoit tiré deux blanches & une noire, la probabilité de tirer plus souvent des blanches dans un nombre donné de coups, ne sera jamais au-dessus de $\frac{11}{16}$.

Dans la même hypothèse, la probabilité que l'évènement qui a obtenu la pluralité n'arrivera pas moins souvent que l'autre un nombre donné de fois, a les mêmes limites, mais elle ne croît pas toujours après un certain terme; & toutes les fois que la pluralité de cet évènement est moindre que le double de la pluralité exigée moins deux, cette probabilité finit par être continuellement décroissante.

Ainsi, par exemple, si l'on a tiré deux boules blanches, la probabilité que le nombre des boules noires, dans une suite de tirages successifs, ne surpassera point de trois unités celui des blanches, approchera continuellement de $\frac{7}{8}$ à mesure qu'on augmentera le nombre des tirages, mais jusqu'à un certain terme elle sera plus grande. En effet, pour trois évènemens seulement, elle est $\frac{19}{20}$; & pour cinq elle n'est plus que $\frac{263}{280}$.

Pluralité proportionnelle.

Si on veut que la pluralité ſoit proportionnelle, on trouvera de même que la probabilité que l'évènement qui a obtenu la pluralité obtiendra dans la ſuite cette pluralité proportionnelle, ira toujours en croiſſant au bout d'un certain terme, pourvu que ce même évènement ait obtenu dans le paſſé une pluralité qui ſoit dans la même proportion que la pluralité exigée, plus un nombre conſtant, ou une proportion plus forte, mais cette probabilité ne croît pas juſqu'à l'unité, & elle a des limites. Par exemple, ſi on a tiré deux boules blanches & point de noires, la probabilité de tirer deux fois plus de boules blanches que de noires, ne pourra croître au-delà de $\frac{19}{27}$. Si on avoit amené en deux boules blanches & une noire, la limite de la même probabilité ſeroit alors $\frac{11}{27}$, mais dans ce cas elle aura d'abord été plus grande, & décroîtra après un certain terme.

La probabilité qu'un évènement n'aura pas contre lui une pluralité proportionnelle, ſera croiſſante ſi cet évènement n'a pas eu contre lui, dans les évènemens paſſés, une pluralité dans la même proportion, plus un nombre conſtant, ou dans une proportion plus grande; mais cette probabilité ne pourra devenir égale à l'unité, & ſera renfermée dans certaines limites. Par exemple, ſi nous avons tiré deux boules blanches, la probabilité que le nombre des noires ne ſurpaſſera pas d'un tiers celui des blanches, ne pourra croître au-delà de $\frac{26}{27}$: ſi on avoit eu deux boules blanches & une noire, la même probabilité ne pourroit croître au-delà de $\frac{8}{9}$.

Les mêmes concluſions ont lieu, quelque grand que ſoit le nombre des évènemens paſſés, pourvu qu'il ſoit fini; mais ſi on le ſuppoſe infini ou plus grand qu'aucune quantité donnée, alors on aura préciſément les mêmes réſultats que dans la première Partie.

Conséquence de cette théorie, relativement à la certitude de nos connoissances.

On peut conclure de cette théorie, 1.° que, à quelque nombre que soient portées les observations de la constance d'un effet, la probabilité que cet effet ne manquera jamais, ira toujours en décroissant à mesure qu'on cherchera cette probabilité pour un temps plus long, de manière qu'elle sera zéro si l'on suppose le temps infini.

2.° Que si on se contente de la probabilité que cet évènement manquera rarement, comme une fois sur mille, une fois sur dix mille, cette probabilité sera d'autant plus grande, que le nombre des observations aura été plus grand, mais qu'elle ne peut être égale à l'unité tant que le nombre des observations est fini.

3.° Que quelque constance qu'on ait observé dans une loi de la Nature, on ne peut jamais avoir une probabilité au dessus de $\frac{1}{2}$, qu'elle continuera indéfiniment d'avoir la même constance; seulement on pourra avoir une probabilité assez grande pour un temps fini & déterminé: mais aussi à mesure que de nouvelles observations confirment la constance de cette loi, cette probabilité devient plus grande pour le même temps, ou reste la même, mais pour un temps plus long.

4.° Que l'on aura de même une probabilité toujours croissante avec le nombre des observations; que pendant une durée, même infinie, cette constance ne cessera d'avoir lieu que pour un nombre d'évènemens, ayant une certaine proportion donnée avec le nombre total. Mais quelle que soit cette proportion établie & le nombre de fois que l'évènement est arrivé constamment, cette probabilité aura toujours une limite moindre que l'unité.

5.° Que si au lieu d'une loi constante, c'est-à-dire, d'un

évènement qui n'a jamais manqué d'arriver, on a au contraire ſeulement un évènement qui arrive plus ſouvent qu'un autre, ſuivant une certaine proportion; on aura de même des probabilités, ou que l'évènement qui eſt arrivé le plus ſouvent conſervera le même avantage, ou que la proportion entre les évènemens futurs s'éloignera très-peu de la proportion obſervée; probabilités qui pour un temps infini croîtront avec le nombre des obſervations, mais n'auront pas l'unité pour limite tant que ce nombre reſtera fini.

6.° Comme nous avons ſuppoſé ici que les évènemens étoient aſſujettis à une loi de production conſtante, les déterminations précédentes doivent encore être corrigées d'après ce que nous avons dit ci-deſſus; & pour avoir la vraie probabilité, il faudra la prendre dans les deux hypothèſes, multiplier celle qu'on trouvera pour chacune par la probabilité de chaque hypothèſe, & diviſer cette ſomme par celle de ces dernières probabilités. Mais on trouvera que s'il s'agit de la conſtance d'un évènement, plus on aura d'obſervations où cette conſtance exiſte, plus l'hypothèſe que la loi de production eſt conſtante, ſera probable; en ſorte que les concluſions précédentes ne changent point par cette nouvelle conſidération, à cela près que la probabilité eſt un peu plus petite.

S'il s'agit ſeulement de la probabilité que l'évènement qui eſt arrivé plus ſouvent que l'autre, conſervera le même avantage, ſoit abſolument, ſoit dans la même proportion ou dans une proportion approchante, on aura encore les mêmes concluſions, avec une ſimple diminution de probabilité qui ſera peu importante.

Le ſeul cas où le changement ſera très-ſenſible, eſt celui où la pluralité des évènemens paſſés eſt petite par rapport à leur nombre total, parce qu'alors la probabilité que la production est assujettie à une loi quelconque, n'est pas très-grande par rapport à celle que la production n'est assujettie à aucune loi.

Voilà donc à quelles limites s'arrête notre connoissance des évènemens futurs, des loix mêmes de la Nature regardées comme les plus certaines & les plus constantes. Non-seulement nous n'avons aucune certitude, ni même aucune probabilité réelle, mais nous avons une probabilité moyenne que les évènemens sont assujettis à une loi constante, & ensuite une probabilité moyenne que la loi indiquée par les évènemens est cette même loi constante, & qu'elle sera perpétuellement observée; probabilité qui est encore affoiblie, parce que nous n'avons qu'une probabilité aussi moyenne & de la vérité des observations & de la justesse du raisonnement employé à en déduire des conséquences.

Limites étroites de nos connoissances sur les évènemens futurs.

Mais cette conclusion, loin de nous conduire, comme l'ancien pirrhonisme, au découragement & à l'indolence, doit produire l'effet contraire, puisqu'il en résulte que nos connoissances de toute espèce sont fondées sur des probabilités dont il est possible de déterminer la valeur avec une sorte d'exactitude; & qu'en cherchant à les déterminer, nous parvenons à juger & à nous conduire, non plus d'après une impression vague & machinale, mais d'après une impression assujettie au calcul, & dont le rapport avec les autres impressions du même genre nous est connu. *(Voyez première Partie,* page xiv*)*.

Revenons maintenant à l'objet de cet Ouvrage. Je suppose que l'on connoisse un certain nombre de décisions formées par des Votans, dont la voix a la même probabilité que celle des Votans sur les décisions futures, de la vérité desquelles on veut

Détermination de la probabilité des voix.

Établissement d'un Tribunal d'examen pour les décisions passées, & méthode de s'en servir pour déterminer d'une manière approchée la probabilité des voix & des décisions.

acquérir une certaine assurance. Je suppose de plus que l'on ait choisi un nombre assez grand d'hommes vraiment éclairés, & qu'ils soient chargés d'examiner une suite de décisions dont la pluralité est déjà connue, & qu'ils prononcent sur la vérité ou la fausseté de ces décisions: si parmi les jugemens de cet espèce de Tribunal d'examen, on n'a égard qu'à ceux qui ont une certaine pluralité, il est aisé de voir qu'on peut, sans erreur sensible, ou les regarder comme certains, ou supposer à la voix de chacun des Votans de ce Tribunal une certaine probabilité un peu moindre que celle qu'elle doit réellement avoir, & déterminer, d'après cette supposition, la probabilité de ces jugemens. En effet, puisqu'on cherche à se procurer une assurance pour les jugemens futurs, il est clair que celle qu'on se procurera par cette dernière hypothèse, & qui doit pouvoir être regardée comme suffisante, sera au-dessous de la probabilité réelle, & que par conséquent on sera certain d'avoir dans la réalité une assurance même plus grande que celle qu'on a cru devoir exiger.

On ne peut faire qu'une seule objection sur le fond de cette méthode, c'est qu'en n'admettant que les jugemens qui ont été formés par le Tribunal d'examen avec une certaine pluralité; les données qu'on se procure ne sont établies que d'après les décisions clairement bonnes ou clairement mauvaises, & non sur les douteuses, qui forment peut-être le plus grand nombre.

Pour discuter la valeur de cette objection, il faut observer qu'il y a trois espèces de décisions: les unes ont pour objet des vérités ou des faits susceptibles de preuves permanentes; & dans ce cas, si le Tribunal d'examen est vraiment composé d'hommes éclairés, le nombre des jugemens qui n'auront pas la pluralité exigée doit être très-petit, & la pluralité ne peut guère demeurer au-dessous de cette limite que pour des questions très-épineuses; en sorte qu'il y auroit plus d'inconvénient que d'avantage à faire entrer dans l'évaluation des probabilités les décisions rendues sur des questions de ce genre.

Les décisions de la seconde espèce s'appuient sur des faits dont les preuves ne sont pas permanentes, & d'après lesquels on doit prononcer en faveur de ce qui est le plus probable, quoique la probabilité soit très-petite. Dans ce cas il doit arriver plus fréquemment que le Tribunal d'examen n'aît pas la pluralité demandée; mais aussi on doit conclure de cette petite pluralité, que pour ces mêmes décisions la probabilité réelle de la décision en elle-même étoit très-petite, puisqu'il est très-difficile pour des hommes très-éclairés, de distinguer quel est celui des deux avis en faveur duquel existe ce foible avantage de probabilité. Cette difficulté sera donc plus grande encore pour les Votans, de la voix desquels on cherche à déterminer la probabilité; d'où il résulte qu'il y auroit de l'inconvénient à employer ces décisions pour cette détermination.

La troisième espèce est celle où l'on juge sur des faits, mais avec cette condition de ne prononcer que dans le cas où ils sont suffisamment prouvés: alors c'est sur la suffisance ou l'insuffisance de la preuve que tombe la décision du Tribunal d'examen, & par conséquent ce troisième cas se confond avec le premier. L'on voit donc qu'en général le petit nombre de jugemens où le Tribunal d'examen n'aura pas la pluralité, appartient à des questions douteuses en elles-mêmes, sur lesquelles les assemblées dont on a examiné les décisions, n'ont, pour ainsi dire, prononcé qu'au hasard, & qu'ainsi au lieu d'employer ces décisions à faire connoître la probabilité moyenne de la voix de ceux qui les ont rendues, il vaut mieux examiner ces questions en elles-mêmes, voir quelle peut être la cause de leur incertitude, & chercher les moyens d'y remédier.

Supposons, par exemple, qu'il soit question de jugemens sur les questions réglées par les loix civiles; si l'on observe une grande incertitude dans ces jugemens, incertitude indépendante, comme elle le seroit ici du peu de lumières des Juges, il est évident que ce n'est pas dans la forme des jugemens, mais dans la loi même que l'on doit chercher le mal & le remède ; & que l'ayant une fois trouvé, on peut supposer que les Juges pourront décider ces mêmes questions avec autant de probabilité que les autres, c'est-à-dire, par conséquent avec celle qu'on aura déterminée, en rejetant de l'examen, les décisions rendues sur ces questions, dont la solution a paru incertaine.

1.° Dans le cas où l'on ne considère qu'une décision isolée

On déterminera d'abord pour une seule décision future la probabilité qui résulte des jugemens portés par le Tribunal d'examen, & il est aisé de voir que si l'on suppose que l'on ignore, la pluralité à laquelle ont été rendues les décisions intermédiaires entre cet examen & celle que l'on considère, la probabilité de cette décision sera toujours la même, quelque rang qu'elle occupe dans la suite des décisions, puisque toutes les combinaisons de voix possibles doivent être regardées comme pouvant avoir eu lieu chacune avec le degré de probabilité qui leur convient.

2.° Dans celui où l'on connoît les décisions intermédiaires.

Mais on peut supposer que l'on connoisse la pluralité des décisions intermédiaires. Dans ce cas on a d'abord, par la méthode précédente pour la première décision, la probabilité qu'elle est vraie & la probabilité qu'elle est fausse. En considérant séparément

ſéparément ces deux hypothèſes, on a pour chacune la probabilité qu'une ſeconde déciſion eſt vraie ou fauſſe, & par conſéquent quatre ſyſtèmes pour le nombre de voix vraies ou fauſſes, qui ont chacun une probabilité différente, mais connue. On aura huit de ces ſyſtèmes après trois déciſions, & ainſi de ſuite. Cela poſé, ſi on cherche la probabilité d'une déciſion future, on la prendra dans ces différens ſyſtèmes, &, multipliant celle qui réſulte de chaque ſyſtème par la probabilité du ſyſtème, on aura la probabilité moyenne de la déciſion future.

Par ce moyen l'on déterminera d'abord la probabilité des jugemens de l'aſſemblée à laquelle les déciſions ſeront confiées, & on l'aura pour chaque jugement qui doit entrer dans la ſuite des déciſions futures; enſuite à chaque époque, priſe dans cette ſuite, on connoîtra cette même probabilité pour l'époque qui doit ſuivre, d'après la pluralité qu'ont eue les jugemens dans la ſuite des déciſions paſſées.

Utilité de cette derniere recherche.

Cette dernière recherche eſt importante. En effet, ſi cette probabilité moyenne ainſi déterminée ſe trouve, au bout d'un certain nombre de déciſions, ſenſiblement différente de ce qu'elle auroit été trouvée pour une déciſion future, d'après le ſeul réſultat des jugemens du Tribunal d'examen, il devient très-vraiſemblable que la probabilité a changé. On peut donc connoître par ce moyen la néceſſité de changer la forme de l'aſſemblée de déciſion, ſi elle ceſſe de donner une aſſurance ſuffiſante, ou du moins la néceſſité de recourir à un nouvel examen, ſi cette diminution de probabilité annonce dans celle de chaque voix un changement dont l'effet puiſſe devenir ſenſible.

Comme l'ojet principal qu'on ſe propoſe ici eſt de ſe

Détermination d'une limite de probabilité au-dessous de laquelle on peut supposer que les voix ne tomberont pas.

procurer une probabilité aussi grande que la justice & la sûreté l'exigent, & que ce n'est pas même la vraie probabilité, mais une probabilité moyenne que nous pouvons parvenir à connoître, on doit en inférer que ce n'est pas d'après cette probabilité moyenne qu'il faut chercher à se procurer l'assurance exigée, mais qu'il faut déterminer une limite au-dessous de laquelle on ait une première assurance que la probabilité d'aucune des voix ne tombera, & prendre ensuite cette limite pour la probabilité de chaque voix. Cette méthode est la plus sûre, mais elle exige nécessairement un très-grand nombre d'observations, sans quoi la limite assignée différeroit beaucoup de la probabilité moyenne ; & le résultat du calcul, en donnant à la vérité une sûreté très-grande, s'écarteroit trop de la réalité, & forceroit à prendre des précautions incommodes & superflues.

Difficulté pratique de cette première méthode.

Cette première méthode de déterminer la probabilité, ne peut avoir dans la pratique qu'un seul inconvénient ; la difficulté de composer le Tribunal d'examen, le long temps qui seroit nécessaire pour qu'il pût examiner un grand nombre de décisions, & les embarras qui peuvent rendre cet examen difficile dans beaucoup de circonstances. Ainsi, quoique dans la théorie elle soit moins hypothétique, plus directe & plus naturelle que la seconde méthode que nous allons développer, cependant celle-ci peut mériter la préférence dans la pratique. En effet, il suffit de connoître pour chaque espèce de question un grand nombre de décisions, le nombre des Votans pour chacune, & la pluralité à laquelle elle a été rendue. Le reste se détermine par le calcul.

Seconde méthode, déduite de la seule supposi-

Nous avons dit que cette seconde méthode consistoit a supposer seulement que la probabilité de la vérité de la voix de chaque homme eſt entre 1 & $\frac{1}{2}$, & celle de l'erreur entre $\frac{1}{2}$ & zéro.

tion que la probabilité des voix eſt toujours au-deſſus de $\frac{1}{2}$.

Cette ſuppoſition une fois admiſe, ſi l'on a un évènement quelconque *A* arrivé un certain nombre de fois, & l'évènement contraire *N* arrivé un autre nombre de fois, on aura par le calcul, 1.° la probabilité que c'eſt l'évènement *A* plutôt que l'évènement *N*, dont la probabilité eſt entre 1 & $\frac{1}{2}$; 2.° la probabilité que l'évènement *A* arrivera plutôt que *N*; ou bien que ſur un nombre donné d'évènemens, *A* aura ſur *N* une certaine pluralité; 3.° & c'eſt le point qui nous intéreſſe ici, la probabilité que l'évènement, quel qu'il ſoit, dont la probabilité eſt entre 1 & $\frac{1}{2}$, arrivera plutôt que celui dont la probabilité eſt entre $\frac{1}{2}$ & zéro; & celle que ſur un nombre donné d'évènemens, ce même évènement aura ſur l'autre une certaine pluralité, ou n'aura pas contre lui la même pluralité. Or, on voit que, d'après l'hypothèſe, la probabilité de la vérité de la voix d'un Votant, ou de la vérité d'une déciſion, eſt la même que celle de cet évènement, dont la probabilité eſt entre 1 & $\frac{1}{2}$.

Ce qu'on entend dans ce cas par la probabilité d'une voix dans les déciſions futures.

On peut ſuppoſer la probabilité entre 1 & $\frac{1}{2}$ toujours conſtante dans la ſuite des évènemens, ou bien variant pour chacun & n'étant aſſujettie qu'à cette condition d'être au-deſſus de $\frac{1}{2}$. Si on regarde ces deux hypothèſes comme poſſibles, il faudra d'abord chercher la probabilité de toutes deux, & former enſuite une valeur commune, en multipliant le réſultat de chaque hypothèſe par la probabilité que ce réſultat a lieu.

Néceſſité de diſtinguer les deux hypothèſes d'une probabilité conſtante pour tous les Votans, ou d'une probabilité variable.

Dans la ſeconde hypothèſe, la probabilité que celle de la vérité de chaque voix eſt entre 1 & $\frac{1}{2}$, ſera conſtamment $\frac{3}{4}$, quelqu'aient été les pluralités des déciſions, d'après leſquelles on cherche à connoître cette probabilité. Ainſi dans la queſtion que nous conſidérons ici, on peut regarder cette probabilité $\frac{3}{4}$ pour chaque voix comme une eſpèce de limite; & ſi la diſtribution des voix eſt telle, qu'en ſuppoſant la probabilité conſtante on ait un réſultat au-deſſous de cette valeur, ou qu'on n'ait pas même une très-grande aſſurance qu'elle ne tombera pas au-deſſous, alors on doit regarder comme trop peu éclairés les Votans auxquels on ſe propoſoit de confier les déciſions futures, puiſque la probabilité de leur voix eſt au-deſſous de la probabilité moyenne qui naît de la ſeule hypothèſe, qu'ils décideront plûtôt en faveur de la vérité que de l'erreur.

Il auroit été curieux de faire à la ſuite des déciſions de quelque Tribunal exiſtant, l'application de ce dernier principe, mais il ne nous a pas été poſſible de nous procurer les données néceſſaires pour cette application. D'ailleurs les calculs auroient été très-longs, & la néceſſité d'en ſupprimer les réſultats, s'ils avoient été trop défavorables, n'étoit pas propre à donner le courage de s'y livrer.

Probabilité des déciſions futures dans les différentes hypothèſes & pluralité.

Dans cette méthode, la probabilité que l'évènement dont la probabilité eſt entre 1 & $\frac{1}{2}$, aura ſur l'autre une pluralité conſtante, & celle que l'autre évènement n'obtiendra pas cette pluralité, croiſſent indéfiniment juſqu'à l'unité, quelle qu'ait été la diſtribution des évènemens obſervés. Mais ſi l'on ſuppoſe la pluralité proportionnelle, alors la probabilité que l'évènement, dont la probabilité eſt entre zéro & $\frac{1}{2}$, n'obtiendra pas cette pluralité, croît juſqu'à 1; mais la probabilité que celui dont la probabilité eſt entre $\frac{1}{2}$ & 1, obtiendra la même pluralité, eſt renfermée dans de certaines limites qui dépendent du nombre des évènemens paſſés & de la pluralité obſervée entr'eux.

Si l'on n'avoit qu'une ſeule déciſion rendue par un très-grand nombre de voix, le calcul de cette méthode ſeroit très-ſimple; mais ſi l'on a un certain nombre de déciſions, l'on ſait ſeulement pour chacune que la probabilité des avis eſt entre 1 & $\frac{1}{2}$ pour l'un, entre $\frac{1}{2}$ & zéro pour l'autre; mais on ignore pour deux déciſions, par exemple, lequel des deux avis de la première répond à l'un des deux avis de la ſeconde. On aura donc deux combinaiſons poſſibles, pour chacune deſquelles il faut chercher la probabilité 4 pour trois déciſions, huit pour 4, & ainſi de ſuite pour un nombre quelconque de déciſions.

C'eſt donc en conſidérant toutes ces combinaiſons poſſibles de voix, vraies ou fauſſes, & par conſéquent ayant leur probabilité depuis 1 juſqu'à $\frac{1}{2}$, ou depuis $\frac{1}{2}$ juſqu'à zéro, & en prenant la probabilité moyenne, que l'on parviendra à démêler la probabilité que peuvent avoir les déciſions futures.

On peut, dans cette méthode comme dans la précédente, recommencer le calcul après un certain nombre de déciſions, prendre la probabilité qui réſulte de la manière dont les voix y ſont diſtribuées, & voir ſi ces deux probabilités n'ont point entr'elles une différence qui indique un changement dans les lumières ou dans la ſagacité des Votans. *Pour une déciſion iſolée, ou en ayant égard aux déciſions intermédiaires.*

Il eſt inutile d'avertir que l'on pourra, dans cette méthode comme dans la précédente, avoir une limite de probabilité, au deſſous de laquelle on ait une certaine aſſurance de ne pas tomber, & prendre enſuite cette limite au lieu de la probabilité moyenne, comme la valeur qu'on doit ſuppoſer à la probabilité. *Limite au-deſſous de laquelle on peut ſuppoſer que les voix ne tomberont pas.*

Les méthodes que nous venons d'indiquer pourroient ne conduire qu'à des réſultats très-incertains ſi on les appliquoit *Précautions néceſſaires dans l'emploi de ces methodes.*

ſans précaution : il faut, dans l'une comme dans l'autre, ne faire entrer dans un même calcul que des queſtions du même genre, n'y admettre que des déciſions rendues à des époques trop peu éloignées pour qu'on puiſſe ſuppoſer que dans l'eſpace de temps qu'elles embraſſent il ſe ſoit fait une révolution dans les opinions. Il faut enfin écarter celles dans leſquelles on peut ſuppoſer que certains préjugés, des intérêts de corps, ou l'eſprit de parti, ont eu quelqu'influence. Cette dernière condition eſt d'autant plus eſſentielle dans la ſeconde méthode, que ſi l'on admet l'influence de ces préjugés, l'hypothèſe ſur laquelle la méthode eſt fondée ceſſe d'être admiſſible, puiſque la probabilité que les Votans ſe décideront contre la vérité, devient alors plus grande que la probabilité contraire : mais dans la première même, quoique l'on puiſſe avoir une vraie probabilité moyenne, en admettant les déciſions de cette eſpèce, il eſt aiſe de voir que cette probabilité moyenne ne donnera pas pour ces mêmes queſtions l'aſſurance que la juſtice exige, & que ce n'eſt point par la forme des déciſions que l'on peut ſe mettre à l'abri de ce genre d'erreurs. On peut appliquer ici le même raiſonnement, d'après lequel nous avons exclu les déciſions ſur leſquelles le Tribunal d'examen prononce à une trop foible pluralité.

Nous avons donc des moyens de connoître la probabilité que nous pouvons ſuppoſer aux voix des perſonnes à qui la déciſion d'une affaire eſt confiée, & aux déciſions rendues à une certaine pluralité ; & il ne nous reſte plus qu'à ſavoir quelle probabilité nous devons exiger dans ces déciſions.

Détermination de l'aſſurance que la juſtice exige de ſe procurer dans les déciſions.

Nous avons déjà obſervé que cette détermination pouvoit ſe réduire à trois points principaux ; la détermination, 1.° de la probabilité de ne pas avoir une déciſion contraire à la vérité ;

2.° de celle d'avoir une décision, ou d'avoir une décision vraie; 3.° de celle enfin qu'une décision rendue à la moindre pluralité possible, est plutôt vraie que fausse.

Nous avons observé ensuite qu'il falloit avoir une probabilité assez grande pour que, si on a cette probabilité, ou une qui lui seroit supérieure, on puisse regarder comme juste ou comme utile, de conformer sa conduite à la décision rendue; & nous avons remarqué en même-temps que cette limite de probabilité devoit être déterminée par des principes différens, & avoir diverses valeurs, suivant la nature des questions proposées.

Exemple de la méthode qu'il faut suivre.

Nous distinguerons donc ici trois espèces de questions, auxquelles nous appliquerons cette méthode: nous les avons choisies telles qu'elles embrassent les cas les plus importans qu'on puisse se proposer de faire décider à la pluralité des voix, & que de plus elles exigent à peu-près l'emploi de tous les principes qui doivent être employés dans la détermination d'une assurance suffisante. Ces trois questions sont, 1.° l'établissement d'une loi nouvelle, 2.° un jugement en matière civile, 3.° le jugement d'un accusé.

1.° Dans le cas de l'établissement d'une loi nouvelle.

Objet qu'on doit se proposer.

Lorsqu'il s'agit d'établir une loi nouvelle, il paroît au premier coup-d'œil, qu'on doit sur-tout chercher à s'assurer de ne pas avoir une décision fausse, non-seulement à cause de l'importance des suites qu'une mauvaise loi ne peut manquer d'avoir, mais aussi à cause de la difficulté de la réformer lorsque l'on viendroit à découvrir l'erreur: c'est même le seul objet que l'on ait paru regarder comme essentiel dans la plupart des constitutions; & l'on a souvent sacrifié à cette considération l'espérance de réformer les vices de la constitution & de remédier aux abus.

Ce principe de mettre des obstacles à la destruction des

mauvaises loix, pour éviter le risque ou des innovations fréquentes ou de mauvaises loix nouvelles, tient à trois causes différentes; la première est l'opinion très-ancienne & presque générale, que le genre humain, loin de gagner en sagesse, se détériore par le temps, & qu'il ne peut être replacé au même point de sagesse, de vertu, de bonheur, que par des secousses violentes. Il est évident qu'en adoptant cette opinion, toute forme qui évite un changement, même par le défaut de la pluralité nécessaire pour former une décision, doit paroître avantageuse. S'il est très-probable que la loi ancienne est bonne, il faut, pour la réformer, avoir une probabilité beaucoup plus grande de la vérité de la décision, qui, en lui substituant une autre loi, déclare que la première est mauvaise.

Mais cette opinion doit être regardée comme un préjugé, fondé sur le mécontentement que les hommes ont de leur sort, fortifié par l'envie que l'on ressent contre ses contemporains, par l'autorité qu'ont presque par-tout sur l'opinion les vieillards, qui naturellement regrettent le temps de leur jeunesse, enfin par l'ignorance de l'antiquité, qu'on juge d'après l'enthousiasme de ceux qui veulent tirer vanité de l'avoir étudiée.

La seconde cause est l'opinion non moins répandue, qui fait regarder les loix, non comme des conséquences nécessaires de la nature des hommes & de leurs droits, mais comme des sacrifices de ces mêmes droits exigés par des vues d'utilité commune. Si donc on regarde une loi nouvelle comme une atteinte de plus à la liberté naturelle, il est tout simple de chercher des moyens de s'assurer qu'aucune ne sera établie que dans le cas où une nécessité pressante en fera presque généralement desirer l'établissement. Cette opinion a pu être

excusable

excuſable dans l'origine des corps politiques, où l'on manquoit même d'une partie des loix néceſſaires à leur maintien, & où l'on avoit une opinion ſouvent exagérée des droits de la liberté naturelle dans l'état de ſociété.

Mais il n'en eſt pas de même dans les ſociétés anciennement établies, où l'on a plûtôt à ſe plaindre du trop grand nombre de loix; où les nouvelles loix ne peuvent être preſque jamais que la deſtruction ou la correction d'une loi ancienne, établie dans des temps d'ignorance & de préjugés; où l'on doit s'occuper, non de reſtreindre les droits de la liberté primitive, mais de les rendre aux hommes que des vues d'une politique fauſſe & bornée en ont privés.

Le troiſième motif, eſt la crainte des innovations très-fréquentes, qui affoibliroit, dit-on, le reſpect pour les loix. Il eſt vrai que lorſque les loix ne ſont pas les conſéquences de principes fixes & de vérités réelles & bien prouvées, ce reſpect, fondé alors ſur l'habitude & non ſur la raiſon, eſt d'autant plus fort que ces loix ſont plus anciennes: mais puiſqu'il s'agit ici des moyens d'avoir des loix dont les diſpoſitions ſoient conformes à la vérité & à la juſtice, c'eſt préciſément de ſubſtituer l'empire de la raiſon à celui de l'habitude que l'on doit s'occuper.

Il eſt donc également important de s'aſſurer qu'une bonne loix ne ſera pas rejetée pour n'avoir pas eu la pluralité exigée, ou de pouvoir ſe répondre qu'aucune mauvaiſe loi n'aura la pluralité, & l'on doit chercher l'aſſurance qu'une loi nouvelle ne ſera rejetée que parce qu'elle eſt mauvaiſe, & non parce qu'il n'y aura pas eu de déciſion ſur cette loi.

Enfin il faut, lorſqu'une loi eſt adoptée à la moindre pluralité exigée, avoir une aſſurance ſuffiſante que cette loi eſt bonne.

Assurance d'avoir une décision vraie, & de l'avoir dans le cas de la plus petite pluralité.

Or, il est aisé de voir, en examinant les formules qui naissent du calcul, que si on a d'abord cette assurance suffisante pour le cas de la moindre pluralité, & de plus une assurance égale d'avoir une décision vraie plutôt que d'avoir une décision fausse, ou de n'avoir pas de décision, le risque d'avoir une décision fausse, sera tellement petit qu'il est inutile de s'occuper en particulier des moyens de remplir la première condition.

Il peut être juste d'assujettir les autres à une loi, & raisonnable de s'y soumettre soi-même, lorsque l'on a cette dernière assurance de la justice de la loi.

Nous devons donc chercher principalement ici quelle est la probabilité qui donne une assurance de la bonté d'une loi admise à la plus petite pluralité, telle qu'on puisse croire qu'il n'est pas injuste d'assujettir les autres à cette loi, & qu'il est utile pour soi de s'y soumettre. Alors celui qui emploîroit la force publique au maintien de cette loi, auroit une assurance suffisante de ne l'employer qu'avec justice: alors le citoyen, en obéissant à la même loi, sentiroit que s'étant soumis, par une condition nécessaire dans l'ordre social, à ne se pas conduire conformément à sa raison seule dans une certaine classe de ses actions, il a du moins l'avantage de ne suivre que des opinions, qu'en faisant abstraction de son jugement, il doit regarder comme ayant le degré de probabilité suffisant pour diriger sa conduite. Par conséquent chacun ne seroit obligé de se conduire que d'après l'espèce de sûreté que lui permet la nature même des choses.

En effet, tout homme a le droit de se conduire d'après sa raison; mais lorsqu'il s'unit à une société, il consent à soumettre à la raison commune une partie de ses actions, qui doivent être réglées pour tous, d'après les mêmes principes; sa propre raison lui prescrit alors cette soumission, & c'est encore d'après elle qu'il agit, même en renonçant à en faire usage. Ainsi lorsqu'il se soumet à une loi contraire à son opinion, il doit se dire : *Il ne s'agit pas ici de moi seul, mais de tous ; je ne dois donc pas me conduire d'après ce que je crois être raisonnable, mais d'après ce que tous, en faisant comme moi, abstraction de leur opinion, doivent regarder comme étant conforme à la raison & à la vérité.*

Cette assurance est suffisante si le risque de l'erreur est égal à un risque qu'on néglige pour sa propre vie.

Il s'agit donc maintenant de chercher cette assurance nécessaire, c'est-à-dire, comme nous l'avons observé, une probabilité au-dessous de laquelle on ne puisse agir sans injustice ou sans imprudence. Nous supposerons ici que le risque de l'erreur doit être tel, que l'on néglige un risque * semblable, même lorsqu'il est question de notre propre vie.

Méthode d'évaluer ce risque.

Examen de l'opinion de M. le Comte de Buffon.

M. de Buffon évalue ce risque à $\frac{1}{10000}$, parce qu'on n'est pas frappé en général de la crainte de mourir dans l'espace d'un jour, & que $\frac{1}{10000}$ peut être regardé comme l'expression de ce risque : mais, 1.° M. Daniel Bernoulli a observé que cette crainte de ne pas mourir dans la journée, ne peut être regardée comme nulle que pour les hommes qui, quelque temps avant l'époque de leur mort, n'ont pas, soit un commencement de maladie ou un état de dépérissement & de langueur, soit des dispositions à une mort prochaine qu'ils se dissimulent, car les premiers n'ont pas cette sécurité, & les autres auroient tort de l'avoir. On doit exclure aussi ceux qui sont d'un très-grand âge : cette observation est d'autant plus importante, qu'il s'agit ici d'évaluer un risque moyen que l'on juge devoir être négligé ; il ne peut donc être formé qu'en prenant un terme moyen entre des risques que l'on néglige. Ainsi lorsqu'on fait entrer dans un calcul de ce genre

* Par *risque*, nous entendons ici non le danger, mais la probabilité du danger.

un riſque très-grand en lui-même, on ſuppoſe tacitement que celui qui l'a couru en ignoroit l'étendue. Cette méthode d'évaluer le riſque moyen ſeroit donc ici très-fautive. En effet, on fait ce riſque $\frac{1}{10000}$, parce qu'il eſt $\frac{365}{10000}$ pour une année, mais dès-lors ce riſque ne peut être regardé comme un riſque moyen que relativement aux morts imprévues: pour les autres maladies, le riſque eſt nul ou très-grand, ſuivant que l'homme pour lequel on le conſidère eſt attaqué d'une maladie, ou ne l'eſt pas encore. Or, de ce que cet homme néglige ce riſque lorſqu'il eſt très-petit ou nul, & ne le néglige pas certainement lorſqu'il le voit très-grand; il ne peut pas en réſulter qu'il néglige le riſque moyen qui naît de la combinaiſon de ces deux riſques.

Suppoſons, par exemple, que ſur 10000 hommes il en meurt 400 par an, dont 35 de mort ſubite, nous avons $\frac{35}{3650000}$ pour le danger de cette mort dans un jour. Suppoſons que les 365 autres meurent d'une maladie dont on ne périt qu'au huitième, il en réſulte que nous aurons pour un jour moyen 9999 hommes expoſés à un danger très-petit, $\frac{35}{3650000}$ de périr dans le jour, & un ſeul expoſé au danger 1 de périr dans ce même jour. Ce calcul, quoique fait en négligeant des conſidérations importantes, montre combien cette méthode ſeroit fautive, puiſque $\frac{35}{3650000}$ eſt le véritable riſque négligé, au lieu du riſque $\frac{400}{3650000}$ que donneroit la méthode, & qui eſt plus de dix fois plus grand.

2.° Cette manière de conſidérer les dangers qu'on néglige, ne nous paroît pas applicable à la meſure de la probabilité. En effet, non-ſeulement le riſque de mourir dans un jour eſt très-petit, mais le danger eſt habituel & inévitable. Ces deux dernières cauſes peuvent contribuer autant que la première à le faire négliger, lors sur-tout qu'agissant ensemble, leur influence doit être très-forte. Or, il faudroit avoir ici un risque que sa petitesse seule fît négliger. Il faut donc chercher un danger auquel on s'expose volontairement sans aucune habitude formée, pour un intérêt si léger, qu'on ne puisse le comparer à celui de la vie, & sans qu'on s'imagine avoir besoin de courage pour le braver.

Il seroit aisé de prouver que l'absence d'une seule de ces conditions suffit pour qu'on paroisse négliger des risques tellement grands, qu'il seroit impossible d'attribuer à la petitesse du risque le peu d'impression qu'il produit.

Supposons donc, par exemple, qu'on sache combien il périt de paquebots sur le nombre de ceux qui vont de Douvres à Calais, & réciproquement, & qu'on n'ait égard qu'à ceux qui sont partis par un temps regardé comme bon & sûr par les hommes instruits dans la Navigation; il est clair qu'on aura par ce moyen la valeur d'un risque qu'on peut négliger sans imprudence. En effet, ce risque n'empêche pas de s'embarquer des gens d'ailleurs très-peu courageux, pourvu qu'ils n'aient pas pour les dangers de la mer cette crainte qui naît de l'ignorance. D'autres voyages sur mer, du même genre, donneroient une autre valeur de la même quantité.

Méthode qu'il faut suivre dans cette évaluation.

On pourroit encore employer utilement pour les mêmes évaluations, certains dangers que des hommes prudens & qui ne manquent point de courage, évitent ou bravent suivant leur manière personnelle de voir & de sentir. Tel est le passage sous le pont Saint-Esprit.

Peut-être feroit-on bien de chercher non-seulement les risques qu'on néglige pour soi-même, mais ceux que les hommes de bon sens regardent comme nuls lorsqu'il s'agit des personnes qu'ils aiment. Ce n'est point par une vaine ostentation de sensibilité que nous proposons cette épreuve: mais en supposant même un degré assez fort de personnalité, il paroît que la crainte qu'éprouve un homme qui est en sûreté pour la vie d'une personne qui lui est chère, est très-comparable à la crainte qu'il éprouveroit pour lui-même: & en supposant que le risque auquel cette personne est exposée ne soit pas nécessaire, il peut même y avoir quelque avantage à employer ce dernier moyen. En effet, on est plus sûr que c'est la petitesse du risque, & non le courage de celui qui s'y expose, ou l'intérêt qu'il a de s'y exposer, qui le font alors regarder comme nul.

On ne doit point se borner à examiner une seule de ces hypothèses, mais il faut en considérer plusieurs, déterminer pour chacune le degré de risque qu'elle permet de négliger, & par ce moyen on verra quel est réellement celui que l'on peut regarder comme le plus grand parmi ceux que les hommes sages négligent comme nuls dans la conduite ordinaire de la vie.

L'application de cette méthode exige des Tables qui n'ont pas été faites encore, pour les différentes espèces d'accidens fortuits auxquels les hommes sont exposés; mais il n'est pas impossible d'y suppléer à quelques égards.

Moyens de suppléer à cette méthode. 1.er moyen.

D'abord on connoit ces placemens en rentes viagères sur plusieurs têtes, où l'on se propose non d'augmenter son revenu, mais de placer ses fonds à un haut intérêt & d'une manière sûre; & l'on peut, en examinant la manière dont les hommes les plus habiles parmi ceux qui font des opérations de ce genre, combinent leurs placemens, & en y appliquant les Tables de mortalité, connoître successivement la probabilité qu'ils ont de retirer de leur capital un intérêt égal à l'intérêt commun du commerce, celle de ne pas avoir un intérêt inférieur à celui des placemens regardés comme certains, celle de retirer au moins leur capital, celle enfin d'en perdre la totalité ou la presque totalité. L'on pourroit, par exemple, regarder ensuite celle-ci comme exprimant le risque qu'on peut négliger, & il différeroit peu de celui qu'on néglige pour sa propre existence; car les hommes qui font le commerce d'argent, ont pour leurs richesses un attachement équivalent à l'amour de la vie.

On pourroit même trouver que le risque d'une perte totale est ici fort au-dessous de celui qu'on négligeroit pour la vie, en sorte que c'est peut-être à la perte de toute espèce d'intérêt qu'il faudroit s'arrêter, ou bien à la probabilité de ne retirer que l'équivalent d'une rente viagère au taux des rentes foncières, ce qui est une sorte de perte totale du capital. On ne devroit pas être étonné de ce résultat, parce que les précautions que l'on prend dans ces arrangemens, ont pour objet non-seulement de conserver ses fonds, mais aussi de s'en assurer un emploi avantageux.

Il seroit plus facile de se procurer les données nécessaires pour employer ce moyen, mais elles n'existent encore dans aucun Recueil.

Le second moyen que nous proposons, & auquel nous nous arrêterons, consiste à se servir des Tables de mortalité ordinaires, mais en considérant non un danger de mort que l'on croit devoir négliger, mais une différence entre deux risques, que l'on regarde certainement comme nulle.

2.d moyen : raisons de le préférer.

Supposons, par exemple, que nous prenions la proportion de la mortalité au nombre des vivans pour différens âges, eu n'admettant dans cette liste que ceux qui périssent d'une mort presque instantanée, & que nous en déduisions pour ces différens âges la probabilité de mourir dans l'espace d'une semaine.

En comparant ces différens risques d'année en année, durant tout l'espace où la crainte de mourir dans une semaine n'occupe pas un homme sain, on verroit les risques croître peu à peu avec l'âge, & on pourroit distinguer l'époque où les accroissemens deviennent plus rapides, & où la sécurité est causée moins par la petitesse du danger que par la confiance en ses propres forces, ou le défaut d'attention.

On prendroit ensuite dans cet espace des intervalles où les risques ont des accroissemens réguliers & peu sensibles : & choisissant quelques-uns de ces intervalles durant lesquels l'assurance de ne pas mourir dans l'espace d'une semaine ne diminue pas, quoique le risque ait augmenté, on cherchera pour ces différens intervalles la valeur de ces augmentations de risques, qui sont absolument regardées comme nulles par le commun des hommes. Par exemple, si on prend les Tables de Sulsmisch, & qu'on suppose que le nombre des hommes qui meurent de maladies, dont la durée est moindre qu'une semaine, soit à peu-près dans tous les âges le dixième du nombre total *, on trouvera que depuis 37 ans jusqu'à 47, & depuis 18 jusqu'à 33, le risque va en s'augmentant d'une manière assez uniforme : on observera qu'un homme de 18 ans & un de 33, un homme de 37 ans & un de 47, n'ont

* Cette hypothèse est déduite des Tables de mortalité de M. Raymond, de Marseille ; elles donnent le nombre des hommes attaqués de chaque maladie, celui des morts & celui de ceux qui ont échappé, mais l'Auteur n'y a pas fait entrer l'âge des malades.

pas une crainte plus grande l'un que l'autre de mourir dans l'eſpace d'une ſemaine. Or, pour la première période, la différence des riſques eſt $\frac{1}{301115}$, & pour la ſeconde $\frac{1}{144768}$: on peut donc regarder ces deux riſques comme pouvant tous deux être négligés, & prendre le ſecond, qui eſt le plus grand, pour le riſque le plus conſidérable qu'il ſoit permis de regarder comme nul, & par conſéquent $\frac{144767}{144768}$ repréſentera l'aſſurance qu'il eſt convenable d'exiger.

Cette méthode de prendre la différence de deux dangers, eſt préciſément la même que celle où l'on conſidère un riſque iſolé auquel on s'expoſe ſans s'imaginer être moins en ſûreté. En effet, ce danger particulier devient pour l'homme qui s'y expoſe dans le moment, un riſque ajouté au riſque moyen, auquel il eſt expoſé comme les autres. D'ailleurs ce même genre de riſque, quoiqu'inévitable, ne peut être regardé comme auſſi habituel; il s'éloigne moins par conſéquent de la nature de ceux qu'il faudroit conſidérer.

Valeur de l'aſſurance ſuffiſante, ſoit pour la vérité de la déciſion à la moindre probabilité, ſoit pour celle d'avoir une déciſion vraie.

Nous croyons donc qu'on pourra prendre $\frac{144767}{144768}$ comme l'expreſſion de la probabilité, qu'on doit regarder comme donnant une aſſurance ſuffiſante, dans le cas où il s'agit de prononcer ſur une nouvelle loi, ſoit qu'une déciſion rendue à la moindre pluralité ſera vraie, ſoit que l'on aura une déciſion vraie à la pluralité exigée. Cette probabilité paroîtra peut-être très-grande, & on pourroit s'imaginer qu'il ſeroit très-difficile de ſe la procurer : cependant le calcul montre qu'une aſſemblée de 61 Votans, où l'on exigeroit une pluralité de neuf voix, rempliroit ces conditions, pourvu qu'on eût la probabilité de chaque voix égale à $\frac{4}{5}$, c'eſt-à-dire, qu'on ſuppoſât que chaque Votant ne ſe trompera qu'une fois ſur cinq; & ſi on ſuppoſe qu'il ne ſe trompe qu'une fois ſur dix, alors il ſuffira d'exiger une pluralité de ſix voix, & d'avoir une aſſemblée de 44 Votans.

Plus la probabilité des voix diminue, plus la pluralité exigée doit augmenter, ainſi que le nombre des Votans, & ce nombre croît avec une grande rapidité, lorſque la probabilité des voix eſt très-petite. Il en réſulte que dans un pays où les lumières ſont très-peu répandues, mais où il y a un certain nombre d'hommes éclairés, il peut être poſſible de ſatisfaire aux deux conditions exigées, en remettant la déciſion à une aſſemblée peu nombreuſe, tandis qu'il ſeroit impoſſible, ou du moins très-difficile d'y ſatisfaire ſi on étoit obligé de la confier à une nombreuſe aſſemblée.

On voit donc que l'avantage de confier à une aſſemblée de Repréſentans plus ou moins nombreuſe le ſoin de ſtatuer ſur les loix, dépend de la manière dont les lumières ſont diſtribuées dans chaque pays, & qu'il peut y avoir des cas où il ſoit déſavantageux d'augmenter le nombre de ces dépoſitaires de la raiſon générale.

Nous reviendrons ſur cet objet dans la cinquième Partie.

Utilité de diſtinguer deux objets dans les loix.

Il ſeroit peut-être utile de diſtinguer dans les loix l'objet eſſentiel de la loi, ce qui la conſtitue proprement, & les détails dans leſquels on eſt obligé d'entrer en la rédigeant; & il peut y avoir des circonſtances où il ſoit plus avantageux de confier cette dernière partie, qui exige ſouvent plus de lumières & plus d'habitude de combiner ſes idées, à une aſſemblée moins nombreuſe de Votans plus éclairés. On peut même obſerver que ſur quelques-unes de ces queſtions on pourroit, ou ſe contenter d'une pluralité qui donne une moindre aſſurance, ou ne pas exiger la même probabilité qu'il y aura une déciſion dès la première votation, s'il y a des points qui puiſſent reſter indécis ſans inconvénient.

Par exemple, ſuppoſons qu'on propoſe à une aſſemblée de décider ſi la peine de mort doit être établie contre le vol, c'eſt-à-dire, ſi l'intérêt de la ſociété exige qu'elle ſoit établie pour quelques eſpèces de vols, & ſi dans le cas où l'intérêt de la ſociété paroîtroit l'exiger, cette peine n'eſt pas contraire à la Juſtice & au Droit naturel.

Il eſt clair qu'on doit chercher également à s'aſſurer, & que la déciſion de cette aſſemblée ſera conforme à la vérité, & que l'on aura une déciſion; puiſque dans un pays où cette peine exiſteroit, l'humanité, & même la juſtice rigoureuſe, exigeroient de ne pas laiſſer une ſemblable queſtion indéciſe.

Suppoſons enſuite qu'on ait décidé que cette peine ne peut être juſte, & que le vol doit être puni ſeulement par la perte de la liberté, dont on a abuſé pour attenter aux droits d'autrui, & par des travaux utiles à la ſociété dont on a troublé l'ordre; il reſte encore à claſſer les différentes eſpèces de vols, à marquer la peine qui convient à chacune, l'intenſité, la durée de cette peine. Or, il eſt aiſé de voir qu'il ſera plus avantageux de confier cette déciſion à un corps moins nombreux d'hommes plus éclairés qui pourront, 1.° en exigeant une pluralité peu conſidérable, donner une aſſurance ſuffiſante d'obtenir ſur tous les points qu'il eſt néceſſaire de décider ſur le champ, une première déciſion, où il n'y auroit à craindre ni des erreurs groſſières ni des inconvéniens d'abord très-ſenſibles; 2.° d'obtenir enſuite du même corps une ſuite de déciſions rendues à une plus grande pluralité, de la bonté deſquelles on aura une aſſurance ſuffiſante, mais qui peuvent être retardées par le défaut de la pluralité exigée, ſans qu'il en réſulte aucun mal. Cette méthode ſeroit d'autant moins ſujette à des inconvéniens, que parmi ces queſtions, il y en auroit pluſieurs pour lesquelles un des avis doit être suivi tant que l'avis contraire n'a pas obtenu la pluralité exigée; puisque dans tous les cas le parti de la plus grande rigueur ne peut être adopté avec justice que lorsqu'on a une assurance suffisante que cette rigueur est nécessaire.

2.d Exemple. Jugement en matière civile.

Dans la seconde question, il s'agit d'un jugement en matière civile, & l'on suppose que les deux parties qui, par exemple, se disputent une propriété, ont un droit également favorable. On suppose de plus qu'il est nécessaire d'avoir une décision *; dans ce cas le nombre des Votans doit être impair; & puisque la pluralité d'une voix suffit, nous ne pouvons avoir la certitude d'obtenir une pluralité qui donne une assurance suffisante. Nous chercherons donc une probabilité d'avoir cette assurance qui soit égale à $\frac{144767}{144768}$, c'est-à-dire, égale à une probabilité que nous regardons comme suffisante relativement à notre propre vie, & il nous restera ensuite à fixer cette assurance.

Détermination de l'assurance d'avoir une pluralité, de laquelle résulte une probabilité suffisante de la vérité de la décision.

Détermination de cette dernière probabilité.

Pour cela, nous chercherons un risque que des hommes attachés à leur bien, négligent dans leur conduite, même lorsque la plus grande partie de leur fortune y est exposée. Si on avoit des Tables de ces placemens en rentes viagères dont nous venons de parler; si on en avoit également qui fussent dressées, d'après les évènemens, pour les assurances maritimes, pour celles contre les incendies, on en pourroit tirer des données utiles, en ayant toujours soin de considérer le plus d'hypothèses, le plus d'espèces de dangers que l'on pourroit, de déterminer les différens risques auxquels on est exposé, & qu'on regarde comme nuls, pour choisir ensuite parmi ces risques celui qui est le plus grand dans le nombre de ceux qu'on verra ne pouvoir être négligés que par la

* *Voyez* sur cet objet l'analyse de la cinquième Partie.

petitesse du risque, & non par des considérations étrangères.

Mais comme nous n'avons point ces Tables, nous nous contenterons d'une méthode analogue à celle par laquelle nous avons traité la première question, c'est-à-dire, que nous considérerons deux risques inégaux de perdre sa fortune, à la différence desquels un homme raisonnable ne fait aucune attention, & nous regarderons ce risque comme le plus grand qui puisse être négligé.

Par exemple, un homme à qui un Bénéficier qui jouit d'une bonne santé, a résigné un bénéfice, ne se croit pas plus exposé au danger de le perdre par la mort imprévue du Résignateur dans l'espace de moins de quinze jours, soit que ce Résignateur ait 37 ans, soit qu'il en ait 47. Or, comparant ces deux risques, la différence se trouve être environ $\frac{1}{24000}$ ou $\frac{1}{36000}$, selon qu'on supposera que le tiers ou la moitié de ceux qui meurent de maladies aiguës, périssent dans moins de quinze jours *.

Prenant donc une de ces valeurs, nous chercherons (la probabilité de l'avis de chaque Juge étant donnée) la pluralité nécessaire pour avoir l'assurance que la décision est conforme à la vérité : & cette pluralité étant connue, nous chercherons le nombre des Juges nécessaire pour avoir la probabilité $\frac{144767}{144768}$ d'avoir cette pluralité.

Ainsi toutes les fois que l'on aura cette pluralité, le jugement aura une probabilité telle, que le risque de l'erreur devra être regardé comme nul, puisqu'on néglige dans la conduite ordinaire un pareil risque lorsqu'il s'agit de sa fortune;

* Cette détermination est prise aussi des Tables de M. Raymond, mais elles ne contiennent pas la durée de chaque maladie, & c'est ce qui m'oblige à laisser ici une si grande latitude dans la détermination de l'assurance.

& l'on aura de plus une assurance qu'on regarde comme suffisante, même pour sa propre vie, de n'avoir pas une décision rendue à une moindre pluralité.

On est conduit ici à une conclusion qui peut paroître singuliere, c'est que l'on doit encore plus dans les questions de ce genre que pour des matières même plus importantes, chercher à ne confier la décision qu'à des hommes éclairés ; puisque la nécessité d'avoir une décision force à se soumettre même à celle qui n'a que la pluralité d'une seule voix, & que par conséquent on ne peut trouver dans la forme des décisions de moyens de suppléer, par la pluralité exigée, au peu de probabilité de la voix de chaque Votant en particulier.

Détermination d'une assurance suffisante pour décider en aveur de la cause la moins favorable.

Nous avons dit dans la première Partie, que dans plusieurs questions de ce genre, le droit d'une des parties étant plus favorable que celui de l'autre, on pourroit exiger une pluralité au-dessus de l'unité, pour décider en faveur de la partie dont le droit étoit le moins favorable, & regarder comme en faveur de l'autre les décisions rendues à une moindre pluralité.

Dans ce cas on déterminera, comme ci-dessus, la pluralité par la condition de donner en faveur de la vérité une probabilité $\frac{23999}{24000}$ ou $\frac{35999}{36000}$, & l'on cherchera à s'assurer une probabilité suffisante d'avoir cette pluralité. On verra, dans l'examen de la troisième question, la manière de déterminer cette dernière probabilité.

Il faudra aussi avoir égard à la remarque faite à la fin de la seconde Partie, c'est-à-dire, chercher à se procurer des Votans, dont la voix ait une probabilité assez grande pour que la différence de deux voix dans la pluralité, entre le cas où l'on décide d'après la pluralité & celui où l'on décide contre, produise une très-grande différence dans la valeur de la probabilité.

La troisième question a pour objet, de déterminer l'assurance qu'on doit exiger d'un Tribunal qui prononce à la pluralité des voix qu'un accusé est coupable ou innocent, ou plutôt qu'il est prouvé qu'il est coupable, ou que cela n'est pas prouvé.

3.e Exemple. Jugemens en matiere criminelle.

On trouvera d'abord que l'on doit exiger, lorsque la pluralité est la moindre, une probabilité de la décision, telle que le risque de l'erreur soit regardé comme nul, même lorsqu'il s'agit de la vie. Nous ferons donc cette probabilité égale à $\frac{144767}{144768}$,

Le risque d'une erreur dans une décision doit être tel qu'on le néglige pour sa propre vie.

Mais l'objet qu'on se propose dans un jugement de cette espèce, n'est pas seulement d'éviter qu'un innocent ne soit condamné; la forme du Tribunal doit encore être telle que l'on évite en même-temps le risque de renvoyer un coupable lorsque le crime est réellement prouvé, c'est-à-dire, que ce risque doit être assez petit pour pouvoir être négligé.

Quelle assurance on doit avoir de ne pas renvoyer de coupables.

Le renvoi d'un coupable a deux inconvéniens, celui d'engager au crime par l'espérance de l'impunité, & le danger auquel les citoyens peuvent être exposés de la part de ce coupable qui peut commettre de nouveaux crimes.

1.° Pour éviter l'exemple de l'impunité d'un coupable renvoyé comme innocent, ou faute de la pluralité nécessaire pour condamner.

Si l'on se bornoit à une probabilité de ne pas renvoyer un coupable, assez grande pour que le risque auquel il seroit exposé fût capable de détourner du crime un homme de sang-froid, une très-petite probabilité suffiroit. En effet, supposons qu'elle soit seulement $\frac{299}{300}$, c'est-à-dire, que de trois cents coupables, il en échappe un seulement, il est clair que la crainte d'un danger où sur trois cents personnes il ne s'en sauve qu'une seule, est plus que suffisante. Un homme qui s'expose à un pareil danger, est nécessairement animé d'une passion violente qui lui fait préférer la mort à la vie qu'il méneroit après s'être ſouſtrait à ce danger. Mais ce n'eſt pas ainſi que raiſonnent ceux que leur intérêt ou leur penchant entraîne au crime ; un ſeul exemple d'un coupable qui a évité le ſupplice, leur fait une impreſſion profonde, & l'intérêt public exige qu'on ait une grande probabilité qu'ils n'auront pas cet exemple. Il s'agit ici d'hommes groſſiers, attentifs ſeulement aux évènemens qui ſe paſſent ſous leurs yeux. Nous ſuppoſerons donc que chacun de ces hommes puiſſe avoir vraiment connoiſſance de vingt crimes & de vingt jugemens, & en cela nous ferons une ſuppoſition qui ne ſera pas trop foible pour un pays policé. Cela poſé, en exigeant dans chaque jugement une probabilité $\frac{99999}{100000}$ qu'il n'y aura pas un coupable renvoyé, on aura dans une génération un riſque moindre que $\frac{3}{1000}$ de voir renvoyer un coupable. Or, cela peut être regardé comme ſuffiſant ſi l'on ſonge qu'il ne peut être queſtion ici que de ceux qui ſeroient affermis dans le crime pour l'eſpérance de l'impunité, & non de ceux qui le ſont par l'eſpérance, bien plus facile à former, de ne pas être arrêtés, qu'il ne s'agit même que des accuſés qui ſeroient renvoyés par l'erreur ou le défaut de lumières du Tribunal, & non de ceux qui échapperoient au ſupplice faute de preuves. Les exemples de cette dernière eſpèce ſont très-dangereux, mais ce n'eſt pas la forme des déciſions qui peut en préſerver.

Il ne ſuffit pas de mettre à l'abri de l'exemple du renvoi d'un accuſé coupable, il faut éviter un danger plus grand encore, c'eſt celui de l'exemple d'un coupable renvoyé lorſque la pluralité le condamne, mais qu'elle eſt au-deſſous de la pluralité exigée.

Il faut donc que la probabilité de ce riſque ſoit au moins au-deſſous de $\frac{1}{144768}$ pour un ſeul jugement; & ſi on veut, ce ce qui paroit naturel, qu'elle ſoit au-deſſous de cette valeur, même pour vingt jugemens, d'après l'hypothèſe faite ci-deſſus, alors il faudra qu'elle ſoit au-deſſous de $\frac{1}{3000000}$ pour chacun.

On ne doit faire entrer ici dans le calcul que les cas où un homme réellement coupable eſt renvoyé parce que la pluralité exigée n'a pas lieu contre lui, & non pas ceux où un innocent condamné eſt renvoyé parce que cette pluralité n'a pas eu lieu contre lui. Il eſt vrai que ſi l'opinion particulière de ceux ſur qui l'exemple influe, eſt que cet innocent eſt coupable, alors l'exemple eſt également dangereux; mais ſi au contraire ils le regardent comme innocent, celui du danger qu'il a couru devient un exemple capable de les effrayer.

D'ailleurs comme on ne compte ici que les cas où la pluralité eſt pour condamner, & n'eſt pas ſuffiſante, en ſuppoſant que le riſque dans vingt jugemens eſt au-deſſous de $\frac{144767}{144768}$, on fait une ſuppoſition un peu exagérée, puiſqu'on ſuppoſe que dans une génération on peut être témoin de vingt de ces jugemens. Ainſi en déterminant le riſque qu'on peut négliger dans un ſeul jugement à $\frac{1}{3000000}$, on n'a point à craindre d'avoir fixé trop haut cette limite.

Si on ſe contente pour chaque jugement d'un riſque au-deſſous de $\frac{1}{144768}$, il ſera, au bout de vingt jugemens, au-deſſous de $\frac{14}{100000}$; riſque encore très-petit, car il paroît ſuffiſant de pouvoir ſe procurer l'aſſurance qu'il y ait ſix mille environ à parier contre un que dans une génération entière on ne ſera pas frappé de l'exemple d'un coupable renvoyé, pour n'avoir pas eu contre lui la pluralite exigée, c'eſt-à-dire, parce que les preuves de ſon crime, quoique devant être regardées tres-probables, & même comme acquiſes, n'ont point frappé un assez grand nombre de Juges pour déterminer la condamnation.

2.° Pour éviter le tort qu'un coupable renvoyé peut faire à la société.

Si on examine ensuite le danger qui résulte des coupables renvoyés, on trouvera qu'il n'est pas nécessaire pour que ce risque puisse être négligé, que la probabilité de renvoyer un coupable soit aussi petite, à beaucoup près, que l'exige la nécessité d'éviter les inconvéniens de l'exemple de l'impunité. L'on peut donc négliger cette considération; & pourvu que les conditions que nous avons fixées ci-dessus soient remplies, on peut se croire assuré d'obtenir toute la sûreté qu'exigent la Justice & la sûreté publique, du moins relativement à chaque individu *.

Assurance que doit se procurer un Législateur ou un Juge, que dans l'espace d'une génération un innocent ne sera pas condamné en vertu de sa loi ou de son jugement.

En effet, on peut demander de plus : *S'il doit suffire à un Législateur d'établi une forme de décision telle, que dans chaque jugement il y ait l'assurance suffisante qu'un innocent ne sera pas condamné, ou s'il est obligé au contraire de faire en sorte d'avoir cette assurance, ou pour un certain espace de temps, ou pour un certain nombre de décisions.*

La seconde opinion paroît devoir être préférée, mais il faut observer qu'il est impossible de se procurer cette assurance pour un temps ou pour un nombre de décisions indéfini; qu'il est même impossible de n'avoir pas à la longue une très-grande assurance qu'un innocent sera condamné.

On doit donc prendre ici une limite : nous choisirons celle d'une génération; par ce moyen chaque homme ou Juge, ou dépositaire de la force publique, aura une assurance suffisante

---

* On voit par cet example, comment, si la même forme de jugement étoit appliquée à d'autres questions, il faudroit chercher, d'après la nature même de ces questions, à se procurer les assurances suffisantes d'avoir un jugement vrai à la pluralité exigée, &c. *Voyez page CXVIII.*

de ne pas contribuer involontairement, soit par sa voix, soit par son consentement à la condamnation d'un innocent. Comme il s'agit ici, non d'un danger instantané, mais d'un danger qui se répand sur la vie entière, il semble qu'on peut se contenter d'une assurance moindre, & telle qu'elle suffise pour ne pas être frappé d'un danger de la même espèce. Nous observerons en conséquence qu'un homme n'est pas plus frappé de la crainte de mourir dans sa vingt cinquième année que dans sa vingtième. Les Tables de mortalite donnent ce risque égal à $\frac{1}{1900}$: ainsi nous prendrons ici $\frac{1899}{1900}$ pour l'assurance qui peut être regardée comme suffisante. Si, d'après cette détermination, on suppose mille, par exemple, pour le nombre des hommes condamnés pendant une génération, ce qui est un nombre très-grand pour des pays policés, même d'une étendue très-considérable, on trouvera que l'assurance qu'il faut en conséquence se procurer dans chaque jugement, qu'un innocent ne sera pas condamné, sera $\frac{1999999}{2000000}$ environ. Alors on pourra chercher à avoir, ou cette assurance qu'un accusé condamné en général n'est pas innocent, ou bien la même assurance qu'il n'est pas innocent, même en supposant les jugemens rendus à la plus-petite pluralité possible.

Possibilité de remplir toutes ces conditions.

Quelle que soit celle de ces deux assurances qu'on exige, il ne faut pas croire qu'elles conduisent, pour la formation du Tribunal, à des conditions impossibles à remplir. En supposant à la voix de chaque Votant une probabilité $\frac{9}{10}$; une pluralité de six voix & un Tribunal de trente Membres suffiront pour donner toutes les assurances nécessaires, si l'on veut seulement les obtenir pour une suite de décisions, dont la pluralité soit quelconque; & si on les exige pour une suite de décisions supposées rendues à la plus petite pluralité, il ſuffira d'une pluralité de huit voix, ou même de ſept, & le nombre des Votans pourra être au-deſſous de cinquante.

La probabilité qu'un innocent ſera condamné dans un temps indéfini, croît indéfiniment.

L'obſervation que l'on ne peut avoir aucune aſſurance que dans un eſpace de temps indéfini un innocent ne ſera pas condamné, & qu'il y a même, quelque forme qu'on donne à la déciſion, une probabilité très-grande que cet évènement aura lieu, cette obſervation, dis-je, doit néceſſairement engager à chercher des moyens d'éviter un ſi grand mal. Pour cela, ſuppoſons, par exemple, un Tribunal de trente Juges, & qu'on exige une pluralité de ſix voix, il faudra donc pour condamner un innocent que dix-huit Votans ſur trente aient jugé contre la vérité. Or, il eſt probable que cette combinaiſon n'aura lieu que parce que des circonſtances extraordinaires auront influé ſur le jugement. La probabilité moyenne de la voix d'un homme ne peut être connue, comme nous l'avons dit, que par l'obſervation du nombre de cas où il décide en faveur de la vérité & de ceux où il décide en faveur de l'erreur: mais dans chaque jugement particulier il réſulte du calcul, que lorſqu'on ſait qu'un homme s'eſt trompé, il y a trois à parier contre un que dans cette circonſtance la probabilité de la vérité de ſa voix étoit au-deſſous de $\frac{1}{2}$. Si l'on ſuppoſe que l'on a eu dix-huit voix contre la vérité & douze pour l'erreur, on a une probabilité beaucoup plus grande que dans ce cas celle de la voix eſt tombée au-deſſous de la limite $\frac{1}{2}$. On aura de même une probabilité encore plus grande que celle de la voix des Votans eſt tombée fort au-deſſous de la probabilité moyenne qu'on lui avoit aſſignée, & par conſéquent on aura également une probabilité qu'on doit attribuer cette diminution à quelques circonſtances particulières. Cela poſé, ſi on rend l'inſtruction publique, il y aura lieu de

Conſéquences qui en réſultent; néceſſité & moyens de remédier à cet inconvénient inévitable.

croire que quelqu'un de ceux qui ſuivront l'inſtruction, & qui doivent être ſuppoſés avoir différentes opinions, différens penchans démêleront cette influence, pourront avertir les Juges, & par ce moyen prévenir l'injuſtice.

De même ſi l'on établit qu'aucun jugement capital ne ſera exécuté ſans la ſignature du Prince ou du premier Magiſtrat il eſt très-probable qu'ils ſeront inſtruits de ces circonſtances extraordinaires par l'accuſé ou par ſes défenſeurs; qu'alors ils pourront ſuſpendre l'exécution, en refuſant leur ſignature, & ordonner un nouvel examen; & il ſeroit aiſé de concilier la manière de faire cet examen dans tous les cas où il peut être néceſſaire, avec la célérité des jugemens, la néceſſité de ne pas laiſſer le crime impuni, & tous les avantages d'une bonne légiſlation.

On auroit donc, par la réunion de ces deux moyens, une aſſurance que dans le cas où un innocent auroit été condamné, ſa condamnation ne ſeroit pas exécutée, & que le jugement ſeroit réformé.

Suppoſons cette aſſurance encore $\frac{1899}{1900}$, on aura le riſque qu'un innocent ſeroit condamné dans une ſuite de mille jugemens, égal à environ $\frac{1}{3610000}$, d'où réſulte l'aſſurance $\frac{1899}{1900}$ qu'un innocent ne ſera pas condamné pour un temps qu'on peut regarder comme infini par rapport à la durée des inſtitutions humaines, & même à la durée de l'état actuel des lumières & de la civiliſation de notre eſpèce.

Autre conſéquence de la même obſervation.

La même obſervation nous conduit à la réflexion ſuivante. Il eſt démontré qu'on ne peut ſe procurer pour un temps indéfini une aſſurance auſſi grande que l'on voudra qu'un innocent ne ſera pas condamné, & même qu'il eſt très-probable qu'il y en aura un de condamné dans un certain eſpace de temps. Il eſt donc démontré qu'on ne peut avoir une aſſurance ſuffiſante pour un très-long temps, d'éviter une injuſtice.

Preuve, ou plutôt démonſtration de l'injuſtice de la peine de mort.

Or, la peine de mort eſt la ſeule qui rende cette injuſtice abſolument irréparable : donc il eſt démontré que l'exiſtence de la peine de mort expoſe à commettre une injuſtice irréparable ; donc il eſt démontré qu'il eſt injuſte de l'établir. Ce raiſonnement nous paroît avoir en effet abſolument la force d'une démonſtration.

On pourroit objecter ſans doute qu'on commet une injuſtice égale, en condamnant un innocent à une autre peine, qui peut même être regardée comme plus cruelle que la mort, ſi on fait abſtraction de la terreur machinale que la mort inſpire ; que l'injuſtice peut auſſi, dans ce cas, n'être jamais réparée ; mais on peut répondre que la Juſtice n'exige du Légiſlateur que ce qui n'eſt pas impoſſible par la nature des choſes ; qu'ainſi puiſqu'il eſt néceſſaire de punir le crime, puiſqu'en le puniſſant, il eſt impoſſible de ne pas s'expoſer à punir un innocent, le Légiſlateur ne peut être injuſte s'il s'eſt procuré toutes les aſſurances poſſibles d'échapper à cette injuſtice involontaire, mais qu'il ne peut légitimement, par un acte de ſa volonté, rendre irréparable cette injuſtice à laquelle la néceſſité l'expoſe. Cette irréparabilité n'eſt pas alors la ſuite de la nature des choſes ; l'ouvrage de la néceſſité, c'eſt le ſien. On remarquera de plus que puiſqu'il y a une aſſez grande probabilité que tout jugement faux eſt la ſuite de circonſtances particulières qui ont influé ſur le jugement, il en réſulte néceſſairement une probabilité que la vérité pourra être connue, & par conſéquent un véritable devoir de ne ſe priver d'aucun moyen de réparer l'injuſtice.

Cette ſeule raiſon nous paroît détruire tout ce qu'on a pu

alléguer pour prouver la nécessité ou la justice de la peine de mort dans l'état de paix, c'est-à-dire, toutes les fois que la force publique peut contenir le coupable & l'empêcher de nuire.

Il est aisé de voir, en lisant cette analyse de la troisième Partie, qu'on n'a point prétendu donner ici les véritables déterminations de l'assurance qu'on doit chercher à se procurer pour les différens cas, mais seulement indiquer la méthode qu'il faut suivre pour y parvenir, les conditions qu'on doit chercher à remplir, avec des exemples de déterminations assez approchees pour donner une idée des résultats qu'on peut attendre du calcul. Conclusion générale.

Nous la terminerons par quelques règles générales, qu'il est facile de déduire de ce que nous avons dit.

1.° Dans chaque question on examinera soigneusement quelles sont les différentes espèces de dangers auxquels l'erreur ou la non-décision peuvent exposer.

2.° On fera en sorte que le risque qui reste malgré l'assurance, ait pour limite un autre risque du même genre que les hommes les plus sages négligent lorsqu'il est question d'intérêts de la même nature & aussi importans.

3.° On choisira pour exemples des dangers que la petitesse du risque fasse seule négliger, & auxquels on s'expose de sang-froid & pour un léger intérêt.

4.° S'il s'agit d'un risque involontaire, & sur-tout habituel, il ne faut pas prendre ce risque en lui-même, mais la différence de deux risques qu'on néglige tous deux, & qu'on regarde comme égaux, quoiqu'ils ne le soient pas.

5.° Puisqu'il faut déterminer dans chaque question le risque le plus grand qu'on puisse négliger, il ne suffit pas de determiner la valeur de ce risque ou de cette différence de risque, dans un seul cas, mais examiner d'après les observations un grand nombre de ces risques, & choisir le plus grand de ceux dans lesquels la petitesse du risque est plus uniquement le motif qui les fait négliger.

Analyse de la quatrième Partie.

Objet de cette Partie.

L'OBJET de cette quatrième Partie, est d'indiquer des moyens de faire entrer dans le calcul des considérations qu'il n'est pas permis de négliger lorsqu'on cherche à en faire l'application à la pratique, & qu'on veut obtenir des résultats précis.

Questions qui y sont traitees.

Nous y discuterons six questions principales.

1.° Du moyen d'avoir égard aux différences de probabilité que peuvent avoir les voix des mêmes Votans dans différentes décisions.

2.° De la différence de probabilité entre les voix des Votans dans une même décision.

3.° De l'influence qu'un ou plusieurs Votans, Rapporteurs, Présidens ou Membres perpétuels d'une assemblée peuvent avoir sur la voix des autres.

4.° De la manière d'évaluer dans les jugemens l'influence de la mauvaise foi des Votans.

5.° De la probabilité dans le cas où l'on oblige les Membres d'une assemblée de former un vœu unanime.

6.° De l'usage de compter pour une seule voix celle de la pluralité, prise entre plusieurs Votans qui sont liés par la parenté.

Si la probabilité que l'on attribue à la voix de chaque Votant a été a été déterminée d'après des décisions rendues à différentes pluralités, il est clair qu'elle n'est qu'une sorte de probabilité moyenne, prise entre plusieurs probabilités qui peuvent varier d'une décision à l'autre, & être différentes pour chaque Votant.

1.ere Question. Comment on doit avoir égard dans le calcul aux changemens de probabilité de la voix d'un même Votant dans différentes décisions.

Or, 1.° si l'on emploie la première méthode de la troisième Partie, pour déterminer la probabilité, & qu'on la cherche séparément pour les différentes pluralités, il est très-probable que les valeurs qu'on obtiendra seront d'autant plus grandes que les pluralités seront aussi plus grandes; & elles le seront certainement si on emploie la seconde méthode. Ainsi la valeur de la probabilité moyenne qu'on a trouvée en général, ne convient pas également à toutes les décisions, & l'on doit la supposer plus ou moins forte, suivant le degré de pluralité qu'on a obtenu.

2.° On trouvera également que si la pluralité est supposée la même, la probabilité moyenne seroit d'autant plus petite, que le nombre des Votans seroit plus grand; & ces deux résultats sont d'accord avec ce que la raison semble indiquer. En effet, une assemblée de 25 Votans, qui a décidé à la pluralité de 20 voix contre 5, inspirera plus de confiance qu'une assemblée de 425 Votans qui aura décidé à la pluralité de 220 contre 205.

Les deux méthodes de déterminer la probabilité d'une décision future, que nous avons exposées dans la troisième Partie, donnent réellement une probabilité plus petite lorsque le nombre des Votans étant plus grand, la pluralité reste la même; & lorsque, le nombre des Votans étant le même, la pluralité augmente, elle donne également une plus grande augmentation de probabilité qu'on ne l'auroit, en supposant celle de chaque voix égale à une quantité conſtante, comme dans la première Partie.

Mais cela ne ſuffit pas, puiſque la différence qu'on trouve alors entre le réſultat de la méthode de la troiſième Partie & de celle de la première, naît uniquement de la diſtribution générale des voix, tant dans les déciſions paſſées qui ont ſervi à déterminer la probabilité, que dans celle qu'on examine; &, comme nous venons de le montrer, il doit exiſter une différence de probabilité, dépendante ſeulement de la diſtribution des voix dans la dernière déciſion.

La méthode la plus ſûre ſeroit ſans doute de chercher à connoître les différentes probabilités, en diviſant en pluſieurs claſſes les déciſions paſſées qui ſervent à déterminer la probabilité, à prendre ſéparément toutes celles qui donnent à peu-près une même pluralité proportionnelle; & enſuite, lorſqu'il s'agiroit de déterminer la probabilité d'une nouvelle déciſion, on emploîroit, non la totalité des déciſions paſſées, mais ſeulement le ſyſtème de celles où le rapport de la pluralité au nombre des Votans eſt à peu-près le même que dans la nouvelle déciſion.

Cette méthode exigeroit des recherches plus longues, & ſur-tout obligeroit à prendre un beaucoup plus grand nombre de déciſions paſſées. Or, il en pourroit réſulter une nouvelle ſource d'incertitudes. En effet, quelque méthode qu'on emploie, il faut ſuppoſer toujours que les nouveaux Votans, de la voix deſquels on cherche à connoître la probabilité, ſont à peu-près égaux en juſteſſe d'eſprit & en lumières à ceux dont les déciſions paſſées ſervent de baſe à la méthode, ce qui exige qu'on ſe renferme dans des limites aſſez étroites relativement à la nature des déciſions, à l'état de ceux qu les ont rendues, à l'eſpace de temps que ces déciſions ont embraſſé & à la diſtance des lieux où elles ont été formées

Nous propoſons de ſubſtituer à cette méthode le moyen ſuivant. On déterminera d'abord les deux limites les plus prochaines entre leſquelles on peut avoir une aſſurance ſuffiſante, que ſe trouvera la probabilité de toutes les voix qui compoſent une aſſemblée de Votans *. Cela poſé, on prendra pour chaque cas la probabilité, en ſuppoſant ſimplement que celle de chaque voix eſt entre ces limites. A la vérité on ſuppoſe, dans ce cas, que toutes les probabilités contenues entre ces limites peuvent avoir lieu également.

Mais il faut obſerver que la probabilité plus ou moins grande de chacune des valeurs qui ſont entre les limites, dépend des obſervations faites ſur la totalité des déciſions paſſées; qu'ainſi elle ne doit pas être admiſe ici, où l'on ſe propoſe principalement d'éviter l'erreur que cette manière de conſidérer la queſtion, peut introduire dans l'examen de chaque déciſion particulière: au lieu qu'en ſuppoſant également probables toutes les valeurs contenues entre les deux limites, la valeur moyenne qui en réſulte ne varie que ſuivant la diſtribution des voix dans chaque déciſion particulière.

Il faut obſerver ici que ces limites varient avec le nombre des Votans; & que plus ce nombre eſt grand, plus la probabilité moyenne diminue. Alors cette diminution a deux cauſes:

---

* *Nota.* On n'a point parlé dans cet Ouvrage de la maniere de trouver ces limites les plus prochaines; la méthode en eſt fort ſimple. Soient u & u' ces deux limites, l'aſſurance étant ſuppoſée connue, on a une équ tion entre u & u, & il faut prendre les valeurs de u & u', qui donnent un *minimum* pour $u - u'$. La ſolution n'a de difficulté que la longueur du calcul, & on trouveroit facilement des moyens de la diminuer.

d'abord les formules analytiques donnent même, en supposant les mêmes limites, une probabilité plus petite, & de plus l'étendue plus grande de ces mêmes limites, tend encore à diminuer la probabilité. Cette conclusion est d'accord avec ce que la raison semble indiquer. En effet, il est aisé de voir que plus on multiplie le nombre des Votans, la pluralité étant constante, plus, en supposant qu'ils ont toujours les mêmes lumières, il devient vraisemblable que la probabilité de chaque voix est moindre dans cette décision particulière, que dans une autre décision, où un moindre nombre de ces Votans auroit rendu une décision à la même pluralité. Par exemple, si sur 425 personnes, on a eu 220 pour un avis, & 205 contre; & que dans un autre cas on ait, sur 25 personnes prises dans ce nombre, eu 20 voix pour un avis & 5 contre, on trouvera vraisemblable que dans l'affaire particulière, examinée par la première assemblée, la probabilité de chaque voix a dû être plus foible que dans la seconde.

De même il paroît naturel de supposer que lorsque le nombre des Votans augmente, la probabilité moyenne de la voix de chacun doit diminuer.

2.de Question. Comment on doit avoir égard à l'inégalité de lumières des Votans dans une même décision.

Dans cette première correction que nous avons proposé de faire, nous supposons encore toutes les voix égales; mais on sent que cette supposition ne peut que s'écarter beaucoup de ce qui existe dans la réalité, & qu'ainsi il faut, même dans chaque jugement isolé, avoir égard à l'inégalité des voix.

Le moyen que nous proposons ici, consiste à supposer les Votans partagés en un nombre quelconque de classes, pour lesquelles la probabilité est supposée restreinte entre certaines limites & à prendre la probabilité moyenne, en supposant,

1.° la probabilité que chaque Votant eſt d'une claſſe plutôt que d'une autre égale à la probabilité que ſa voix eſt entre ces limites; 2.° que dans tous les jugemens, la différence de la probabilité des Votans d'une claſſe à celle des Votans d'une autre claſſe, reſte conſtante.

C'eſt-à-dire, par exemple, que ſi on a des Votans pour leſquels la probabilité ſoit entre $\frac{9}{10}$ & $\frac{8}{10}$, & d'autres dont la probabilité ſoit depuis $\frac{8}{10}$ juſqu'à $\frac{7}{10}$; nous ſuppoſons que lorſque la probabilité des premiers, dans une certaine déciſion, ne ſera que $\frac{88}{100}$, celle des autres ne ſera que $\frac{78}{100}$.

On pourroit auſſi, ſi l'on croyoit y trouver plus d'exactitude, ſuppoſer que ces limites de probabilité, au lieu d'être placées à des eſpaces égaux, le ſoient à des eſpaces proportionnels aux valeurs des probabilités, & que la probabilité diminue auſſi d'une quantité proportionnelle pour toutes les voix en même-temps.

Réflexion générale ſur ces deux premières Queſtions: néceſſité de prendre, au lieu de la probabilité moyenne, une certaine limite de la probabilité.

Mais ces recherches ne doivent avoir que peu d'utilité. En effet, nous avons déjà obſervé pluſieurs fois qu'il ne ſuffiſoit pas que la probabilité moyenne, avec quelque exactitude qu'elle ſoit déterminée, donnât une aſſurance ſuffiſante, mais qu'il faut, autant que la nature des choſes le permet, ſe procurer cette aſſurance dans les cas les plus défavorables. Ainſi, ſans s'arrêter à faire entrer dans le calcul l'influence de l'inégalité de probabilité des voix, ſoit entre les Votans, ſoit dans les différentes déciſions, il ſuffira de chercher une limite au-deſſous de laquelle on ait une aſſurance ſuffiſante que la probabilité d'aucun des Votans ne doit tomber, de ſuppoſer la probabilité égale à cette limite inférieure, & de remplir dans cette hypothèſe toutes les conditions du probleme, de manière à ſe procurer le degré d'aſſurance qu'exige la juſtice ou l'utilité.

3.e Question. Comment on peut faire entrer dans le calcul l'influence d'une partie des Votans sur les autres.

On peut supposer qu'un ou plusieurs Votans aient sur l'opinion des autres une certaine influence, & il est clair que cette influence tend, dans certains cas, à diminuer la probabilité de leurs jugemens.

Influence des Rapporteurs ou des Commissaires.

Par exemple, dans les questions qui sont examinées par un ou plusieurs Commissaires chargés d'en faire leur rapport à une assemblée, il est vraisemblable, 1.° que l'autorité que doit donner à ces Commissaires l'opinion qu'ils ont fait un examen plus approfondi de la question, influera sur la décision des autres Votans; 2.° que leur voix aura réellement une probabilité plus grande en elle-même que celle des autres Votans. Ainsi, par la première raison, une décision rendue conformément à l'avis de ces Commissaires, aura une moindre probabilité; & par la seconde, elle peut avoir une probabilité plus forte.

Influence des Membres perpétuels d'une assemblée.

Il arrivera de même que les Membres perpétuels d'une assemblée, dont les autres Membres ne sont qu'à temps, auront vraisemblablement aussi quelque influence sur l'opinion de ces derniers; & si on suppose que ces Membres perpétuels sont plus instruits, il pourra en résulter aussi une augmentation ou une diminution de probabilité.

Influence des Chefs.

Enfin on peut supposer de l'influence à un Chef, ou en plusieurs Chefs sur le Corps qu'ils président. Cette dernière influence ne peut tendre qu'à diminuer la probabilité, parce qu'on ne peut supposer raisonnablement que ces Chefs doivent avoir plus de lumières ou de justesse d'esprit que les simples Membres de l'assemblée.

Première méthode de calculer l'influence.

Pour évaluer les effets de cette influence, nous suivrons deux méthodes différentes. Dans la première, nous supposons l'effet de l'influence sur chaque voix égal à la différence qui a lieu entre la probabilité que cette voix ſera de l'avis du Votant auquel on ſuppoſe de l'influence, & la probabilité que deux Votans quelconques ſeront du même avis. On ſuppoſe enſuite que la probabilité qu'un Votant prononcera en faveur de la vérité ou de l'erreur, diminue en proportion de cette influence; & on prend, tant pour le cas où le Votant qui a influé ſur le jugement a prononcé en faveur de la vérité, que pour celui où il a voté contre, la probabilité qui réſulte de cette hypothèſe pour les différentes diſtributions de voix.

Cette méthode s'applique également au cas où l'on regarde la probabilité de la vérité des voix comme donnée & conſtante, & à ceux où on la déduit des obſervations.

Elle s'applique auſſi à l'hypothèſe de l'influence de pluſieurs Votans.

Elle eſt d'ailleurs aſſez ſimple, & on peut la regarder comme propre à faire connoître exactement l'influence lorſque l'on a un très-grand nombre de déciſions connues, d'après leſquelles on cherche à connoître la probabilité d'une déciſion future.

Mais comme cette méthode n'eſt pas rigoureuſe, nous diſcutons enſuite la queſtion par des principes plus exacts: nous cherchons d'abord la probabilité qu'il exiſte une influence, & nous la trouvons, en déterminant la probabilité que dans une ſuite infinie de votations, celles qui ſont en faveur de la vérité ſeront en plus grand ou en plus petit nombre, dans le cas où l'influence a lieu, que dans celui où elle n'a pas lieu. Seconde méthode.

Nous déterminons enſuite la probabilité pour chaque déciſion future, en ayant égard aux effets de l'influence, &

nous déterminons enfin ces effets, en comparant cette probabilité avec celle qu'on auroit eue s'il n'y avoit pas existé d'influence.

Si l'on a l'avantage d'avoir des décisions qui ne soient soumises à aucune influence, & de pouvoir les comparer immédiatement à celles qui y sont soumises, la méthode est rigoureuse en elle-même; mais si l'on n'a point de pareilles décisions, alors on aura une expression, à la vérité plus incertaine de la probabilité de l'influence, en cherchant la probabilité de l'avantage qui résulte en faveur de la vérité: 1.° en considérant la distribution dans la somme totale des décisions, & la comparant à celle de ces mêmes voix, prises successivement pour le cas où le Votant qui a une influence, prononce pour la vérité & pour celui où il prononce contre; 2.° en considérant chacune de ces deux distributions séparément, & les comparant entr'elles.

Cette seconde comparaison est plus rigoureuse, parce qu'il est aisé de voir que s'il n'y a aucune influence, il ne doit exister aucun avantage d'une de ces distributions de voix sur l'autre.

Il se présente une autre difficulté sur cette méthode; c'est que non-seulement la différence de proportion entre les voix vraies ou fausses dans chaque hypothèse, mais le nombre même de ces voix, changent la valeur des probabilités où conduit cette méthode.

Ce résultat doit avoir lieu à la rigueur. En effet, il est aisé de voir que si, par exemple, sur trois mille évènemens on en a deux mille favorables & mille contraires, la probabilité d'avoir un évènement favorable sera plus grande que

si

ſi ſur trois cents on en avoit eu deux cents favorables & cent contraires.

Mais dans le cas que l'on conſidère ici, nous croyons qu'on s'approcheroit plus près de la vérité, en faiſant en ſorte que les nombres abſolus des voix, dont on compare la diſtribution, ſoient égaux entr'eux, ce qui peut s'exécuter ſi les aſſemblées dont on conſidère les déciſions ſont formées d'un nombre conſtant de Votans. En effet, on pourra, prenant pour baſe l'hypothèſe qui donne le moins de déciſions, la comparer ſucceſſivement avec toutes les combinaiſons poſſibles d'un même nombre de déciſions que donnent les autres hypothèſes.

Ces deux méthodes ſemblent devoir mériter la préférence, chacune dans des cas différens: la première, lorſque la différence du nombre abſolu paroît en quelque ſorte une ſuite néceſſaire de l'hypothèſe même: la ſeconde, lorſque les deux hypothèſes paroiſſent indépendantes.

Influence de pluſieurs Votans.

Si l'on conſidère l'influence d'un nombre donné de Votans, il eſt clair qu'on ne peut avoir de méthode rigoureuſe, à moins de connoître des déciſions ſoumiſes à cette influence; & dans ce cas, la méthode par laquelle on détermine l'influence d'un Votant, s'applique à cette nouvelle hypothèſe ſans aucune difficulté. Si au contraire l'on n'a point de déciſions ſemblables à celles qu'on examine, mais ſeulement des déciſions ſoumiſes à l'influence d'un Votant, l'on eſt obligé de recourir à une hypothèſe pour déterminer les effets de cette influence multipliée. Celle que nous propoſons conſiſte (pour l'influence de trois Votans, par exemple) à prendre dans la ſuite des déciſions où un ſeul Votant a eu de l'influence, toutes les combinaiſons trois à trois qu'elles peuvent former,

ſ

& à distinguer ainsi les cas où l'on a trois de ces Votans pour la vérité, deux pour la vérité & un contre; deux pour l'erreur & un pour la vérité; enfin trois pour l'erreur. Cette supposition peut être regardée comme assez exacte, parce qu'elle revient, si on suppose infini le nombre des décisions connues, à imaginer que lorsque l'influence d'un Votant a diminué la probabilité qu'une décision, faite indépendamment de l'influence, sera vraie ou fausse, celle d'un second Votant agit proportionnellement sur cette seconde probabilité, & ainsi de suite.

On peut dans ces recherches employer également les deux méthodes de la troisième Partie; mais si au lieu de considérer la distribution des voix dans les décisions, on considéroit les décisions en elles-mêmes, alors il faudroit préférer la première méthode, la seconde ne pouvant s'appliquer à cette dernière question qu'avec difficulté, & ne pouvant même conduire alors qu'à des résultats hypothétiques.

Au reste, si l'on opère d'après un très-grand nombre de décisions données, les méthodes précédentes conduiront à des résultats suffisamment exacts pour la pratique.

Deux manières de concevoir l'action de l'influence.

On peut concevoir de deux manières différentes l'action de cette influence. En effet, on peut supposer que certains Votans, ou tous les Votans dans certaines circonstances, peuvent se décider d'après l'avis des Chefs de l'assemblée ou des Commissaires chargés d'examiner la question, de manière que la probabilité de leur voix devienne nulle; effet qui, dans ce cas, est le même que celui de la corruption; ou bien l'on peut supposer que la probabilité de leur voix est seulement diminuée, comme nous verrons qu'elle l'est dans le cas où l'on oblige les Votans de former une décision unanime.

Dans ces deux cas, il est également nécessaire, si l'on veut remplir les conditions auxquelles toute décision doit être assujettie, d'avoir une assurance suffisante que l'influence ne sera point assez forte pour faire tomber la probabilité de la décision au-dessous de la limite qu'elle doit avoir; assurance qu'on ne peut obtenir, à moins que l'influence ne soit très-petite. Il faut donc chercher à diminuer cette influence, ou faire en sorte qu'elle soit partagée entre plusieurs Votans, de manière que dans le cas d'une certaine pluralité entr'eux, leur vœu suffise pour donner une grande probabilité à la décision, & que dans le cas d'une pluralité moindre, leur influence devienne très-petite.

Cependant le premier moyen est encore préférable, & on remplira plus facilement son but avec un nombre moindre de Votans égaux & assujettis à prendre la même instruction, qu'avec une assemblée plus nombreuse & d'une forme plus compliquée.

Nécessité d'une assurance suffisante d'avoir une décision vraie, même dans l'hypothèse que l'influence puisse rendre nulle la probabilité de quelques voix.

Il faut observer de plus, que la supposition d'une influence qui affoiblisse la probabilité du jugement dans tous les cas, mais qui n'aille jamais à déterminer le jugement, & par conséquent à rendre la probabilité nulle, ne peut être regardée comme légitime, excepté dans le cas où l'influence est réellement très-petite. En effet, si elle est sensible, on peut avoir lieu de craindre qu'elle ne détermine l'avis d'un ou de plusieurs Votans, & il résulte de la seule possibilité de ce danger, qu'il est nécessaire de se procurer une assurance suffisante, même dans l'hypothèse d'une influence qui détermine l'avis.

4.e Question. Comment on peut avoir égard à la corruption

En supposant les Votans capables de mauvaise foi, ou de corruption, on trouvera de même qu'il est nécessaire d'exiger une pluralité assez forte, & de prendre un nombre de Votans ou à la mauvaise foi qu'on peut soupçonner dans les Votans.

assez grand pour avoir une assurance suffisante, que dans le cas de la moindre pluralité exigée, l'influence de la corruption ou de la mauvaise foi, ne fera pas tomber la probabilité au-dessous de la limite qu'elle doit avoir ; ce qui exige nécessairement que cette influence soit très-petite. Le choix des Votans, les exclusions, les récusations, seront ici des moyens beaucoup plus sûrs que ceux qui pourroient être tirés de la forme des décisions & de la constitution du Tribunal.

5.e Question. Comment on peut estimer la diminution de probabilité à produire pour la nécessité qu'on impose aux Votans, de revenir à l'unanimité. Importance de cette question.

V. La question que nous traitons ensuite est plus importante ; c'est celle où l'on suppose que les décisions d'un Tribunal ne sont censées rendues que lorsque toutes les voix sont réunies, mais où l'on exige qu'elles reviennent à l'unanimité.

Cette forme de décision est en usage dans la Jurisprudence criminelle de l'Angleterre.

Les jugemens criminels en Angleterre se rendent sous cette forme : on oblige les Jurés de rester dans le lieu d'assemblée jusqu'à ce qu'ils soient d'accord, & on les oblige de se réunir par cette espèce de torture ; car non-seulement la faim seroit un tourment réel, mais l'ennui, la contrainte, le mal-aise, portés à un certain point, peuvent devenir un véritable supplice.

Aussi pourroit-on faire à cette forme de décision un reproche semblable à celui qu'on faisoit, avec tant de justice, à l'usage barbare & inutile de la torture, & dire qu'elle donne de l'avantage à un Juré robuste & fripon, sur le Juré intègre, mais foible.

Opinions opposées sur les avantages de cette forme.

Cependant les avantages que la Jurisprudence criminelle Angloise a dans plusieurs autres points sur celle des autres pays de l'Europe, a excité un enthousiasme si général parmi les amis les plus éclairés de l'humanité & de la justice, qu'il est difficile de l'attaquer en quelques points sans blesser l'opinion de ceux même dont on doit desirer le plus de mériter le suffrage : & la force de la vérité, appuyée de l'autorité de quelques hommes non moins éclairés, & qui ont échappé à cet enthousiasme, peut seule encourager à rendre publics des résultats contraires à une opinion si imposante.

Les décisions doivent être ici partagées en trois classes.

Nous observerons d'abord qu'on doit distinguer trois sortes de questions : les premières sont celles où la vérité d'une opinion est susceptible, soit d'une démonstration rigoureuse, soit d'une probabilité très-grande & inassignable, ou d'une probabilité qui peut être évaluée avec exactitude par une méthode rigoureuse.

Décisions qui ont pour objet des opinions susceptibles d'être prouvées par le raisonnement.

Telles sont en général les vérités des Sciences physiques, ou celles qui dépendent du raisonnement.

Dans ce cas, celui qui vote en faveur d'une proposition, prononce seulement *qu'il croit cette proposition prouvée ;* & il paroît qu'on doit regarder l'avis de celui qui, après avoir voté pour une proposition de ce genre, vient à voter contre, ou réciproquement, comme ayant toujours la même probabilité. Mais, par la même raison, on ne peut exiger de revenir à l'unanimité dans des questions de ce genre, à moins de consentir implicitement qu'une partie de ceux qui prononcent, finissent par voter contre leur conscience, ou bien de supposer que tous finiront par convenir de la vérité ; ce qui ne peut guère arriver, à moins qu'on ne laisse à ceux qui se sont trompés d'abord, le temps de revenir sur leurs idées, d'acquérir de nouvelles lumières, de se défaire de leurs préjugés, ou aux autres d'établir d'une manière victorieuse les preuves de la vérité qu'ils ont adoptée.

Cette forme de décisions n'y est pas applicable.

Aussi, du moins dans des pays ou des siècles éclairés, n'a-t-on jamais exigé cette unanimité pour les questions dont la solution dépend du raisonnement. Personne n'hésite à recevoir comme une vérité l'opinion unanime des gens inſtruits, lorſque cette unanimité a été le produit lent des réflexions, du temps & des recherches : mais ſi l'on enfermoit les vingt plus habiles Phyſiciens de l'Europe juſqu'à ce qu'ils fuſſent convenus d'un point de doctrine, perſonne ne ſeroit tenté d'avoir la moindre confiance en cette eſpèce d'unanimité.

Décisions qui ont pour objet des opinions ſuſceptibles d'une probabilité plus ou moins grande, mais indéterminée, & qu'on ne peut admettre que lorſqu'elles ſont prouvées.

Il y a un autre genre d'opinions, celles qui ſont admiſes lorſqu'elles ont un certain degré de probabilité, qu'on appelle *preuves*, & rejetées lorſqu'elles ne l'ont pas.

Prononcer en faveur de ces opinions, c'eſt dire qu'elles ont ce degré de probabilité, ou un degré ſupérieur : prononcer contre, c'eſt dire que leur probabilité eſt au-deſſous ; mais en même-temps ce degré de probabilité n'eſt pas rigoureuſement précis, & il eſt poſſible qu'un Votant, par des motifs étrangers à la plus ou moins grande probabilité d'une propoſition, fixe tantôt à un point, tantôt à un autre, la limite au-deſſus de laquelle ſeulement il ſe permettra de regarder une opinion comme prouvée.

Examinons maintenant dans cette hypothèſe, quelle probabilité on doit attacher à la voix d'un Votant, ſoit lorſqu'après avoir regardé une propoſition comme n'étant pas aſſez prouvée, il juge enſuite que les preuves en ſont ſuffiſantes ; ſoit lorſqu'après avoir jugé que la propoſition eſt prouvée, il finit par juger que les preuves en ſont inſuffiſantes.

Néceſſité de diſtinguer ici la probabilité qu'un Votant s'eſt décidé en faveur de la vérité, & la probabilité qu'il ne s'eſt pas trompé ſur les limites qu'il ſuppoſe à la probabilité de l'opinion qu'il adopte.

Pour cela, nous diſtinguerons d'abord la probabilité du jugement d'un Votant, relativement à la vérité abſolue d'une propoſition, & la probabilité de ce même jugement ſur le degré de probabilité de cette même propoſition : nous déduirons la ſeconde de la connoiſſance de la première, en ſuppoſant connu le degré de probabilité, ou plutôt la limite de ce degré étant ſuppoſée connue, & nous chercherons enfin la valeur de cette même probabilité lorſque le Votant change d'avis, afin de la comparer à la première.

Premier cas : celui où un Votant qui avoit d'abord regardé une propoſition comme non prouvée, change d'avis, en la regardant comme ayant une preuve ſuffiſante.

Cela poſé, dans le premier cas que nous conſidérons ici, celui qui a prononcé que la probabilité d'une propoſition étoit au-deſſous d'une limite donnée, & en conſéquence qu'elle ne devoit pas être regardée comme prouvée, & qui prononce enſuite qu'elle doit être regardée comme prouvée, peut avoir deux motifs de ſon jugement. Il peut croire, en changeant d'avis, que la propoſition a réellement une probabilité ſupérieure à cette limite, au-deſſous de laquelle il l'avoit crue d'abord; ou bien en continuant de la croire au-deſſous de cette limite, il ſe déterminera à la regarder comme prouvée, parce qu'elle eſt au-deſſus d'une limite inférieure qu'il croit alors ſuffiſante. Suppoſons, par exemple, qu'il ſoit queſtion de juger un accuſé; qu'un des Votans prononce qu'il n'eſt pas coupable, & entende par-là que la probabilité du crime eſt au-deſſous de $\frac{99999}{100000}$: ſuppoſons enſuite que ce même Votant change d'avis, & prononce que l'accuſé eſt coupable, on peut ſuppoſer qu'il ſe rend à de nouvelles raiſons qui lui ont perſuadé que la probabilité du crime étoit au-deſſus de $\frac{99999}{100000}$, ou bien qu'il continue de croire cette probabilité au-deſſous de cette limite, mais au-deſſus de $\frac{99995}{100000}$, & qu'il conſent à regarder cette preuve comme ſuffiſante. Cette manière d'expliquer l'effet des cauſes étrangères à la vérité de la propoſition, paroît aſſez naturelle; c'eſt même ſeulement ainſi qu'elles doivent agir ſur un Votant honnête, mais qui manque un peu de courage ou de lumières. Ce n'eſt pas un homme innocent qu'il ſe détermine à déclarer coupable, c'eſt un homme qu'il regarde comme criminel, mais contre lequel il a cru d'abord qu'on n'avoit pas acquis de preuves aſſez convaincantes.

On pourroit imaginer d'autres méthodes de calculer la probabilité dans l'hypothèse que nous considérons ici, mais celle-ci a pour base une espèce d'influence dont on ne peut nier l'effet; & si dans un grand nombre de cas il en résulte une incertitude dans les jugemens, cela suffit pour regarder comme certains les inconvéniens de cette méthode, puisque, comme nous l'avons répété plus d'une fois, la Justice exige de proscrire toute forme de décision qui introduit dans les jugemens une incertitude qui n'est pas une suite nécessaire de la nature même des choses.

Conséquences qui résultent, pour ce premier cas, de la distinction entre ces deux sortes de probabilités.

En appliquant cette méthode au cas de l'hypothèse que nous considérons, on trouve ces deux conclusions : la première, que la probabilité de ne pas condamner un innocent, peut rester encore très-grande, malgré la diminution qui naît du changement arrivé dans les avis; la seconde, que la probabilité de ne condamner qu'un coupable dont le crime soit réellement prouvé, doit au contraire devenir très-petite.

Second cas. Un Votant, après avoir decidé qu'une proposition étoit prouvée, décide ensuite, en changeant d'avis, que les preuves ne sont pas suffisantes.

Si on suppose ensuite qu'un Votant, après avoir prononcé pour une proposition, en disant qu'elle est prouvée, vote contre en disant qu'il ne la regarde plus comme prouvée, on trouvera que ce changement a lieu, ou parce que le Votant suppose à la probabilité de cette proposition une limite inférieure à la première, qu'il y avoit supposée; ou parce que croyant toujours qu'elle a cette même limite, il la regarde, dans ce second avis, comme ne formant pas une preuve suffisante. Il résulte de cette manière de considérer les changemens d'avis, que la probabilité de la vérité de la proposition rejetée, ou même celle que cette même proposition est réellement prouvée, peut encore être très-grande, malgré le changement d'avis. Si donc la proposition, d'abord admise par

Conséquences auxquelles conduit le Calcul,

par un Votant, & rejetée ensuite, est celle-ci ; *un accusé est coupable:* lorsque le changement qui réduit ces voix à l'unanimité, a lieu pour une grande partie des Votans, il arrivera nécessairement qu'un accusé sera renvoyé, quoiqu'il y ait une grande probabilité qu'il soit coupable, & même une grande probabilité que son crime soit prouvé.

On voit donc que dans les jugemens en matiere criminelle, cette méthode d'exiger que les voix se réduisent à l'unanimité, a l'avantage de ne pas exposer un accusé innocent à être condamné, mais qu'elle expose à condamner un accusé, quoique son crime ne soit pas suffisamment prouvé; qu'enfin elle est d'ailleurs beaucoup moins propre qu'une forme plus simple à faire éviter l'inconvénient de ne pas laisser échapper un coupable. Il est facile d'expliquer dès-lors pourquoi cette forme a séduit les amis de l'humanité, les ames compatissantes; comment dans des temps peu éclairés, & où l'on connoissoit peu la distinction nécessaire entre une proposition vraie & une proposition prouvée, on a regardé cette forme comme la meilleure qu'on pût établir, & comment enfin les défauts qu'elle peut avoir n'ont frappé parmi les hommes vraiment éclairés, qu'un petit nombre d'esprits.

Examen de la différence qui existe entre la probabilité de la vérité d'une opinion & celle de l'existence des preuves de cette opinion.

Peut-être ne seroit-il pas inutile d'entrer ici dans quelques détails sur la différence que nous avons dit qu'il étoit nécessaire d'établir entre la probabilité réelle de la vérité d'une proposition & la probabilité que cette même proposition a un certain degré de probabilité absolue ou moyenne.

Principes pour connoître la nature de cette différence.

Nous nous servirons pour cela d'un exemple. Supposons deux urnes, contenant chacune 100000 boules ; que la première en contienne 99999 blanches & une noire, & la seconde 99999 noires & une blanche: supposons ensuite que l'on ait tiré une boule de chacune de ces urnes, que je doive en choisir une, & que j'aie un grand intérêt de tirer une boule blanche plutôt qu'une boule noire.

Si je puis distinguer celle qui a été tirée de la première urne, de celle qui a été tirée de la seconde, je choisirai la première, & j'aurai une probabilité $\frac{99999}{100000}$ d'avoir une boule blanche.

Supposons maintenant que j'ignore de quelle urne chaque boule a été tirée, mais qu'un témoin, ou plusieurs témoins, dont les voix réunies aient pour moi une probabilité $\frac{999}{1000}$, me disent quelle boule a été tirée de la première ou de la seconde urne, j'aurai alors une probabilité $\frac{99999}{100000}$, multipliée par $\frac{999}{1000}$, que la boule qu'ils me disent tirée de la première urne est blanche, & une probabilité $\frac{1}{100000}$, multipliée par $\frac{999}{1000}$, qu'elle est noire; mais comme il y a une probabilité $\frac{1}{1000}$ qu'ils m'ont trompé, & que cette boule a été tirée de la seconde urne, j'aurai par conséquent, pour le cas où ils m'ont trompé, une probabilité $\frac{99999}{100000}$, multipliée par $\frac{1}{1000}$, que la boule est noire, & une probabilité $\frac{1}{100000}$, multipliée par $\frac{1}{1000}$, que cette boule est blanche: la probabilité de bien choisir, que j'aurai en prenant cette boule, sera donc $\frac{99899002}{100000000}$; mais celle de choisir celle des deux boules que je dois préférer, & en même-temps de choisir une boule blanche, ne sera que $\frac{99899001}{100000000}$. On voit que cette dernière probabilité est celle que la proposition est à la fois vraie & la plus probable, & que la limite de cette probabilité est $\frac{99999}{100000}$ quand celle de la probabilité qui résulte des témoignages a l'unité pour limite.

Supposons maintenant que les témoins sachent seulement que l'on a tiré des deux urnes un certain nombre de boules blanches & de boules noires ; qu'ils en aient conclu laquelle des deux contient des boules blanches en plus grand nombre, & que d'ailleurs ils puissent se tromper dans cette conclusion, ou me tromper, il y aura, outre la probabilité $\frac{99999}{100000}$, qui a lieu si je choisis la boule tirée de l'urne la plus avantageuse, une certaine probabilité réelle que cette urne la plus avantageuse, est plutôt celle qui a donné le plus de boules blanches que l'autre, qui a donné le plus de boules noires ; & enfin la probabilité que chaque témoin ne m'a point trompé sur cette seconde probabilité. Dans ce cas, si on suppose que le nombre des témoins devienne plus grand, il est clair que la première & la seconde probabilité resteront les mêmes, & que la troisième est la seule qui croisse indéfiniment avec ce nombre.

Si au lieu d'avoir été témoins des mêmes observations sur le tirage des boules, chacun de ceux qu'on interroge en avoit vu de nouvelles, alors chaque témoignage accroîtroit la seconde probabilité, c'est-à-dire, la probabilité réelle que telle ou telle urne est la plus avantageuse ; en sorte que cette seconde probabilité croîtroit alors avec le nombre des témoignages, &, dans certains cas, pourroit croître indéfiniment jusqu'à l'unité.

Supposons enfin que j'ignore quelle est la proportion des boules blanches ou noires dans les deux urnes, alors la probabilité réelle n'existe point pour moi, & je ne puis avoir qu'une probabilité moyenne, déduite du nombre des boules blanches & noires qu'on a observé être tirées de chacune des urnes. Ainsi, dans cette nouvelle hypothèse, la probabilité réelle & celle que l'on ne se trompera pas en déterminant, d'après les données, l'urne la plus avantageuse, se confondent ensemble: & suivant que chaque témoignage sera fondé sur les mêmes observations, ou que chacun fait de nouvelles suites d'observations, on pourra, en multipliant les témoignages, faire croître indéfiniment, ou seulement la probabilité que ces témoignages ne tromperont pas, ou cette probabilité & en même-temps celle d'une certaine proportion entre les boules blanches & noires. L'on déduira de cette dernière la probabilité de connoître l'urne la plus favorable & celle d'avoir une boule blanche, en choisissant celle qui en est tirée, & ces deux probabilités peuvent, dans ce cas, aussi croître indéfiniment; mais l'une croît nécessairement avec le nombre des témoignages, & l'autre seulement dans le cas où le rapport des boules blanches aux boules noires croît indéfiniment pour une des urnes, tandis qu'au contraire c'est le rapport des boules noires aux blanches qui croît indéfiniment dans celles qui sont tirées de la seconde.

Conséquences qui en résultent.

Voyons maintenant comment les principes où nous a conduit cet exemple, peuvent s'appliquer à des cas réels.

D'abord il est clair qu'il y a des cas où il existe, même relativement à nous, une probabilité réelle d'une proposition; & alors le jugement de tous les hommes, en faveur de cette proposition, ne peut produire une probabilité plus grande.

Tel est, par exemple, un trait d'Histoire, telle est même une proposition de Physique: si ceux qui y croient se bornent aux preuves données avant eux, & n'en cherchent pas de nouvelles, leur consentement, en supposant qu'il pût produire une certitude, prouveroit seulement qu'il est certain que ce fait, que cette proposition sont probables. La probabilité qui naît de ce consentement, ne s'etend pas même au-delà de celle que ceux qui donnent ce consentemeut ont acquise de la vérité de cette proposition.

Ensuite il y a des cas où cette probabilité réelle n'existe point par rapport à nous. S'il s'agit, par exemple, d'une proposition de Physique, de l'examen de laquelle les Physiciens s'occupent, il est clair que le consentement de chacun la confirmant par de nouveaux faits, ou donnant plus de probabilité à ceux sur lesquels elle est appuyée, tend continuellement à en augmenter la probabilité.

Dans le cas que nous considérons ici, celui d'un fait sur la vérité duquel une assemblée prononce, sa probabilité réelle n'est pas connue, mais il est clair qu'elle a d'abord pour limite la probabilité propre aux faits de cette espèce, appuyés sur des preuves de la nature de celles qu'on a pu obtenir: ainsi, en supposant l'assemblée aussi nombreuse qu'on voudra, & unanime, elle ne produira jamais une probabilité au-dessus de cette limite.

Mais chacun des Votans, en prononçant en faveur d'une opinion, & en décidant qu'elle est prouvée, prononce seulement qu'elle a un degré de probabilité au-dessus d'une certaine limite, ou un tel degré de probabilité moyenne. Supposons que plusieurs autres Votans prononcent la même chose, si on connoît la valeur de ce degré de probabilité, & en même-temps la probabilité qu'ils se sont trompés dans cette évaluation, on connoîtra la probabilité moyenne de la vérité dans ce cas. Alors, en multipliant le nombre de ces Votans, on approchera seulement indéfiniment de la certitude que cette proposition est prouvée, mais la probabilité de la proposition n'excédera pas la limite où l'on suppose que la probabilité commence à être ce qu'on appelle *une preuve*, ou la valeur moyenne de la probabilité regardée comme une preuve.

Telle ſeroit donc l'eſpèce de probabilité qu'on devroit chercher à déterminer par le Calcul. Si l'on connoiſſoit exactement une limite de la probabilité qui doit être regardée comme preuve, celle que dans chaque cas les Votans regardent comme telle; ſi l'on connoiſſoit de plus la probabilité de chaque voix, relativement à la vérité réelle de la propoſition; on en tireroit alors la valeur de la probabilité que le Votant ne ſe trompe pas ſur la limite qu'il aſſigne à la probabilité.

Mais les Votans n'exprimant pas cette limite dans leur vœu; elle reſte par conſéquent indéterminée, elle eſt réellement inconnue, & il eſt vraiſemblable que quand pluſieurs Votans ſont d'avis qu'une propoſition eſt prouvée, la limite de la probabilité ſera plus haute que ſi un ſeul Votant la jugeoit prouvée. Ce n'eſt donc pas ici rigoureuſement le cas où tous les témoins jugent d'après les mêmes obſervations: à la vérité les preuves ſont ici les mêmes pour tous; mais ſi lorſque le nombre des Votans en faveur d'une opinion eſt plus grand, il n'en réſulte pas une augmentation dans les preuves réelles de cette propoſition, cet accord entre un plus grand nombre doit faire croire que cette preuve eſt plus forte: nous avons donc ſuppoſé ici que les preuves croiſſent avec le nombre des Votans; mais en même-temps il nous a paru néceſſaire que la propoſition fût vraiment prouvée pour chaque Votant, & par conſéquent de n'admettre pour la probabilité légale de la propoſition que la probabilité qu'elle eſt à la fois vraie & prouvée. Dans cette même ſuppoſition, la limite de la probabilité ſeroit réellement, comme nous l'avons déjà obſervé, non l'unité, mais la plus grande probabilité que peuvent produire le genre des queſtions & la nature des preuves exiſtantes dans chaque cas.

Au reste, cette question est inutile à l'objet principal que nous nous proposons, parce que l'affoiblissement de la probabilité, qui naît de la nécessité de revenir à l'unanimité, est exprimé à la vérité par des formules différentes, suivant ces deux manières de considérer ces probabilités dans le calcul; mais il est toujours très-sensible, & les résultats demeurent les mêmes.

Décisions qui ont pour objet de choisir seulement la plus probable de deux opinions contradictoires

On peut considérer encore le cas où l'on seroit obligé de se réunir à l'unanimité, mais où l'on prononceroit, non que la proposition qu'on adopte est prouvée, mais qu'elle est seulement plus probable que la contradictoire. On trouvera encore ici des conclusions semblables: mais il seroit inutile de s'arrêter sur ce dernier objet.

Le *liberum veto* des Nonces dans les diètes de Pologne, le *veto* des Tribuns de Rome, le droit négatif du premier Magistrat, ou d'un Corps, soit de Magistrats, soit de représentans dans les Républiques modernes, rentrent à la vérité dans cette dernière hypothèse, mais personne n'a imaginé jusqu'ici de regarder ces formes comme propres à produire des décisions conformes à la vérité: on n'a pu les louer que comme des moyens d'assurer les droits de la liberté, ou d'établir cet équilibre de pouvoirs, regardé long temps comme l'objet essentiel de toute bonne constitution.

Des décisions où la combinaison de plusieurs voix n'est comptée que pour une seule.

VI. Nous terminerons cette Partie par l'examen de l'usage introduit dans quelques pays, d'admettre dans un même Tribunal des parens très-proches, mais de réduire à une seule voix l'avis qu'ils adoptent unanimement ou à la pluralité, afin d'éviter les inconvéniens de l'influence réciproque qu'ils peuvent exercer sur leurs opinions.

Cela posé, nous trouvons, 1.° que dans le cas d'unanimité, cette loi ne peut être d'accord avec les résultats du calcul, si la probabilité de l'erreur & celle de la vérité de la décision des Votans ne sont pas égales, ou si l'influence n'est pas égale à l'unité; c'est-à-dire, si elle n'est pas l'unique motif qui détermine la décision.

2.° Que dans le cas de la pluralité, la loi n'est conforme aux résultats du calcul que si les valeurs de la probabilité de la vérité & de celle de l'erreur sont égales entr'elles, ou bien lorsque l'influence a une certaine valeur déterminée.

Dans le premier cas, si on suppose la probabilité de la vérité de la décision plus grande que celle de l'erreur, abstraction faite de l'effet de l'influence, on trouvera que la loi attribue à la probabilité de ces voix combinées une valeur plus foible que celle qu'elle a dans la réalité.

Dans le cas de la pluralité, si cette pluralité est 1, la loi donne une valeur trop forte, à moins que l'influence ne soit nulle. Si cette pluralité est 2, la loi donne une valeur trop grande ou trop petite, suivant celle qu'on peut supposer à l'influence, & ces limites dépendent de la valeur de la probabilité. Si, par exemple, la probabilité de la vérité de la décision est $\frac{9}{10}$, & celle de l'erreur $\frac{1}{10}$, la loi donnera 9 pour le rapport de la probabilité de la vérité à celle de l'erreur, & le calcul donnera 81 & une valeur au-dessus de 9, tant que l'influence sera au-dessous de $\frac{6}{16}$: si elle est au-dessus, alors la loi supposera une trop grande valeur à la probabilité.

Il en est de même pour les autres pluralités. Si elle est de 3, par exemple, en conservant les mêmes nombres, nous aurons, si l'influence est nulle, 729 pour le rapport que donne le calcul entre la probabilité de l'erreur & celle de la vérité, & 9 pour celui que suppose la loi. Ce dernier rapport restera toujours plus petit que le premier, tant que l'influence l'influence ſera au-deſſous de $\frac{128}{228}$, & deviendra plus grande ſi l'influence excède cette limite.

Conſéquences qui réſultent du Calcul.

On voit donc que cette loi n'a point été faite d'après un examen approfondi de la nature de ce genre d'influence, mais d'après le ſimple ſentiment de la réalité de cette influence, & le deſir d'en éviter les inconvéniens. On voit enſuite qu'à la vérité, à moins de ſuppoſer à l'influence une valeur très-grande, cette loi ſuppoſe à ces voix une probabilité moindre que celle qu'elles ont réellement, excepté dans le cas où la pluralité n'eſt que d'une unité, ce qui diminue les dangers de cette fauſſe évaluation, en ſorte qu'elle n'a, pour ainſi dire, que l'inconvénient de groſſir le Tribunal de Membres inutiles. Ainſi, lorſque la cauſe de l'influence ſera prévue, & qu'elle dépendra de relations extérieures, comme la parenté, il ſera plus utile de ſtatuer qu'on n'admettra point dans le Tribunal pluſieurs Votans qui aient entr'eux ces relations, que de chercher à remédier aux inconvéniens de leur influence par cette réduction de voix ou par un autre moyen.

Voix prépondérantes.

On n'a pas cru devoir traiter ici d'une forme de déciſion établie dans quelques pays, & dans laquelle la voix d'un des Votans eſt comptée pour deux voix.

Il eſt aiſé de voir que ſi ce Votant n'eſt pas néceſſairement plus éclairé qu'un autre, il en réſulte à la fois que ſa prépondérance produit un partage lorſqu'il y a une foible probabilité en faveur d'un des deux avis, & donne une déciſion lorſque les deux avis ſont également probables, en ſorte que dans ce dernier cas il ſeroit plus juſte & plus raiſonnable de tirer la déciſion au ſort. Il n'en ſeroit pas de même ſi, par la nature des choſes, le Votant auquel on accorde la double voix, devoit être ſuppoſé moins ſujet à l'erreur que les autres.

Alors si la voix de ce Votant n'a pas absolument la même probabilité que deux autres voix réunies, il en résulte qu'elle produira le partage, quoiqu'il y ait une petite probabilité en faveur de l'avis contraire au sien, & qu'elle déterminera, dans le cas où sa prépondérance forme l'avis, une décision en faveur de l'opinion qui est la plus probable: mais cette opinion peut alors l'être moins que celle qui avoit la pluralité lorsque la voix prépondérante a causé le partage. Par exemple, si la probabilité de la voix commune étant $\frac{4}{5}$, celle de la prépondérante est plus grande que $\frac{8}{9}$, alors l'opinion adoptée est plus probable que celle qui a eu la pluralité dans le cas de partage: elles le sont également si la probabilité de la voix prépondérante est égale à $\frac{8}{9}$: enfin la première opinion est moins probable si la probabilité de la voix prépondérante est au-dessous de cette limite.

Cette forme peut cependant être admise, mais pourvu que les objets sur lesquels on prononce soient du nombre de ceux qu'on peut abandonner à l'opinion ou à la volonté d'un seul homme; que ceux qui ont droit de décider, ne puissent être qu'en nombre pair, que la décision soit nécessaire, & qu'enfin il soit impossible ou injuste de faire décider, dans le cas de partage, par d'autres Votans.

Nous n'avons donné ici que l'application des principes établis dans les Parties précédentes, à quelques-unes des questions qui peuvent se présenter dans la pratique, & nous nous sommes bornés dans cette application à présenter les méthodes générales & les remarques nécessaires pour conduire aux résultats qui nous ont paru les plus essentiels. Ainsi l'on doit regarder sur-tout cette quatrième Partie comme un simple essai, dans lequel on ne trouvera ni les développemens ni les détails que l'importance du sujet pourroit exiger.

Mais il résulte de ce que nous avons exposé :

1.° Que puisqu'il est difficile de déterminer les valeurs différentes de la probabilité des voix pour les décisions rendues à différentes pluralités, & qu'il est plus difficile encore d'évaluer avec précision ce qui résulte de la différence de probabilité entre les voix des Votans, il sera plus sûr de chercher la limite, au-dessous de laquelle on aura pour une assemblée donnée une assurance suffisante que la voix d'aucun des Votans ne tombera pas, & de prendre cette limite pour l'expression de la probabilité de chaque voix.

2.° Qu'au lieu de prendre seulement la probabilité moyenne telle qu'elle résulte du calcul, après avoir eu égard à l'influence d'un ou de plusieurs Votans, il faut de plus se procurer une assurance suffisante que l'influence ne sera pas tomber la probabilité au-dessous de la limite assignée.

3.° Qu'il faudra non-seulement avoir en particulier l'assurance exigée que ces conditions seront remplies, & que la décision sera alors conforme à la vérité, mais qu'il faudra que le produit de la probabilité qu'on aura de chacune de ces trois conditions, & de celles qu'il pourra être nécessaire d'y ajouter, soit encore égal à l'assurance que l'intérêt de la sûreté ou de la justice exige dans chaque décision. C'est en effet le seul moyen d'avoir une assurance réelle de la vérité de la décision.

4.° Qu'à moins d'y être forcé par la nécessité, il faut établir la plus grande égalité entre les Votans, parce que l'influence des Chefs, des Membres perpétuels, ne peut tendre qu'à diminuer la probabilité. Cet inconvenient est moindre lorsque ceux qui exercent cette influence, peuvent, comme les

Membres perpétuels en certains cas, ou les Commiſſaires & les Rapporteurs dans d'autres, être ſuppoſés avoir ſur les queſtions agitées plus d'inſtruction & de lumières. Mais comme cette différence ſera très-petite, à moins qu'il n'y ait d'ailleurs des vices, ſoit dans les loix d'après léſquelles on décide les queſtions, ſoit dans la manière d'inſtruire les affaires, il vaudra mieux encore chercher à détruire ces vices & à diminuer ou anéantir cette influence, qu'à s'occuper du ſoin de remédier à un abus par un autre.

5.° Que la méthode d'exiger que toutes les voix reviennent à l'unanimité, loin de procurer aux déciſions plus de probabilité que celle où l'on exige une pluralité donnée pour prononcer en faveur d'une des propoſitions, & où l'on prononceroit contre cette même propoſition toutes les fois qu'elle a une probabilité inférieure, expoſe à l'inconvénient de faire adopter cette même propoſition lorſqu'elle n'a pas une probabilité ſuffiſante, & de la faire rejeter lorſqu'elle a une probabilité qui s'en écarte très-peu, & qui en diffère moins que celle qui eſt donnée dans la méthode ordinaire par une pluralité moindre de deux voix.

Nous terminerons l'analyſe de cette quatrième Partie par une obſervation que nous avons déjà eu occaſion de faire en partie : c'eſt que l'égalité entre les Membres de l'aſſemblée qui doit prononcer, & la ſimplicité dans la forme de la déciſion, ſont les moyens les plus ſûrs, & peut-être les ſeuls, de remplir toutes les conditions qu'exige la Juſtice ; de manière que les diſtinctions entre les Membres des aſſemblées & les formes compliquées qui ont été employées ſi ſouvent & de tant de manières, ont peut-être quelqu'autre utilité, mais n'ont pas celle de contribuer à remplir l'objet principal qu'il paroît qu'on doive se proposer, c'est-à-dire, l'assurance d'obtenir des décisions vraies & celle à procurer de n'avoir pas à craindre des décisions fausses.

Analyse de la cinquième Partie.

Objet de cette Partie.

L'OBJET de cette dernière Partie, est d'appliquer à quelques exemples les principes que nous avons développés. Il auroit été à desirer que cette application eût pu être faite d'après des données réelles, mais la difficulté de se procurer ces données, difficultés qu'un particulier ne pouvoit espérer de vaincre, a forcé de se contenter d'appliquer les principes de la théorie à de simples hypothèses, afin de montrer du moins la marche que pourroient suivre pour cette application réelle ceux à qui on auroit procuré les données qui doivent en être la base.

Les quatre exemples auxquels on s'arrête ici, ont pour objet :

1.er Exemple Jugemens civils. Conditions qu'on doit chercher à remplir, & moyens d'y parvenir.

1.° La formation d'un Tribunal où l'on peut se permettre de décider en faveur de l'opinion la plus probable, quoique la probabilité de cette opinion ne puisse être regardée comme une véritable preuve. Tels sont en général les Tribunaux qui prononcent sur les affaires civiles.

1.ere condition. Assurance qu'en général chaque décision sera en elle-même susceptible d'une grande probabilité.

Puisque dans ce cas on peut se permettre de suivre une opinion qui n'est pas rigoureusement prouvée, mais seulement plus probable que l'opinion contraire, il faut d'abord chercher à se procurer une assurance suffisante que la proposition qu'on adopte sera en général du nombre de celles qui peuvent avoir en elles mêmes une assez grande probabilité, & sur lesquelles on doit craindre les erreurs des Juges plutôt que celles qui naissent de la nature même de la question.

Ainſi, par exemple, dans ce cas il faut que les loix aient la préciſion, la clarté, l'étendue néceſſaire pour avoir une véritable aſſurance que dans l'application de ces loix à un cas particulier, on pourra obtenir une probabilité aſſez grande de les appliquer avec juſteſſe, ou, ce qui revient au même, pour n'avoir qu'un riſque très-petit de trouver un cas particulier auquel la loi ne s'applique que d'une manière équivoque ou incertaine.

Aſſurance que l'on aura une pluralité qui donnera une aſſurance ſuffiſante de la vérité de la déciſion.

Enſuite on ſuppoſe que l'on décide à une très-petite pluralité, ou même à la pluralité d'une voix, & dans ce cas il eſt aiſé de voir que la probabilité de la vérité de la déciſion pourra être fort au-deſſous de l'aſſurance qu'on doit chercher à ſe procurer. Il faut donc chercher les moyens d'éviter cet inconvénient; & pour cela on doit conſtituer le Tribunal de manière à ſe procurer une aſſurance ſuffiſante d'obtenir une pluralité qui donne cette aſſurance à laquelle on doit ſe propoſer d'atteindre.

Limite au-deſſous de laquelle le produit de ces trois aſſurances ne doit pas tomber.

Suppoſons maintenant que le produit des probabilités qui expriment ces trois aſſurances, ſoit égal à $\frac{23999}{24000}$ ou $\frac{35999}{36000}$, que nous avons vu être l'aſſurance néceſſaire dans ce cas; on aura cette aſſurance qu'une déciſion future ſera en faveur d'une opinion qui aura le degré de probabilité, qu'on croit pouvoir regarder comme ſuffiſante.

2de condition. Que dans le cas de la moindre pluralité, la probabilité ſoit encore au-deſſus de $\frac{1}{2}$.

Après avoir rempli cette première condition, il en reſtera encore une ſeconde à remplir: elle conſiſte à faire en ſorte que, même dans le cas de la ſimple pluralité, on ait une probabilité au-deſſus de $\frac{1}{2}$ que la déciſion eſt vraie, & rendue en faveur d'une opinion qui a la probabilité ſuffiſante

Cependant on peut, relativement à cette dernière condition, choiſir un des trois partis ſuivans c'eſt-à-dire:

1.° Se contenter de remplir cette condition, en formant un Tribunal toujours impair, & où la pluralité d'une seule voix suffise pour déterminer le jugement :

Examen des moyens de remédier aux inconvéniens d'une décision rendue à la pluralité d'une seule voix.

2.° Exiger au contraire une plus grande pluralité, & statuer que si elle n'est pas obtenue, on remettra l'affaire à la décision d'un autre Tribunal :

3.° Établir que dans les cas où la pluralité seroit au-dessous de certaines limites, le même Tribunal, ou un autre, formeroit une Cour d'équité qui pût prononcer une espèce de compensation ou de partage.

On ne doit pas regarder le premier parti comme rigoureusement injuste. En effet, on ne feroit alors que donner à celui dont le droit est le plus probable : & du moment où, par la nature des choses, l'un de ceux qui prétendent à une possession, doit être préféré à l'autre, il est clair que celui dont le droit est le plus probable, doit obtenir la préférence.

Cette forme de décision n'est point injuste en elle-même.

Mais ce même moyen a l'inconvénient de faire dépendre d'une très-petite probabilité la décision d'une chose très-importante. D'ailleurs, il seroit aisé de prouver, par le calcul, que si cette très-petite pluralité se répétoit souvent, une division proportionnelle, ou à peu-près proportionnelle à la probabilité du droit, conduiroit à des injustices moindres & moins fréquentes.

Ses inconvéniens.

Le second parti a trois inconvéniens ; d'abord il prolonge les décisions, & il oblige d'employer un plus grand nombre de Votans. Ensuite si la pluralité exigée n'a lieu qu'après avoir pris l'avis de plusieurs Tribunaux, elle n'a lieu réellement que sur un plus grand nombre de Votans, ce qui affoiblit la probabilité.

Renvoi de la décision à une autre assemblée. Inconvéniens de cette forme.

En troiſième lieu, ſi les voix qui ont prononcé dans la première déciſion ne ſont pas comptées dans la ſeconde ou dans la troiſième, on s'expoſe, comme nous l'avons obſervé, à ſuivre l'avis de la minorité. Si au contraire on compte ces voix, ou il faut renoncer à une nouvelle inſtruction, à de nouveaux moyens de diſcuſſion, c'eſt-à-dire, rejeter des lumières qu'il eſt poſſible d'acquérir, ce qu'on peut regarder comme une injuſtice, ou bien il faut les admettre.

Dans ce dernier cas, ſi les anciens Votans n'ont pas la liberté de changer d'avis, on ſent quelle incertitude il doit en réſulter dans les jugemens; & ſi on leur laiſſe cette liberté, nous avons prouvé combien alors cette circonſtance affoibliſſoit la probabilité.

Établiſſement d'un jugement de compenſation.

Il nous paroît donc que le troiſième parti mérite la préférence, pourvu que la manière de faire la compenſation du droit, ou le partage de l'objet conteſté, ſoit fixée par une loi, ainſi que les limites de l'autorité de cette eſpèce de Cour d'équité. En effet, lorſque cette petite pluralité a lieu, il devient vraiſemblable que la probabilité de la déciſion en elle-même eſt très-petite, & on peut même avoir une très-grande probabilité qu'elle ſera au-deſſous d'une certaine limite. Or, nous avons déjà obſervé que dans le cas d'une très-petite probabilité, le partage proportionnel expoſe à moins d'injuſtice; & il ſuit même de ce que nous avons dit dans la ſeconde Partie, que c'eſt la ſeule méthode qui ſoit rigoureuſement juſte. C'eſt donc ſeulement lorſque la probabilité réelle du droit de l'un des concurrens peut être regardée comme très-grande & inaſſignable, que le parti de donner la totalité peut être regardé comme le plus juſte.

On peut cependant craindre que ce moyen n'expoſe à une injuſtice.

injuſtice, en engageant ceux des Juges qui favoriſeroient l'une des deux Parties à voter en ſa faveur. On pourroit croire en effet que dans des cas un peu douteux ils ſe décideroient avec moins de ſcrupule, dans l'idée qu'il ne réſulteroit pas de leur opinion une injuſtice abſolue. Cependant nous ne croyons pas qu'en général on gagne beaucoup à placer toujours les hommes entre deux extrêmes. C'eſt à peu-près comme ſi on prétendoit qu'il ſeroit favorable aux accuſés innocens d'établir la peine de mort plutôt qu'une peine plus légère, ſous prétexte qu'alors les Juges mettent plus d'exactitude & de ſcrupule dans leurs jugemens.

Nous penſons donc que cette méthode devroit être preférée : & en effet, ſi on ſuppoſe un Tribunal dans lequel la probabilité de chaque voix ſoit $\frac{9}{10}$, qu'on exige une pluralité de trois voix pour une véritable déciſion, & qu'on établiſſe un jugement d'équité pour les cas où la pluralité n'eſt que d'une voix, on pourra, en ſuppoſant la probabilité réelle égale à $\frac{999}{1000}$, n'avoir qu'un riſque moindre que $\frac{1}{365}$ d'avoir un jugement faux, la pluralité étant alors de trois voix ſeulement. Lorſqu'on aura recours à une Cour d'équité, la probabilité, regardée comme inſuffiſante, ſera moindre qu'un neuvième; & ſi le nombre des Votans eſt 25, on aura une aſſurance $\frac{35999}{36000}$ que la déciſion ſera en faveur d'une opinion dont la probabilité ſera au-deſſus de la limite $\frac{999}{1000}$. Ce dernier nombre exprime ici la limite au-deſſous de laquelle on doit chercher à ſe procurer une aſſurance que la probabilité réelle de l'opinion adoptée ne doit pas tomber.

On voit par-là que cette méthode évite ſuffiſamment l'injuſtice, puiſque cette injuſtice ne peut être évaluée tout au plus qu'à la 365.e partie de l'objet conteſté; quantité presque toujours trop petite pour y avoir égard. Au reste, on n'auroit dans un cas semblable qu'à admettre même un jugement d'équité dans le cas d'une pluralité de trois voix, & alors l'injustice cesseroit absolument d'être à craindre. L'on peut observer enfin qu'avec des Loix simples, ces cas, même d'une pluralité de trois seulement, seroient si rares, qu'il y auroit très-peu de jugemens où il seroit nécessaire de recourir au Tribunal d'équité.

2.d Exemple. Tribunal pour les causes criminelles.

II. Le second exemple est celui d'un Tribunal qui prononce entre deux propositions, dont l'une ne doit être admise que lorsque l'on a une assurance suffisante qu'elle est vraie; de manière que si cette assurance n'a pas lieu, on n'adopte pas cette opinion dans la pratique, quoiqu'elle soit la plus probable. C'est ce qui a lieu, par exemple, dans le jugement d'un accusé qui doit être puni, non lorsqu'il est probable qu'il a commis le crime, mais seulement lorsqu'il est prouvé qu'il est coupable. C'est aussi ce qui est absolument nécessaire toutes les fois qu'il est question de prononcer sur les droits d'un homme, & non entre les droits opposés de deux hommes. Nous avons discuté ci-dessus plusieurs autres circonstances, où l'on peut également exiger, pour admettre une opinion dans la pratique, qu'elle ne soit pas au-dessous d'un certain degré de probabilité, & où il faut se conformer à l'opinion contraire, quoique mo ns probable, lorsque la probabilité de la première est au-dessous de ces limites. *Voyez ci-dessus page xvij.*

Nous considérerons ici particulièrement le jugement d'un accusé.

Nous avons observé dans la quatrième Partie, que la méthode d'exiger dans ce cas l'unanimité entre les voix, non-ſeulement diminuoit la probabilité moyenne, mais introduiſoit même de l'incertitude dans les déciſions, & pouvoit expoſer à condamner dans des cas où l'on ſeroit bien éloigné d'avoir l'aſſurance néceſſaire que le crime eſt prouvé, comme à renvoyer un coupable avec une probabilité très-grande qu'il n'eſt pas innocent.

Toute incertitude, tout danger de cette eſpèce, qui n'eſt pas une ſuite néceſſaire de la nature des choſes, & qui naît de la forme même de la déciſion, deviendroit une véritable injuſtice, & ſuffit pour faire rejeter cette manière de former les jugemens, ſi on peut par d'autres formes éviter ce danger & cette incertitude. Or, c'eſt ce qui arrive dans cette occaſion, où, quoique tous les Votans, hors un, aient commencé par adopter une opinion, la forme preſcrit d'adopter l'opinion qui n'a eu qu'un ſuffrage, ſi le Votant qui l'a donné ramène tous les autres à ſon avis; & nous avons trouvé que dans ce cas on doit craindre d'avoir une très-grande probabilité qu'un accuſé eſt coupable, quoiqu'il ſoit déclaré innocent, & une probabilité inſuffiſante du crime, quoique l'accuſé ſoit déclaré coupable.

D'ailleurs l'objet le plus eſſentiel, eſt d'éviter la condamnation d'un innocent, & c'eſt même cette raiſon qui a ſur-tout mérité à cette forme de jugement, uſitée en Angleterre, le nombreux partiſans qu'elle a en Europe. Or, il eſt aiſé de ſe procurer, par une autre forme, une aſſurance auſſi grande à cet égard. Par exemple, ſi on exige une pluralité de huit voix dans un Tribunal formé par des hommes inſtruits, exercés à la diſcuſſion, & qui ſe ſoient diſpoſés par leurs études à cette fonction importante, on pourra ſe répondre ſans doute d'avoir une aſſurance de ne pas condamner un innocent égale à celle que donne le jugement unanime de douze Jurés pris au hasard, même en supposant que cette unanimité a lieu dès la première votation, ou que la nécessité de revenir à l'unanimité n'ait pas diminué la probabilité des voix. En effet, c'est supposer seulement que l'avis unanime de deux hommes éclairés, équivaut à l'avis unanime de trois hommes pris au hasard, supposition qui ne peut paroître exagérée.

Probabilité de huit voix pour condamner.

Nous supposerons donc avant tout qu'on exige une pluralité de huit voix pour condamner.

1.re condition. Le produit de la probabilité réelle, par la probabilité que celle de chaque voix ne tombera pas au-dessous d'une certaine limite, & par la probabilité, dans le cas de la moindre pluralité, doit donner une assurance suffisante.

Cela posé, puisque nous avons fixé l'assurance de ne pas condamner un innocent à $\frac{144767}{144768}$ dans le cas le plus défavorable, il faut que le produit de la probabilité réelle que peut avoir un fait de l'espèce de ceux qu'on examine, multiplié par la probabilité que la voix d'aucun des Votans ne tombera pas au-dessous d'une certaine limite, & ensuite, par la probabilité qui résulte de la pluralité de huit voix, dont on fait la probabilité égale à cette même limite, il faut, dis-je, que ce produit ne soit pas au-dessous de $\frac{144767}{144768}$, c'est-à-dire, en supposant ces probabilités égales, que chacune soit environ $\frac{999998}{1000000}$.

La supposition que la probabilité de chaque voix est $\frac{9}{10}$, satisfera à cette condition.

2.de condition. Assurance suffisante qu'un innocent ne sera pas condamné pendant une génération entière.

Pour satifaire à la seconde condition, qui exige que l'on ait une assurance suffisante que dans un certain nombre de jugemens il n'y aura pas un innocent condamné, on peut demander que ce même produit, élevé à la puissance 1000, ne soit pas au-dessous de $\frac{1899}{1900}$ que nous avons donné pour limite à cette assurance. Or, on satisferoit encore à cette condition, en faisant la probabilité de chaque voix égale à

$\frac{9}{10}$: & en ſuppoſant que les deux autres probabilités ſont égales à celle qui naît de cette pluralité de huit voix.

3.e Condition. Aſſurance ſuffiſante de ne pas laiſſer échapper un coupable.

Il ne reſte plus qu'à s'aſſurer la probabilité de ne pas laiſſer échapper des coupables. Pour remplir cette condition, nous ferons en ſorte, 1.° que la probabilité qu'il n'échappera point un coupable dans le cours d'une génération, ſoit $\frac{997}{1000}$; 2.° que dans chaque jugement on ait la probabilité $\frac{99999}{100000}$ d'avoir un jugement vrai à la pluralité de huit voix au moins, & le riſque $\frac{1}{144768}$ ſeulement de n'avoir pas de déciſion. Nous ne multiplions pas ces valeurs par la probabilité réelle du fait, parce que le renvoi d'un coupable dont le délit ſeroit au-deſſous de cette probabilité, ne doit pas être regardé comme devant encourager au crime. Nous ne multiplions pas non plus cette probabilité par celle que la voix d'aucun Votant ne tombera au-deſſous de la limite aſſignée, parce que comme il eſt queſtion ici d'une déciſion rendue en général à une pluralité quelconque, c'eſt la probabilité moyenne, & non la limite inférieure de la probabilité, qui doit être conſidérée. On remplira ces deux conditions, en ſuppoſant comme ci-deſſus, la pluralité exigée de huit voix, la probabilité de chacune de $\frac{9}{10}$, & en portant à 30 le nombre des Votans.

Examen du cas où un accuſé ſeroit renvoyé avec une pluralité de ſix voix contre lui.

On pourroit auſſi chercher à remplir également cette condition, que la pluralité de ſix voix, dans le cas où cette pluralité ſeroit contre l'accuſé, ne donnât pas une probabilité du crime qui pût, ou produire un exemple effrayant, ou faire craindre qu'on ne laiſſât dans la ſociété un homme dangereux.

On ne doit pas regarder cette condition comme eſſentielle : en effet, quand elle ſeroit impoſſible à remplir, la Juſtice n'en exigeroit pas moins de ne pas condamner un accuſé tant que le crime ne seroit pas prouvé, & il ne peut y avoir d'injustice à renvoyer un accusé toutes les fois que la probabilité de son crime, quelque grande qu'elle soit, n'atteint la limite à laquelle on a trouvé que doit commencer une véritable assurance. Cependant il seroit à desirer, comme nous l'avons déjà dit, que, même dans le petit nombre de cas où l'on renverroit l'accusé, parce qu'on n'a pas contre lui une probabilité suffisante, la probabilité fût incomparablement plus petite que l'assurance exigée. Mais on ne peut obtenir cette condition, à moins que la probabilité de chaque voix ne soit très-grande, & c'est uniquement du choix des Votans que dépend la possibilité d'y satisfaire.

Si cette possibilité n'existe pas, du moins la forme que nous proposons ici exposeroit encore à un danger moindre que celle qui exige l'unanimité, & la probabilité de ce danger seroit même très-petite : elle n'est en effet dans cet exemple que $\frac{1}{144768}$ pour chaque jugement.

Au reste, les inconvéniens qui peuvent naître du défaut de cette condition, sont peut-être moindres qu'ils ne le paroissent au premier coup-d'œil. En effet, si ces exemples d'impunité sont très-rares, on ne peut guère les regarder comme un encouragement au crime. Tout homme qui auroit vu un grand nombre de coupables punis, & qui en verroit un seul échapper à la condamnation, en seroit peu frappé, & le plus souvent même confondroit cet exemple avec celui de l'impunité, produite par le défaut de preuves ; exemple dangereux, mais que la forme des décisions ne peut prévenir.

Quant à la seconde espèce de danger, la défiance qu'inspire nécessairement tout homme renvoyé par un jugement, auquel il n'a manqué pour le condamner que la pluralité ſuffiſante, deviendra un préſervatif contre le mal qu'il pourroit faire : il ne lui reſteroit d'autre parti à prendre qu'une conduite réſervée, ou le métier de brigand. Mais dans une ſociété bien policée ce métier ne peut guère exiſter; & ceux qui ſeront tentés de s'y livrer, doivent être réprimés avant d'avoir fait beaucoup de mal.

Si donc on peut ſuppoſer à chaque voix une probabilité au-deſſus de $\frac{9}{10}$, de manière que la probabilité qu'elle ne tombe pas au-deſſous de cette limite ſoit à peu-près $\frac{999998}{1000000}$, en exigeant une pluralité de huit voix, & formant un Tribunal de trente Votans, on remplira d'une manière ſuffiſante toutes ces conditions qu'on doit exiger d'un Tribunal deſtiné à prononcer ſur la vérité d'une accuſation. Le ſeul inconvénient qu'on éprouveroit alors, ſeroit la néceſſité de former un Tribunal très-nombreux ſi on vouloit admettre des récuſations non motivées, comme la Juſtice paroît l'exiger, & n'être forcé cependant que dans des cas très-rares d'appeler des Étrangers pour compléter le Tribunal. Compoſition du Tribunal.

Nous nous bornerons à faire obſerver de plus, que ſuivant ce que nous avons dit dans la quatrième Partie, ſur la néceſſité d'éviter toute eſpèce d'influence, il faut non-ſeulement, relativement aux choix des Votans & aux récuſations, prendre toutes les précautions qui peuvent diminuer les dangers de toute influence particulière, mais même empêcher l'influence plus dangereuſe qui peut, dans certains cas ou pour certaines perſonnes, agir ſur le Tribunal entier : de manière qu'après être parvenu, par le choix des Membres & par les recuſations, à rendre inſenſible l'effet de la prévention, de l'intérêt, ou des préjugés de chaque particulier, il faut faire en ſorte que l'aſſemblée conſidérée collectivement, n'ait ni préjugé de Corps, ni aucun Néceſſité d'éviter les effets de l'influence.

autre intérêt que celui d'être juste. La Justice exige rigoureusement cette précaution, puisque toute cause d'erreur qui n'est pas inévitable, qui n'est pas une suite de l'incertitude attachée aux jugemens humains, est l'ouvrage de celui qui l'a introduite dans les jugemens & doit être regardée comme une véritable injustice. En effet, puisque la société ne peut avoir le droit d'exposer aucun individu à un risque qui n'est ni nécessaire, ni même utile, c'est porter atteinte à la sûreté d'un citoyen, que de le soumettre par la loi à un danger qu'il étoit possible de lui épargner.

Il faut donc que si un Tribunal perpétuel est chargé de ces jugemens, il soit strictement borné à cette seule fonction; &, s'il est plus avantageux que ce Tribunal soit un Corps, il faut qu'il le soit le moins qu'il est possible: mais, dans des pays où certains préjugés populaires ont encore de la force, où ce qu'on appelle *peuple*, a certaines opinions particulières, il n'est pas moins indispensable d'éviter de confier à des Juges pris au hasard, la décision des affaires sur lesquelles ces préjugés ou ces opinions peuvent influer.

3.e Exemple. Elections.

III. Avant d'examiner la forme des élections, il est nécessaire de rechercher d'abord s'il est avantageux ou non de prononcer, par une première décision, si chaque candidat est digne d'être élu.

Utilité d'un premier jugement sur l'éligibilité des Sujets.

Cette première décision rendroit beaucoup plus simple l'élection qui en doit être la suite, quelque forme que l'on croye devoir préférer.

On pourroit demander s'il vaut mieux, ou confier cette décision à ceux qui doivent élire, ou en charger une autre assemblée que celle qui fait l'élection. Pour résoudre cette question, il faut observer que l'on peut confier cette première décision,

décision, ou à une assemblée qui diffère seulement de la première, parce qu'elle est moins nombreuse, & qu'elle n'est pas composée de la même classe de Votans, comme lorsque l'on confie le droit de présenter pour une élection à un Corps, & qu'on en charge un autre de choisir entre ceux qui ont été présentés comme éligibles. Mais si un pareil usage peut être utile pour certaines vues politiques, on voit qu'il ne peut avoir aucune utilité relativement à l'objet que l'on se propose ici, celui d'assurer la vérité des décisions. En effet, il est aisé de voir que le choix entre les candidats exige plus de sagacité & de lumières que la simple décision sur leur capacité. Ce seroit donc au contraire à l'assemblée la plus nombreuse, la moins éclairée par conséquent, qu'il faudroit confier la décision de l'éligibilité, & remettre le choix à une assemblée moins nombreuse & plus éclairée.

En supposant que la meme assemblée formât la première décision, & fût aussi chargée du choix, le seul inconvénient à craindre, seroit la faculté que cette forme pourroit donner à une cabale nombreuse pour exclure précisément celui des candidats qui a le plus de mérite; mais il est aisé de voir que dans ce cas, quelque forme que l'on prenne, une cabale qui réunit plus de la moitié des voix, fût-elle même partagée sur l'objet de son choix, aura toujours la possibilité d'exclure celui qu'elle voudra: seulement dans le cas de la méthode d'élire ordinaire, en supposant que deux cabales divisées sur l'objet de leur choix, tendent à exclure un troisième candidat, & que ce candidat soit le meilleur, il lui suffira d'avoir plus d'un tiers des voix pour être élu, tandis qu'il seroit déclaré non éligible, à moins d'en avoir plus de la moitié; mais ce motif ne peut être allégué ici, parce que la forme ordinaire d'élection, qui d'ailleurs est vicieuse, ne paroît avoir quelqu'avantage dans ce cas, que parce qu'on suppose la pluralité corrompue, & votant contre la vérité; qu'alors la décision, prise à la pluralité, devient vicieuse par elle-même, & qu'en général l'objet qu'on doit se proposer dans une forme de décision, est de faire en sorte que l'avis de la pluralité soit conforme à la vérité, & ait une probabilité suffisante, & non d'éviter de suivre cet avis, parce qu'il peut être contraire à la vérité. Tout moyen qui fait éviter l'avis de la pluralité lorsqu'il est faux, tend à le faire rejeter quand il est vrai.

Forme de l'élection.

Nous supposerons d'abord que l'on suit la méthode proposée dans la première Partie, c'est-à-dire, que chacun donnant une liste dès candidats, suivant l'ordre qu'il leur attribue, donne par ce moyen son avis sur toutes les propositions qu on peut former en comparant ces candidats deux à deux.

Qu'elle peut conduire à deux espèces de résultats.

Cela posé, nous avons vu qu'il y avoit des cas où le système des décisions à la pluralité des voix sur toutes ces propositions, conduisoit à des résultats contradictoires : mais on peut considérer ces résultats sous deux points de vue : on peut vouloir ou qu'il n'y ait aucune contradiction dans tout ce système, en sorte qu'il en résulte la vérité du vœu de la pluralité sur l'ordre de mérite de tous les concurrens, ou bien qu'il n'y ait point de contradiction dans la partie du système qui suffit pour décider la supériorité d'un candidat sur tous les autres. Supposons en effet quatre candidats, *A*, *B*, *C*, *D*, & que le système des décisions rendues à la pluralité, qui, dans ce cas, est formé de six propositions, soit composé des six décisions.

1. *A* vaut mieux que *B*.
2. *A* vaut mieux que *C*.
3. *A* vaut mieux que *D*.
4. *B* vaut mieux que *C*.
5. *D* vaut mieux que *B*.
6. *C* vaut mieux que *D*.

Il eſt aiſé de voir que ce ſyſtème, pris dans ſon entier, renferme un réſultat contradictoire, puiſque les propoſitions 4 & 5 conduiſent à la concluſion *D* vaut mieux que *C*; concluſion qui eſt contradictoire avec la ſixième propoſition.

Mais ſi on ne conſidère que les propoſitions, qui ſont néceſſaires pour décider la ſupériorité d'un candidat ſur tous les autres, alors il ſuffit d'admettre les trois premières propoſitions, auxquelles aucune des trois autres n'eſt contradictoire.

De même, ſi l'on ſuppoſe que l'on ait cinq candidats, *A*, *B*, *C*, *D*, *E*, & que le ſyſtème des dix propoſitions adoptées à la pluralité, ſoit :

1. *A* vaut mieux que *B*.
2. *A* vaut mieux que *C*.
3. *A* vaut mieux que *D*.
4. *A* vaut mieux que *E*.
5. *B* vaut mieux que *C*.
6. *B* vaut mieux que *D*.
7. *B* vaut mieux que *E*.
8. *C* vaut mieux que *D*.
9. *E* vaut mieux que *C*.
10. *D* vaut mieux que *E*.

on aura, en conſidérant tout le ſyſtème, un réſultat contradictoire, puiſque les propoſitions 8 & 9 donnent la concluſion

E vaut mieux que *D*, conclusion contradictoire à la dixième proposition.

Mais les sept premières, qui donnent le premier rang à *A* & le second à *B*, peuvent être admises sans qu'il en résulte aucune contradiction ni entr'elles ni avec aucune des trois autres.

De même, si au lieu de la septième proposition on avoit eu celle-ci, *E* vaut mieux que *B*, le système entier auroit renfermé deux contradictions, puisque la conclusion tirée des propositions 6 & 7, auroit été encore en contradiction avec la proposition 10.

Mais le système des quatre premieres propositions, qui suffisent pour déterminer la préférence en faveur de *A*, n'offriroit encore aucune contradiction, & il y auroit une décision réelle relativement à cet objet seul.

On voit donc que, selon qu'on voudra choisir le candidat le plus digne, ou les deux, les trois candidats les plus dignes, ou enfin avoir l'ordre de tous les candidats proposés, il suffira que le système n'implique point contradiction pour le premier, pour les deux, pour les trois premiers candidats, ou bien il faudra qu'il ne renferme aucune contradiction.

Nous ne considérons ici que les deux cas extrêmes, celui où l'on ne cherche à connoître que le candidat qui mérite la préférence sur tous, & celui où l'on a intérêt de connoître l'ordre de tous les candidats. Les cas intermédiaires se déduisent facilement de ceux-ci.

Conditions qu'il faut chercher à se procurer.

1.° Probabilité suffisante d'avoir un système de

Dans chacune des deux questions il y a trois points à considérer; 1.° la probabilité d'avoir un système qui ne renferme aucune contradiction; 2.° la probabilité que ce système, s'il a lieu, ne sera formé que de propositions vraies; 3.° enfin la probabilité abſolue d'avoir un ſyſteme uniquement formé de propoſitions vraies.

On trouvera d'abord que dans tous les cas, plus le nombre des candidats augmente, plus la probabilité d'avoir une déciſion, ou d'avoir une déciſion vraie, diminue, mais auſſi qu'elles augmentent avec le nombre des Votans; en ſorte que ſi la probabilité de la vérité d'une ſeule déciſion a l'unité pour limite, l'unité ſera auſſi la limite de ces probabilités.

On trouvera enſuite qu'en ſuppoſant la probabilité d'une déciſion ſur une ſeule propoſition égale à $\frac{19999}{20000}$, on aura une probabilité $\frac{1899}{1900}$ * d'obtenir pour dix candidats une votation conforme à la vérité, ſur la préférence qu'un d'entre eux mérite ſur tous les autres.

La probabilité d'avoir une déciſion ſera un peu plus forte; & ſi on ne demande qu'une probabilité $\frac{1899}{1900}$ d'avoir fait un choix conforme à la vérité, dans le cas où on obtient un ſyſtème qui ne renferme point de contradictions, on aura cette probabilité égale à $\frac{1899}{1900}$, pourvu que celle d'une ſeule déciſion ſoit à peu-près $\frac{1901}{1902}$.

Dans le cas où l'on conſidère la vérité du ſyſtème relativement à l'ordre de tous les candidats, pour le même nombre de dix candidats, il faudra que le riſque de l'erreur d'une ſeule déciſion ſoit au-deſſous de $\frac{1}{100000}$, ſi on veut avoir une probabilité $\frac{1899}{1900}$ d'avoir un ſyſtème dont toutes les propoſitions ſoient vraies, c'eſt-à-dire, d'avoir le véritable ordre entre les candidats. Mais ſi on ſe contente de la probabilité $\frac{1899}{1900}$

propoſitions qui ne renferment pas de contradictions.
2.° Probabilité ſuffiſante que ſi on a rempli cette première condition, toutes les propoſitions de ce ſyſtème ſeront vraies.
3.° Probabilité d'avoir un ſyſtème formé de propoſitions vraies.

Moyens de les remplir.

* Nous avons choiſi ce nombre, parce qu'il repréſente un danger qu'on regarde comme nul pour ſa propre vie pendant l'eſpace d'une année.

d'avoir une décision vraie toutes les fois que l'on a une décision, il suffira que ce même risque ne soit que $\frac{3}{100000}$.

Comme nous avons ici considéré la probabilité d'une décision en général, il est nécessaire d'examiner le cas où elles sont rendues à la plus petite pluralité possible. Dans ce cas, si on suppose $\frac{9}{10}$, par exemple, la probabilité de chaque voix, on trouvera que pour dix candidats, il suffira d'exiger une pluralité de quatre voix pour avoir, même dans le cas le plus défavorable la probabilité $\frac{99}{100}$ d'avoir fait un bon choix, & il est aisé de voir que dans cette même hypothèse on pourra se procurer la probabilité exigée ci-dessus pour une décision en général dans les différens cas, sans être obligé de supposer très-grand le nombre des Votans.

Il résulte donc de cette théorie & de l'application faite à cet exemple :

1.° Qu'on peut pour cette forme d'élection (si le nombre des candidats n'est pas très-grand) s'assurer d'avoir un système non contradictoire & une probabilité suffisante de la vérité de toutes les propositions de ce système, sans faire aucune supposition qui paroisse trop s'écarter de la Nature.

2.° Que comme cette probabilité augmente avec le nombre des Votans, on pourra établir l'usage d'en appeler de nouveaux dans les cas où la votation des premiers conduiroit à un système contradictoire, & par ce moyen l'on aura une probabilité toujours croissante d'obtenir une véritable décision.

Du parti qu'on peut prendre si la décision ne donne point un résultat possible.

Si l'on étoit obligé de choisir, quoique le résultat de la décision formât un système de propositions, dont quelques-unes seroient contradictoires entr'elles, on pourroit suivre le moyen indiqué dans la première Partie. Mais dans ce cas la probabilité que le candidat qui obtient la préférence est le

Inconvénient qui résulte de ce moyen.

meilleur, eſt toujours au-deſſous de $\frac{1}{2}$, ainſi que pour tous les autres candidats, quoique l'on puiſſe avoir une probabilité au-deſſus de $\frac{1}{2}$ que ce candidat doit être regardé comme le meilleur plutôt qu'aucun des autres en particulier. Cette concluſion, qui paroît d'abord contradictoire, ne l'eſt pas réellement.

Suppoſons en effet ſix candidats ſeulement, & que la probabilité en faveur de celui qui obtient la préférence, ſoit $\frac{5}{12}$, & pour les autres $\frac{2}{12}$, $\frac{2}{12}$, $\frac{1}{12}$, $\frac{1}{12}$, $\frac{1}{12}$, il eſt clair que la probabilité de la bonté du choix ſera $\frac{5}{12}$ plus petit que $\frac{1}{2}$, quoiqu'il y ait une probabilité $\frac{5}{7}$ ou $\frac{5}{6}$ que ce candidat mérite plutôt d'être regardé comme le meilleur que chacun des autres pris ſéparément.

Réponſe à une objection contre la manière dont on a enviſagé ici le problème.

On peut faire une objection contre la méthode que nous employons ici. Suppoſons en effet trois candidats *A*, *B*, *C*, & qu'un Votant les ait rangés ſuivant l'ordre *A*, *B*, *C*, d'où réſultent les trois propoſitions :

A vaut mieux que *B*.
A vaut mieux que *C*.
B vaut mieux que *C*.

Nous regardons ces trois propoſitions comme également probables ; cependant on pourroit croire que la propoſition *A* vaut mieux que *C* eſt plus probable que les deux autres, parce que la différence entre *A* & *C* eſt plus grande, & que d'ailleurs elle peut être prouvée à la fois par la comparaiſon de *A* avec *C*, & parce qu'elle eſt une conſéquence des deux propoſitions

A vaut mieux que *B*.
B vaut mieux que *C*.

Mais nous obſerverons, 1.° que la grandeur de la différence

n'influe pas néceſſairement dans la probabilité, à moins que l'une de ces différences ne ſoit incertaine, ou preſqu'inſenſible. Or, l'on ſent qu'il eſt queſtion ici de la probabilité en général, & non ce qu'elle peut être dans certaines circonſtances.

2.° Que ſi la comparaiſon ne ſe fait que pour une ſeule qualité des Votans, la concluſion *A* vaut mieux *C*, qu'on tire des propoſitions *A* vaut mieux que *B*, *B* vaut mieux que *C*, n'ajoute rien à la probabilité de la propoſition trouvée, en comparant immédiatement *A* avec *C*.

3.° Que ſi au contraire l'on compare pluſieurs qualités, il eſt poſſible que les deux propoſitions

A vaut mieux que *B*,
B vaut mieux que *C*,

ſignifient ſeulement que *A* vaut mieux que *B*, relativement à une ſeule de ces qualités, & que *B* vaut mieux que *C*, relativement à cette même qualité, quoique *B* pût être inférieur pour une autre qui eſt jugée moins importante: alors la concluſion *A* vaut mieux que *C*, qu'on tireroit de ces deux propoſitions, renfermeroit de plus cette préférence entre ces deux qualités, qui par-là deviendroit probable mais elle ne donneroit aucune probabilité de plus ſur la préférence que *A* mérite ſur *C*, relativement à cette qualité & aucune qu'il la mérite par rapport à l'autre qualité.

4.° Enfin, puiſqu'il n'y a aucune raiſon abſolue de croire que la propoſition *A* vaut mieux que *C* ſoit plus probable que *A* vaut mieux que *B*, lorſque *B* vaut mieux que *C*, il paroît plus naturel de juger ces propoſitions d'après le degré de pluralité qu'elles ont obtenue, que d'après l'hypothèſe précédente: ce qui eſt d'autant plus vrai, que la conſéquence *A* vaut mieux que *C*, qui dérive des propoſitions *A* vaut mieux

que

que *B*, *B* vaut mieux que *C*, n'en eſt une véritable conſéquence qu'autant que les mêmes Votans ont prononcé ces deux propoſitions. En effet, ſi un Votant a prononcé *A* vaut moins que *B* & *B* vaut mieux que *C*, il réſulte de ſa voix une probabilité pour *B* vaut mieux que *C*, mais il n'en peut réſulter une pour *A* vaut mieux que *C*.

Un Géomètre célèbre, qui a obſervé avant nous les inconvéniens des élections ordinaires, a propoſé une méthode, qui conſiſte à faire donner à chaque Votant l'ordre dans lequel il place les candidats; à donner enſuite à chaque voix en faveur du premier, l'unité pour valeur, par exemple; à chaque voix en faveur du ſecond une valeur au-deſſous de l'unité; une valeur encore plus petite à chaque voix en faveur du troiſième, & ainſi de ſuite, & de choiſir enſuite celui des candidats pour qui la ſomme de ces valeurs, priſes pour tous les Votans, ſeroit la plus grande. Réflexions ſur une autre méthode

Cette méthode a l'avantage d'être très-ſimple, & l'on pourroit ſans doute, en determinant la loi des décroiſſemens de ces valeurs, éviter en grande partie l'inconvénient qu'a la méthode ordinaire, de donner pour la déciſion de la pluralité une déciſion qui y eſt réellement contraire: mais cette méthode n'eſt pas rigoureuſement à l'abri de cet inconvénient. En effet, ſuppoſons qu'il y ait trois candidats ſeulement, *A*, *B*, *C*, & 81 Votans, & chacun ayant nommé les candidats ſuivant l'ordre de mérite, que trente voix adoptent l'ordre *A*, *B*, *C*, une l'ordre *A*, *C*, *B*, 10 l'ordre *C*, *A*, *B*, 29 l'ordre *B*, *A*, *C*, 10 l'ordre *B*, *C*, *A*, & une voix l'ordre *C*, *B*, *A*.

Nous aurons pour la propoſition *A* vaut mieux que *B*, 41 voix contre 40; pour *A* vaut mieux que *C*, 60 voix contre 21; pour la propoſition *B* vaut mieux que *C*, 69 voix contre 12, & par conſéquent une déciſion en faveur de *A*. Or, dans ce même cas, ſi on compare *A* & *B* par la méthode que nous examinons ici, nous trouverons que tous deux ſont placés onze fois au dernier rang, ainſi il n'en réſulte aucune valeur ni pour l'un ni pour l'autre: que *A* eſt placé trente-une fois au premier rang, & *B* trente-neuf fois, ce qui, en ſuppoſant égale à l'unité la valeur qui réſulte de chaque voix en faveur de *B*, donne 8 pour *B*: mais *A* eſt trente-neuf fois à la ſeconde place, & *B* n'y eſt que trente-une: donc la valeur de *A* ſurpaſſera, par cette raiſon, celle de *B* de huit fois la valeur attachée à cette ſeconde place. Or, cette valeur eſt plus petite que l'unité, & *B* ſurpaſſe *A* de huit unités: donc par le réſultat de ce calcul, *B* ſurpaſſe *A*. Or, cette concluſion eſt contraire au vœu de la pluralité, puiſque la propoſition *A* vaut mieux que *B* a 41 voix contre 40.

Si l'on conſidère ſeulement ces deux propoſitions,

A vaut mieux que *B*,

A vaut mieux que *C*,

la première aura 41 voix contre 40, la ſeconde 60 voix contre 21, & par conſéquent ſi la probabilité de chaque voix eſt ſeulement $\frac{3}{4}$, la probabilité que *A* doit obtenir le premier rang ſera au-deſſus, non-ſeulement de la même probabilité pour *B* & pour *C*, mais même au-deſſus de $\frac{1}{2}$.

Ainſi, en préférant *B* au lieu de *A*, on préféreroit celui pour lequel la probabilité du mérite, non-ſeulement eſt au-deſſous de celle d'un autre, mais une probabilité au-deſſous de $\frac{1}{2}$ à une probabilité qui eſt au-deſſus.

On peut obſerver encore que cette méthode donne toujours un réſultat, tandis que les propoſitions qui ont la pluralité peuvent former un ſyſtème qui renferme des propoſitions contradictoires.

On peut encore obſerver que ſi on a cinq candidats, par exemple, deux dignes de la place & trois qui en ſoient indignes, & qu'un nombre d'Électeurs moindre que la moitié forme une cabale, elle peut dans cette méthode faire tomber le choix ſur un des trois mauvais candidats, ſi le reſte des électeurs ſe partage entre les deux bons: au lieu que dans la méthode que j'ai cru devoir préférer, l'un des deux bons eſt néceſſairement élu. Mais les combinaiſons où cet inconvénient a lieu ſont en petit nombre, & celles où la méthode ordinaire eſt défectueuſe, ſont très-communes.

Quoique le Géomètre célèbre auquel on doit cette méthode, n'ait rien publié ſur cet objet, j'ai cru devoir le citer ici *, 1.° parce qu'il eſt le premier qui ait obſervé que la méthode commune de faire les élections étoit défectueuſe; 2.° parce que celle qu'il a propoſé d'y ſubſtituer eſt très-ingénieuſe, qu'elle ſeroit très-ſimple dans la pratique. D'ailleurs, quoiqu'elle ne ſoit pas exempte des défauts qui doivent faire rejeter la méthode ordinaire, cependant ces défauts y ſont beaucoup moins ſenſibles: il eſt même très-probable qu'il arriveroit très-rarement qu'elle induisît en erreur ſur la véritable déciſion de la pluralité.

4.e expérience. Aſſemblées très-nombreuſes, où la probabilité des voix diminue à meſure que le nombre des Votans augmente.

IV. Nous examinons dans le quatrième exemple les déciſions rendues par des aſſemblées très-nombreuſes, & compoſées de manière, qu'à meſure que le nombre des Votans augmente, on ſoit obligé d'y en admettre dont la probabilité eſt très-petite.

* Cet Ouvrage étoit imprimé en entier avant que j'euſſe connoiſſance de cette méthode, ſi ce n'eſt pour en avoir entendu parler à quelques perſonnes. Elle a été publiée depuis. *Mém. de l'Acad. 1781.*

Nous nous sommes arrêtés à une hypothèse qui paroît assez naturelle, celle de supposer que le nombre des Votans qui ont une certaine probabilité, est proportionnelle à la probabilité qu'ils se tromperont; mais que cette loi n'a lieu que depuis la probabilité 1 jusqu'à $\frac{1}{2}$. En effet, dans cette hypothèse on n'aura point de Votant qui ne se trompe jamais; & si on en a un qui ne se trompe, par exemple, qu'une fois sur cent, on en aura cinquante qui se tromperont une fois sur deux, dix qui se tromperoient une fois sur dix jugemens.

Impossibilité de remplir dans ce cas toutes les conditions nécessaires pour la sûreté des décisions.

En suivant cette hypothèse, on trouvera que lorsque le nombre total des Votans est un très-grand nombre, on pourra s'assurer encore de remplir la condition exigée pour la sûreté des décisions, à la vérité pourvu que l'on ait égard à la probabilité moyenne. Cette conclusion est d'autant plus naturelle, qu'il paroît que la limite devroit être placée un peu au-dessus de $\frac{1}{2}$. Mais cette condition ne suffit pas, & il faudroit avoir une assurance suffisante que la probabilité qui résulte de la pluralité ne sera pas au-dessous de la limite qui lui est assignée. Or, dans le cas d'une assemblée très-nombreuse, dans laquelle les voix peuvent tomber jusqu'à $\frac{1}{2}$ environ, & où celles qui ont le moins de probabilité sont en plus grand nombre, cette dernière condition deviendra souvent impossible à remplir, sans exiger une pluralité beaucoup trop grande pour qu'il soit possible de remplir en même-temps les autres conditions. Il en sera de même de la condition qui exigeroit une très-grande probabilité qu'aucune voix ne tombera au-dessous de la limite qu'elle doit atteindre pour donner à la décision rendue à une certaine pluralité une assurance suffisante.

On ne peut donc guère se flatter de remplir les conditions

exigées ni dans cette hypothèse ni dans aucune de celles qui peuvent paroître se rapprocher de la Nature, tant que l'on aura une assemblée très-nombreuse où la pluralité de la voix d'un très-grand nombre de Votans est fort petite.

Moyens d'y remédier.

Mais on peut observer que dans la plupart des objets soumis à la décision d'une assemblée, les mêmes Votans, dont les voix ont une si petite probabilité, peuvent avoir assez de lumières, non pas sans doute pour prononcer avec quelque probabilité quel homme entre un grand nombre a le plus de mérite, mais pour ne choisir comme le plus éclairé qu'un de ceux dont la voix auroit une assez grande probabilité: ainsi une assemblée nombreuse, composée de Votans qui ne seroient pas très-éclairés, ne pourroit être employée utilement que pour choisir les Membres d'une assemblée moins nombreuse, à laquelle la décision des autres objets seroit ensuite confiée, & l'on parviendroit alors facilement à remplir pour cette dernière décision toutes les conditions qu'exigent la justice & l'intérêt général. Si l'on songe sur-tout que presque jamais il ne s'agit dans les décisions d'une proposition simple, rarement même d'une décision isolée, mais d'un système de décisions liées entr'elles, dont une seule décision fausse peut déranger l'harmonie, on verra que cette dernière forme est la seule qui puisse laisser quelque espérance de remplir les conditions dont l'observation est nécessaire.

Des cas où la probabilité de la décision est au-dessous de $\frac{1}{2}$.

Ce que nous avons dit des inconvéniens d'une assemblée trop nombreuse, s'applique à plus forte raison au cas où la probabilité de la voix d'un certain nombre de Votans tombe au-dessous de $\frac{1}{2}$; mais il faut observer dans ce dernier cas qu'on ne peut même espérer de remédier à cet inconvénient, en chargeant cette assemblée nombreuse du choix de ceux auxquels la décision sera enfin remise.

En effet, lorſque la probabilité de la voix d'un Votant tombe au-deſſous de $\frac{1}{2}$, il doit y avoir une raiſon pour laquelle il prononce moins bien que ne feroit le haſard; & cette raiſon ne peut être priſe que dans les préjugés auxquels ce Votant eſt ſoumis. Or, il eſt vraiſemblable que ce même Votant donnera la préférence aux hommes qui partagent ces préjugés, c'eſt-à-dire, à des hommes dont, pour un grand nombre de déciſions, la probabilité eſt au-deſſous de $\frac{1}{2}$.

Conſéquences qui en réſultent.

Ainſi, pourvu que dans une ſociété il y ait un grand nombre d'hommes éclairés & ſans préjugés, & pourvu que le droit du grand nombre qui n'a pas aſſez de lumières, ſe borne à choiſir ceux qu'il juge les plus inſtruits & les plus ſages, & auxquels en conſéquence les citoyens remettent le droit de prononcer ſur les objets qu'eux-mêmes ne ſeroient pas en état de décider, on peut parvenir à une aſſurance ſuffiſante d'avoir des déciſions conformes à la vérité & à la raiſon.

Mais il n'en eſt pas de même ſi ceux qui, dans l'opinion publique, paſſent pour être éclairés, ſont ſoumis à des préjugés. Pour tous les objets ſur l'examen deſquels ces préjugés peuvent influer, non ſeulement l'élection ne peut donner aucune aſſurance d'avoir des Votans exempts de préjugés, & dont la voix ait une probabilité ſuffiſante, mais au contraire elle ne ſera qu'un moyen d'avoir une aſſurance que ceux à qui les déciſions ſeront confiées, ſoumis eux-mêmes à ces préjugés, auront une probabilité au-deſſous de $\frac{1}{2}$; en ſorte qu'il y auroit de l'avantage dans ce cas à s'en rapporter à un petit nombre d'hommes pris au haſard dans la claſſe de ceux à qui l'on doit ſuppoſer de l'inſtruction.

Nous ſommes donc encore ramenés ici à une concluſion ſemblable à celle de la première Partie, c'eſt que la forme qu'on peut donner aux aſſemblées qui prononcent ſur une loi ou ſur quelques autres objets que ce ſoit, ne peut procurer aucun moyen d'avoir l'aſſurance que l'on doit chercher à l'obtenir, à moins qu'on ne puiſſe s'aſſurer de former ces aſſemblées d'hommes éclairés.

Nous trouvons de plus que ſi les hommes qui paſſent pour inſtruits, partagent les opinions populaires, on ne peut remplir cette dernière condition. Ainſi l'on ne peut regarder les déciſions à la pluralité des voix comme propres à faire connoître ce qui eſt vrai & utile, que dans le cas où une grande partie de la ſociété a des lumières, & où les hommes qui ſont inſtruits, qui ont cultivé leur eſprit & exercé leur raiſon, ne ſont pas ſoumis à des préjugés. Alors, en effet, il ſuffit que la direction des affaires ſoit confiée à ceux qui, dans l'opinion commune, paſſent pour être capables & avoir des lumières, & l'on peut en avoir l'aſſurance dans quelques conſtitutions, & une aſſez grande eſpérance dans preſque toutes.

CONCLUSION.

On a dû remarquer ſans doute, en liſant cet Ouvrage, que je n'ai fait qu'ébaucher la ſolution de pluſieurs queſtions importantes, & qu'on doit le regarder comme un ſimple eſſai, moins propre à éclairer ceux qui le liront, qu'à inſpirer le deſir de voir ſe multiplier les applications du Calcul à ces mêmes queſtions *. Je n'ai point cru donner un bon Ouvrage,

* Le premier Mathématicien qui ait imaginé d'appliquer le Calcul à des queſtions politiques, eſt le célèbre Jean de Witt, Grand-Penſionnaire de Hollande : ſa conduite ſage & courageuſe dans cette place importante, ſes vertus, ſon patriotiſme, ſa fin malheureuſe, ont rendu ſon nom cher à tous ceux qui aiment leur patrie & que touche la vertu. Il y eut de plus

mais ſeulement un Ouvrage propre à en faire naître de meilleurs. Étendre les découvertes importantes, & les mettre à la portée du plus grand nombre, eſſayer de diriger les vues & les travaux des Savans vers un but qu'on croît utile, telle doit être l'ambition de la plupart des Auteurs. Trop peu d'hommes peuvent prétendre à la gloire de contribuer, par des vérités nouvelles, au bonheur de leurs ſemblables.

Utilité de l'application du Calcul aux queſtions politiques.

En voyant que ſur preſque tous les points, le Calcul ne donne que ce que la raiſon auroit du moins fait ſoupçonner, on pourroit être tenté de le regarder comme inutile: mais il eſt aiſé d'obſerver, 1.° que le Calcul a du moins l'avantage de rendre la marche de la raiſon plus certaine, de lui offrir des armes plus fortes contre les ſubtilités & les ſophiſmes; 2.° que le Calcul devient néceſſaire toutes les fois que la vérité ou la fauſſeté des opinions dépend d'une certaine préciſion dans les valeurs. Par exemple, toutes les fois que la concluſion d'un raiſonnement reſtera la même, pourvu qu'une certaine probabilité ſoit plus grande qu'une autre, la raiſon ſeule pourra nous conduire dans un grand nombre de queſtions à cette concluſion: mais ſi on doit avoir des concluſions oppoſées, ſuivant que la valeur de la probabilité ſera

---

grands noms dans le ſiècle dernier, & peut-être n'en pourroit-on citer aucun de plus reſpectable.

Jean de Witt avoit été le Diſciple de Deſcartes, & l'un de ſes meilleurs Diſciples. Avant d'être Grand-Penſionnaire, il avoit publié un Ouvrage ſur les Courbes, où l'on trouve des vues ingénieuſes & nouvelles: ce fut lui qui eſſaya le premier de fixer le taux des Rentes viagères, d'après les probabilités de la vie, données par des Tables de mortalite. Il eut ſur la Politique, ſur les véritables intérêts des Nations, ſur la liberté du Commerce, des idées fort ſupérieures à celles de ſon ſiècle; & l'on peut dire que ſa mort prématurée fut un malheur pour l'Europe comme pour ſa patrie.

contenue

contenue, ou ne le ſera pas, dans des limites plus étroites, on voit aiſément que la raiſon ſeule ne peut conduire d'une manière certaine à celle de ces deux concluſions que l'on doit préférer. La raiſon ſuffit tant qu'on n'a beſoin que d'une obſervation vague des évènemens : le Calcul devient néceſſaire auſſi-tôt que la vérité dépend d'obſervations exactes & préciſes.

Ces raiſons que nous avons expoſées déjà au commencement de ce Diſcours, ne ſont pas les ſeules. Il n'y a perſonne qui n'ait obſervé ſur lui-même qu'il a changé d'opinion ſur certains objets, ſuivant l'âge, les circonſtances, les évènemens, ſans pouvoir dire cependant que ce changement ait été fondé ſur de nouveaux motifs, & ſans pouvoir y aſſigner d'autre cauſe que l'impreſſion plus ou moins forte des mêmes objets. Or, ſi au lieu de juger par cette impreſſion qui multiplie ou exagère une partie des objets, tandis qu'elle atténue ou empêche de voir les autres, on pouvoit les compter ou les évaluer par le Calcul, notre raiſon ceſſeroit d'être l'eſclave de nos impreſſions.

Cette dernière conſidération eſt d'autant plus importante, que ſouvent notre opinion décide non-ſeulement de nos intérêts, mais de ceux des autres hommes; que dans ce cas il ne ſuffit pas pour être juſte de croire une opinion, mais qu'il faut avoir de plus des motifs de la croire, & que ces motifs puiſſent être regardés comme de véritables preuves. Ainſi l'on ne doit point regarder comme indifférens les moyens d'évaluer, toutes les fois qu'il eſt poſſible, les degrés de la probabilité qui détermine nos déciſions, & d'aſſurer par cette méthode la juſtice de nos jugemens & de nos actions.

Nous oſerons ajouter que l'application du Calcul à la diſcuſſion d'un très-grand nombre de queſtions qui intéreſſent les hommes, ſeroit un des meilleurs moyens de leur faire ſentir le prix des lumières. Le nombre de ceux qui doutent de leur utilité, ou qui prétendent qu'il ſeroit dangereux de les répandre, eſt bien petit de nos jours, ſi on veut ne compter que ceux qui ſont de bonne foi dans une opinion ſi aviliſſante pour la Nature humaine.

On ſait trop aujourd'hui que l'homme ignorant n'a d'autre intérêt que celui de ſon indépendance. La force peut l'enchaîner, la ſervitude peut l'abrutir, la ſuperſtition peut le conduire; mais s'il rompt ſes chaînes, s'il ſort de ſa ſtupide indifférence, ſi ſon guide l'égare, alors ſon inſtinct reparoît dans toute ſa force, & il devient plus terrible que le Sauvage même; ſemblable à ces animaux féroces que l'homme a ſoumis, & qui échappés de ſes fers, reprennent toute leur furie, & n'ont perdu que l'eſpèce de généroſité qu'ils devoient à leur indépendance.

L'homme éclairé au contraire, en connoiſſant ſes droits, apprend à en connoître auſſi les limites; il ſait quand il doit faire à ſon propre bonheur ou à celui des autres, le ſacrifice de ſes volontés, & quelquefois même celui de ſes véritables droits. En connoiſſant toute l'étendue de ſes devoirs, il apprend que le reſpect pour le bien-être, pour le repos des autres eſt un des plus importans & des plus ſacrés: il voit plus d'une ſource de bonheur, plus d'un moyen de faire le bien ſe préſenter à lui, & il choiſira ce qui eſt le plus facile, ce qu'il peut s'aſſurer d'obtenir à moins de frais.

Mais les lumières ne peuvent-elles pas éblouir les hommes au lieu de les éclairer? la vérité peut-elle être le prix des premiers efforts de l'eſprit humain? Ne peut-il pas arriver que l'on ſubſtitue à des erreurs groſſières des erreurs plus ſubtiles & plus dangereuſes, parce qu'elles ſeront plus difficiles à détruire? L'enthouſiaſme, qui porte à l'extrême les opinions fondées ſur des préjugés, n'exagèrera-t-il point auſſi les demi-vérités que la raiſon fera découvrir? L'eſprit humain en ſera-t-il moins expoſé à s'égarer, parce que l'eſpace qu'il s'eſt ouvert eſt plus étendu?

Telles ſont les objections que dans un ſiècle éclairé on peut encore oppoſer à l'utilité du progrès des lumières; & lorſque la Philoſophie s'unit ſeulement à l'Éloquence & aux Lettres, ces objections doivent paroître ſpécieuſes, peut-être même ne ſont-elles pas ſans quelque fondement: mais elles perdent toute leur force lorſque la Philoſophie s'unit aux Sciences, & ſur-tout aux Sciences de Calcul. Alors obligée d'en ſuivre la marche toujours certaine & meſurée, elle n'auroit à craindre ni l'enthouſiaſme ni les écarts. Accoutumée à des réſultats précis, elle ſentiroit toute l'incertitude qu'un réſultat vague porte néceſſairement avec lui, & le danger de s'abandonner aux conſéquences qui ſemblent en devoir être la ſuite, & qui deviennent de plus en plus incertaines à meſure qu'elles s'en éloignent.

La préciſion des réſultats, & leur certitude, marqueroit une limite bien prononcée entre les opinions ſpécieuſes, qui ne ſont que les aperçus d'un premier coup-d'œil, & celles qui méritent d'être miſes au rang des vérités qu'on doit ſuivre dans la pratique. On auroit le double avantage que ceux qui cherchent les lumières utiles, en auroient de plus ſûres & riſqueroient moins de s'égarer, tandis que ceux qui en craignent les effets, ne pourroient plus y oppoſer avec autant d'avantage les ſophiſmes & les préjugés. Cette lutte éternelle entre l'erreur & la vérité ſeroit plus paiſible, & le ſuccès dépendroit moins du haſard ou de l'adreſſe des combattans.

Enfin cette application des Sciences à la Philoſophie, eſt un moyen non-ſeulement d'étendre les lumières, de les rendre plus ſûres, mais d'en multiplier auſſi l'utilité, puiſqu'elle ne peut manquer de s'étendre ſucceſſivement à un nombre plus ou moins grand d'objets nouveaux, de queſtions importantes, qui paroîtroient peut-être aujourd'hui bien éloignées de pouvoir être réſolues par de pareilles méthodes. Or, en multipliant les moyens de faire le bien, en les étendant ſur un plus grand nombre d'objets, on apprendroit aux hommes à ſe paſſer plus tranquillement des avantages dont ils voient qu'il faudroit acheter trop cher une eſpérance incertaine. En ouvrant ainſi un champ plus vaſte aux eſprits que domine l'amour du bien, on aſſure l'utilité de leurs efforts, on empêche que leur ardeur ne puiſſe être dangereuſe, & c'eſt peut-être le moyen le plus ſûr de concilier deux choſes qui preſque par-tout ont été ſéparées juſqu'ici; l'activité pour le bien commun, & le repos.

Étendue de ces applications.

On ſe tromperoit en effet ſi on regardoit ces applications comme néceſſairement bornées à un petit nombre d'objets. La connoiſſance préciſe de tout ce qui regarde la durée de la vie des hommes, de l'influence qu'ont ſur cette durée le climat, les habitudes, la nourriture, la manière de vivre, les différentes profeſſions, les Loix même & les gouvernemens, une connoiſſance non moins exacte de tous les détails relatifs aux productions de la terre & à la conſommation des hommes, une évaluation non arbitraire de l'utilité réelle des travaux publics, des établiſſemens nationaux, des effets ſalutaires ou funeſtes d'une grande partie des Loix d'adminiſtration, la méthode de s'aſſurer, par le Calcul, de la préciſion des réſultats, d'en déduire des conſéquences certaines, de connoître par ce moyen la vérité ou la fausseté d'un grand nombre d'opinions, les ressources qu'on peut tirer de ces applications pour pénétrer plus avant dans la connoissance de l'homme physique ou de l'homme moral; tous ces objets ont à la fois la glus grande importance & la plus grande étendue. On est bien loin d'avoir épuisé en ce genre les connoissances qui semblent s'offrir les premières; & lorsqu'elles seront épuisées, pourquoi, dans cette partie des Sciences comme dans toutes les autres, ne s'offriroit-il pas alors devant nous un champ bien plus vaste encore que celui qui auroit été déjà parcouru?

Ici, comme dans les Sciences physiques, il y a peut-être une infinité d'objets qui se refuseront toujours au Calcul, mais on peut se répondre aussi que dans l'un & l'autre genre, le nombre de ceux auxquels le Calcul peut s'appliquer, est également inépuisable.

On a fait sans doute des applications ridicules du Calcul à des questions politiques; & combien n'en a-t-on pas fait d'aussi ridicules dans toutes les parties de la Physique?

Mais c'est trop nous arrêter à prouver une vérité qu'aucun homme qui aura étudié également la Philosophie & les sciences du Calcul, ne pourra jamais révoquer en doute.

Réflexion sur la cause des erreurs & despréjugés.

Nous terminerons ce Discours par une réflexion qui peut être utile. On a vu ci-dessus que toute la certitude que nous pouvons atteindre, est fondée sur un penchant naturel à regarder comme une chose constante ce que nous avons vu se réitérer un très-grand nombre de fois. Ce même penchant naturel ne doit-il pas nous porter également à croire la constance & la réalité des choses que nous entendons répéter sans contradiction? Ne serions-nous pas à cet égard dans le cas d'un homme auquel l'on auroit fait sentir deux boules, en en plaçant une ſeule entre deux doigts croiſés, & qui, s'il ne réfléchiſſoit pas ſur les circonſtances de ce phénomène, ſe croiroit certain de l'exiſtence de deux boules?

L'obſcurité, l'incompréhenſibilité même des idées que les mots prononcés devant nous font naître dans notre eſprit, n'affoiblit pas ce penchant dans ceux qui n'ont pas acquis l'habitude de ſe former des idées préciſes. Un Aſtronome qui calcule une éclipſe, peut n'avoir pas la conſcience de la vérité de la théorie ſur laquelle la méthode qu'il emploie eſt appuyée; il n'eſt pas néceſſaire qu'il ait dans le moment même une idée nette & préciſe de ce que c'eſt qu'un logarithme, par exemple, quoiqu'il emploie les logarithmes. Si donc il diffère de celui qui croit une propoſition qu'il n'entend point, mais dont il a été frappé, c'eſt que l'Aſtronome ſe rappelle qu'il a fait autrefois, d'après une démonſtration qui lui a paru certaine, ce qu'il fait aujourd'hui machinalement, & que la croyance de l'autre a toujours été également machinale. L'homme à préjugé reſſemble donc parfaitement à un Arithméticien, à qui on auroit fait apprendre par cœur une méthode de calculer les éclipſes & la théorie de cette méthode ſans les lui expliquer, & qui calculeroit des éclipſes par routine. Il eſt aiſé de voir que cet homme ne s'aviſeroit pas de douter de la vérité de ces propoſitions qu'il n'entend pas, & d'après leſquelles il calcule, & il y croiroit même très-fermement. Les Quadrateurs ſont un autre exemple de la même vérité. Ils ne croiroient pas la propoſition abſurde à laquelle ils ſont ſi opiniâtrement attachés, s'ils avoient une idée nette des termes de cette propoſition. Ce penchant à croire ce qu'on a cru, qui a la même origine que le penchant à croire conſtant ce qu'on a vu ſe répéter uniformément peut donc s'étendre réellement ſur les choſes les plus incompréhenſibles.

La Raiſon & le Calcul nous diſent que la probabilité augmente de plus en plus avec le nombre des obſervations conſtantes qui ſont le fondement de notre croyance ; mais la force du penchant naturel, qui nous porte à croire, ne dépend-elle pas au moins autant de la force de l'impreſſion que ces objets font ſur nous ? Alors ſi la raiſon ne vient pas à notre ſecours, nos opinions ſeront réellement l'ouvrage de notre ſenſibilité & de nos paſſions. Or, l'obſervation ſemble prouver que ce penchant à croire conſtant & réel ce qui eſt arrivé conſtamment, dépend uniquement d'une impreſſion purement paſſive, & non du raiſonnement, puiſque le raiſonnement ne peut nous fournir aucune raiſon de croire que ce penchant ne nous trompe pas.

Cette manière d'expliquer la ſource de nos erreurs & de notre opiniâtreté, peut conduire à des conſéquences utiles ſur les moyens d'arracher à leur funeſte influence les deux claſſes de l'humanité qu'il eſt le plus important de préſerver de l'erreur, & qui y ſont le plus expoſées; les enfans & le peuple.

Tels ſont les réſultats des queſtions que nous avons diſcutées dans cet Eſſai, & des réflexions auxquelles ces réſultats nous ont conduits. Puiſſe cet Ouvrage être de quelque utilité ; & puiſſent ceux qui daigneront le lire, juger que je n'ai point profané la mémoire d'un grand homme, en lui conſacrant ce foible hommage & en oſant parler au Public de l'amitié qui nous uniſſoit !

ESSAI

ESSAI
SUR
L'APPLICATION DE L'ANALYSE
À LA PROBABILITÉ DES DÉCISIONS
Rendues à la pluralité des voix.

CET Ouvrage ſera diviſé en cinq parties.

Dans la première, on ſuppoſe connue la probabilité du jugement de chaque Votant, & on cherche la probabilité de la déciſion rendue à la pluralité des voix dans un grand nombre d'hypothèſes : d'abord en ne conſidérant qu'une ſeule aſſemblée qui ne vote qu'une fois; enſuite, en ſuppoſant que la même aſſemblée revienne aux voix juſqu'à ce que l'on ait obtenu la pluralité exigée ; en faiſant dépendre la déciſion, du jugement combiné de plusieurs assemblées ; en supposant ou qu'on délibère seulement entre une proposition & sa contradictoire, ou qu'on délibère entre trois propositions, ou enfin qu'on choisit, soit entre plusieurs hommes, soit entre plusieurs objets dont il faut déterminer le degré de mérite.

Dans la seconde partie, on supposera au contraire qu'on connoît ou la probabilité qui résulte du jugement d'une assemblée donnée, ou celle qu'on doit exiger dans une décision, & on s'occupera de déterminer, soit la probabilité du suffrage de chaque Votant, soit l'hypothèse de pluralité qu'il faut choisir.

Dans la troisième, on cherchera une méthode pour s'assurer à *posteriori* du degré de probabilité d'un suffrage ou de la décision d'une assemblée, & pour déterminer les degrés de probabilité que doivent avoir les différentes espèces de décisions.

Dans la quatrième, on donnera le moyen de faire entrer dans le calcul l'influence d'un des Votans sur les autres, la mauvaise foi qu'on peut leur supposer, l'inégalité de lumières entre les Votans & les autres circonstances auxquelles il est nécessaire d'avoir égard pour rendre la théorie applicable & utile.

La cinquième renfermera l'application des principes précédens à quelques exemples

PREMIÈRE PARTIE.

Nous ſuppoſerons d'abord que tous ceux qui donnent leurs voix, ont une égale ſagacité, une égale juſteſſe d'eſprit dont ils ont fait également uſage, qu'ils ſont tous animés d'un égal eſprit de juſtice enfin que chacun d'eux a voté d'après lui-même, comme il arriveroit ſi chacun prononcoit ſéparément ſon avis, ou, ce qui revient au même, que dans la diſcuſſion chacun n'a eu ſur l'opinion d'aucun autre une influence plus grande que celle qu'il en a reçue lui-même.

Nous nous propoſons d'examiner dans la ſuite, comment on peut faire entrer dans le calcul la différence de ſagacité ou de juſteſſe d'eſprit des Votans, les effets de la partialité & l'influence d'un des Votans ſur les autres.

Nous ſuppoſerons en général que v repréſente le nombre de fois que l'opinion d'un des Votans doit être conforme à la vérité, & e le nombre de fois qu'elle doit être contraire à la vérité ſur un nombre $v + e$ de déciſions; & pour abréger, nous ſuppoſerons $v + e = 1$ en général. Cela poſé, regardant v & e comme des quantités connues, nous chercherons d'abord la probabilité qui en réſulte en faveur de la vérité pour un nombre quelconque de Votans dans les différentes hypothèſes de pluralité que l'on peut choiſir.

PREMIÈRE HYPOTHÈSE.

Le nombre des Votans eſt $2q + 1$, & l'on cherche la probabilité de la pluralité d'une ſeule voix.

Soit la probabilité qu'il y aura au moins une seule voix de plus en faveur de la vérité, exprimée par V^q, & la probabilité qu'il y aura au moins une seule voix de plus en faveur de l'erreur, exprimée par E^q. nous aurons

$$V^q = v^{2q+1} + \frac{2q+1}{1} v^{2q} e + \frac{2q+1}{2} v^{2q-1} e^2 \ldots\ldots + \frac{2q+1}{q} v^{q+1} e^q$$

$$\& \; E^q = e^{2q+1} + \frac{2q+1}{1} e^{2q} v + \frac{2q+1}{2} e^{2q-1} v^2 \ldots\ldots + \frac{2q+1}{q} e^{q+1} v^q$$

$\frac{2q+1}{q}$ désigne ici le coëfficient de $v^{q+1} e^q$ dans $(v+e)^{2q+1}$ & en général $\frac{n}{m}$ désignera le coëfficient de $v^{n-m} e^m$ dans $(v+e)^n$; cette notation sera conservée dans tout cet Ouvrage. L'on aura ici $V+E=1$. Mais il sera facile de mettre la fonction V^q sous une forme plus commode. Pour cela, supposons q augmenté d'une unité, nous avons évidemment,

$$V^{q+1} = v^{2q+3} + \frac{2q+3}{1} v^{2q+2} e + \frac{2q+3}{2} v^{2q+1} e^2 \ldots\ldots + \frac{2q+3}{q+1} v^{q+2} e^{q+1}.$$

Comparant cette valeur avec celle de V^q, & multipliant celle-ci par $(v+e)^2 = 1$, ce qui n'en change pas la valeur, nous aurons

$$V^q = v^{2q+3} + \begin{array}{l} \frac{2q+1}{1} \\ +2 \end{array} v^{2q+2} e + \begin{array}{l} \frac{2q+1}{2} \\ +2.\frac{2q+1}{1} \\ +1 \end{array} v^{2q+1} e^2 \ldots\ldots + \begin{array}{l} \frac{2q+1}{q-1} \\ +2.\frac{2q+1}{q-2} \\ +\frac{2q+1}{q-3} \end{array} v^{q+4} e^{q-1}$$

$$+ \begin{array}{l} \frac{2q+1}{q} \\ +2.\frac{2q+1}{q-1} \\ +\frac{2q+1}{q-2} \end{array} v^{q+3} e^q \begin{array}{l} \\ +2\,\frac{2q+1}{q} \\ +\frac{2q+1}{q-1} \end{array} v^{q+2} e^{q+1} + \frac{2q+1}{q} v^{q+1} e^{q+2};$$

or il aisé de voir qu'en général $\frac{2q+1}{q'} + 2.\frac{2q+1}{q'-1} + \frac{2q+1}{q'-2}$ est le coëfficient de $v^{2q+3-q'}e^{q'}$ dans $(v+e)^{2q+1}.(v+e)^2$, & par conséquent est égal à $\frac{2q+3}{q'}$. Substituant donc cette valeur dans les coëfficiens de la valeur que nous venons de trouver pour (V^q), & mettant à la place de $2.\frac{2q+1}{q} + \frac{2q+1}{q-1}$ sa valeur $\frac{2q+3}{q+1} - \frac{2q+1}{q+1}$, nous aurons

$$V^q = v^{2q+3} + \frac{2q+3}{1} v^{2q+2} e + \frac{2q+3}{2} v^{2q+1}. e^2 \dots + \frac{2q+3}{q+1} v^{q+2} e^{q+1} - \frac{2q+1}{q+1} v^{q+2} e^{q+1} + \frac{2q+1}{q} v^{q+1}. e^{q+2};$$

d'où nous tirerons

$$V^{q+1} - V^q = \frac{2q+1}{q+1} v^{q+2}. e^{q+1} - \frac{2q+1}{q} v^{q+1} e^{q+2},$$

& à cause de

$$\frac{2q+1}{q+1} = \frac{2q+1}{q};\ V^{q+1} - V^q = \frac{2q+1}{q} v^{q+1}. e^{q+1} \times (v-e),$$

formule d'où l'on tirera

$$V^q = v + (v-e) \times \left[ve + \left(\tfrac{3}{1}\right) v^2 e^2 + \left(\tfrac{3}{2}\right) v^3 e^3 + \left(\tfrac{7}{3}\right) v^4 e^4 \dots + \frac{2q-1}{q-1} v^q e^q\right].$$

Si maintenant nous appelons Q le dernier terme de V^q, & Q' le dernier terme de V^{q+1}, nous aurons $Q = \frac{2q-1}{q-1} v^q e^q$. $Q' = \frac{2q+1}{q} v^{q+1}. e^{q+1}$, d'où $Q' = Q.\frac{2q+1.2q}{q+1.q}$ $ve = Q.\frac{4q^2+2q}{q^2+q} ve$; mais à cause de $v+e=1$

$v e < \frac{1}{4}$ & $\frac{4q^2 + 2q}{q^2 + q} < 4$; donc $Q' < Q$; donc la série qui représente V^q, est une série convergente quels que soient $v e$ & q; mais lorsque q est grand, v & e restant les mêmes, le rapport de Q à Q' approche beaucoup de $4 v e$; en sorte que si $v e$ n'est pas fort différent d'un quart, la série devient très-peu convergente après un certain nombre de termes.

Ainsi, par exemple, lorsque $v > e$, la probabilité pour que la décision soit conforme à la vérité, augmentera sans cesse, en augmentant le nombre des Votans; mais si v n'est pas très-grand par rapport à e, & que par conséquent $4 v e$ diffère peu de l'unité, ces accroissemens dans la valeur de v^q seront très-lents; au lieu que la convergence sera tres-prompte si $4 v e$ est une petite fraction.

Si nous cherchons maintenant la valeur de E^q, nous trouverons par la même méthode,

$$E^q = e + (e - v) \left[v e + \left(\tfrac{3}{1}\right) v^2 e^2 \ldots + \frac{2q-1}{q-1} v^q e^q \right];$$

d'ou il résulte, 1.° $V^q + E^q = 1$, comme cela doit être; 2.° E^q diminuant toujours lorsque $v > e$.

Si au contraire $e > v$, V^q ira toujours en diminuant lorsque q augmente, & E^q augmentera de manière que les accroissemens de l'un de ces termes seront toujours égaux aux décroissemens de l'autre.

Cette première observation nous conduit d'abord à cette conséquence, que plus le nombre des Votans sera grand, plus il y a de probabilité que leur décision sera contraire à la vérité lorsque $e > v$, c'est-à-dire lorsqu'il y a probabilité que chacun en particulier se trompera; & si q est très-grand, cette probabilité pourra devenir très-grande, quoique la différence entre v & e soit très-petite.

Or cette hypothèse de $e > v$ n'est point absurde; il y a un grand nombre de questions importantes compliquées, ou soumises à l'empire des préjugés & des passions, sur lesquelles il est probable qu'un homme peu instruit prendra une opinion erronée. Il y a donc un grand nombre de points ſur leſquels il arrivera que plus on multipliera le nombre des Votans, plus il y aura lieu de craindre d'obtenir, à la pluralité, une déciſion contraire à la vérité; en ſorte qu'une conſtitution purement démocratique ſera la plus mauvaiſe de toutes pour tous les objets ſur leſquels le peuple ne connoîtra point la vérité.

Le ſeul moyen de remédier à cet inconvénient, ſans nuire au droit du peuple, ſeroit, lorſqu'il eſt queſtion de faire une loi ſur quelqu'un de ces objets, d'accorder à un corps d'hommes éclairés la prérogative de propoſer la loi, & de donner à cette loi la ſanction dont elle a beſoin, en demandant à l'aſſemblée populaire, non ſi la loi eſt utile ou dangereuſe, mais s'il ne s'y trouve rien de contraire à la juſtice, aux premiers droits des hommes; encore ce remède ne peut-il être utile qu'en ſuppoſant dans chaque Votant de la bonne foi, la plus grande confiance en ſes chefs, & une connoiſſance aſſez nette des principes de la juſtice, pour que de vaines ſubtilités ne puiſſent pas l'ébranler. Une démocratie pure ne peut donc être bonne que pour un peuple très-inſtruit, c'eſt-à-dire, tel qu'il n'en a encore exiſté aucun, du moins parmi les grands peuples.

Dans tout autre cas la forme démocratique ne doit embraſſer que les objets ſur leſquels les hommes non inſtruits peuvent prononcer en connoiſſance de cauſe, comme ceux qui intéreſſent la ſûreté perſonnelle, ceux où un intérêt perſonnel direct & évident, peut dicter le jugement. La démocratie ſeroit encore déſavantageuſe dans les pays où l'utilité publique exigeroit de grandes réformes dans les principes de la légiſlation, de l'adminiſtration, du commerce. Ce que nous diſons ici doit s'entendre également des aſſemblées très-nombreuſes, & il ſeroit facile d'en donner des exemples.

Reprenons maintenant la formule

$$V^q = v + (v - e)\left[ve + \left(\tfrac{3}{1}\right)(ve)^2 \ldots + \frac{2q-1}{q-1}\cdot(ve)^q\right].$$

Il eſt aiſé de voir que le coëfficient d'un terme $(ve)^{q'}$.

se formera en multipliant celui du terme précédent par $\frac{(2q'-1).2}{q'}$; si nous considérons maintenant la formule $(1-4z)^{-\frac{1}{2}}$ nous trouverons que les coëfficiens de cette série suivent la même loi, en sorte que le coëfficient de $z^{q'}$, sera égal au coëfficient de $z^{q'-1}$, multiplié par $\frac{(2q'-1).2}{q'}$. Faisant donc $ve = z$, nous aurons notre série $z + (\frac{3}{1}) z^2 \ldots\ldots + \frac{2q-1}{q} z^q$, répondant terme à terme à ceux de la série $a + b(1-4z)^{-\frac{1}{2}}$. a & b ne contenant point z; en effet, puisque le second terme de notre série est donné par le premier, il suffit de produire l'égalité pour les coëfficiens de ve^0 & de ve pour que tous les termes soient égaux chacun à chacun.

Mais le coëfficient de ve^0 est o dans notre formule, condition qui donne $a + b = 0$; celui de ve est 1, ce qui donne $2b = 1$; donc $b = \frac{1}{2}$, $a = -\frac{1}{2}$, & notre formule répondra terme à terme à la fonction $-\frac{1}{2} + \frac{1}{2}(1-4z)^{-\frac{1}{2}}$ réduite en série.

Donc lorsque $q = \frac{1}{0}$, notre formule sera égale à $-\frac{1}{2} + \frac{1}{2}(1-4z)^{-\frac{1}{2}}$; donc nous aurons $V^q = v + (v-e) \times [-\frac{1}{2} + \frac{1}{2}(1-4ve)^{-\frac{1}{2}}]$; & réduisant cette fonction en une fonction de e seulement, c'est-à-dire, y faisant $v = 1 - e$, elle deviendra

$$1 - e + (1-2e) \times [-\tfrac{1}{2} + \tfrac{1}{2}(1-4e+4ee)^{-\frac{1}{2}}] = 1,$$

à cause de $(1-4e+e^2)^{-\frac{1}{2}} = \frac{1}{1-2e}$,

& de $-\frac{1}{2} + \frac{1}{2}\frac{1}{1-2e} = \frac{e}{1-2e}$.

Ainsi, non-seulement la série qui représente V^q est toujours croissante, & de plus en plus convergente, mais même elle approche

approche continuellement de l'unité qui est sa véritable limite; d'où il résulte que lorsque $v > e$ on peut, en multipliant le nombre des Votans, avoir une probabilité aussi grande que l'on voudra, que la décision sera conforme à la vérité.

Reprenons encore notre série.

$$ve + (\tfrac{3}{1})(ve)^2 + (\tfrac{5}{2})(ve)^3 \ldots + \frac{2q-1}{q-1}(ve)^q;$$

& mettant $e - e^2$. à la place de ve, cherchons à la réduire en série par rapport à e.

Si $q = 1$, elle sera $e - e^2$; si $q = 2$, elle deviendra $e + 2e^2 - 6e^3 + 3e^4$; si $q = 3$, elle deviendra $e + 2e^2 + 4e^3 - 27.e^4 + 30e^5 - 10e^6$; & en général $e + 2e^2 + 4e^3 + 8e^4 \ldots\ldots = e\frac{1}{1-2e}$ lorsque q est $\frac{1}{0}$, comme nous l'avons trouvé ci-dessus. En effet, il est aisé de voir que le coëfficient d'une puissance quelconque q' de e jusqu'à q exclusivement, sera

$$\frac{2q'-1}{q'-1} - \frac{q'-1}{1}\,\frac{2q'-3}{q'-2} + \frac{q'-2}{2}\cdot\frac{2q'-5}{q'-3} - \frac{q'-3}{3}\,\frac{2q'-7}{q'-4}\ldots\ldots = 2^{q'-1},$$

& les termes supérieurs à q seront exprimés de la même manière, moins les coëfficiens des termes du même degré que fourniroient les termes $\frac{2q+1}{q}(ve)^{q+1}$, $\frac{2q+3}{q+1}(ve)^{q+2}$; ce qui conduit au même résultat par une route plus directe. Comme nous avons ici $V^q + E^q = 1$, il est clair que lorsque $V^{\frac{1}{0}} = 1$, $E^{\frac{1}{0}} = 0$, & que par conséquent lorsque $v < e$, $V^{\frac{1}{0}}$ devient aussi zéro; & comme V^q est fonction de v comme E^q l'est de e, il est clair que lorsque $v = e$, $V^q = E^q$, ce qui donne $V^q = \frac{1}{2}$, $E^q = \frac{1}{2}$, quel que soit q, & par conséquent $V^{\frac{1}{0}} = E^{\frac{1}{0}} = \frac{1}{2}$; mais si l'on veut déduire cette conclusion des formules en z ci-dessus, on peut rencontrer quelques difficultés qu'il ne sera pas inutile de développer ici. 1.° la formule $(1 - 4ev)^{-\frac{1}{2}}$ doit rester la même, soit que $v > e$ ou $e > v$; ainsi on aura dans le premier cas, où $e < v$ $(1 - 4ev)^{-\frac{1}{2}} = \frac{1}{1-2e}$, ou $\frac{1}{2v-1}$; donc lorsque $e > v$, elle doit devenir $\frac{1}{2e-1}$; donc la valeur de $V^{\frac{1}{0}}$, dans ce cas, deviendra o. Il en est de même de la série en e ci-dessus; il est clair qu'elle est $\frac{1}{1-2e}$, mais $e < v$; donc lorsque $e > v$, elle devient $\frac{1}{1-2v} = \frac{1}{2e-1}$. 2.° Lorsque $v = e$, il est clair que c'est le point où la valeur de V^q passe de la valeur 1 à la valeur o; supposons donc ici v augmenté de ∂v, e diminué de ∂v par conséquent, & que V^q devienne $V^q + \partial V^q$; si on suppose v diminué de ∂v, & e par conséquent augmenté de ∂v, V^q deviendra $V^q - \partial V^q$; mais par l'hypothèse $V^q + \partial V^q = 1$, & $V^q - \partial V^q = 0$; donc $\partial V^q = \frac{1}{2}$, & $V^q = \frac{1}{2}$.

Les formules ci-dessus V^q & E^q représentent les probabilités d'une décision conforme ou contraire à la vérité, lorsque cette question n'est pas encore décidée; mais si elle l'est, & que la pluralité à laquelle elle a été rendue soit connue, on peut demander quelle est la probabilité de la décision pour un homme intéressé à la question, & qui n'a que ce moyen de la juger.

Supposons donc le nombre des Votans $2q + 1$ comme ci dessus, & que l'on sache que la pluralité ait été de q', en sorte que $2q + 1 - z = z + q'$, & par conséquent $2z = 2q + 1 - q'$, $z = q + \frac{1-q'}{2}$; ainsi comme z est un nombre entier, il faut que q' soit impair, ou $= 2q'' + 1$; on aura dans ce cas le nombre des combinaisons en faveur de la vérité, exprimé par $\frac{2q+1}{q-q''} v^{q+q''+1} e^{q-q''}$, & en faveur de l'erreur par $\frac{2q+1}{q-q''} v^{q-q''} e^{q+q''+1}$. Le nombre des combinaiſons totales ſera donc $\frac{2q+1}{q-q''} v^{q-q''} e^{q-q''} (v^{2q''+1} + e^{2q''+1})$, en ſorte que la probabilité pour la vérité, ſera $\frac{v^{2q''+1}}{v^{2q''+1} + e^{2q''+1}}$, & pour l'erreur $\frac{e^{2q''+1}}{v^{2q''+1} + e^{2q''+1}}$, quantités indépendantes de la valeur de q; en ſorte que la probabilité en faveur de la vérité d'une déciſion, lorſque la pluralité qu'elle a eue eſt connue, eſt indépendante du nombre des Votans, & dépend de cette pluralité ſeule.

Si $q'' = 0$, alors la probabilité en faveur de la vérité ſera exprimée par $\frac{v}{v+e}$, c'eſt-à-dire préciſément la même que s'il n'y avoit qu'un Votant.

Donc toutes les fois que l'on aura une aſſemblée qui pourra prononcer, même à la pluralité d'une ſeule voix, il ſera poſſible que la déciſion n'ait que cette pluralité, & alors la probabilité que ceux qui n'auront pu examiner cette déciſion, auront en faveur de la vérité, ne ſera exprimée que par $\frac{v}{v+e}$; préciſément comme celle que l'on auroit eue ſi le jugement avoit été abandonné à un ſeul homme.

Cela poſé, il nous paroît que l'on doit diſtinguer deux cas, celui où il eſt abſolument néceſſaire de prononcer, & celui où il n'eſt pas néceſſaire qu'il y ait une déciſion; celui où les inconvéniens d'une déciſion fauſſe ſont égaux des deux côtés, & celui où ces inconvéniens ſont inégaux; enfin celui où il faut exécuter la déciſion rendue à la pluralité, & celui où il ne faut l'exécuter que lorſqu'elle a une très-grande probabilité en ſa faveur.

Suppoſons, par exemple, qu'il s'agiſſe de décider ſi une telle propriété appartiendra à un homme ou à un autre; il eſt clair en général qu'elle doit appartenir à l'un des deux, & qu'ainſi il faut prononcer. Il eſt clair que ſi le Tribunal qui l'adjuge ſe trompe, il n'y a, quel que ſoit celui des deux qui obtienne la propriété, qu'un inconvénient égal des deux côtés, celui de donner un bien à un homme qui n'y a point de droit; il est clair encore que comme il faut que le bien ait un possesseur, il est nécessaire que la décision du Tribunal soit exécutée.

Supposons qu'il s'agisse de déclarer qu'un accusé est coupable ou qu'il ne l'est pas, sans doute il est nécessaire de prononcer; mais l'inconvénient d'absoudre un coupable est plus petit que celui de punir un innocent; mais la décision qui déclare un homme coupable, ne peut être exécutée avec justice que lorsqu'il y a une très-grande probabilité qu'elle est conforme à la vérité.

Il peut donc être juste, dans le premier cas, d'établir que les jugemens à la pluralité d'une seule voix, seront valides, mais il seroit injuste de l'établir dans le second cas.

Ce que nous venons de dire peut s'appliquer à différens cas des loix civiles. Par exemple, la loi qui admet la prescription, est une sauvegarde nécessaire de la propriété; mais si elle n'étoit établie que pour assurer la tranquillité des possesseurs actuels, ce fondement ne suffiroit pas pour rendre cette loi juste; & une loi n'est utile que lorsqu'elle est juste. La prescription ne peut être censée juste que d'après ce principe, qu'au bout d'un certain espace de temps, il devient plus probable que les titres légitimes de la possession aient été perdus, qu'il ne l'est que le légitime possesseur ait laissé une jouissance libre à un usurpateur. Il paroît donc également injuste, ou de ne donner aucune force à la prescription, ou, quelque longue qu'elle soit, de lui donner l'avantage sur toute espèce de titre. Il est peut-être impossible même de fixer absolument, par une loi précise, les cas où la prescription peut être attaquée; mais la justice exige que le possesseur ne soit dépouillé que lorsqu'il y a une très-grande probabilité que sa possession est illégitime. Il seroit donc injuste d'admettre, pour le déposséder, des décisions rendues à la pluralité d'une seule voix.

Il en sera de même des décisions d'un corps législatif. On sent que lorsqu'il s'agit de donner la sanction à une loi, on peut ſe contenter de la pluralité ſimple, ſi l'effet de cette loi n'eſt que de rendre aux hommes un exercice plus étendu de leurs droits naturels, mais qu'il ſeroit injuſte de ſe contenter de cette pluralité s'il s'agiſſoit de reſtreindre ces mêmes droits: en effet, dans ce dernier cas l'inconvénient n'eſt pas égal des deux côtés, & un homme ne peut conſentir à ſacrifier de ſes droits ſans une très-grande probabilité que ce ſacrifice eſt néceſſaire.

S'il s'agit de changemens dans la conſtitution, alors il n'eſt néceſſaire de faire ces changemens que lorſque les abus à réformer ſont frappans; ainſi il n'eſt néceſſaire que la déciſion ſoit exécutée que dans le cas où il y a une grande probabilité qu'elle eſt conforme à la vérité, cette grande probabilité eſt la ſeule ſource de la ſécurité de ceux qui n'ont point part à l'aſſemblée, qui ne ſont point à portée de juger la vérité de ſes déciſions, ou même de ceux qui ont été d'un avis contraire à celui de la pluralité.

Cette très-grande probabilité qu'une déciſion eſt juſte, eſt le ſeul motif raiſonnable que puiſſe avoir un homme de conſentir à ſe ſoumettre à la volonté d'un autre homme, dans les cas où cette volonté ſera contraire à ſon opinion ou à ſon intérêt.

Il eſt néceſſaire d'ailleurs de faire attention dans toutes les circonſtances à ce *minimum* de pluralité. En effet, il ne ſuffit point, pour la ſûreté, d'avoir une très-grande probabilité que l'on ne ſera pas jugé d'après un jugement dont la probabilité ſoit très-petite, il faut faire en ſorte que cette probabilité ſoit toujours très-grande dans chaque jugement particulier.

Les réflexions précédentes ſuffiſent pour montrer qu'il y a un grand nombre de cas où la pluralité d'une voix eſt inſuffiſante, & où l'on doit en exiger une plus conſidérable. Alors ſi la pluralité eſt moindre que celle qui eſt exigée, la déciſion ſe trouve être conforme à l'avis de la minorité.

Cette manière de décider n'eſt point abſurde, d'après ce

que nous avons dit. Supposons, par exemple, qu'il s'agisse de juger si un homme est coupable ou non d'un crime; qu'il y ait onze voix pour le déclarer coupable & dix pour le déclarer innocent; alors le jugement qui l'absout prononce non qu'il n'est pas coupable, puisqu'il résulte de ce jugement une probabilité contre lui, mais que cette probabilité n'est pas assez grande pour qu'il doive être traité comme coupable : ce n'est pas un de ces cas où entre deux opinions il faut préférer la plus probable, mais un de ceux où l'on ne doit agir d'après une des deux opinions que lorsqu'elle est très-probable.

Nous allons donc examiner maintenant d'autres hypothèses de pluralité.

SECONDE HYPOTHÈSE.

Nous conserverons ici les mêmes dénominations; le nombre des Votans sera toujours $2q + 1$, & nous chercherons, pour les cas où l'on exige une pluralité de $3, 5, 7 \ldots\ldots 2q' + 1$ voix; 1.° la probabilité que cette pluralité ne sera pas en faveur de l'erreur; 2.° la probabilité qu'elle sera en faveur de la vérité, & réciproquement.

Si la pluralité doit être de trois voix, V exprimant la probabilité que la décision ne sera pas contraire à la vérité, on aura

$$V^q = v^{2q+1} + \frac{2q+1}{1} v^{2q} e + \frac{2q+1}{2} v^{2q-1} e^2 \ldots\ldots + \frac{2q+1}{q+1} v^q e^{q+1};$$

& supposant que q est augmenté d'une unité,

$$V^{q+1} = v^{2q+3} + \frac{2q+3}{1} v^{2q+2} e \ldots\ldots\ldots + \frac{2q+3}{q+2} v^{q+1} e^{q+2};$$

& multipliant V^q par $(v + e)^2 = 1$, & retranchant cette valeur de V^{q+1}, nous en tirerons

$$V^{q+1} - V^q = \frac{2q+1}{q+2} v^{q+1} e^{q+2} - \frac{2q+1}{q+1} v^q e^{q+3} = \frac{2q+1}{q+1} v^q e^{q+2} \left(\frac{q}{q+2} v - e\right)$$

$$= \frac{2q+1}{q} v^q e^{q+2} \cdot \left(\frac{q}{q+2} v - e\right);$$ d'où nous tirerons

$$V^q = 1 + \left(\frac{1}{0}\right) e^2 (-e) + \left(\frac{}{1}\right) v e^3 \left(\frac{1}{3} v - e\right) + \left(\frac{5}{2}\right) v^2 e^4 \cdot \left(\frac{2}{4} v - e\right)$$
$$+ \left(\frac{7}{3}\right) v^3 e^5 \left(\frac{3}{5} v - e\right) \ldots\ldots + \frac{2q-1}{q-1} v^{q-1} e^{q+1} \left(\frac{q-1}{q+1} v - e\right).$$

Si la pluralité doit être de cinq voix, nous trouverons, en employant la même méthode,

r 5 voix

$$\begin{cases} V^{q+1} - V^q = v^{q-1} . e^{q+3} . \frac{2q+1}{q-1} \left(\frac{q-1}{q+3} v - e \right) \\ V^q = 1 + 0 + \left(\frac{3}{0} \right) e^4 (-e) + \left(\frac{5}{1} \right) v e^5 . \left(\frac{1}{5} v - e \right) \\ + \left(\frac{7}{2} \right) v^2 e^6 \left(\frac{2}{6} v - e \right) \ldots + \frac{2q-1}{q-2} v^{q-2} e^{q+2} . \left(\frac{q-2}{q+2} v - e, \right) \end{cases}$$

ainsi de suite.

ur 7 voix

$$\begin{cases} V^{q+1} - V^q = v^{q-2} e^{q+4} . \frac{2q+1}{q-2} \left(\frac{q-2}{q+4} v - e \right) \\ V^q = 1 + 0 + 0 + \left(\frac{5}{0} \right) e^6 (-e) + \left(\frac{7}{1} \right) v e^7 \left(\frac{1}{7} v - e \right) + \left(\frac{9}{2} \right) v^2 e^8 . \left(\frac{2}{8} v - e \right) \\ + \frac{2q-1}{q-3} v^{q-3} e^{q+3} . \left(\frac{q-3}{q+3} v - e \right) \ldots\ldots\ldots\ldots\ldots \end{cases}$$

en général
ur $2q'+1$
ix,

$$\begin{cases} V^{q+1} - V^q = v^{q-q'+1} e^{q+q'+1} \frac{2q+1}{q-q'+1} \left(\frac{q-q'+1}{q+q'+1} v - e \right) \\ V^q = 1 + 0 + 0 \ldots + \frac{2q'-1}{0} e^{2q'} (-e) + \frac{2q'+1}{1} e^{2q'+1} v \left(\frac{1}{2q'+1} v - e \right) \\ + \frac{2q'+3}{2} e^{2q'+2} v^2 . \left(\frac{2}{2q'+2} v - e \right) \ldots + \frac{2q-1}{q-q'} v^{q-q'} e^{q+q'} \left(\frac{q-q'}{q+q'} v - e . \right) \end{cases}$$

Si maintenant nous examinons ces formules, nous trouverons; 1.° que tant que $q < q'$, V^q sera toujours l'unité, ce qui est évident par soi-même, puisqu'il est clair que si, par exemple, une assemblée n'est composée que de cinq Votans, la pluralité de sept voix est impossible, & qu'ainsi il est sûr que la vérité ne sera point condamnée par une pluralité de sept voix.

2.° Que si $q = q'$, on a nécessairement un terme négatif, qui est toujours e^{2q+1}. En effet, dans cette hypothèse, il n'y auroit qu'un cas où la vérité pût être condamnée à la pluralité de $2q' + 1$ ou $2q + 1$ voix, c'est celui où l'unanimité seroit pour l'erreur; ainsi dans ce cas, $V^q = 1 - e^{2q+1}$.

3.° Dans le cas où $q > q'$, on aura toujours à retrancher de 1 le terme $e^{2q'+1}$, & ensuite les termes multipliés ſucceſſivement par $\frac{1}{2q'+1}v-e$, $\frac{2}{2q'+2}v-e$, $\frac{3}{2q'+3}v-e$.... juſqu'à $\frac{q-q'}{q+q'}v-e$, tant que ces coëfficiens reſteront négatifs. Or $v>e$, & q' étant un nombre donné, il eſt clair qu'on pourra toujours augmenter q, juſqu'à faire en ſorte que $\frac{q-q'}{q+q'}v-e$ ſoit poſitif. La valeur de V^q, continuera donc toujours à décroître depuis la valeur de $1-e^{2q'+1}$ juſqu'au terme où les $\frac{q''}{2q'+q''}v-e$ commenceront à devenir poſitifs, & elle augmentera enſuite; en ſorte que la plus grande valeur de q, pour laquelle $\frac{q-q'}{q+q'}v-e$ eſt négatif, ou, ce qui revient au même, la plus grande valeur de $q<\frac{q'}{v-e}$ ou $\frac{q'}{1-2e}$ eſt celle pour laquelle V^q a la moindre valeur poſſible. Ainſi ſuppoſant, par exemple, qu'on exige une pluralité de ſept voix, & que $e=\frac{1}{3}$, nous aurons $\frac{q'}{v-e}=9$, & V^q le plus petit poſſible lorſque le nombre des Votans eſt 19. Soit dans la même hypothèſe $e=\frac{1}{10}$, nous aurons $\frac{q'}{v-e}=\frac{30}{8}$, & la plus petite valeur de V^q repondra à $q=3$; ainſi dans ce cas la ſérie ſera toujours croiſſante, & en multipliant le nombre des Votans, V^q deviendra toujours plus grand, tandis que dans la première hypothèſe, 7 Votans donneront V^q plus grand que 9, 9 que 11, 11 que 13, & ainſi de ſuite juſqu'à 19; & qu'il faudroit enſuite multiplier les Votans au-delà de 21 pour avoir V^q plus grand que dans le cas de 7 Votans.

Ainſi lorſque v, e & q' ſont donnés, on voit que plus v & e approchent de l'égalité, plus le terme où la valeur de V^q eſt la plus petite s'éloigne; de manière qu'on ne peut eſpérer une

probabilité

probabilité plus grande que celle qui résulte de l'unanimité, & par conséquent du cas où $q = q'$, à moins de prendre q très-grand.

4.° Appelant $V_{,}^{q}$, $V_{,}^{q-1}$ les termes qu'il faut ajouter à V^{q-1} pour avoir V^{q}, & à V^{q-2} pour avoir V^{q-1}; si on considère la série précédente, on trouvera

$$+ V_{,}^{q} = V_{,}^{q-1} . ve \frac{2q-1 . 2q-2}{q-q' . q+q'-1} \left[\frac{(q-q')v - (q+q')e}{(q-q'-1)v - (q+q'-1)e} \right] \frac{q+q'-1}{q+q'}$$

$$= V_{,}^{q-1} . ve \frac{2q-1 . 2q-2}{q-q' . q+q'} \frac{(q-q')v - (q+q')e}{(q-q'-1)v - (q+q'-1)e}.$$

Or, en examinant cette formule, il est aisé de voir que plus q augmente, plus le terme $\frac{(q-q')v - (q+q')e}{(q-q'-1)v - (q-q'-1)e}$ approche de l'unité; que plus q augmente, plus le terme $\frac{2q-1 . 2q-2}{(q-q')(q+q')}$ approche d'être égal à 4, ou moindre que 4; or ve est $<$ que $\frac{1}{4}$; donc on pourra toujours prendre q assez grand pour que la série devienne convergente. On trouvera également qu'entre les termes positifs, si on fait $V_{,}^{q} = V_{,}^{q-1} Q$, c'est pour les deux premiers termes que Q sera le plus grand, & qu'il décroîtra ensuite jusqu'à devenir moindre que 1; que pour les termes négatifs, à mesure que q augmente, Q diminuera également, & deviendra toujours < 1 avant que les termes passent du négatif au positif.

5.° La valeur de V^{q}, lorsque q est $\frac{1}{0}$, peut être mise sous la forme

$$+ 1 - e^{2q'+1} \left\{ \begin{array}{l} 1 + \frac{2q'+1}{1} ve + \frac{2q'+3}{2} (ve)^2 + \frac{2q'+5}{3} (ve)^3 \ldots\ldots \\ - v^2 . \left[1 + \frac{2q'+3}{1} ve + \frac{2q'+5}{2} (ve)^2 + \frac{2q'+7}{3} (ve)^3 \ldots\ldots \right] \end{array} \right\}$$

& nous trouverons que appelant ve, z, nous aurons la première série en ev ou z égale à $\frac{2^{2q'-1}}{[1+\sqrt{1-4z}]^{2q'-1} \sqrt{(1-4z)}}$, d'où nous tirerons pour valeur de V^{q}

$$1 - e^{2q'+1} \left[\frac{1}{(2v-1) v^{2q'-1}} - \frac{v^2}{(2v-1) v^{2q'+1}} \right] = 1.$$

Dans le cas où nous chercherions la valeur de E^q, nous aurions

$$E^q = 1 - v^{2q'+1} \left\{ \begin{array}{l} 1 + \frac{2q'+1}{1} ve + \frac{2q'+3}{2} (ve)^2 + \frac{2q'+5}{3} (ve)^3 \ldots \\ -e^2 . [1 + \frac{2q'+3}{1} ve + \frac{2q'+5}{2} ve^2 + \frac{2q'+7}{3} (ve)^2 \ldots] \end{array} \right\}$$

$$= 1 - v^{2q'+1} . \left[\frac{1}{(2v-1) v^{2q'-1}} - \frac{e^2}{(2v-1) . v^{2q'+1}} \right] = 1 - v^2 . \frac{1 - \frac{e^2}{v^2}}{2v-1} = 0;$$

d'où il résulte que quel que soit q', pourvu que $v > e$, plus on augmentera q, plus V^q approchera de l'unité ; & que lorsque l'on aura $e > v$, alors V^q, qui devient ce qu'est ici E^q, approchera de o à mesure que l'on augmentera la grandeur de q.

La sommation directe de cette série seroit peut-être assez compliquée, mais voici une méthode indirecte très-simple ; il est évident que puisque lorsque $q' = 0$, $V^q = 1$, on aura à plus forte raison $V^q = 1$ lorsque q' est un nombre entier. Donc si Z est la somme cherchée, on aura $Z - v^2 (Z + \Delta Z) = 0$, en prenant q' pour variable, & $\Delta q' = 1$; résolvant cette équation, & déterminant l'arbitraire d'après la valeur connue de Z lorsque $q' = 0$, on aura la valeur ci-dessus. De même on aura $Z - \frac{v^2 \int \frac{\partial Z}{\partial z} z^{2q'} \partial z}{z^{2q'+1}} = 0$ qui donnera encore la même valeur de Z.

Si l'on suppose $v = e$, les valeurs précédentes paroissent donner, l'une $V^q = 1$, & l'autre $E^q = 0$, quoique ces quantités deviennent alors la même chose & doivent être égales. Pour avoir donc la valeur de V^q dans ce cas, nous reprendrons la formule ci-dessus, qui devient, à cause de $v^2 = ev$,

$$1 - e^{2q'+1} [1 + 2q' . ve + \tfrac{1}{2} 2q' . \frac{2q'+3}{1} e v^2 + \tfrac{1}{3} . 2q' . \frac{2q'+5}{2} (ev)^3 \ldots]$$

Or il est aisé de voir que la série précédente peut se mettre sous la forme

$$1 + 2q' . [ve + \tfrac{1}{2} \frac{2q'+3}{1} ve^2 + \tfrac{1}{3} \frac{2q'+5}{2} (ve)^3 \ldots].$$

$$= 1 + 2q' \int . \left[1 + \frac{2q'+3}{1} ve + \frac{2q'+5}{2} ve^2 \ldots\right] \partial(ve),$$

en ſuppoſant l'intégrale égale à zéro lorſque $ve = 0$.

Or, d'après ce que nous avons dit ci-deſſus,

$$1 + \frac{2q'+3}{1} ve + \frac{2q'+5}{2} ve^2 \ldots = \frac{2^{2q'+1}}{(1-4ev)^{\frac{1}{2}} [1+\sqrt{(1-4ev)}]^{2q'+1}}$$

$$\& \int \left[1 + \frac{2q'+3}{1} ve + \frac{2q'+5}{2} ve^2 \ldots\right] \partial(ve) = \int \frac{2^{2q'+1} \partial(ev)}{(1-4ev)^{\frac{1}{2}} [1+\sqrt{(1-4ev)}]^{2q'+1}}$$

$$= \frac{2^{2q'}}{[1+\sqrt{(1-4ev)}]^{2q'} . 2q'} + C;$$ & comme lorſque $ev = 0$, l'intégrale doit être 0, on aura $C = -\frac{1}{2q'}$, & par conſéquent $V^{\frac{1}{0}} = \frac{1}{2}$; d'où l'on voit qu'en général q' reſtant le même, on peut, en multipliant les Votans, approcher auſſi près qu'on voudra de la certitude lorſque $v > e$, que lorſque $e > v$ au contraire, en multipliant le nombre des Votans, on diminue continuellement de la probabilité; que lorſque $v = e$, la probabilité diminue, mais ſeulement juſqu'à un certain terme, en ſorte qu'elle ſe réduit à $\frac{1}{2}$. On auroit pu avoir également la valeur de $V^{\frac{1}{0}}$, en obſervant comme ci-deſſus, que ſi on augmente dans ſon expreſſion v d'une quantité ∂v, on a $V + \partial V = 1$; que ſi on diminue v d'une quantité ∂v, on a $V - \partial V = 0$, d'où $V = \frac{1}{2}$.

La quantité V^q eſt ici l'expreſſion de la probabilité que la déciſion à la pluralité de $2q' + 1$ voix ne ſera pas contraire à la vérité, & l'on voit qu'en augmentant $2q' + 1$, on peut, quelque petit que ſoit l'excès de v ſur e, avoir une grande valeur de V^q, ſans rendre $2q + 1$ exceſſivement grand, mais cela ne ſuffit pas ici. En effet, il faut de plus avoir une grande probabilité que l'on aura une déciſion contraire à l'erreur & conforme à la vérité, c'eſt-à-dire qu'il faudra que E^q ſoit très-petit en même-temps que V^q ſera très-grand; c'eſt ce qu'il ſera toujours poſſible d'obtenir quel que ſoit q', en rendant q très-grand, puiſque nous avons trouvé pour $q = \frac{1}{0}$, $V^q = 1$, $E^q = 0$. Mais dans la pratique, q eſt néceſſairement renfermé dans des limites étroites, &

nous avons vu que toutes les fois que soit $\frac{1}{2q'+1}v - e$, soit un certain nombre de termes $\frac{1}{2q'+1}v - e$, $\frac{2}{2q'+1}v - e \ldots$. sont négatifs, on peut être obligé de prendre q très-grand pour avoir V^q plus grand que dans le cas de $q = q'$, tandis qu'au contraire E^q diminue continuellement, $1 - E^q$ étant toujours cependant plus petit que V^q. D'un autre côté il est aisé de voir que plus on augmentera q', q restant le même, ainsi que v & e, plus aussi V^q augmentera, mais que E^q augmentera aussi ; de manière qu'il faudra avoir q très-grand si q' l'est, pour que les deux conditions de V^q & de $1 - E^q$, tous deux très-grands, puissent être remplies tant que v ne sera pas beaucoup plus grand que e. Ainsi lorsque l'on suppose q donné ou restreint dans des limites nécessaires, on ne pourra souvent, en augmentant q', remplir une des conditions qu'au détriment de l'autre, à moins que v ne soit beaucoup plus grand que e; c'est-à-dire qu'à moins de multiplier le nombre des Votans, on ne pourra s'assurer de décisions conformes à la vérité si la probabilité que chacun d'eux trouvera la vérité, n'est pas déjà assez grande.

On auroit pu chercher immédiatement la probabilité que la décision en faveur de la vérité, l'emporteroit de $2q' + 1$. En effet, appelant V'^q cette probabilité, elle est

$$v^{2q+1} + (2q+1)v^{2q}e + \frac{2q+1}{2}v^{2q-1}e^2 \ldots\ldots \frac{2q+1}{q-q'}v^{q+q'+1}e^{q-q'}$$

$$V'^{q+1} = v^{2q+3} + (2q+3)v^{2q+2}e \ldots + \frac{2q+3}{q+1-q'}v^{q+q'+2}e^{q-q'+1} \ldots$$

or multipliant V'^q par $(v+e)^2 = 1$, il devient égal à

$$V'^{q+1} + \frac{2q+1}{q-q'}v^{q+q'+1}e^{q-q'+2} - \frac{2q+1}{q-q'+1}v^{q+q'+2}e^{q-q'+1},$$

on aura $V'^{q+1} - V'^q = \left(\frac{2q+1}{q-q'+1}v - \frac{2q+1}{q-q'}e\right)v^{q+q'+1}e^{q-q'+1}$

$= \frac{2q+1}{q-q'}v^{q+q'+1}e^{q-q'+1}\left(\frac{q+q'+1}{q-q'+1}v - e\right)$; d'où il résulte que le terme qu'il faut ajouter à V'^{q-1} pour avoir V'^q, sera $\frac{2q-1}{q-q'-1}v^{q-q'}e^{q-q'}\left(\frac{q+q'}{q-q'}v - e\right)$

& V'^q sera exprimé par la formule

$$v^{2q'+1} + v^{2q'+1} e\left(\frac{2q'+1}{1} v - e\right) + \frac{2q'+3}{1} v^{2q'+3} e^{2}\left(\frac{2q'+2}{2} v - e\right)$$

$$+ \frac{2q'+5}{2} \cdot v^{2q'+3} e^{3}\left(\frac{2q'+3}{3} v - e\right) \ldots + \frac{2+q}{q-q'-1} v^{q+q'} e^{q-q'} \cdot \left(\frac{q+q'}{q-q'} v - e\right)$$

$$\text{ou } v^{2q+1} \cdot \left\{ \begin{array}{l} 1 + \frac{2q'+1}{1} ve + \frac{2q'+3}{2} (ve)^{2} + \frac{2q'+5}{3} (ve)^{3} \ldots \frac{+2q-1}{q-q'} (ve)^{q-q'} \\ - e^{2}\left[1 + \frac{2q+3}{1} ev \ldots\ldots \quad + \frac{2q-1}{q-q'-1} (ev)^{q-q'-1}\right] \end{array} \right\}$$

La première formule indique que $V^{q'}$ va toujours en croiſſant après être reſté zéro tant que $q < q'$, & on tirera de la ſeconde les mêmes réſultats pour $q = \frac{1}{0}$ que ceux qu'on a tirés de la formule V^{q} ci-deſſus, les ſéries y étant préciſément de la même forme.

Nous avons vu ci-deſſus qu'il falloit diſtinguer pour la probabilité, le cas de la déciſion à rendre & celui d'une déciſion déjà formée, & pour laquelle on connoît la pluralité à laquelle elle a été rendue. Dans ce dernier cas, ſuppoſons ici la déciſion rendue à la pluralité de r voix contre r', & que $r - r' > = 2q' + 1$, nous aurons le nombre de combinaiſons pour v, exprimé par $\frac{2q+1}{r'} v^{r} e^{r'}$, & celui des combinaiſons pour e, exprimé par $\frac{2q+1}{r} v^{r'} e^{r}$, & comme $\frac{2q+1}{r'} = \frac{2q+1}{r}$ puiſque $r + r' = 2q + 1$, la probabilité pour v, ſera exprimée par $\frac{v^{r} e^{r'}}{v^{r} e^{r'} + v^{r'} e^{r}} = \frac{v^{r-r'}}{v^{r-r'} + e^{r-r'}}$, & la probabilité pour e, exprimée par $\frac{e^{r-r'}}{v^{r-r'} + e^{r-r'}}$. Ainſi dans ce cas, la plus petite probabilité en faveur de v, celle qui a lieu lorſque $r - r' = 2q' + 1$, ſera $\frac{v^{2q'+1}}{v^{2q'+1} + e^{2q'+1}} = \frac{1}{1 + \frac{e^{2q'+1}}{v^{2q'+1}}}$; d'où il réſulte que, pour avoir dans tous les cas une grande probabilité que la déciſion n'a pas été contre v, il faudra que $\frac{e^{2q'+1}}{v^{2q'+2}}$ ſoit très-petit, ce qui demande ou v beaucoup plus grand que e, ou $2q' + 1$ très-grand. Or nous venons de voir que $2q' + 1$ très-grand exigeoit, pour satisfaire aux autres conditions, que q fût aussi très-grand; donc comme q est assujetti en général à des limites assez étroites, il faudra, pour remplir les conditions, chercher à avoir v le plus grand possible par rapport à e.

Supposons maintenant la décision rendue à la pluralité de r contre r', $r - r' < 2q' + 1$, les combinaisons en faveur de v seront toujours $\frac{2q+1}{r'} v^r e^{r'}$, & celles en faveur de e $\frac{2q+1}{r} v^{r'} e^r$; la probabilité pour v, $\frac{v^{r-r'}}{v^{r-r'}+e^{r-r'}}$, celle pour e $\frac{e^{r-r'}}{v^{r-r'}+e^{r-r'}}$. Comme la décision se prononce toujours dans cette hypothèse pour le parti qui a le moins d'inconvéniens (*voyez ci-dessus pages 11 & suiv.*), elle peut être conforme à la pluralité, ou ne pas y être conforme. Si la décision est conforme au vœu de la pluralité, dans ce cas la probabilité de la vérité de la décision sera $\frac{v^{r-r'}}{v^{r-r'}+e^{r-r'}}$, & la plus petite possible lorsque $r - r' = 1$, où elle devient $\frac{v}{v+e} = v$. Si la décision est contraire au vœu de la pluralité, alors la probabilité que la décision sera vraie, sera exprimée par $\frac{e^{r-r'}}{v^{r-r'}+e^{r-r'}}$, & la plus petite possible lorsque $r - r' = 2q' - 1$, où elle devient $\frac{e^{2q'-1}}{v^{2q'-1}+e^{2q'-1}}$; dans ce cas, la plus grande probabilité que la décision est erronée, est donc $\frac{v^{2q'-1}}{v^{2q'-1}+e^{2q'-1}} = \frac{1}{1+\frac{e^{2q'-1}}{v^{2q'-1}}}$; mais il suit des principes développés ci-dessus, que nous avons supposé qu'une probabilité

$\frac{1}{1+\frac{e^{2q'+1}}{v^{2q'+1}}}$ suffisoit pour admettre cette même décision que nous rejetons lorsqu'elle n'a que la probabilité $\frac{1}{1+\frac{e^{2q'-1}}{v^{2q'-1}}}$; il faut donc que ces deux probabilités diffèrent d'une manière très-sensible, ce qui demande encore v beaucoup plus grand que e.

Supposons, par exemple, $2q+1=13$, $2q'+1=5$, $v=\frac{9}{10}$, $e=\frac{1}{10}$, nous aurons d'abord V^q très-peu différent de l'unité, $V'^q > \frac{98}{100}$, $\frac{1}{1+\frac{e^{2q'+1}}{v^{2q'+1}}} = \frac{59049}{59050}$, $\frac{1}{1+\frac{e^{2q'-1}}{v^{2q'-1}}} = \frac{729}{730}$, c'est-à-dire, que si nous supposons un Tribunal de treize Juges, qu'on exige la pluralité de cinq au moins pour condamner un accusé, par exemple, & qu'on suppose que la probabilité que chacun décidera conformément à la vérité, soit $\frac{9}{10}$, on aura une probabilité presque égale à la certitude, qu'aucun innocent ne sera condamné, une probabilité environ $\frac{98}{100}$ qu'un coupable ne sera pas renvoyé; la probabilité $\frac{729}{730}$ seulement qu'un homme renvoyé avec la pluralité de quatre voix contre lui, est vraiment coupable, & la probabilité $\frac{59049}{59050}$ que celui qui est condamné par la pluralité de cinq voix seulement, n'est pas innocent.

Si on suppose $2q'+1=3$ seulement, mais $v=\frac{99}{100}$,

alors on aura $\frac{1}{1+\frac{e^{2q'+1}}{v^{2q'+1}}} = \frac{970299}{970300}$, $\frac{1}{1+\frac{e^{2q'-1}}{v^{2q'-1}}} = \frac{99}{100}$; V^q diffĕrent à peine de l'unité, même lorſque le nombre des Votans n'eſt que 5, & $V'^q > \frac{99997}{100000}$ lorſque le nombre des Votans eſt 7.

Ce dernier exemple montre avec quelle facilité, lorſque v eſt très-grand par rapport à e, on peut remplir toutes les conditions que peuvent exiger la juſtice & l'intérêt public.

Concluons en général des formules précédentes, que toutes les fois qu'on voudra compoſer d'une manière avantageuſe un Tribunal de cette eſpèce, il faudra, 1.° déterminer la pluralité $2q'+1$, en ſorte que la probabilité $\frac{1}{1+\frac{e^{2q'+1}}{v^{2q'+1}}}$ ſoit aſſez grande pour être, même dans les déciſions les plus importantes, regardée comme ſuffiſante pour former un jugement; 2.° trouver, s'il eſt poſſible, des hommes aſſez éclairés pour que $\frac{1}{1+\frac{e^{2q'-1}}{v^{2q'-1}}}$ ne ſoit pas fort grand; 3.° prendre q aſſez grand pour que la probabilité V'^q ſoit fort grande; 4.° le prendre auſſi aſſez grand pour que V^q donne une probabilité très-approchante de la certitude. Le dernier exemple remplit parfaitement toutes ces conditions; le premier les remplit auſſi & donne une ſûreté ſuffiſante.

On voit de-là d'une manière évidente, que dans cette hypothèſe, dans cette manière de former les déciſions, il n'eſt pas toujours facile, ni même poſſible, de trouver dans le nombre de Votans, dans la grande pluralité qu'on peut exiger, des moyens de réunir les mêmes avantages qui s'offrent d'eux-mêmes lorſque ces Votans ſont des hommes très-éclairés.

Nous allons paſſer maintenant au cas où le nombre des Votans eſt ſuppoſé pair.

TROISIÈME

TROISIÈME HYPOTHÈSE.

Le nombre des Votans est ici $2q$, & on exige la probabilité de 2, 4, 6 . . . . . . $2q'$ voix.

Conservant toujours les mêmes dénominations, nous aurons ici,

pour 2 voix $V^q = v^{2q} + 2q \cdot v^{2q-1}e \ldots + \frac{2q}{q} v^q e^q$

pour 4 voix $V^q = v^{2q} + 2q \cdot v^{2q-1}e \ldots + \frac{2q}{q+1} v^{q-1} e^{q+2}$

. . . .

pour $2q'$ voix $V^q = v^{2q} + 2q \cdot v^{2q-1}e \ldots + \frac{2q}{q+q'-1} v^{q-q'+1} e^{q+q'-2}$

pour 2 voix $V^{q+1} - V^q = v^q e^{q+1} \frac{2q}{q} (\frac{q}{q+1} v - e)$

pour 4 voix $V^{q+1} - V^q = v^{q-1} e^{q+2} \frac{2q}{q+1} (\frac{q-1}{q+2} v - e)$

. . . .

pour $2q'$ voix $V^{q+1} - V^q = v^{q-q'+1} e^{q+q'} \frac{2q}{q+q'-1} (\frac{q-q'+1}{q+q'} v - e)$

pour 2 voix $V^q = 1 - e^2 + (\frac{2}{1}) ve^2 (\frac{1}{2} v - e) + (\frac{4}{2}) v^2 e^3 (\frac{2}{3} v - e)$
$+ (\frac{6}{3}) v^3 e^4 (\frac{3}{4} v - e) \ldots + \frac{2q-2}{q-1} v^{q-1} e^{q+1} (\frac{q-1}{q} v - e)$

pour 4 voix $V^q = 1 + 0 - e^4 + (\frac{4}{3}) ve^4 (\frac{1}{4} v - e) + (\frac{6}{4}) v^2 e^5 (\frac{2}{5} v - e)$
$+ (\frac{8}{5}) v^3 e^6 (\frac{3}{6} v - e) \ldots + \frac{2q-2}{q} v^{q-2} e^{q+1} (\frac{q-2}{q+1} v - e)$

. . . .

pour $2q'$ voix $V^q = 1 + 0 + 0 \ldots - e^{2q'} + \frac{2q'}{2q'-1} ve^{2q'} (\frac{1}{2q'} v - e)$
$+ \frac{2q'+2}{2q'} v^2 e^{2q'+1} (\frac{2}{2q'+1} v - e) \ldots \frac{2q-2}{q+q'-2} v^{q-q'} e^{q+q'-1} (\frac{q-q'}{q+q'-1} v - e)$,

ou $V^q = 1 + 0 + 0 \ldots - e^{2q'} + \frac{2q'}{1} ve^{2q'} (\frac{1}{2q'} v - e) + \frac{2q'+2}{2} v^2 e^{2q'+1}$
$(\frac{2}{2q'+1} v - e) \ldots + \frac{2q-2}{q-q'} v^{q-q'} e^{q+q'-1} (\frac{q-q'}{q+q'-1} v - e.)$

Dans le cas de $q = \frac{1}{0}$, la valeur de V sera représentée par la série

$$1 - e^{2q'} \left\{ \begin{array}{l} 1 + \frac{2q'}{1} ve + \frac{2q'+2}{2} (ve)^2 + \frac{2q'+4}{3} (ve)^3 \ldots\ldots\ldots \\ - v^2 . \left[1 + \frac{2q'+2}{1} ve + \frac{2q'+4}{2} (ve)^2 \right] \ldots\ldots\ldots\ldots \end{array} \right.$$

& par conséquent, à cause de $1 + \frac{2q'}{1} ve + \frac{2q'+2}{2} (ve)^2 + \&c.$

$$= \frac{2^{2q'-2}}{[1 + \sqrt{(1 - 4ev)}]^{2q'-2} \sqrt{(1 - 4ev)}}, \text{ nous aurons}$$

$$V = 1 - e^{2q'} \left[\frac{1}{(2v-1) . v^{2q'-2}} - \frac{v^2}{(2v-1) . v^{2q'}} \right] = 1,$$

$$E = 1 - v^{2q'} \left[\frac{1}{(2v-1) . v^{2q'-2}} - \frac{e^2}{(2v-1)\, v^{2q'}} \right] = 0;$$

& dans le cas de $v = e$, $V = E = \frac{1}{2}$, comme par le cas de la pluralité impaire; en sorte que l'on aura exactement des conclusions absolument semblables a celles que l'on a trouvées pour le cas de la pluralité impaire.

On trouvera de même

pour 2 voix, $V'^q = v^3 + v^3 e(2v - e) \ldots + \frac{2q-2}{q-2} v^q e^{q-1} (\frac{q}{q-1} v - e)$

pour 4 voix, $V'^q = v^4 + v^4 e(4v - e) \ldots + \frac{2q-2}{q-3} v^{q+1} e^{q-2} (\frac{q+1}{q-2} v - e)$

....

pour $2q'$ voix, $V'^q = v^{2q'} + v^{2q'} e(2q'v - e) \ldots + \frac{2q-2}{q-q'-1} v^{q+q'-1} e^{q-q'} . (\frac{q+q'-1}{q-q'} v -$

& dans le cas de $q = \frac{1}{0}$, $V'^q = 1$ si $v > e$, $V'^q = 0$ si $v < e$, $V'^q = \frac{1}{2}$ si $v = e$; & en général on tirera de ces formules les mêmes conclusions que celles qui ont été tirées des formules pour les nombres impairs.

La seule différence entre ces deux hypothèses, est que dans la première la pluralité est toujours exprimée par un nombre impair, & dans la seconde par un nombre pair. Il en réſulte dans celle-ci la poſſibilité du cas où il n'y a aucune déciſion ; ainſi cette troiſième hypothèſe répond exactement à la ſeconde, parce qu'elle renferme toujours la poſſibilité de ne pas avoir la pluralité exigée.

Lorſque le nombre des Votans n'eſt pas fixé par une loi, & qu'il peut être pair ou impair, il réſulte de la comparaiſon de ces deux hypothèſes, des conſéquences importantes, que nous diſcuterons dans la ſeconde & dans la quatrième Partie de cet Ouvrage.

Au lieu de demander ſeulement la pluralité d'un nombre déterminé de voix, on peut demander la pluralité d'une certaine partie aliquote du nombre total, & ces hypothèſes peuvent ſe varier à l'infini.

Par exemple, ſoit $3q$ le nombre des Votans, on peut exiger une pluralité de q, de $q+1$ voix, ou plus généralement de $q+q'$ voix. Il en ſera de même pour les nombres $3q+1$, $3q+2$ de Votans.

Et généralement ſi le nombre de Votans eſt exprimé par $(m+n).q+q_{,}$, $q_{,}$ étant $< m+n$, on pourra demander en général une pluralité de $nq+q'$ voix. Nous allons examiner quelques-unes de ces hypothèſes.

QUATRIÉME HYPOTHESE.

Le nombre des Votans eſt $3q$, ou $3q+1$, ou $3q+2$, & la pluralité eſt q, $q+1$ . . . . $q+q'$.

Soit d'abord q la pluralité. En conſervant les mêmes dénominations que ci-deſſus, & marquant par (0), (1), (2) les équations appartenantes aux hypothèſes de $3q$, $3q+1$, $3q+2$ Votans, nous aurons les formules ſuivantes.

$$(0)\ V^q = v^{3q} + 3q v^{3q-1} e \ldots\ldots\ldots + \frac{3q}{2q-1} v^{q+1} e^{2q-1}$$

$$(1)\ V^q = v^{3q+1} + (3q+1).v^{3q} e \ldots\ldots + \frac{3q+1}{2q} v^{q+1} e^{2q}$$

$$(2)\ V^q = v^{3q+2} + (3q+2)\ v^{3q+1} \ldots\ldots + \frac{3q+2}{2q} v^{q+2} e^{2q}$$

Maintenant, pour comparer V^{q+1} avec V^q dans le premier cas, nous partirons de la supposition, que $V^q.(v+e)^3 = V^q$, & que $\frac{3q+3}{r} = \frac{3q}{r}(\frac{3}{0}) + \frac{3q}{r-1}(\frac{3}{1}) + \frac{3q}{r-2}(\frac{3}{2}) + \frac{3q}{r-3}(\frac{3}{3})$. En effet, il est aisé de voir que dans $(v+e)^{3q+3} = (v+e)^{3q}(v+e)^3$, le coëfficient $\frac{3q+3}{r}$ de $v^{3q+3-r}e^r$ ne peut être formé que par ces termes.

Cela posé, il est clair que l'on aura, 1.° $\frac{3q+3}{2q+1} = \frac{3q}{2q+1} + \frac{3q}{2q}3 + \frac{3q}{2q-1}3 + \frac{3q}{2q-2}$, & il sera aisé de voir que les deux premiers termes de cette fonction n'entrent pas dans (o) $V^q.(v+e)^3$. 2.° $\frac{3q+3}{2q} = \frac{3q}{2q} + \frac{3q}{2q-1}3 + \frac{3q}{2q-2}3 + \frac{3q}{2q-3}$; & il est clair que le premier terme $\frac{3q}{2q}$ n'entrera point dans (o) $V^q.(v+e)^3$. 3.° que le terme $\frac{3q}{2q-1}v^{q+1}e^{2q+2}$, qui se trouve dans (o) $V^q.(v+e)^3$, n'entre pas dans (o) V^{q+1}. Nous aurons donc (o) $V^{q+1} - V^q = \frac{3q}{2q+1}v^{q+2}e^{2q+1} + \frac{3q}{2q}3v^{q+2}e^{2q+1} + \frac{3q}{2q}v^{q+3}e^{2q} - \frac{3q}{2q-1}v^{q+1}e^{2q+2}$, ou $V^{q+1} - V^q = \frac{3q}{2q}v^{q+1}e^{2q}[v^2 + (3+\frac{q}{2q+1})ev - \frac{2q}{q+1}e^2] = \frac{3q}{q}v^{q+1}e^{2q}[v^2 + (3+\frac{q}{2q+1})ve - \frac{2q}{q+1}e^2]$, d'où nous tirerons

(o) $V^q = v(v^2+3ve) + 3v^2e^2[v^2+(3+\frac{1}{3}).ve - \frac{2}{2}e^2] + (\frac{6}{2})v^3e^4[v^2+(3+\frac{2}{5}).ve - \frac{4}{3}e^2] \ldots\ldots$
$+ \frac{3q-3}{q-1}v^qe^{2q-2}[v^2+(3+\frac{q-1}{2q-1})ve - \frac{2q-2}{q}e^2]$.

Nous aurons donc, 1.° V^q toujours croissant lorsque $v > e$, puisque $3\,ve > \frac{2q-2}{q}e^2$, & qu'ainsi les termes à ajouter pour former V^q sont tous positifs; 2.° cette série sera toujours convergente. En effet, appelant $V_{\prime}^q$ & $V_{\prime}^{q-1}$ les termes qu'il faut ajouter à V^{q-1} pour avoir V^q, & à V^{q-2} pour avoir V^{q-1}, nous avons

$$V_{\prime}^q = V_{\prime}^{q-1}Q = V_{\prime}^{q-1}.e^2v.\frac{(3q-3).(3q-4).(3q-5)}{(q-1).(2q-1).(2q-2)}.\frac{v^2+(3+\frac{q-1}{2q-1}).ve-\frac{2q-2}{q}e^2}{v^2+(3+\frac{q-2}{2q-3}).ve-\frac{2q-4}{q-1}e^2};$$

d'où il est aisé de tirer $e^2v < \frac{1}{8}.\frac{(3q-3).(3q-4).(3q-5)}{(q-1).(2q-1).(2q-2)} < \frac{27}{4}$; & quant au dernier facteur de Q, on voit qu'il sera toujours plus petit que $\frac{3+\frac{q-1}{2q-1}}{3+\frac{q-2}{2q-3}} < \frac{10}{9}$, & par conséquent $Q < \frac{30}{32}$; 3.° si $e > v$, nous trouverons d'abord que la différence entre deux termes successifs $v^2 + (3+\frac{q-1}{2q-1}).ve - \frac{2q-2}{q}e^2$, & $v^2+(3+\frac{q-2}{2q-3}).ve - \frac{2q-4}{q-1}e^2$, est $(\frac{q-2}{2q-3}-\frac{q-1}{2q-1})ve$ $-(\frac{2q-4}{q-1}-\frac{2q-2}{q})e^2 = e[\frac{2}{q.(q-1)}e - \frac{1}{(2q-1).(2q-3)}v]$, quantité toujours positive dans l'hypothèse. Donc puisque ce terme est toujours de plus en plus petit, s'il est négatif pour une valeur de q, il le sera pour toutes les autres; & s'il ne l'est pas pour $q = \frac{1}{0}$, il sera toujours positif. Supposons donc $q = \frac{1}{0}$, il deviendra $v^2 + (3+\frac{1}{2}).ve - 2e^2$ dont la limite est $v = \frac{1}{2}e$; tant que v sera plus grand, tous les termes seront positifs, mais si v est plus petit, ils deviendront négatifs à un certain terme, & continueront de l'être ensuite. Prenons ensuite le cas, où même le second terme devient négatif, nous trouverons pour cela que $v^2 + \frac{10}{3}ev - e^2$ doit être négatif, ce qui n'arrivera que lorsque $v < \frac{\sqrt{(136)}-10}{6}e$. Nous aurons donc, dans le cas où $v = > \frac{1}{3}$, la probabilité augmentant ſans ceſſe à meſure que q, c'eſt-à-dire le nombre des Votans augmente, & la probabilité diminuant toujours à meſure que q augmente, lorſque $v = < \frac{\sqrt{136} - 10}{\sqrt{136} - 4}$, ſi ce n'eſt que dans le cas de l'égalité, la probabilité eſt la même pour $q = 1$, & $q = 2$. Pour les valeurs de v, contenues entre ces limites, la probabilité augmentera en augmentant le nombre des Votans pendant un certain eſpace, & diminuera enſuite.

Nous pouvons donc en tirer cette conſéquence, que tant que la probabilité de la vérité pour chaque Votant ne ſera pas au-deſſous de $\frac{1}{3}$, alors plus on multipliera le nombre des Votans, plus la probabilité que la vérité ne ſera pas condamnée augmentera. Si au contraire cette probabilité de la déciſion de chaque Votant eſt au-deſſous de $\frac{\sqrt{136} - 10}{\sqrt{136} - 4}$, ou au-deſſous de 0,2168 à peu-près, alors plus on augmente le nombre des Votans, plus la probabilité que la vérité ne ſera pas condamnée diminue; en ſorte que le nombre de trois Votans eſt le plus favorable. Pour les cas intermédiaires, la dernière valeur de q, où ce terme eſt poſitif, eſt celle pour laquelle la probabilité de la vérité de la déciſion eſt la plus favorable. Soit donc fait $\frac{v}{e} = \varepsilon$, nous aurons pour le nombre le plus favorable, la plus grande valeur de q, pour laquelle $\varepsilon^2 + (3 + \frac{q-1}{2q-1})\varepsilon - \frac{2q-2}{q}$, ou $q^2 . (2\varepsilon^2 + 7\varepsilon - 4) - q . (\varepsilon^2 + 4\varepsilon - 6) - 2 > 0$. Soit, par exemple, $\varepsilon = \frac{1}{3}$, il faudra que $41 q - 13 q^2 - 18 > 0$, & 2 eſt la plus grande valeur de q qui réponde à cette condition. Soit $\varepsilon = \frac{4}{10}$, il faudra que $424 q - 88 q^2 - 200 > 0$, & nous trouverons que la plus grande valeur de q eſt 4, & ainſi de ſuite. Le premier cas donne $v = \frac{1}{4}$, & le ſecond $v = \frac{2}{7}$. On trouvera de même, ſi une valeur de q eſt ſuppoſée connue, pour quelle valeur de v il peut y avoir du déſavantage à augmenter q au-delà de ce terme. Soit, par exemple, $q = 100$, nous aurons $\varepsilon^2.(2q^2 - q) + \varepsilon.(7q^2 - 4q) - (4q^2 - 6q + 2) > 0$, & dans cet exemple $\varepsilon^2.19900 + \varepsilon.69600 - 39402 > 0$; d'où l'on voit que, pour qu'il n'y ait pas de désavantage à augmenter le nombre des Votans, il faut que ε soit $\frac{496}{1000}$ à peu-près, & v à peu-près $\frac{496}{1496}$, quantité qui diffère très-peu de $\frac{1}{3}$.

Dans le second des deux cas ci-dessus, ou (1) $V^q = v^{3q+1} + (3q+1).v^{3q}e \ldots + \frac{3q+1}{2q} v^{q+1}e^{2q}$, si nous comparons $V^q.(v+e)^3$ à $V^{q+1} = v^{3q+4} + (3q+4).v^{3q+3}e \ldots + \frac{3q+4}{2q+2} v^{q+2}e^{2q+2}$, nous trouverons, 1.° que, à cause de $\frac{3q+4}{2q+2} = \frac{3q+1}{2q+2} + 3\frac{3q+1}{2q+1} + 3\frac{3q+1}{2q} + \frac{3q+1}{2q-1}$, dont les deux premiers termes ne se trouvent pas dans $V^q.(v+e)^3$, & de $\frac{3q+4}{2q+1} = \frac{3q+1}{2q+1} + 3\frac{3q+1}{2q} + 3\frac{3q+1}{2q-1} + \frac{3q+1}{2q-2}$, dont le premier terme ne se trouve pas non plus dans $V^q.(v+e)^3$; V^{q+1} surpassera V^q des trois termes $\frac{3q+1}{2q+2} v^{q+2}e^{2q+2} + 3\frac{3q+1}{2q+1} v^{q+2}e^{2q+2} + \frac{3q+4}{2q+1} v^{q+3}e^{2q+1}$; 2.° que le terme $\frac{3q+1}{2q} v^{q+1}e^{2q+3}$ qui se trouve dans $V^q.(v+e)^3$, ne se trouve pas non plus dans V^{q+1}, & qu'ainsi on aura $V^{q+1} - V^q = \frac{3q+1}{2q+2} v^{q+2}e^{2q+2} + 3\frac{3q+1}{2q+1} v^{q+2}e^{2q+2} + \frac{3q+1}{2q+1} v^{q+3}e^{2q+1} - \frac{3q+1}{2q} v^{q+1}e^{2q+3}$, ou (1) $V^{q+1} - V^q = \frac{3q+1}{2q+1} v^{q+1}e^{2q+1}$ $[v^2 + (3 + \frac{q}{2q+2})\ ve - \frac{2q+1}{q+1}e^2]$, & par conséquent

(1) $V^q = v + ve(v^2 + 3ev - e^2) + (\frac{4}{1})v^2e^3$ $[v^2 + (3 + \frac{1}{4}).ev - \frac{3}{2}e^2] \ldots\ldots + \frac{3q-2}{q-1}v^q e^{2q-1}$ $[v^2 + (3 + \frac{q-1}{2q}).ev - \frac{2q-1}{q}.e^2]$ à cause de $\frac{3q-2}{2q-1} = \frac{3q-2}{q-1}$.

Si maintenant nous examinons cette série, nous trouverons que, si $v > e$, tous les termes seront positifs à cause de $3ev > \frac{2q-1}{q}e^2$; nous aurons de plus, comme ci-dessus,

$$V_1^q = V_1^{q-1} \times \frac{3q-2.3q-3.3q-4}{q-1.2q-1.2q-2} ve^2 . \frac{v^2 + (3 + \frac{q-1}{2q}).ev - \frac{2q-1}{q}e^2}{v^2 + (3 + \frac{q-2}{2q-2}).ev - \frac{2q-3}{q-1}e^2}.$$

Or il est aisé de voir que le premier facteur est plus petit que $\frac{27}{4}$, $ve^2 < \frac{1}{8}$, & le troisième terme $< \frac{13}{12}$; donc, comme ci-dessus, la série sera toujours convergente. Supposons maintenant $v < e$, il est aisé de voir que $v^2 + (3 + \frac{q-1}{2q})ev - \frac{2q-1}{q}e^2$ diminuera à mesure que q augmentera; & que faisant $q = \frac{1}{0}$, il deviendra $v^2 + \frac{7}{2}ve - 2e^2$, comme ci-dessus, ce qui donne la même conclusion. Prenant ensuite le premier de ces termes $v^2 + 3ev - e^2$, nous trouverons qu'il devient négatif lorsque $v < \frac{\sqrt{13}-3}{\sqrt{13}-1}$, ce qui conduit aux mêmes conclusions que ci-dessus, excepté que la limite est différente, & à peu-près 0,2322. On peut faire ici les mêmes réflexions que ci-dessus; nous ne nous arrêterons pas à les développer. Passons enfin à la troisième hypothèse.

Nous aurons
$$\begin{cases} (2)\ V^q = v^{3q+2} + (3q+2).v^{3q+1}e\ldots + \frac{3q+2}{2q}v^{q+2}e^{2q} \\ (2)\ V^{q+1} = v^{3q+5} + (3q+5).v^{3q+4}e\ldots + \frac{3q+5}{2q+2}v^{q+3}e^{2q+2} \end{cases}$$

Maintenant, si nous comparons $V^q.(v+e)^3$ à V^{q+1}, nous trouverons,

trouverons, 1.° que, à cause de $\frac{3q+5}{2q+2} = \frac{3q+2}{2q-1} + 3\,\frac{3q+2}{2q} + 3\,\frac{3q+2}{2q+1} + \frac{3q+2}{2q+2}$, les deux derniers termes contenus dans V^{q-1}, ne se trouveront pas dans $V^q.(v+e)^3$; que de même, à cause de $\frac{3q+5}{2q+1} = \frac{3q+2}{2q-2} + 3\,\frac{3q+2}{2q-1} + 3\,\frac{3q+2}{2q} + \frac{3q+2}{2q+1}$, ce dernier terme se trouvera dans V^{q+1}, & ne se trouvera pas dans $V^q.(v+e)^3$; 2.° que le terme $\frac{3q+2}{2q} v^{q+2} e^{2q-3}$, qui se trouve dans $V^q\,(v+e)^3$, ne se trouve pas dans V^{q-1}. Nous aurons donc

(2) $V^{q+1} - V^q = \frac{3q+2}{2q+2} v^{q+3} e^{2q+2} + 3\,\frac{3q+2}{2q+1} v^{q+3} e^{2q+2} + \frac{3q+2}{2q+1} v^{q+4} e^{2q+1} - \frac{3q+2}{2q} v^{q+2} e^{2q+3}$, ou (2) $V^{q+1} - V^q = \frac{3q+2}{2q+1} v^{q+2} e^{2q+1} \left[v^2 + \left(3 + \frac{q+1}{2q+2}\right) ev - \frac{2q+1}{q+2} e^2\right]$; d'où nous tirerons (2) $V^q = v^2 + 2v^2 e\left(v^2 + \frac{7}{2} ve - \frac{1}{2} e^2\right) + \left(\frac{5}{2}\right) v^3 e^3 \left(v^2 + \frac{7}{2} ve - e^2\right) \ldots\ldots + \frac{3q-1}{q} v^{q+1} e^{2q-1} \left(v^2 + \frac{7}{2} ev - \frac{2q-1}{q+1} e^2\right)$. Nous trouverons ici, comme ci-dessus, & par les mêmes raisons, 1.° lorsque $v < e$, tous les termes positifs & la série toujours croissante & convergente; 2.° lorsque $e > v$, le terme en $v^2 + \frac{7}{2} v - \frac{2q-1}{q+1} e^2$ toujours croissant lorsqu'une fois il est devenu négatif.

Soit $q = \frac{1}{0}$, alors nous aurons, comme ci-dessus, $v^2 + \frac{7}{2} ve - 2e^2 < 0$ pour la limite du cas où ce terme peut devenir négatif, ce qui donne encore $v = \frac{1}{2} e$; nous aurons de plus $v^2 + \frac{7}{2} ve - \frac{1}{2} e^2 > 0$; ou faisant $\frac{v}{e} = \varepsilon$, $\varepsilon^2 + \frac{7}{2}\varepsilon - \frac{1}{2} > 0$, ou $\varepsilon > \frac{-7+\sqrt{57}}{4}$, ou $v > = \frac{\sqrt{57}-7}{\sqrt{57}-3}$ pour limite du cas où tous les termes sont négatifs. Nous obſerverons enfin que dans chacun des trois cas, lorſque la ſérie parvient à des termes négatifs, elle eſt toujours convergente par rapport à ces termes, comme par rapport aux termes poſitifs.

Si nous examinons maitenant ces ſéries dans le cas de $q = \frac{1}{0}$, nous trouverons pour le premier cas,

$$(o)\ V^{\frac{1}{0}} = v(v^2 + 3ve) + 3v^2e^2[v^2 + (3 + \tfrac{1}{3})ev - e^2] \ldots$$
$$+ \frac{3q-3}{q-1} v^q e^{2q-2}[v^2 + (3 + \frac{q-1}{2q-1}).ev - \frac{2q-2}{q} e^2] \ldots$$

ce terme en q n'étant ici que pour conſerver la forme du terme général; d'où

$$V^{\frac{1}{0}} = (v^3 + 3v^2e)[1 + 3ve^2 + (\tfrac{6}{2})(ve^2)^2 \ldots + \frac{3q}{q}(ve^2)^q \ldots]$$
$$+ v^2e\,[ve^2 + 6(ve^2)^2 \ldots\ldots\ldots + \frac{3q}{q-1}(ve^2)^q \ldots]$$
$$- ve^2\,[3ve^2 + (\tfrac{6}{3})(ve^2)^2 \ldots\ldots + \frac{3q}{q+1}(ve^2)^q \ldots]$$

Or appelant ve^2, z, & la première ſérie Z, il eſt aiſé de voir que la ſeconde ſera $\dfrac{\int \frac{\partial Z}{\partial z} z^{\frac{1}{2}} \partial z}{2z^{\frac{1}{2}}}$, & la troiſième $\dfrac{2\int \frac{\partial Z}{\partial z} z \partial z}{z}$, & qu'ainſi $V^{\frac{1}{0}} = (v^3 + 3v^2e)\,Z$
$+ v^2e \dfrac{\int \frac{\partial Z}{\partial z} z^{\frac{1}{2}} \partial z}{2z^{\frac{1}{2}}} - ve^2 . \dfrac{\int \frac{\partial Z}{\partial z} z \partial z}{z}$.

Mais lorſque $v > e$, nous aurons ici $V^{\frac{1}{0}} = 1$. Donc on aura l'équation

$$(v^3 + 3v^2e)Z + v^2e \frac{\int \frac{\partial Z}{\partial z} z^{\frac{1}{2}} \partial z}{2z^{\frac{1}{2}}} - ve^2 \frac{\int \frac{\partial Z}{\partial z} z \partial z}{z} = 1;$$

équation de laquelle on tirera Z en v ou en e, par une équation du ſecond ordre.

Nous trouverons de même,

$$(1)\, V^{\frac{1}{0}} = v + ve(v^2 + 3ev - e^2) + (\tfrac{4}{1})v^2e^3[v^2 + (3 + \tfrac{1}{4}).ev - \tfrac{3}{2}e^2] \ldots$$
$$+ \frac{3q-2}{q-1} v^q e^{2q-1} [v^2 + (3 + \frac{q-1}{2q}).ev - \frac{2q-1}{q} e^2] \ldots\ldots$$

(ce terme en q n'étant ici que pour montrer la forme du terme général), & cette équation devient

$$(1)\, V^{\frac{1}{0}} = v + (v^3e + 3v^2e^2).[1 + (\tfrac{4}{1})ve^2 \ldots + \frac{3q+1}{q} v^q e^{2q} \ldots]$$
$$+ v^2e^2 \quad [v e^2 \ldots\ldots + \frac{3q+1}{q-1} v^q e^{2q} \ldots]$$
$$- ve^3 \quad [1 + (\tfrac{4}{2}) ve^2 \ldots + \frac{3q+1}{q+1} v^q e^{2q} \ldots]$$

Or appelant ici $v e^2$, z, & la première série Z', il est clair que la seconde sera $\dfrac{\frac{1}{2}\int \frac{\partial Z'}{\partial z} z \partial z}{z}$, & la troisième $\dfrac{2\int \frac{\partial.(Z' z^{\frac{1}{2}})}{\partial z} z^{\frac{1}{2}} \partial z}{z}$; & comme nous devons avoir $(1)\, V^{\frac{1}{0}} = 1$ lorsque $v > e$, nous aurons l'équation

$$(v^3e + 3v^2e^2).\, Z' + \tfrac{1}{2}v^2e^2 \frac{\int \frac{\partial Z'}{\partial z} z \partial z}{z} - 2ve^3 \frac{\int \frac{\partial.(Z' z^{\frac{1}{2}})}{\partial z} z^{\frac{1}{2}} \partial z}{z}$$

$= 1 - v = e$, ce qui donne Z' en v, e, ou z, par une équation du second ordre.

Enfin, à cause de $(2)\, V^{\frac{1}{0}} = v^2 + 2v^2e$ $[v^2 + (3 + \frac{1}{2}).ve - \frac{1}{2}e^2] + (\frac{5}{2}).v^3e^3(v^2 + \frac{7}{2}ev - e^2) \ldots$

$$+ \frac{3q-1}{q} v^{q+1} e^{2q-1} (v^2 + \tfrac{7}{2}vc - \frac{2q-1}{q+1} e^2) \ldots\ldots$$
$$= v^2 + (v^4e + \tfrac{7}{2}v^3e^2).[2 + (\tfrac{5}{2})ve^2 \ldots + \frac{3q+2}{q+1} (ve^2)^q \ldots]$$
$$- v^2e^3 [1 + (\tfrac{5}{2}) ve^2 \ldots\ldots + \frac{3q+2}{q+2} (ve^2)^q \ldots\ldots]$$

$= v^2 + (2v^4e + 7v^3e^2).[1 + 5ve^2 \ldots + \frac{3q+2}{q}(ve^2)^q \ldots\ldots]$
$- v^2e^3\ [1 + (\frac{5}{2})\, ve^2 \ldots\ldots + \frac{3q+2}{q+2}(ve^2)^q]$; &
faisant $ve^2 = z$, & la première série Z'', nous aurons

$$(2)\ V^{\frac{1}{0}} = v^2 + (v^4e + 7\,v^3\,e^2).Z'' - 4v^2\,e^3 \frac{\int \frac{\partial.(Z''z^{\frac{1}{2}})}{\partial z} z^{\frac{3}{2}} \partial z}{z^2};$$

d'où, à cause de (2) $V^{\frac{1}{0}} = 1$ lorsque $v > e$, $(v^4e + 7v^3e^2)\, Z''$
$- 4v^2e^3 \frac{\int \frac{\partial(Z''z^{\frac{1}{2}})}{\partial z} z^{\frac{3}{2}} \partial z}{z^2} = 2\,ve + e^2$, ce qui donne
Z'' par une équation du premier ordre.

Nous ne nous arrêterons point à chercher à résoudre ces équations, pour en tirer ensuite, en changeant v en e, les valeurs inconnues jusqu'ici de $V^{\frac{1}{0}}$, lorsque $v < e$. Outre que leur intégration peut être très-difficile, ou même impossible, en termes finis, comme les autres hypothèses conduisent à à des équations encore plus elevées, cette méthode, qui est la plus directe, deviendroit trop compliquée dans l'état actuel de l'analyse, & nous en allons suivre une plus indirecte, mais plus simple.

Nous observerons pour cela que nous savons d'avance que ces valeurs de $V^{\frac{1}{0}}$ sont égales à 1 depuis $v = 1$ jusqu'à $v = \frac{1}{2}$. Cela posé, ayant pris la valeur de chaque série en z, celles des v & e, qui entrent dans la valeur de $V^{\frac{1}{0}}$ aussi en z, il en résulte que cette fonction doit être égale à 1 plus une fonction de z, dont les termes se détruisent, & qu'ainsi $V^{\frac{1}{0}}$ sera toujours 1 tant que l'on pourra prendre pour v la même racine de l'équation $v.(1 - v)^2 = z$. En examinant cette équation, on verra, 1.° que z, depuis $v = 0$ jusqu'à $v = \frac{1}{3}$, va toujours en croissant depuis $z = 0$ jusqu'à $z = \frac{4}{27}$; que depuis $v = \frac{1}{3}$ jusqu'à $v = 1$, z va en décroissant depuis

$z = \frac{4}{27}$ jusqu'à $z = 0$; 2.° que des trois racines de l'équation $v.(1 - v)^2 = z$, une ne peut servir à la question ; & que des deux autres, l'une répond toujours à $v > \frac{1}{3}$, l'autre à $v < \frac{1}{3}$; 3.° que par conséquent, pour les mêmes valeurs de z, depuis o jusqu'à $\frac{4}{27}$, il y aura deux valeurs de $V^{\frac{1}{0}}$, l'une depuis $v = 1$ jusqu'à $v = \frac{1}{3}$, l'autre depuis $v = \frac{1}{3}$ jusqu'à $v = 0$; 4.° Enfin, que réduisant en série par rapport à z, on trouvera la première de ces valeurs $= 1$, & l'autre $= 0$, ce qu'on trouveroit également pour la première de ce qui a été observé ci-dessus ; & pour la seconde, de ce que $V^{\frac{1}{0}}$, réduit en série par rapport à v ou à e, ne contient pas ces quantités, & par conséquent est indépendant de leurs valeurs, & qu'il est o pour $v = 0$; 5.° que dans le cas de $v = \frac{1}{3}$, où $V^{\frac{1}{0}}$ passe de la valeur 1 à la valeur o, on aura, mettant $v + \partial v$ au lieu de v, $V^{\frac{1}{0}} + \frac{\partial . V^{\frac{1}{0}}}{\partial v} \partial v = 1$, & $V^{\frac{1}{0}} - \frac{\partial . V^{\frac{1}{0}}}{\partial v} \partial v = 0$, d'où $V^{\frac{1}{0}} = \frac{1}{2}$.

Nous chercherons maintenant dans les trois hypothèses ci-dessus, les quantités V'^q, c'est-à-dire, la probabilité que la décision sera en faveur de v avec la pluralité de q voix ; il est clair que nous aurons

$$(0)\ V'^q = v^{3q} + 3q v^{3q-1} e \ldots\ldots\ldots + \frac{3q}{q} v^{2q} e^q$$

$$(1)\ V'^q = v^{3q+1} + (3q+1).v^{3q} e \ldots\ldots + \frac{3q+1}{q} v^{2q+1} e^q$$

$$(2)\ V'^q = v^{3q+2} + (3q+2).v^{3q+1} e \ldots + \frac{3q+2}{q+1} v^{2q+1} e^{q+1};$$

d'où nous tirerons

$$(0)\ V'^{q+1} - V'^q = v^{3q+3} + (3q+3)\ v^{3q+2} e \ldots\ldots\ldots\ldots + \frac{3q+3}{q+1} v^{2q+2} e^{q+1} - (v^{3q} + 3q v^{3q-1} e \ldots + \frac{3q}{q} v^{2q} e^q)\ (v+e)^3.$$

Or, 1.° $\frac{3q+3}{q+1} = \frac{3q}{q+1} + 3\ \frac{3q}{q} + 3\ \frac{3q}{q-1} + \frac{3q}{q-2}$, dont le premier terme ne se trouve point dans $V'^q.(v+c)^3$;

2.° les termes $\frac{3q}{q} v^{2q} e^{q+3}$, $3 \frac{3q}{q} v^{2q+1} e^{q+2}$, $\frac{3q}{q-1} v^{2q+1} e^{q+2}$ ne se trouvent point dans V'^{q+1}; nous aurons donc

$$(o)\ V'^{q+1} - V'^{q} = \frac{3q}{q+1} v^{2q+2} e^{q+1} - 3 \frac{3q}{q} v^{2q+1} e^{q+2}$$
$$- \frac{3q}{q-1} v^{2q+1} e^{q+2} - \frac{3q}{q} v^{2q} e^{q+3} = \frac{3q}{q}$$
$$\left(\frac{2q}{q+1} v^2 - 3ve - \frac{q}{2q+1} ve - e^2\right) v^{2q} e^{q+1}$$

$$(o)\ V'^{q} = v^3 + 3v^2 e + 3v^2 e^2 [v^2 - (3 + \tfrac{1}{3}) ve - e^2] \ldots\ldots$$
$$+ \frac{3q-3}{q-1} v^{2q-2} e^{q} \left[\frac{2q-2}{q} v^2 - \left(3 + \frac{q-1}{2q-1}\right) ev - e^2\right]$$

En examinant cette formule, nous trouverons, 1.° qu'elle sera composée toute entière de termes négatifs tant que $v = < \frac{2}{3}$, & qu'ainsi la probabilité d'avoir une décision conforme à la vérité, diminuera dans cette hypothèse à mesure que l'on augmentera le nombre des Votans; 2.° que pour que tous les termes soient positifs, il faudra que $v = > \frac{10 + \sqrt{136}}{16 + \sqrt{136}}$, c'est-à-dire à peu-près $\frac{7831}{10000}$. Ainsi tant que v sera supérieur à cette limite, plus on augmentera q, plus la probabilité d'obtenir une décision conforme à la vérité, à la pluralité demandée, augmentera aussi; & dans le cas où v est entre ces deux limites, on aura d'abord, jusqu'à un certain point, la probabilité diminuant lorsque q augmente; & au-delà de ce terme, la probabilité augmentera en même-temps que q, mais plus lentement qu'elle n'a diminué; en sorte que pour avoir ici une aussi grande probabilité avec un grand nombre de Votans qu'avec trois seulement, on pourra être obligé de prendre un grand nombre de termes.

Nous trouverons de même $(1)\ V'^{q+1} - V'^{q} = v^{3q+4} \ldots\ldots$ $+ \frac{3q+4}{q+1} v^{2q+3} e^{q+1} - (v^{3q+1} \ldots\ldots + \frac{3q+1}{q} v^{2q+1} e^{q}) (v + e)^3$, & nous observerons, 1.° que $\frac{3q+4}{q+1} = \frac{3q+1}{q+1} + 3 \frac{3q+1}{q}$

$+ 3\frac{3q+1}{q-1} + \frac{3q+1}{q-2}$, dont le premier terme ne se trouve point dans $V'^q.(v+e)^3$; 2.° les termes $\frac{3q+1}{q} v^{2q+1} e^{q+3}$, $3\frac{3q+1}{q} v^{2q+2} e^{q+2}$, & $\frac{3q+1}{q-1} v^{2q+2} e^{q+2}$ se trouvent dans $V'^q.(v+e)^3$, & ne se trouvent point dans V'^{q+1}. Nous aurons donc (1) $V'^{q+1} - V'^q = \frac{3q+1}{q+1} v^{2q+3} e^{q+1}$

$$- \left[3\frac{3q+1}{q} + \frac{3q+1}{q-1}\right] v^{2q+2} e^{q+2} - \frac{3q+1}{q} v^{2q+1} e^{q+3}$$

$$= \frac{3q+1}{q} v^{2q+1} e^{q+1} \left[\frac{2q+1}{q+1} v^2 + \left(3 + \frac{q}{2q+2}\right) ve - e^2\right],$$

& (1) $V^q = v + ve(v^2 - 3ev - e^2)$

$$+ \left(\frac{4}{1}\right) v^3 e^2 \left[\frac{3}{2} v^2 - \left(3 + \frac{1}{4}\right).ve - e^2\right] \dots\dots\dots$$

$$+ \frac{3q-2}{q-1} v^{2q-1} e^q \left[\frac{2q-1}{q} v^2 - \left(3 + \frac{q-1}{2q}\right).ev - e^2\right].$$

En examinant cette formule, nous trouverons, 1.° comme ci-dessus, que tous les termes seront négatifs, quel que soit q, tant que $v =< \frac{2}{3}$; 2.° que, pour qu'ils soient tous positifs, il faudra au contraire que $v => \frac{\sqrt{(13)}+3}{\sqrt{(13)}+5}$, d'où l'on tirera les mêmes conclusions que ci-dessus.

On trouvera de même

$$(2) V'^{q+1} - V'^q = \frac{3q+2}{2q+1} v^{2q+1} e^{q+2} \left[\frac{2q+1}{q+2} v^2 - \left(3 + \frac{q+1}{2q+2}\right).ev - e^2\right],$$

$$\& \; V'^q = v^2 + 2ve + 2e^2 v\left(\frac{1}{2} v^2 - \frac{7}{2} ve - e^2\right) \dots\dots\dots$$

$$+ \frac{3q-1}{q} v^{2q-1} e^{q+1} \left(\frac{2q-1}{q+1} v^2 - \frac{7}{2} ev - e^2\right),$$

d'où nous conclurons, 1.° que tous les termes seront négatifs tant que $v =< \frac{2}{3}$; 2.° qu'ils ne pourront être tous positifs, à moins que l'on n'ait $v => \frac{7+\sqrt{57}}{9+\sqrt{57}}$, d'où l'on tirera les mêmes conclusions que ci-dessus. Lorsque $q = \frac{1}{0}$, on aura (0) $V'^{\frac{1}{0}}$, (1) $V'^{\frac{1}{0}}$, (2) $V'^{\frac{1}{0}}$ égaux à 1 lorsque $v > \frac{2}{3}$, à zéro lorſque $v < \frac{2}{3}$, & à $\frac{1}{2}$ lorſque $v = \frac{2}{3}$, ce qui ſe déduit de $V'^q + E^q = 1$, $V^q + E'^q = 1$.

Il réſulte de ces équations, que dans ces trois hypothèſes, ſi l'on veut non-ſeulement parvenir à obtenir une valeur de V^q très-approchante de l'unité, mais même avoir une valeur de V'^q qui puiſſe en approcher auſſi, il faudra que $v > \frac{2}{3}$, & que ſi on veut avoir pour V^q & V'^q à la fois des valeurs convergentes, de manière à n'avoir pas beſoin de faire q très-grand, il faudra avoir v au-deſſus des limites que nous avons marquées ci-deſſus.

Il ſuit de ce que nous venons de dire, 1.° que tant que $v > \frac{1}{3}$, on aura V^q d'autant plus grand que q augmentera, & qu'ainſi dans cette hypothèſe, plus le nombre des Votans ſera grand, plus il y aura de probabilité que la déciſion ne ſera pas contraire à la vérité; 2.° que lorſque $v < \frac{2}{3}$, V'^q diminuera à meſure que q augmentera; & qu'ainſi dans le cas où v eſt entre $\frac{2}{3}$ & $\frac{1}{3}$, ſi l'on a un grand nombre de Votans, il arrivera que ſi l'on a une grande probabilité de n'avoir pas une déciſion contraire à la vérité, on en aura une très-petite d'avoir une déciſion conforme à la vérité, & qui ſera même plus petite que celle d'avoir une déciſion en faveur de l'erreur tant que $v < e$, de manière que le ſeul avantage de la vérité, eſt de n'avoir pas de déciſion contr'elle lorſqu'elle ſe trouve appartenir au cas pour lequel on exige cette pluralité. Par exemple, s'il s'agit d'un jugement, plus on multipliera le nombre des Votans en ce cas, plus il ſera probable qu'un innocent ne ſera pas condamné; mais auſſi plus il devient probable, & en plus grande proportion, qu'un coupable ne ſera point puni. Ainſi les inconvéniens des aſſemblées nombreuſes, formées d'hommes à préjugés, deviennent moindres ſous cette forme: elles décideront moins; mais tant que la probabilité de la vérité du jugement de chacun ne ſera pas au-deſſous de $\frac{1}{3}$, il y aura du moins la probabilité que la déciſion ne ſera pas contraire à la vérité. Cependant pour que cette forme convînt à une aſſemblée nombreuſe, compoſée d'hommes peu éclairés, il faudroit que du moins $v > \frac{2}{3}$.

$v > \frac{2}{3}$. Dans ce cas elle peut être avantageuse, puisqu'on peut réunir & une probabilité très-grande qu'il ne se formera point de décision contraire à la vérité, & une probabilité assez grande qu'il y aura une décision; & que s'il y en a une, elle sera pour la vérité; en effet, cette dernière probabilité est exprimée ici par $\frac{V'^q}{V'^q + E'^q}$, & dès que $v > e$, $V'^q > E'^q$.

Lorsque la décision est formée, si l'on cherche la probabilité que le jugement porté est conforme à la vérité, & qu'on ignore à quelle pluralité il a été rendu, on aura cette probabilité exprimée encore par $\frac{V'^q}{V'^q + E'^q}$; si on connoît cette pluralité, & qu'elle soit q' > ou $= q$, elle sera $\frac{v^{q'}}{v^{q'} + e^{q'}}$, & la moindre qu'il sera possible quand $q' = q$, & qu'elle devient $\frac{v^q}{v^q + e^q}$.

Quoique nous regardions ici les quantités v & e comme constantes par rapport aux mêmes hommes, on sait que cette supposition n'est pas exacte; il y a non-seulement des questions, mais des classes de questions, pour lesquelles ils n'ont ni la même sagacité ni la même justesse. Si donc on confie à la même assemblée le jugement de différentes questions, pourvu que v ne soit pas $=$ ou $< \frac{1}{3}$, on aura, si le nombre des Votans est très-grand, une grande probabilité que la décision ne sera pas contraire à la vérité; une probabilité encore grande qu'elle y sera plutôt conforme tant que v sera entre 1 & $\frac{2}{3}$, & enfin plus de probabilité que la décision sera en faveur de la vérité qu'en faveur de l'erreur, tant que $v > e$. Ainsi, par exemple, pourvu que les préjugés ne fassent point tomber v jusqu'à $\frac{1}{3}$, il sera très-probable qu'il n'y aura point de décision, & très-probable, s'il y en a une, qu'elle sera en faveur de la vérité s'ils ne font pas tomber v jusqu'à $\frac{1}{2}$.

Cinquième Hypothèse.

Si le nombre des Votans est toujours $3q$, $3q + 1$,

$3q+2$, & que la pluralité soit $q+q'$, ou plutôt $q+2q'$ dans le premier & le troisième cas, & $q+2q'+1$ dans le second, parce que le nombre à ajouter à q ne peut être que pair dans le premier & le troisième cas, & impair dans le second; nous aurons

$$(0)\ V^q = v^{3q} \ldots\ldots + \frac{3q}{2q+q'-1} v^{q-q'+1} e^{2q+q'-1}$$

$$(1)\ V^q = v^{3q+1} \ldots\ldots + \frac{3q+1}{2q+q'} v^{q-q'+1} e^{2q+q'}$$

$$(2)\ V^q = v^{3q+2} \ldots\ldots + \frac{3q+2}{2q+q'} v^{q-q'+2} e^{2q+q'}$$

$$(0)\ V^{q+1} = v^{3q+3} \ldots\ldots + \frac{3q+3}{2q+q'+1} v^{q-q'+2} e^{2q+q'+1}$$

$$(0)\ V^{q+1} - V^q = v^{3q+3} \ldots + \frac{3q+3}{2q+q'+1} v^{q-q'+2} e^{2q+q'+1} \ldots$$
$$- \left(v^{3q} \ldots + \frac{3q}{2q+q'-1} v^{q-q'+1} e^{2q+q'-1}\right)(v+e)^3.$$

Mais, 1.° $\frac{3q+3}{2q+q'+1} = \frac{3q}{2q+q'+1} + 3\frac{3q}{2q+q'} + 3\frac{3q}{2q+q'-1} + \frac{3q}{2q+q'-2}$, & les deux premiers termes ne se trouvent point dans $V^q.(v+e)^3$; 2.° le terme $\frac{3q+3}{2q+q'} = \frac{3q}{2q+q'} + 3\frac{3q}{2q+q'-1} + 3\frac{3q}{2q+q'-2} + \frac{3q}{2q+q'-3}$, dont le premier terme ne se trouve point dans $V^q.(v+e)^3$; 2.° le terme $\frac{3q}{2q+q'-1} v^{q-q'+1} e^{2q+q'+2}$, qui se trouve dans $V^q.(v+e)^3$, ne se trouve pas dans V^{q+1}. Nous aurons donc

$$(0)\ V^{q+1} - V^q = \left(\frac{3q}{2q+q'+1} + 3\frac{3q}{2q+q'}\right) v^{q-q'+2} e^{2q+q'+1}$$
$$+ \frac{3q}{2q+q'} v^{q-q'+3} e^{2q+q'} - \frac{3q}{2q+q'-1} v^{q-q'+1} e^{2q+q'+2}$$
$$= \frac{3q}{2q+q'}\left[v^2 + \left(3 + \frac{q-q'}{2q+q'+1}\right).ev - \frac{2q+q'}{q-q'+1} e^2\right] v^{q-q'+1} e^{2q+q'},$$

où l'on peut mettre $\frac{3q}{q-q'}$ au lieu de $\frac{3q}{2q+q'}$. On aura donc

$$(o)\ V^q = 1 \ldots\ldots - e^{3q'} + (v^2 + 3ve - \tfrac{3q'}{1} e^2) v e^{3q'}$$
$$+ (3q'+3)\,[v^2 + (3 + \tfrac{1}{3q'+3}).ev - \tfrac{3q'+2}{2} e^2] v^2 e^{3q'+2} \ldots\ldots$$
$$+ \tfrac{3q-3}{q-q'-1}\,[v^2 + (3 + \tfrac{q-q'-1}{2q+q'-1}).ev - \tfrac{2q+q'-2}{q-q'} e^2] v^{q-q'} e^{2q+q'-2}.$$

Si nous examinons en général les conséquences de cette hypothèse, nous trouverons que le coëfficient de ev, augmentant continuellement, tandis que celui de e^2 diminue à mesure que q devient plus grand, tous les termes ne peuvent rester négatifs que dans le cas où ce facteur est négatif, q étant $\frac{1}{0}$. Or quand $q = \frac{1}{0}$, ce facteur devient $v^2 + \frac{7}{2}ve - 2e^2$, précisément comme ci-dessus, ce qui donne pour limite $v = \frac{1}{3}$; pour l'autre limite, c'est-à-dire, celle où ce terme est toujours positif, nous supposerons $v^2 + 3ve - 3q'e^2 = 0$, ce qui donne $\frac{v}{e} = -\frac{3}{2} + \sqrt{(\frac{9}{4} + 3q')}$; & à cause de $e = 1 - v$, $v = \frac{\sqrt{(\frac{9}{4}+3q')} - \frac{3}{2}}{\sqrt{(\frac{9}{4}+3q')} - \frac{1}{2}}$. Ainsi il faudra que v soit entre 1 & cette valeur, pour qu'en augmentant le nombre des Votans depuis le point où la pluralité exigée se confond avec l'unanimité, la probabilité aille toujours en augmentant. Entre cette valeur & $v = \frac{1}{3}$, elle ira toujours en diminuant jusqu'à un point où elle commencera à croître avec le nombre des Votans; au-dessous de $\frac{1}{3}$ elle sera toujours décroissante.

On trouvera de même $(1)\ V^{q+1} - V^q = v^{3q+4} \ldots\ldots$

$$+ \tfrac{3q+4}{2q+q'+2} v^{q+2-q'} e^{2q+q'+2} - (v^{3q} \ldots\ldots + \tfrac{3q+1}{2q+q'} v^{q+1-q'} e^{2q+q'}).(v+e)^3.$$

Or, 1.° les deux termes $\frac{3q+1}{2q+q'+2}$ & $3\,\frac{3q+1}{2q+q'+1}$, qui entrent dans la valeur de $\frac{3q+4}{2q+q'+2}$, ne se trouvent pas dans $(1)\ V^q.(v+e)^3$; 2.° le terme $\frac{3q+1}{2q+q'+1}$, qui entre dans la valeur de $\frac{3q+4}{2q+q'+1}$, ne se trouve pas dans $(1)\ V^q.(v+e)^3$,

3.° réciproquement le terme $\frac{3q+1}{2q+q'} v^{q+1-q'} e^{2q+q'+3}$, qui se trouve dans $(1)\,V^q.(v+e)^3$, n'est pas dans $(1)\,V^{q+1}$. Nous aurons donc

$$(1)\,V^{q+1} - V^q = \left(\frac{3q+1}{2q+q'+2} + 3\frac{3q+1}{2q+q'+1}\right) v^{q+2-q'} e^{2q+q'+2}$$

$$+ \frac{3q+1}{2q+q'+1} v^{q+3-q'} e^{2q+q'+1} - \frac{3q+1}{2q+q'} v^{q+1-q'} e^{2q+q'+3}$$

$$= \frac{3q+1}{2q+q'+1} v^{q+1-q'} e^{2q+q'+1} \left[v^2 + \left(3 + \frac{q-q'}{2q+q'+2}\right).ev - \frac{2q+q'+1}{q-q'+1} e^2\right]$$

$$(1)\,V^q = 1 \ldots - e^{3q'+1} + [v^2 + 3ev - (3q'+1).e^2] ve^{3q'+1}$$

$$+ (3q'+4).\left[v^2 + \left(3 + \frac{1}{3q'+4}\right).ev - \frac{3q'+3}{2} e^2\right] v^2 e^{3q'+3} \ldots$$

$$+ \frac{3q-2}{q-q'-1} v^{q-q'} e^{2q+q'-1} \left[v^2 + \left(3 + \frac{q-q'-1}{2q+q'}\right) ve - \frac{2q+q'-1}{q-q'} e^2\right];$$

d'où nous tirerons les mêmes conclusions que ci-dessus, à cela près que la limite, au-dessus de laquelle tous les termes sont positifs, & où la probabilité augmente toujours avec la pluralité, sera $\frac{\sqrt{(\frac{9}{4} + 3q' + 1)} - \frac{3}{2}}{\sqrt{(\frac{9}{4} + 3q' + 1)} - \frac{1}{2}}$.

Nous trouverons enfin $(2)\,V^{q+1} - V^q = v^{3q+5} \ldots\ldots\ldots\ldots\ldots\ldots$

$$+ \frac{3q+5}{2q+q'+2} v^{q-q'+3} e^{2q+q'+2} - \left(v^{3q+3} \ldots + \frac{3q+2}{2q+q'} v^{q-q'+2} e^{2q+q'}\right).(v+e)^3$$

Or, 1.° le terme $\frac{3q+5}{2q+q'+2}$ contient les termes $\frac{3q+2}{2q+q'+2}$ & $3\,\frac{3q+2}{2q+q'+1}$, qui ne sont point dans $V^q.(v+e)^3$; 2.° le terme $\frac{3q+5}{2q+q'+1}$ contient $\frac{3q+2}{2q+q'+1}$, qui ne se trouve point dans $V^q.(v+e)^3$; 3.° réciproquement le terme $\frac{3q+2}{2q+q'} v^{q-q'+2} e^{2q+q'+3}$, qui est dans $V^q.(v+e)^3$, ne se trouve point dans V^{q+1}. Nous aurons donc

$$(2)\,V^{q+1} - V^q = \left(\frac{3q+2}{2q+q'+2} + 3\,\frac{3q+2}{2q+q'+1}\right) v^{q-q'+3} e^{2q+q'+2}$$

$$+ \frac{3q+2}{2q+q'+1} v^{q-q'+4} e^{2q+q'+1} - \frac{3q+2}{2q+q'} v^{q-q'+2} e^{2q+q'+3}$$

$$= \frac{3q+2}{2q+q'+1} v^{q-q'+2} e^{2q+q'+1} \left[v^2 + \left(3 + \frac{q-q'+1}{2q+q'+2}\right) ev - \frac{2q+q'+1}{q-q'+2} e^2\right];$$

d'où $(2)\, V^q = 1 \ldots\ldots - e^{3q'-1} + [v^2 + 3ev - (3q'-1).e^2]\, v e^{3q'-1}$

$$+ (3q'+2)\left[v^2 + \left(3 + \frac{1}{3q'+2}\right) ev - \frac{3q'+1}{2} e^2\right] v^2 e^{3q'+1} \ldots\ldots$$

$$+ \frac{3q-1}{q-q'} v^{q-q'+1} e^{2q+q'-1} \left[v^2 + \left(3 + \frac{q-q'}{2q+q'}\right) ev - \frac{2q+q'-1}{q-q'+1} e^2\right].$$

Nous aurons encore ici les mêmes limites, excepté que nous aurons pour le point où tous les termes sont positifs,

$$v < \frac{\sqrt{(\frac{9}{4} + 3q' - 1)} - \frac{3}{2}}{\sqrt{(\frac{9}{4} + 3q' - 1)} - \frac{1}{2}}.$$

Si l'on cherche les valeurs de $(0)\, V^{\frac{1}{0}}$, $(1)\, V^{\frac{1}{0}}$, $(2)\, V^{\frac{1}{0}}$ on les trouvera 1 pour $v > \frac{1}{3}$, $\frac{1}{2}$ pour $v = \frac{1}{3}$, 0 pour $v < \frac{1}{3}$.

Cherchons maintenant $(0)\, V'^q$, $(1)\, V'^q$, $(2)\, V'^q$, nous aurons

$$(0)\, V'^q = v^{3q} \ldots\ldots\ldots\ldots + \frac{3q}{q-q'} v^{2q+q'} e^{q-q'}$$

$$(1)\, V'^q = v^{3q+1} \ldots\ldots\ldots + \frac{3q+1}{q-q'} v^{2q+q'+1} e^{q-q'}$$

$$(2)\, V'^q = v^{3q+2} \ldots\ldots\ldots + \frac{3q+2}{q-q'+1} v^{2q+q'+1} e^{q-q'+1},$$

d'où, puisque le terme $\frac{3q}{q+1-q'} v^{2q+q'+2} e^{q+1-q'}$ entre dans V'^{q+1} sans entrer dans V'^q, & que les termes $3\frac{3q}{q-q'} v^{2q+q'+1} e^{q+2-q'}$, $\frac{3q}{q-q'} v^{2q+q'} e^{q+3-q'}$, & $\frac{3q}{q-q'-1} v^{2q+q'+1} e^{q+2-q'}$, entrent dans $V'^q\ (v+e)^3$ sans entrer dans V'^{q+1},

$$(0)\, V^{q+1} - V^q = v^{3q+3} \ldots\ldots + \frac{3q+3}{q+1-q'} v^{2q+q'+2} e^{q+1-q'}$$

$$- \left(v^{3q} \ldots\ldots\ldots\ldots + \frac{3q}{q-q'} v^{2q+q'} e^{q-q'}\right)(v+e)^3$$

$$= \frac{3q}{q+1-q'} v^{2q+q'+2} e^{q+1-q'} - 3\frac{3q}{q-q'} v^{2q+q'+1} e^{q-q'+2}$$

$$- \frac{3q}{q-q'} v^{2q+q'} e^{q-q'+3} - \frac{3q}{q-q'-1} v^{2q+q'+1} e^{q-q'+2}$$

$$= \frac{3q}{q-q'}\left[\frac{2q+q'}{q+1-q'}v^2 - \left(3 + \frac{q-q'}{2q+q'+1}\right)ev - e^2\right]v^{2q+q'}e^{q-q'+1},$$

& par conséquent

$$(o)\ V'^q = v^{3q'} + (3q'v^2 - 3ev - e^2)v^{3q'}e + (3q'+3).$$

$$\left[\frac{3q'+2}{2}v^2 - \left(3 + \frac{1}{3q+3}\right)ve - e^2\right]v^{3q'+2}e^2 \ldots\ldots$$

$$+ \frac{3q-3}{q-q'-1}\left[\frac{2q+q'-2}{q-q'}v^2 - \left(3 + \frac{q-q'-1}{2q+q'-1}\right)ev - e^2\right]v^{2q+q'-2}e^{q-q'}$$

Nous trouverons, en examinant cette formule, que tant que $v > \frac{2}{3}$, la probabilité ira toujours en augmentant en même-temps que le nombre des Votans; mais si $v < \frac{2}{3}$, la probabilité, après avoir augmenté avec le nombre des Votans, diminuera ensuite, & la limite des valeurs de v, pour lesquelles elle commencera à diminuer dès les premiers termes, sera $v < \dfrac{\sqrt{\left(\frac{1}{4q'^2} + \frac{1}{3q'}\right)} + \frac{1}{2q'}}{\sqrt{\left(\frac{1}{4q'^2} + \frac{1}{3q'}\right)} + \frac{1}{2q'} + 1}$. Nous aurons de même

$$(1)\ V'^q = v^{3q+1} \ldots\ldots\ldots\ldots + \frac{3q+1}{q-q'}v^{2q+q'+1}e^{q-q'}$$

$$(1)\ V'^{q+1} - V'^q = v^{3q+4} \ldots + \frac{3q+4}{q-q'+1}v^{2q+q'+3}e^{q-q'+1}$$

$$-\left(v^{3q+1} \ldots\ldots\ldots + \frac{3q+1}{q-q'}v^{2q+q'+1}e^{q-q'}\right)(v+e)^3,$$

& nous trouverons, 1.° que le terme $\frac{3q+1}{q-q'+1}$ qui entre dans V'^{q+1}, n'entre point dans $V'^q.(v+e)^3$; 2.° que réciproquement les termes $\frac{3q+1}{q-q'}v^{2q+q'+1}e^{q-q'+3}$,

$$3.\frac{3q+1}{q-q'}v^{2q+q'+2}e^{q-q'+2} \quad \& \quad \frac{3q+1}{q-q'-1}v^{2q+q'+2}e^{q-q'+2}$$

qui entrent dans $V'^q(v+e)^3$, n entrent point dans V'^{q+1}; nous aurons donc $V'^{q+1} - V^q = \frac{3q+1}{q-q'+1}v^{2q+q'+3}e^{q-q'+1}$

$$-\left(3.\frac{3q+1}{q-q'} + \frac{3q+1}{q-q'-1}\right)v^{2q+q'+2}e^{q-q'+2}$$

$$-\frac{3q+1}{q-q'}v^{2q+q'+1}e^{q-q'+3}=\frac{3q+1}{q-q'}v^{2q+q'+1}e^{q-q'+1}$$

$[\frac{2q+q'+1}{q-q'+1}v^2-(3+\frac{q-q'}{2q+q'+2})ev-e^2]$, d'où nous tirerons

$$(1)\ V'^q=v^{3q'+1}+\cdot v^{3q'+1}e[(3q'+1).v^2-3ev-e^2]$$
$$+(3q'+4)v^{3q'+3}e^2[\frac{3q'+3}{2}v^2-(3+\frac{1}{3q'+4})ev-e^2]$$
$$+\frac{3q-2}{q-q'-1}v^{2q+q'-1}e^{q-q'}[\frac{2q+q'-1}{q-q'}v^2-(3+\frac{q-q'-1}{2q+q'})ve-e^2]$$

ce qui donne les limites $\frac{2}{3}$ comme ci-dessus,

$$\&\ v<\frac{\sqrt{[\frac{9}{4.(3q'+1)^2}+\frac{1}{3q'+1}]}+\frac{3}{2.(3q'+1)}}{\sqrt{[\frac{9}{4.(3q'+1)^2}+\frac{1}{3q'+1}]}+\frac{3}{2.(3q'+1)}+1}.$$

Enfin nous aurons $(2)\ V'^q=v^{3q+2}\ldots+\frac{3q+2}{q-q'+1}v^{2q+q'+1}e^{q-q'+2}$

$$V'^{q+1}-V'^q=v^{3q+5}\ldots\ldots+\frac{3q+5}{q-q'+2}v^{2q+q'+3}e^{q-q'+2}$$
$$-(v^{3q+2}\ldots\ldots+\frac{3q+2}{q-q'+1}v^{2q+q'+1}e^{q-q'+1})\,(v+e)^3,$$

& nous trouverons, 1.° que le terme $\frac{3q+2}{q-q'+2}$ ne se trouve pas dans $V'^q.(v+e)^3$; 2.° que réciproquement les termes $\frac{3q+2}{q-q'+1}v^{2q+q'+1}e^{q-q'+4}$, $3\frac{3q+2}{q-q'+1}v^{2q+q'+2}e^{q-q'+3}$, & $\frac{3q+2}{q-q'}v^{2q+q'+2}e^{q-q'+3}$, ne se trouvent point dans V'^{q+1}.

Nous aurons donc $(2)\ V'^{q+1}-V'^q=\frac{3q+2}{q-q'+2}v^{2q+q'+3}e^{q-q'+2}$

$$-(\frac{3q+2}{q-q'+1}3+\frac{3q+2}{q-q'})v^{2q+q'+2}e^{q-q'+3}$$
$$-\frac{3q+2}{q-q'+1}v^{2q+q'+1}e^{q-q'+4}=\frac{3q+2}{q-q'+1}v^{2q+q'+1}e^{q-q'+2}$$
$$[\frac{2q+q'+1}{q-q'+2}v^2-(3+\frac{q-q'+1}{2q+q'+2})ev-e^2],$$

d'où $(2)\ V'^q=v^{3q'-2}+v^{3q'-1}e[(3q'-1).v^2-3ve-e^2]$

$$+(3q'+2).v^{3q'+1}e^2\left[\frac{3q'+1}{2}v^2-\left(3+\frac{1}{3q'+1}\right)ev-e^2\right]\ldots$$

$$+\frac{3q-1}{q-q'}v^{2q+q'-1}e^{q-q'+1}\left[\frac{2q+q'-1}{q-q'+1}v^2-\left(3+\frac{q-q'}{2q+q'}\right)ev-e^2\right],$$

ce qui nous donnera, comme ci-dessus, pour limites de v, $\frac{2}{3}$, &

$$\frac{\sqrt{\left[\frac{9}{4.(3q'-1)^2}+\frac{1}{3q'-1}\right]}+\frac{3}{2.(3q'-1)}}{\sqrt{\left[\frac{9}{4.(3q'-1)^2}+\frac{1}{3q'-1}\right]}+\frac{3}{2.(3q'-1)}+1}$$

, & nous aurons, comme ci-dessus, (0) V'^q, (1) V'^q, (2) V'^q égaux à 1, $\frac{1}{2}$ & 0, suivant que $v > = < \frac{2}{3}$, ce qui nous conduit aux mêmes conclusions que pour la quatrième hypothese, soit pour le cas où la décision n'est pas prononcée, soit pour celui où l'on sait qu'elle a été prononcée sans que la pluralité soit connue, soit enfin pour le cas où la pluralité de la décision est connue. Nous passerons maintenant à l'examen d'un cas plus général.

SIXIÈME HYPOTHÈSE.

Nous supposerons que le nombre des Votans est $mq+nq+q'$, & que la pluralité exigée est $nq+q''$; dans ce cas, q'' est une quantité constante, ainsi que q'. Cela posé, nous aurons

$$V^q = v^{mq+nq+q'}\ldots+\left(\frac{mq+nq+q'}{\frac{mq+2nq+q'+q''-1}{2}}\right)v^{\frac{mq+q'-q''+1}{2}}e^{\frac{mq+2nq+q'+q''-1}{2}}$$

en ayant soin ici de prendre pour l'exposant de v le nombre entier au-dessus de ce nombre fractionaire; & pour l'exposant de e, le nombre entier au-dessous; de-là nous tirerons

$$V^{q+1} = v^{mq+nq+m+n+q'}\ldots\ldots\ldots\ldots\ldots\ldots\ldots\ldots\ldots\ldots$$

$$+\left[\frac{(m+n).(q+1)+q'}{\frac{mq+m+2nq+2n+q'+q''-1}{2}}\right]v^{\frac{mq+m+q'-q''+1}{2}}e^{\frac{mq+m+2nq+2n+q'+q''-1}{2}},$$

& nous chercherons de même la différence entre V^{q+1} & V^q.

$V^q . (v + e)^{m+n} = V^q$, & nous obſerverons qu'appelant $\frac{p}{r}$ le coëfficient du dernier terme de V^q, & $\frac{p+p'}{r+r'}$ le coëfficient du dernier terme de V^{q+1}, d'où $m+n=p'$, nous aurons, 1.° $\frac{p+p'}{r+r'} = \frac{p}{r+r'} + p' \frac{p}{r+r'-1} + \frac{p'}{2} \frac{p}{r+r'-2} + \frac{p'}{3} \frac{p}{r+r'-3} \ldots\ldots + \frac{p'}{p'} \frac{p}{r+r'-p'}$, puiſque le premier membre eſt le coëfficient de $v^{p+p'-r-r'} e^{r+r'}$ dans $(v + e)^{p+p'}$, & le ſecond le coëfficient du même terme dans $(v + e)^p . (v + e)^{p'}$. Mais il eſt évident que l'on n'a de cette valeur dans $V^q . (v + e)^{p'}$, que $\frac{p}{r} \frac{p'}{r'} + \frac{p}{r-1} \frac{p'}{r'+1} + \frac{p}{r-2} \frac{p'}{r'+2} \ldots\ldots + \frac{p}{r+r'-p'} \frac{p'}{p'}$; ainſi V^{q+1} contiendra de plus le terme $v^{p+p'-r-r'} e^{r+r'} . \left(\frac{p}{r+r'} + p' \frac{p}{r+r'-1} \ldots\ldots + \frac{p}{r+1} \frac{p'}{r'-1}\right)$; 2.° que le coëfficient de l'avant-dernier terme, qui eſt $\frac{p+p'}{r+r'-1}$, eſt égal à $\frac{p}{r+r'-1} + p' \frac{p}{r+r'-2} \ldots\ldots + \frac{p'}{p'} \frac{p}{r+r'-p'-1}$; mais le coëfficient du terme correſpondant de $V^q . (v + e)^{p'}$, eſt $\frac{p}{r} \frac{p'}{r'-1} + \frac{p}{r-1} \frac{p'}{r'}$, $+ \frac{p}{r-2} \frac{p'}{r'+1} \ldots\ldots\ldots + \frac{p}{r+r'-1-p'} \frac{p'}{p'}$; V^{q+1}, ſurpaſſera donc V^q de la quantité $v^{p+p'+1-r-r'} e^{r+r'-1} . \left(\frac{p}{r+r'-1} + p' \frac{p}{r+r'-2} \ldots\ldots\ldots + \frac{p'}{r'-2} \frac{p}{r+1}\right)$; 3.° on aura de même un troiſième terme, dont V^{q+1} ſurpaſſera V^q, égal à $v^{p+p'+2-r-r'} e^{r+r'-2} \left(\frac{p}{r+r'-2} + p' \frac{p}{r+r'-3} \ldots\ldots\ldots + \frac{p'}{r'-3} \frac{p}{r+1}\right)$, & ainſi de ſuite juſqu'au terme .... $v^{p+p'-r} e^r$ excluſivement, ce qui donne r' termes de ce genre.

Mais il y a auſſi des termes dans $V^q . (v + e)^{p'}$, qui ne ſont point dans V^{q+1}. 1.° Le terme $\frac{p}{r} v^{p-r} e^{r+p'}$; 2.° les termes $(\frac{p}{r} p' + \frac{p}{r-1}) v^{p-r+1} e^{r+p'-1}$; 3.° les termes $(\frac{p}{r} \frac{p'}{2} + \frac{p}{r-1} p' + \frac{p}{r-2}) v^{p-r+2} e^{r+p'-2}$, & ainſi de ſuite juſqu'au terme ..... $v^{p+p'-r-r'} e^{r+r'}$ excluſivement, ce qui donne $p' - r'$, termes de ce genre; de-là nous tirerons $V^{q+1} - V^q = v^{p-r} e^{r+1} \frac{p}{r+1}$

$$v^{p'-1} + (\frac{p-r-1}{r+2} + p') v^{p'-2} e + [\frac{(p-r-1).(p-r-2)}{(r+2).(r+3)} + p' \frac{p-r-1}{r+2} + \frac{p'}{2}] v^{p'-3}$$

$$+ [\frac{(p-r-1)...(p-r-r'+1)}{(r+2)....r+r'} + p'. \frac{(p-r-1...(p-r-r'+2)}{(r+2)...r+r'-1} ...... + \frac{p'}{r'-1}] v^{p'-r'} e^{r'}$$

$$- (\frac{r+1}{p-r} e^{p'-1} + [\frac{(r+1).r}{(p-r).(p-r+1)} + p'. \frac{r+1}{p-r}] e^{p'-2} v$$

$$+ [\frac{(r+1).(r-1)}{(p-r).(p-r+1).(p-r+2)} + p'. \frac{r+1.r}{(p-r).(p-r+1)} + \frac{p'}{2}. \frac{r+1}{p-r}] e^{p'-3} v^2 ...$$

$$+ [\frac{(r+1).r.(r-1).....(r+r'+2-p')}{(p-r).(p-r+1)....p+p'-r-r'-1} ..... + \frac{p'}{p'-r'-1} \frac{r+1}{p-r}] e^{r'} v^{p'-r'-1}$$

on tirera facilement de-là une formule générale pour toutes les hypothèſes que l'on voudra calculer.

Nous ne nous y arrêterons pas plus long-temps, & nous chercherons ſeulement à trouver, pour ce caſ général, les concluſions relatives aux limites de v, que nous avons trouvées dans la cinquième hypothèſe. Pour cela, nous obſerverons d'abord qu'on peut, au lieu de m mettre $2m$, & au lieu de q' & q'', metre $2q'$ & $2q''$, ou $2q' + 1$ & $2q'' + 1$. Il eſt aiſé de voir que l'on aura des réſultats abſolument ſemblables, en mettant $2m + 1$ au lieu de m; dans la première ſuppoſition, le dernier terme de V^q deviendra

$$\frac{(2m+n).q+2q'}{(m+n).q+q'+q''-1}\, v^{mq+q'-q''+1}\, e^{(m+n).q+q'+q''-1},$$

ou $\frac{(2m+n).q+2q'+1}{(m+n).q+q'+q''}\, v^{mq+q'-q''+1}\, e^{(m+n).q+q'+q''}$, ce qui donne $p'=2m+n$ & $r'=m+n$, $p-r=mq+q'-q''+1$, $r=(m+n).q+q'+q''-1$, ou $(m+n).q+q'+q''$, selon que l'on a pris $2q'$ ou $2q'+1$.

Toutes les fois que le dernier terme, celui qui répond à $q=\frac{1}{0}$, est négatif, il doit arriver nécessairement que la valeur de V^q ne peut jamais s'élever au-dessus d'une certaine grandeur plus petite que 1; & qu'après l'avoir atteinte, elle diminuera continuellement à mesure que q augmentera.

Nous allons donc chercher d'abord la valeur de ce dernier terme. Il est évident qu'on peut, à cause de $q=\frac{1}{0}$, dans le coëfficient de $v^{p-r}e^r$ de la valeur de $V^{q+1}-V^q$, regarder q' & q'' comme nuls, & faire disparoître q qui se trouve à tous les termes. La formule trouvée ci-dessus, divisée par son facteur simple, se réduira donc alors, pour la partie positive, à

$$v^{2m+n-1}+\left(\frac{m}{m+n}+2m+n\right)v^{2m+n-2}e$$
$$+\left[\left(\frac{m}{m+n}\right)^2+\frac{m}{n+m}.(2m+n)+\frac{2m+n}{2}\right]v^{2m+n-3}e^2\ldots$$
$$+\left[\left(\frac{m}{n+m}\right)^{n+m-1}+(2m+n).\left(\frac{m}{n+m}\right)^{n+m-2}+\frac{2m+n}{2}\right.$$
$$\left.\left(\frac{m}{n+m}\right)^{n+m-3}\ldots\ldots\ldots+\frac{2m+n}{n+m-1}\right]v^m e^{m+n-1},$$

qui, ordonnée par rapport aux termes 1, $2m+n$, $\frac{2m+n}{2}$, $\frac{2m+n}{3}$, &c. devient

$$v^{2m+n-1}\left[1+\frac{m}{m+n}\frac{e}{v}+\left(\frac{m}{m+n}\right)^2.\frac{e^2}{v^2}\ldots\ldots+\frac{m}{m+n}^{m+n-1}\left(\frac{e}{v}\right)^{n+m-1}\right.$$
$$+\left[\frac{e}{v}+\frac{m}{n+m}.\frac{e^2}{v^2}+\left(\frac{m}{n+m}\right)^2.\frac{e^3}{v^3}\ldots\ldots\ldots\ldots\ldots\right.$$
$$\left.+\left(\frac{m}{n+m}\right)^{n+m-2}.\left(\frac{e}{v}\right)^{n+m-1}\right](2m+n)+\left[\frac{e^2}{v^2}+\frac{m}{m+n}\frac{e^3}{v^3}\ldots\ldots\right.$$
$$\left.\left.+\left(\frac{m}{m+n}\right)^{n+m-3}\left(\frac{e}{v}\right)^{n+m-1}\right]\frac{2m+n}{2}\ldots+\left(\frac{e}{v}\right)^{n+m-1}\frac{2m+n}{n+m-1}\right]$$

De même la partie négative sera $\frac{m+n}{m} e^{2n+m-1}$
$$+ \left[\left(\frac{n+m}{m}\right)^2 + \frac{m+n}{m} . (2m+n)\right] e^{2n+m-2} v$$
$$+ \left[\left(\frac{n+m}{m}\right)^3 + (2m+n) . \left(\frac{n+m}{m}\right)^2 + \frac{n+m}{m} . \frac{2m+n}{2}\right] e^{2m+n-3} v^2 \dots$$
$$+ \left[\left(\frac{n+m}{m}\right)^m \dots\dots\dots + \frac{2m+n}{m-1}\right] e^{n+m} v^{m-1},$$ qui, ordonnée de même, donne
$$e^{2n+m-1} \left[\frac{n+m}{m} + \left(\frac{n+m}{m}\right)^2 \frac{v}{e} \dots\dots + \left(\frac{n+m}{m}\right)^m \left(\frac{v}{e}\right)^{m-1}\right.$$
$$+ \left[\frac{n+m}{m} . \frac{v}{e} \dots\dots + \left(\frac{n+m}{m}\right)^{m-1} \left(\frac{v}{e}\right)^{m-1}\right] (2m+n) \dots$$
$$\left. + \frac{m+n}{n} \left(\frac{v}{e}\right)^{m-1} . \frac{2m+n}{m-1}\right].$$

Sommant ces différentes suites géométriques, on aura
$$\frac{v^{2m+n-1} \left\{\left(1+\frac{e}{v}\right)^{2m+n} - \frac{2m+n}{m+n}\left(\frac{e}{v}\right)^{m+n} - \frac{\left(\frac{e}{v}\right)^{m+n}}{\left(\frac{n+m}{m}\right)^{m+n}} \left[\left(1+\frac{n+m}{m}\right)^{2m+n} - \frac{2m+n}{m+n}\left(\frac{n+m}{m}\right)^{m+n}\right]\right\}}{1 - \frac{e}{v}\left(\frac{m}{n+m}\right)}$$
formule où l'on voit que $\frac{e}{v}$ & $\frac{n+m}{m}$ entrent semblablement avec des signes contraires, & qu'ainsi $\frac{e}{v} = \frac{n+m}{m}$ rend le numérateur $= 0$.

A la vérité, cette solution rend aussi le dénominateur $= 0$; mais en employant les méthodes connues, on trouvera facilement que cette valeur de $\frac{e}{v}$ rend réellement la fonction égale à zéro. On s'en assurera également en mettant $\frac{m+n}{m}$ au lieu de $\frac{e}{v}$. En effet, la formule ci-dessus devient alors de la forme $(m+n) . v^{2m+n-1} + (m+n-1) . v^{2m+n-2} e . \frac{2m+n}{1} + (m+n-2) v^{2m+n-3} e^2 . \frac{2m+n}{2} \dots$

$+ v^m e^{n+m-1} \frac{2m+n}{m+n-1} - v^{m-2} e^{n+m-1} \cdot \frac{2m+n}{m+n-1}$

$- 2 v^{m-3} e^{n+m-1} \frac{2m+n}{m+n+2} \ldots\ldots\ldots - m \cdot \frac{e}{v}^{2m+n}$, en mettant $\frac{2m+n}{m+n+1}$ $\frac{2m+n}{m+n+2}$ au lieu de $\frac{2m+n}{m-1}$ $\frac{2m+n}{m-2}$.

Or il est aisé de voir que cette fonction est égale à

$$v^m \cdot \frac{\partial \cdot [\frac{(v+e)^{2m+n}}{v^m}]}{\partial v} \ \& \ \frac{\partial \cdot [\frac{(v+e)^{2m+n}}{v^m}]}{\partial v}$$

$= \frac{(2m+n) \cdot v \cdot (v+e)^{2m+n-1} - m \cdot (v+e)^{2m+n}}{v^{m+1}}$, fonction qui devient zéro quand $(2m+n) \cdot v = m \cdot (v+e)$, ou $\frac{e}{v} = \frac{m+n}{m}$, ou $v = \frac{m}{2m+n}$: Ainsi toutes les fois que $v > \frac{m}{2m+n}$, il y aura toujours un terme où V^q augmentera en même-temps que q, ce qui n'arrivera point lorsque $v = < \frac{m}{2m+n}$, & on trouvera, comme ci-dessus, que si $q = \frac{1}{0}$, on aura $V^{\frac{1}{0}} = 1$, si $v > \frac{m}{2m+n}$; $V^{\frac{1}{0}} = \frac{1}{2}$, si $v = \frac{m}{2m+n}$; & $V^{\frac{1}{0}} = 0$, si $v < \frac{m}{2m+n}$.

Si maintenant nous cherchons V'^q dans les mêmes hypothèses, nous trouverons qu'on aura le dernier terme de V'^q en changeant v en e dans la valeur du dernier terme de V^q, & changeant aussi les signes. Nous aurons donc ici pour limites $v = \frac{m+n}{2m+n}$, & $V'^{\frac{1}{0}} = 1$, $V'^{\frac{1}{0}} = \frac{1}{2}$, $V'^{\frac{1}{0}} = 0$, selon que $v > = < \frac{m+n}{2m+n}$.

Il suit de ce que nous venons d'établir, 1.° que lorsque q est un très-grand nombre, on peut, quoique v soit très-petit, s'assurer que V^q sera très-grand, en exigeant une très-grande pluralité; 2.° que dans ce même cas, V'^q deviendra très-petit. Ainſi on peut appliquer à ce cas général les réflexions que nous avons faites ci-deſſus pour la quatrième hypothèſe, qui répond au cas de $m = 1$, $n = 1$. Elles s'appliquent également à la cinquième.

Dans cette ſixième hypothèſe, il eſt aiſé de voir que ſi le jugement eſt rendu à la pluralité exigée, la probabilité pour v ſera $\frac{V'^q}{V'^q + E'^q}$, & qu'ainſi tant que $v > e$, elle ſera plus grande que $\frac{1}{2}$. Si on ſait à quelle pluralité il a été rendu, ſoit $q_{,}$ cette pluralité, la probabilité ſera $\frac{v^{q}_{,}}{v^{q}_{,} + e^{q}_{,}}$; & pour la plus petite pluralité poſſible, elle ſera

$$\frac{v^{nq+q''}}{v^{nq+q''} + e^{nq+q''}}.$$

On peut, dans les différentes hypothèſes que nous avons examinées juſqu'ici, faire une autre ſuppoſition, c'eſt-à-dire, exiger, pour prononcer pour ou contre un parti, que la pluralité ſoit ou d'un nombre fixe ou d'un nombre proportionnel de voix; & ce cas ſe ſubdiviſe en deux autres; le premier où l'on regarde l'affaire comme indéciſe, le ſecond où l'on retourne à prendre les voix juſqu'à ce qu'on ait obtenu cette pluralité. Ces deux cas nous donneront la ſeptième & la huitième hypothèſe.

SEPTIÈME HYPOTHÈSE.

La ſeptième hypothèſe ne peut avoir lieu que lorſqu'on doit choiſir entre deux partis contraires, entre leſquels il y a un milieu, & que cet avis moyen n'exigeant aucun changement, ne peut pas être cenſé former une opinion; autrement il y auroit réellement trois eſpèces d'opinions, ou du moins deux opinions, & celle de ne rien décider.

Cependant ce cas peut exiſter, par exemple, ſi l'on délibère ſur deux manières oppoſées ou différentes, de faire une choſe, de l'utilité de laquelle on eſt convenu en général. Suppoſons qu'on ſoit convenu de la néceſſité de réformer les loix criminelles d'un tel pays, & qu'on ait chargé un corps particulier de cette réforme; on peut ſtatuer que les queſtions qui ſe préſentent à réſoudre ſur cet objet, ne ſeront regardées comme décidées que lorſque l'opinion prépondérante aura en ſa faveur une certaine pluralité, en remettant la déciſion à un autre temps ſi cette pluralité ne ſe trouve pas, ou bien en la renvoyant à la déciſion d'une autre aſſemblée.

Dans ce cas, il eſt clair que la probabilité de v ſera encore exprimée en général par $\frac{V'^q}{V'^q + E'^q}$, celle de e par $\frac{E'^q}{V'^q + E'^q}$; & ſi on y fait entrer la probabilité qu'il n'y aura pas de déciſion, on aura pour v la probabilité V'^q, pour e la probabilité E'^q, & pour la non-déciſion, la probabilité $1 - V'^q - E'^q$; d'où l'on verra que pour avoir dans ce cas une grande probabilité d'avoir une déciſion conforme à la vérité, il faudra que V'^q approche très-près de l'unité.

HUITIÈME HYPOTHÈSE.

Le cas qui ſe rapporte à la ſeconde hypothèſe, a lieu plus fréquemment dans la réalité, c'eſt celui de la Juriſprudence criminelle angloiſe. Il eſt aiſé de voir dans ce cas que V'^q eſt la probabilité de v pour la première déciſion, E'^q celle de e, & $1 - V'^q - E'^q$ celle de la non-déciſion. Donc au ſecond vœu la probabilité de v ſera $V'^q + (1 - V'^q - E'^q) . V'^q$, celle de e ſera $E'^q + (1 - V'^q - E'^q) . E'^q$, & celle de la non-déciſion $(1 - V'^q - E'^q)^2$, & ainſi de ſuite. La probabilité de v ſera donc à la fin, en ſuppoſant le nombre des vœux $= n$, $V'^q . \frac{1 - (1 - V'^q - E'^q)^n}{V'^q + E'^q}$, celle de e ſera $E'^q . \frac{1 - (1 - V'^q - E'^q)^n}{V'^q + E'^q}$; en ſorte que la déciſion étant portée, on aura $\frac{V'^q}{V'^q + E'^q}$ pour la probabilité pour v, &

$\frac{E'^q}{V'^q + E'^q}$ pour celle de e, quel que ſoit n. Cette concluſion paroît d'abord paradoxale. En effet, ſuppoſons que la pluralité exigée ſoit l'unanimité, on aura toujours la probabilité de v exprimée par $\frac{v^q}{v^q + e^q}$, q étant le nombre des Votans, & la probabilité de e par $\frac{e^q}{v^q + e^q}$. Or il paroît abſurde de ſuppoſer que la déciſion rendue à l'unanimité, après avoir pris cent fois les ſuffrages, ſoit auſſi probable que celle qui auroit obtenu l'unanimité au premier ſuffrage. Mais il faut obſerver ici que nous ſuppoſons le rapport de v à e conſtant, & dans ce cas notre concluſion eſt exacte. Cette hypothèſe eſt la même que celle où ſuppoſant une urne où l'on ſait qu'il y a v boules blanches & e boules noires, on demanderoit, dans le cas où l'on ſauroit qu'on a tiré q boules toutes blanches ou toutes noires, quelle eſt la probabilité que ces boules ſont blanches ou qu'elles ſont noires; mais dans la réalité v & e ne ſont pas conſtans, même pour les mêmes perſonnes, & cette ſuppoſition change la ſolution du problème.

Nous nous réſervons à examiner dans une autre partie le cas où v & e ne ſont pas regardés comme conſtans, & ce n'eſt qu'alors que nous pourrons tirer quelques concluſions ſur cette manière de former les déciſions.

On peut encore ſuppoſer qu'il y ait un certain nombre de Votans qui ne donnent aucune voix; c'eſt un uſage dans pluſieurs aſſemblées qui décident par ſcrutin. Si l'on pouvoit en général ſuppoſer dans ce cas, que les différens nombres de ces voix nulles ſont également poſſibles, il ſeroit facile de tirer de ce que nous avons dit les formules qui conviennent à ce cas; mais une telle ſuppoſition n'eſt pas admiſſible. Ce cas rentre donc dans celui où les voix ne ſont plus partagées en deux, mais en plus grand nombre d'avis. Nous traiterons cette queſtion à la fin de cette première Partie.

NEUVIÈME

NEUVIÈME HYPOTHÊSE.

Jusqu'ici nous avons supposé un seul Tribunal ; dans plusieurs pays cependant on fait juger la même affaire par plusieurs Tribunaux, ou plusieurs fois par le même, mais d'après une nouvelle instruction, jusqu'à ce qu'on ait obtenu un certain nombre de décisions conformes. Cette hypothese se subdivise en plusieurs cas différens que nous allons examiner séparément. En effet, on peut exiger, 1.° l'unanimité de ces décisions ; 2.° une certaine loi de pluralité, formée ou par un nombre absolu, ou par un nombre proportionnel au nombre des décisions prises ; 3.° un certain nombre consécutif de décisions conformes. Quand la forme des Tribunaux est telle, que la décision peut être nulle, comme dans la septième hypothèse, il faut avoir égard aux décisions nulles. Enfin il faut examiner ces différens cas, en supposant le nombre de ces décisions successives, ou comme déterminé, ou comme indéfini.

Les quantités V, E, V', E', v, e, q, auront ici la même signification que ci-dessus, & nous ne considérerons que le cas où les Tribunaux sont égaux absolument ; nous comparerons ensuite cette méthode, de prendre les décisions avec celle qui n'emploie qu'un seul Tribunal, & où l'on ne cherche qu'une seule décision.

Premier Cas.

On exige l'unanimité de la décision dans r Tribunaux. La probabilité que la vérité sera condamnée dans un seul Tribunal, est E'^q, & ainsi la probabilité qu'elle sera condamnée dans r Tribunaux, sera $(E'^q)^r$. La probabilité que la décision sera conforme à la vérité dans un Tribunal, est V'^q, & par conséquent qu'elle y sera conforme dans r Tribunaux, est $(V'^q)^r$; & la probabilité qu'il n'y aura aucune décision, est $1 - (V'^q)^r - (E'^q)^r$.

Comme les Tribunaux sont supposés semblables, il faut comparer ces probabilités avec celles qui se trouveroient pour un Tribunal de rq Juges, c'est-à-dire, avec V'^{qr}, E'^{qr}, $1 - V'^{qr} - E'^{qr}$, en exigeant la pluralité de $(nq + q'')r$ si la pluralité exigée est $(nq + q'')$ pour chaque Tribunal. Cela posé, il est clair que tous les termes qui entrent dans $(V'^{q})^r$, entreront dans V'^{qr}, mais qu'il y en aura dans V'^{qr} qui ne se trouveront pas dans $(V'^{q})^r$, & qu'il en sera de même pour $(E'^{q})^r$ comparé à E'^{qr}; d'où il résulte que V' & E' seront plus grands, en n'employant qu'un seul Tribunal, & $1 - V' - E'$ plus petit. On peut demander maintenant si $\frac{V'^{qr}}{E'^{qr}} >< \frac{(V'^{q})^r}{(E'^{q})^r}$, ou $V'^{qr}.(E'^{q})^r >< (V'^{q})^r.E'^{qr}$. Comparant ces formules, on trouvera qu'elles contiennent toutes deux les mêmes puissances de v & de e, qu'elles sont de plus semblables, & se changent l'une en l'autre en mettant v pour e, & réciproquement; qu'enfin dans V'^{qr} $(E'^{q})^r$ les coëfficiens des termes où l'exposant de v surpasse celui de e, sont plus petits que dans E'^{qr} $(V'^{q})^r$, & réciproquement; d'où il résulte que si on a $v > e$, on aura V'^{qr} $(E'^{q})^r$ $< E'^{qr}$ $(V'^{q})^r$, & au contraire si $e > v$.

Ainsi dans ce cas, en prenant r Tribunaux de $(m+n).q$ Juges, au lieu d'un Tribunal de r $(m + n)q$ Juges, avec des pluralités proportionnelles, on aura, 1.° moins de probabilité d'avoir une décision; 2.° plus de probabilité, s'il y en a une, qu'elle sera en faveur de la vérité; 3.° que la probabilité que la vérité ne sera pas condamnée, devient plus grande dans le cas que nous considérons ici. Ces conclusions suffisent pour en déduire les avantages ou les inconvéniens de cette forme de Tribunaux.

En effet, il est aisé de voir que l'on ne diminue point ici le nombre des Juges; & que si l'on augmente l'avantage d'avoir moins à craindre que la vérité ne soit condamnée, c'est en diminuant la probabilité qu'il y aura une décision, ce qu'on feroit également en exigeant une pluralité plus forte dans un nombre égal de Juges, ou même dans un moindre nombre.

Si on cherche la plus petite probabilité possible pour le

cas où l'on ne connoît pas encore à quelle pluralité le jugement a été rendu, on aura $\frac{v^{q'}}{v^{q'}+e^{q'}}$ & $\frac{e^{q'}}{v^{q'}+e^{q'}}$ pour la plus petite probabilité que chaque jugement ſera conforme ou contraire à la vérité, q' étant la plus petite pluralité néceſſaire pour former une déciſion, & par conſéquent $\frac{v^{q'r}}{v^{q'r}+e^{q'r}}$, $\frac{e^{q'r}}{v^{q'r}+e^{q'r}}$, que la déciſion des r Tribunaux ſera conforme ou contraire à la vérité, préciſément comme ſi l'on avoit exigé d'un ſeul Tribunal la pluralité $q'r$.

Si on connoît la pluralité de chaque déciſion, alors on aura, $q', q'', q''' \ldots q'''r$ étant ces pluralités, les probabilités $\frac{v^{q'}}{v^{q'}+e^{q'}}$, $\frac{v^{q''}}{v^{q''}+e^{q''}} \ldots\ldots\ldots \frac{v^{q'''r}}{v^{q'''r}+e^{q'''r}}$ pour chacune des déciſions, & pour les r déciſions $\frac{v^{q'+q''\ldots\ldots+q'''r}}{v^{q'+q''\ldots+q'''r}+e^{q'+q''\ldots+q'''r}}$, c'eſt-à-dire, la même que ſi les Tribunaux réunis avoient jugé à une pluralité égale à la ſomme de leurs pluralités particulières.

Nous avons ſuppoſé que l'on comptoit comme rendues en faveur du parti le plus favorable les déciſions qui n'auroient pas la pluralité exigée. Dans ce cas, les formules pour la plus petite probabilité ne s'appliquent qu'aux jugemens où la déciſion eſt contre ce parti. Mais on peut auſſi regarder ces déciſions comme nulles, & dans ce cas on peut regarder l'unanimité comme rompue s'il y a de ces déciſions, ou ſeulement compter, relativement à l'unanimité, les déciſions qui ont la pluralité exigée. Dans le 1.er cas, on aura, comme on l'a vu ci-deſſus, la probabilité $(V')^r$ pour v, & la probabilité $(E')^r$ pour e, & $1-(V')^r-(E')^r$ pour les cas où il n'y a pas de déciſion. Mais il n'en eſt pas de même ſi l'on exige ſeulement l'unanimité des déciſions pour ou contre ; on aura dans ce cas $(1-E')^r-(1-V'-E')^r$ pour v, & $(1-V')^r-(1-V'-E')^r$ pour e, & $1+2.(1-V'-E')^r-(1-E')^r-(1-V')^r$

pour la probabilité qu'il n'y a pas de décision. Dans le premier de ces deux cas, la plus petite probabilité possible se trouve comme ci-dessus, mais dans le second elle est, q' étant la pluralité exigée, $\frac{v^{q'} \cdot e^{(r-1) \cdot (q'-2)}}{v^{q'} e^{(r-1) \cdot (q'-2)} + e^{q'} \cdot v^{(r-1) \cdot (q'-2)}}$, c'est-à-dire, qu'elle peut être moindre que $\frac{1}{2}$, quoique $v > e$, ce qui doit faire rejeter cette dernière forme de jugement, à moins qu'on n'exige que la pluralité ait lieu dans r' décisions, & que $q'r' > (r - r')(q' - 2)$. Pour les autres cas de la neuvième hypothèse, la supposition de décisions regardées comme nulles, sera discutée lorsque nous examinerons celle où l'on considère trois décisions.

Si c'est un même Tribunal dont on exige le jugement, le résultat sera le même dans la spéculation, c'est-à-dire, en supposant v & e toujours les mêmes, mais cette hypothèse n'est pas admissible ici. Ainsi nous renverrons encore cette question à une autre Partie.

Deuxième Cas.

On peut supposer dans ce second cas le nombre de décisions fini, ou ce nombre indéfini.

Soit d'abord ce nombre fini & égal à r, & soit $r - r'$ le nombre de décisions exigées, & qu'on cherche $V'.E'$, & V, nous trouverons d'abord que la probabilité qu'une décision sera conforme à la vérité, sera exprimée par V'^q; & celle qu'elle sera conforme à l'erreur, par E'^q, & pour $r - r'$ décisions en faveur de v, V'^r pris dans cette hypothèse, en mettant V'^q au lieu de v, & $1 - V'^q$ au lieu de e, exprimera la probabilité que la décision sera conforme à la vérité, & de même E'^r, pris en mettant E'^q pour e, & $1 - E'^q$ pour v, exprimera la probabilité de $r - r'$ décisions contraires à la vérité.

Pour trouver la valeur de V, on trouvera d'abord pour une décision V^q, & pour r décisions $V^{r-r'}$, en mettant V^q pour v, & $1 - V^q$ pour e. Cela posé, pour comparer ce cas avec celui d'un seul Tribunal, il faudra ſuppoſer que ce Tribunal eſt formé de qr Votans, & que le nombre de voix exigé, eſt $(q - q').(r - r')$, en ſorte que nous aurons ici V'^{rq} au lieu de V'^{r} dans le cas du nombre de voix exigé $(q - q').(r - r')$, & de même pour E' & V; & il eſt aiſé de voir que V'^{rq} contiendra tous les termes contenus dans V'^{r}, & en contiendra qui ne s'y trouveront pas. Donc $V'^{rq} > V'^{r}$. De même $E'^{rq} > E'^{r}$, & par conſéquent $V^{rq} < V^{r}$, ce qu'il eſt aiſé de conclure d'ailleurs de ce que V^{rq} contient tous les termes où l'expoſant de $e < r'q'$, & que V^{r}, outre ces termes, en contient où l'expoſant de e eſt plus grand. Ainſi dans cette hypothèſe on augmente la probabilité que la vérité ne ſera pas condamnée, mais c'eſt ſeulement en augmentant la probabilité que la pluralité exigée n'aura pas lieu, & on diminue par conſéquent la probabilité d'avoir une déciſion conforme à la vérité.

On trouveroit comme ci-deſſus, $\frac{V'^{r}}{E'^{r}} > \frac{V'^{rq}}{E'^{rq}}$, ce qui eſt un avantage, puiſque l'eſpérance d'avoir une déciſion conforme à la vérité, diminue en moindre rapport que la crainte d'avoir une déciſion conforme à l'erreur. Mais cet avantage n'a lieu que parce que la probabilité d'avoir une déciſion quelconque, diminue en même-temps. Cette forme de déciſion ne préſente donc aucun avantage qu'on ne puiſſe ſe procurer par une ſeule déciſion avec un nombre de Votans égal ou moindre, pourvu qu'on exige une pluralité plus grande.

Si on cherche maintenant dans cette hypothèſe la plus petite probabilité avant que l'on connoiſſe le jugement, il eſt clair qu'il faudra d'abord ſuppoſer que la pluralité des déciſions en faveur de v, eſt la moindre qu'il eſt poſſible, c'eſt-à-dire, de $r - r'$ déciſions pour v, & de r' pour e; & ſoit q le nombre des Votans, & q' la pluralité la plus petite pour chaque Tribunal, il faudra ſuppoſer les r' déciſions rendues à la pluralité q, & les $r - r'$ à la pluralité q'. La plus petite probabilité ſera $\frac{v^{q'(r-r')} e^{qr'}}{v^{q'.(r-r')} e^{qr'} + v^{qr'} e^{q'.(r-r')}}$. Ainſi il ſera poſſible ici que cette probabilité la plus petite ſoit au-deſſous de $\frac{1}{2}$, ce qui auroit lieu ſi on avoit $v^{q'.(r-r')}e^{qr'} < v^{qr'}e^{q'.(r-r')}$, c'eſt-à-dire, à cauſe de $v > e$, ſeulement lorſque $q'r < (q + q').r'$, ou $\frac{q'}{q+q'} < \frac{r'}{r}$. Par exemple, ſi l'on ſuppoſe vingt Votans, cinq Tribunaux, & qu'on exige la déciſion de quatre Tribunaux pour condamner, & la pluralité de quatre Votans pour la déciſion de chaque Tribunal, ce qui paroît avantageux pour une déciſion conforme à la vérité, on aura $q'r = 20 < (q + q').r' = 24$, & la plus petite probabilité ſera $\frac{v^{16}e^{20}}{v^{16}e^{20} + v^{20}e^{16}}$ ou $\frac{e^4}{v^4 + e^4}$, qui eſt au-deſſous de $\frac{1}{2}$. Suppoſons $v = \frac{9}{10}$, cette plus petite probabilité deviendra $\frac{1}{6562}$, & il ſera poſſible qu'il y ait une probabilité de 6561 contre 1 qu'un jugement rendu ſous cette forme ſoit injuſte, ce qui ſuffiroit pour la faire proſcrire, quelqu'avantageuſe qu'elle paroiſſe d'ailleurs.

Si le jugement eſt porté, ſoit $r - r'$ le nombre des déciſions qui l'emportent, r' le nombre des déciſions contraires, $q', q'', q''' \ldots q'''^{r-r'}$ les pluralités pour v, $q_{,}, q_{,,}, q_{,,,} \ldots q_{,,,r'}$ les pluralités pour e, nous aurons pour la plus petite probabilité $\frac{v^{q'+q''+q''' \ldots + q'''r-r'}e^{q_{,}+q_{,,}+q_{,,,} \ldots + q_{,,,r'}}}{v^{q'+q''+q''' \ldots + q'''r-r'}e^{q_{,}+q_{,,} \ldots + q_{,,,r'}} + v^{q_{,}q_{,,} \ldots + q_{,,,r'}}e^{q'+q'' \ldots + q'''r-r'}}$ qui ſera au-deſſous de $\frac{1}{2}$ toutes les fois que $q_{,} + q_{,,} + q_{,,,} \ldots + q_{,,,r'} > q' + q'' + q''' \ldots + q'''^{r-r'}$, c'eſt-à-dire, que la ſomme des pluralités en faveur de la déciſion, ſera plus petite que la ſomme des pluralités contraires.

Si nous ſuppoſons maintenant le nombre des déciſions indéfini, c'eſt-à-dire, ſi nous ſuppoſons qu'on demande des déciſions juſqu'à ce que le nombre des déciſions d'un côté ſurpaſſe celui des déciſions contraires d'une quantité convenue, il ſe préſente encore deux cas; dans le premier, la pluralité peut être un nombre fixe; dans le ſecond, elle peut être un nombre proportionnel à la totalité.

Considérons ces deux cas séparément. Soit donc d'abord deux avis dont la probabilité soit exprimée par v & e; que $2r$ soit la pluralité exigée, il est clair qu'elle aura lieu nécessairement après un nombre pair de décisions; supposons-là *deux*, par exemple, elle pourra avoir lieu après deux décisions. Si elle n'a pas lieu, elle pourra l'avoir au bout de quatre, de six. Cela posé, nous trouverons en général la probabilité en faveur de v, exprimée par une série v^{2r} $[1 + 2r . ev$

$$+ \tfrac{1}{2} (2r + 3) . 2r . (ev)^2 + \tfrac{1}{3} . \frac{2r+5}{2} 2r . (ev)^3 \ldots]$$

Mais il est aisé de voir, que dans cette série, qui est formée en retranchant des cas où la pluralité arrive après $2q$ divisions, ceux où elle est arrivée avant ce nombre, le terme $v^{4r}e^{2r}$.... & les suivans, contiennent des termes où l'on a pu avoir des décisions en faveur de e. Il faut donc retrancher de tous les termes $v^{2r} . v^{2r+r'} e^{2r+r'}$ ..... toutes les combinaisons terminées par v^{4r}, dans lesquelles on peut avoir eu l'exposant de e, surpassant celui de v de $2r$; mais comme en considérant ces termes, on voit que l'on passe ensuite à des termes $e^{4r+r'} v^{2r+r_1}$, où les combinaisons terminées par e^{4r}, peuvent donner l'exposant de v surpassant celui de e de $2r$, il faudra de nouveau ajouter tous ces termes, & ainsi de suite, & par ce moyen on formera la série qui doit représenter la probabilité de la décision en faveur de v pour un nombre fini $2q$ de décisions. Nous l'appellerons $V_r'^q$.

Si on la cherche pour $q = \frac{1}{0}$, on trouvera d'abord la série ci-dessus égale à l'unité; & ensuite supposant connue la suite des termes de $E_r'^q$, on trouvera qu'il faut retrancher de ce premier terme tous les termes de cette série $E_r'^q$, en observant qu'ils sont tous multipliés par un terme semblable au premier ci-dessus, mais pris en supposant pour v une pluralité de $4r$. En effet, il est aisé de voir que les termes ayant cette condition, sont les seuls où l'on puisse avoir la pluralité pour e d'abord, & ensuite pour v. Or, cette série est encore égale à l'unité; nous aurons donc pour $q = \frac{1}{0}$, $V_r'^q = 1 - E_r'^q$.

Si nous cherchons maintenant par la même méthode E'^{q}_{r}, nous aurons d'abord la première série égale à $\frac{e^{2r}}{v^{2r}}$, de laquelle il faudra retrancher V'^{q}_{r} multiplié par une série, dont la somme est $\frac{e^{4r}}{v^{4r}}$. Nous aurons donc $E'^{q}_{r} = \frac{e^{2r}}{v^{2r}} - V'^{q}_{r} \cdot \frac{e^{4r}}{v^{4r}}$; d'où l'on tire à cause de $1 = V'^{q}_{r} + E'^{q}_{r}$,

$$V'^{q}_{r} = \frac{1 - \frac{e^{2r}}{v^{2r}}}{1 - \frac{e^{4r}}{v^{4r}}} = \frac{1}{1 + \frac{e^{2r}}{v^{2r}}} = \frac{v^{2r}}{v^{2r} + e^{2r}}, \text{ \& } E'^{q}_{r} = \frac{e^{2r}}{v^{2r} + e^{2r}}.$$

Nous aurions pu parvenir à ce résultat par une méthode plus simple. En effet, il est aisé de voir que l'on aura $V'^{q}_{r} = v^{2r}\,[1 + a.ev + b.(ev)^{2} + c.(ev)^{3} \ldots\ldots + (q)(ev)^{2q-2r} \ldots]$, $E'^{q}_{r} = e^{r}\,[1 + a.ev + b.(ev)^{2} + c.(ev)^{3} \ldots + (q)(ev)^{2q-2r} \ldots\ldots]$; d'où l'on voit que l'on aura toujours, quel que soit le nombre des décisions, $\frac{V'^{q}_{r}}{E'^{q}_{r}} = \frac{v^{2r}}{e^{2r}}$, & qu'il n'y aura de différence que dans la probabilité d'obtenir l'une ou l'autre; probabilité qui croît continuellement.

Maintenant il faut observer, 1.° que v & e représentent ici la probabilité non d'une seule voix, mais de la décision d'un Tribunal, & que l'on regarde la décision de chaque Tribunal comme rendue en faveur du parti le plus favorable toutes les fois que la pluralité exigée n'a pas lieu pour l'opinion contraire. En effet, si on suppose qu'on regarde alors la décision comme nulle, on tombe dans le cas où l'on peut avoir trois décisions ; 2.° que dans ce cas par conséquent, il faut substituer V^{q} à v, & E'^{q} à e; mais qu'alors on a seulement la probabilité que la vérité ne sera pas condamnée, probabilité exprimée par $\frac{(V^{q})^{2r}}{(V^{q})^{2r} + (E'^{q})^{2r}}$; 3.° que la probabilité

probabilité que la décision sera conforme à la vérité, sera exprimée par $\frac{(V'^q)^{2r}}{(V^q)^{2r}+(E'^q)^{2r}}$; celle que la décision se trouvera en faveur de la vérité, à cause de la non-décision des Tribunaux particuliers, exprimée par $\frac{(V^q)^{2r}-(V'^q)^{2r}}{(V^q)^{2r}+(E'^q)^{2r}}$, & celle qu'elle sera condamnée, exprimée par $\frac{(E'^q)^{2r}}{(V^q)^{2r}+(E'^q)^{2r}}$. en sorte que pour que l'on ait les conditions nécessaires pour avoir une espérance d'une décision conforme à la vérité, il faudra que $\frac{(V'^q)^{2r}}{(V^q)^{2r}+(E'^q)^{2r}}$ soit une quantité peu différente de l'unité, ce qui suppose V'^q très-peu différente de V^q, & d'autant moins différente que r sera plus grand.

Quant à la plus petite probabilité possible, estimée avant le jugement rendu, il est aisé de voir qu'elle doit être zéro, & qu'ainsi ce système de Tribunaux peut exposer à faire adopter un jugement dont l'injustice soit d'une probabilité aussi approchante de la certitude qu'elle peut l'être.

Nous supposerons maintenant que l'on exige une pluralité de deux tiers dans les décisions successives, la probabilité de la vérité & de l'erreur de chaque décision étant toujours exprimée par v & e.

Il est aisé de voir, 1.° qu'il faut supposer plus de trois décisions, parce que dans le cas de trois décisions seulement il doit y avoir nécessairement pour ou contre la vérité, une pluralité des deux tiers; 2.° que pour quatre décisions, nous aurons $v^4 + 4v^3e$ pour la probabilité de v, $e^4 + 4e^3v$ pour la probabilité de e, & $6v^2e^2$ pour la non-décision; 3.° que cinq décisions ne donnent aucun cas de plus ni pour v ni pour e; 4.° que pour six décisions, il faudra ajouter pour v, $6v^4e^2$, $6e^4v^2$ pour e, & il restera $12v^3e^3$ pour la non-décision; 5.° que depuis ce terme, on n'aura de nouveaux cas en faveur de v ou de e qu'en supposant augmenté de trois en trois le nombre des décisions; 6.° que pour neuf décisions, nous aurons pour v, $12v^6e^3$, pour e, $12e^6v^3$, & pour la non-décision, il restera $36v^5e^4 + 36v^4e^5$; que pour douze décisions, on aura $36v^8e^4$ pour v, & $36e^8v^4$ pour e, & pour la non-décision, $36.4v^7e^5 + 36.6.v^6e^6 + 36.4.e^7v^5$; en sorte qu'en général le terme qu'il faudra ajouter pour v sera le dernier terme de la formule qui exprime la probabilité de la non-décision pour le nombre précédent, multiplié par v^3; que celui pour e sera égal au dernier terme de la même formule, multiplié par e^3, & la probabilité de la non-décision égale au reste de cette formule, multiplié par $(v+e)^3$, plus ces deux termes extrêmes, multipliés par $3v^2e + 3e^2v$ plus le premier multiplié par e^3, & le dernier par v^3; de manière que si pour un nombre $3p$ de décisions on a la non-décision exprimée $\pi + \Pi + \pi'$, nous aurons à ajouter pour v, $v^3\pi$, & $e^3\pi'$ pour e, & il restera pour la non-décision $\Pi.(v+e)^3 + (\pi+\pi').(3v^2e + 3e^2v) + \Pi e^3 + \Pi' v^3$. Mais comme, par la nature de la question, le nombre des décisions est indéfini, ce qu'il importe sur-tout de connoître, c'est la valeur de V pour le cas où le nombre des décisions est infini.

Pour y parvenir, nous emploîrons la même méthode que nous avons suivie ci-dessus; nous considérerons d'abord le cas où l'on obtiendroit une pluralité de deux tiers en faveur de v, sans avoir égard à ceux où, avant d'obtenir cette pluralité, on en auroit déjà une en faveur de e. La fonction qui représente cette probabilité, sera $v^4 + 4v^3e + \varphi(v^2e)$, φ étant une série ordonnée par rapport aux puissances de v^2e; mais cette fonction est évidemment égale à l'unité lorsque $v > \frac{2}{3}$. En effet, elle ne peut pas être supérieure à l'unité; elle ne peut pas lui être inférieure, puisqu'elle renferme tous les termes, où q étant $\frac{1}{0}$, on auroit une pluralité de deux tiers *(voyez ci-dessus page 39)*. Cela posé. faisons $v^2e = z$, nous aurons $v^4 + 4v^3e + \varphi z = 1$ tant que $v > \frac{2}{3}$, mais z est contenu entre les limites $\frac{4}{27}$ & 0, & l'on a l'équation $v^3 - v^2 = z$. Or, dans ce cas on a toujours pour v trois racines réelles, l'une négative qui ne peut servir ici, & deux positives, l'une plus grande que $\frac{2}{3}$, l'autre plus petite;

racines qui deviennent égales lorſque $z = \frac{4}{27}$. Maintenant,
puiſque $v^4 + 3 v^3 e + \varphi z = 1$ lorſque $v > \frac{2}{3}$, & que
$v^4 + 3 v^3 e = \varphi' z$, $\varphi' z$ étant une fonction donnée de z.
Il eſt clair que $\varphi z = 1 - \varphi' z$, avec cette condition
ſeulement qu'il faut dans $\varphi' z$, qui contient des expreſſions
ſuſceptibles de pluſieurs valeurs, prendre celle qui répond à
la racine de l'équation $v^3 - v^2 = z$, qui donne $v > \frac{2}{3}$.

Soit donc v' une valeur de $v_, < \frac{2}{3}$, pour laquelle on
cherche la valeur de la formule précédente, elle ſera v'^4
$+ 4 v'^3 e' + \varphi z$; mais $\varphi z = 1 - \varphi' z$, $\varphi' z$ étant ce que
devient $v^4 + 4 v^3 e$, en mettant pour v la racine de
$v^3 - v^2 = z$ plus grande que $\frac{2}{3}$, qui répond à la valeur
de z, pour laquelle la racine $< \frac{2}{3}$ eſt v'; on aura donc φz &
la valeur cherchée de V, qui ſera $v'^4 + 3 v'^3 e' + 1 - \varphi' z$.

Pour avoir enſuite l'expreſſion de la formule qui donne
une pluralité de deux tiers pour v avant d'en obtenir une
ſemblable pour e, il eſt clair qu'il faudra retrancher de la
formule précédente une ſérie de termes de la forme $e^4 + 4 e^3 v$
$+ a e^4 v^2 + b e^6 v^3 \ldots$ multipliés chacun par la ſérie des
termes qui, ſi on les ſuppoſe arrivés après chacun des termes
précédens, donneroit une pluralité en faveur de v. Ainſi le
premier terme ſera multiplié par la ſérie qui donnera une
pluralité $2 q + 8$ en faveur de v ſur $3 q + 8$ déciſions; le
ſecond par une ſérie qui donnera une pluralité de $2 q + 5$
en faveur de v ſur $3 q + 5$ déciſions, & enſuite par les
ſéries qui donneront ſucceſſivement des pluralités de $2 q + 6$,
$2 q + 9$, $2 q + 12$, $2 q + 15$, &c. ſur $3 q + 6$,
$3 q + 9$, $3 q + 12$, $3 q + 15$, &c. déciſions.

Or, 1.° ſi $v > \frac{2}{3}$, il eſt aiſé de voir que toutes ces ſéries
ſont égales à l'unité; donc ſi V eſt la probabilité d'avoir la
pluralité de $\frac{2}{3}$ en faveur de v avant de l'avoir en faveur de e,
& E la probabilité qu'on aura la pluralité de $\frac{2}{3}$ en faveur de e
avant de l'avoir en faveur de v, on aura $V = 1 - E$,
$V + E = 1$, c'eſt-à-dire, qu'on approchera toujours de
plus en plus de la probabilité d'avoir une déciſion, & que
cette probabilité n'a que l'unité pour limites.

2.° On aura $V = v^4 + 4v^3e + \varphi z$, & $E = e^4 + 4e^3v + \varphi z'$, z étant $= v^2e$ & $z' = e^2v$. Nous aurons donc $\varphi z + \varphi z' = 1 - v^4 - 4v^3e - 4e^3v - e^4 = 6v^2e^2$, & la valeur de φ, & par conséquent de V & de E, donnée par une équation linéaire du premier ordre aux différences finies.

Mais on pourra, dans la pratique, se dispenser de la résoudre, & il est aisé de voir qu'ayant $\frac{V}{E} = \frac{v^4 + 4v^3e + av^4e^2 + bv^6e^3 + cv^8e^4 + \partial v^{10}e^5 + \&c.}{e^4 + 4e^3v + ae^4v^2 + be^6v^3 + ce^8v^4 + \partial e^{10}v^5 + \&c.}$, les deux séries étant convergentes, & le rapport des termes qu'on ajoute devenant successivement $\frac{v^4}{e^4}$, $\frac{v^5}{e^5}$, &c. & par conséquent plus grand que celui des premiers termes, le rapport de V à E croîtra continuellement, & qu'ainsi pourvu que l'on ait v assez grand pour que pour les six premiers termes de la série le rapport de V à E soit fort grand, on aura en même-temps & une probablité toujours croissante & s'approchant toujours de l'unité d'avoir la pluralité exigée, & une probabilité toujours de plus en plus grande que la décision sera en faveur de la vérité.

Soit, par exemple, $v = \frac{9}{10}$ & $e = \frac{1}{10}$, supposition qui n'est pas exagérée, puisqu'il s'agit ici non du jugement d'un seul homme, mais de celui d'un Tribunal, nous aurons $V = \frac{9^4}{10^4} + \frac{4.9^3}{10^4} + \frac{6.9^4}{10^6} + \frac{12.9^6}{10^9} + \frac{36.9^8}{10^{12}} + \frac{144.9^{10}}{10^{15}} + \&c.$; $E = \frac{1}{10^4} + \frac{4.9}{10^4} + \frac{6.9^2}{10^6} + \frac{12.9^3}{10^9} + \frac{36.9^4}{10^{12}} + \frac{144.9^5}{10^{15}} + \&c.$ On trouvera qu'en faisant $V = \frac{9954}{10000}$, & $E = \frac{46}{10000}$, on s'écarte peu de la vérité, mais que V est un peu trop petit, & qu'en faisant $E = \frac{41}{10000}$ & $V = \frac{9959}{10000}$, ou plutôt $E = \frac{419}{100,000}$

& $V = \frac{99581}{100{,}000}$, on aura E & V très-approchés, & seulement E trop petit.

Ainsi quoique nous n'ayons pas donné de méthode pour trouver les limites rigoureuses de V & de E, on pourra en approcher suffisamment pour la pratique. Par exemple, on voit ici que l'hypothèse de $v = \frac{9}{10}$, n'est pas assez favorable pour le cas où l'on voudroit $E < \frac{1}{10000}$, & qu'ainsi pour n'avoir que cette crainte d'une décision contraire à la vérité, il faudroit faire en sorte que v, c'est-à-dire, la probabilité pour chaque Tribunal, fût plus grand que $\frac{9}{10}$.

Maintenant, nous passons à examiner le cas de $v < \frac{2}{3}$ & $> \frac{1}{3}$. En effet, si $v < \frac{1}{3}$, ce cas se trouve compris dans le précédent, en changeant v en e.

Nous avons vu que dans le cas de $v < \frac{2}{3}$, nous avons la probabilité d'une pluralité de deux tiers en faveur de v, (en y comprenant ceux où l'on a auparavant obtenu une pluralité semblable en faveur de e), exprimée par $1 - v'^4 - 4v'^3e' + v^4 + 4v^3e$, v' étant la valeur de $v > \frac{2}{3}$, qui est en même-temps que v, la racine de l'équation $v^3 - v^2 - z = 0$, z étant égal à v^2e. J'appellerai cette valeur $V_{\prime}$ pour en tirer celle de V, ou du moins une équation entre V & E; il faut retrancher de $V_{\prime}$ tous les termes où après avoir eu une pluralité de deux tiers en faveur de e, on peut obtenir une pluralité de deux tiers en faveur de v. Soit donc $E = e^4 + 4e^3v + ae^4v^2 + be^6v^3 + ce^8v^4 \ldots\ldots + (n)e^{2n}v^n \ldots\ldots$; le terme qu'il faudra retrancher sera égal à

e^4 multiplié par la série qui donne la probabilité d'avoir une pluralité en faveur de v de deux tiers plus huit voix.

Plus, le terme $4e^3v$, multiplié par la série qui donne la probabilité d'avoir en faveur de v une pluralité de deux tiers plus cinq voix.

Plus le terme $a e^4 v^2$, multiplié par la probabilité d'avoir en faveur de v une pluralité de deux tiers plus six voix.

Plus en général le terme $(n) e^{2n} v^n$, multiplié par la probabilité d'avoir en faveur de v une pluralité de deux tiers plus $3n$ voix.

Mais la probabilité d'avoir en faveur de v une pluralité de deux tiers plus $3n$ voix, est exprimée en général par la série $v^{3n} [1 + a' v^2 e + b' v^4 e^2 \ldots\ldots + (n') v^{2n'} e^{n'} \ldots.]$, & cette série est égale à 1 lorsque $v > \frac{2}{3}$. Donc puisque la série qui multiplie v^{3n}, reste la même pour une même valeur de $v^2 e$, cette série sera égale, quel que soit v, à $\frac{1}{v'^{3n}}$, v' étant la racine positive $> \frac{2}{3}$ de l'équation $v^3 - v^2 = z$. La valeur de la probabilité cherchée, sera donc $\frac{v^{3n}}{v'^{3n}}$, & par conséquent la fonction à retrancher de V, pour avoir V, sera $\frac{v^8 e^4}{v'^8}$ $+ \frac{4 \cdot v^6 e^3}{v'^5} + \frac{a v^8 e^4}{v'^6} + \frac{b v^{12} e^6}{v'^9} + \ldots\ldots (n) \frac{v^{4n} e^{2n}}{v'^{3n}}$. Appelant φ la fonction inconnue de $v^2 e$ qui est égale à V, φ' une fonction semblable de $v''^2 e''$; $v''^2 e''$ étant égal à $\frac{v^4 e^2}{v'^3}$, nous aurons $\varphi + \varphi' + \frac{v^8 e^4}{v'^8} + \frac{4 \cdot v^6 e^3}{v'^5} - v''^4 - 4 v''^3 e'' = 1 - v'^4$ $- 4 v'^3 e + v^4 + 4 v^3 e$, & par conséquent la fonction cherchée φ par une équation aux différences finies.

En examinant la série $\frac{v^8}{v'^8} e^4 + \frac{v^5}{v'^5} 4 e^3 v$ $+ \frac{v^6}{v'^6} 6 e^4 v^2 \ldots\ldots\ldots$ Il est aisé de voir qu'elle est plus petite que ne le seroit la fonction $\varphi e^2 v$, qui représente E, puisque $v < v'$. Donc puisque l'équation ci-dessus nous donne V plus une fonction plus petite que E égale à une quantité plus petite que l'unité, on ne peut en conclure $V + E =$ ou < 1.

Mais on peut s'aſſurer, ſans réſoudre l'équation précédente, ſi cette ſeconde équation $V + E = 1$ a lieu ou non. En effet, ſi nous examinons la ſomme des deux ſéries en v & en e, nous trouverons qu'en mettant $1 - e$ au lieu de v, tous les e ſe détruiſent terme à terme; donc cette ſomme eſt égale à 1 plus un terme où les e montent à la puiſſance $\frac{1}{0}$; mais ce terme eſt zéro non-ſeulement depuis $e = 0$ juſqu'à $e = \frac{1}{3}$, mais il l'eſt auſſi depuis $e = \frac{2}{3}$ juſqu'à $e = 1$. Il ſera donc auſſi zéro pour les valeurs intermédiaires, & l'équation $V + E = 1$ ſera vraie en général.

Dans le cas de $v = \frac{2}{3}$, on auroit trouvé plus ſimplement $V_{,} = 1 + v^4 + 4v^3 e - v'^4 - 4v'^3 e' = 1$, à cauſe de $v' = v$; & de même la quantité à retrancher de V pour avoir $V_{,}$ égale à E par la même raiſon, & par conſéquent $V + E = 1$.

En général les ſéries qui repréſentent V & E ſeront très-convergentes, & on en aura les valeurs à très-peu près pour un petit nombre de termes; mais nous ne nous arrêterons pas plus long-temps ſur cet objet, parce que v repréſentant ici la probabilité qu'un Tribunal formera une déciſion conforme à la vérité, on doit ſuppoſer toujours dans la pratique $v > \frac{2}{3}$.

Si maintenant nous cherchons à trouver la plus petite probabilité qui réſulte de cette forme de déciſion, nous reprendrons notre formule $\frac{V}{E} = \frac{v^4 + 4v^3 e + a v^4 e^2 + b v^6 e^3 + c v^8 e^4 \ldots\ldots\ldots}{e^4 + 4 e^3 v + a e^4 v^2 + b e^6 v^3 + c e^8 v^4 \ldots\ldots\ldots}$, & nous obſerverons d'abord que les termes au-delà de $v^8 e^4$, $e^8 v^4$, qui ſont entr'eux dans les rapports $\frac{v^5}{e^5}$, $\frac{v^6}{e^6}$, &c. augmentent, à meſure qu'on les ajoute, le rapport de V à E; c'eſt donc dans cette limite que ſe trouve la plus petite valeur de $\frac{V}{E}$. Soit donc $\frac{A}{B}$ ſa première valeur pour quatre déciſions, $\frac{A + a v^4 e^2}{B + a e^4 v^2}$ ſera la valeur pour ſix déciſions; & faiſant

$\frac{A}{B} <> \frac{A + av^4e^2}{B + ae^4v^2}$, nous en tirerons $A \,.\, e^4v^2 <> Bv^4e^2$, ou $Ae^2 <> Bv^2$, ou $v^4e^2 + 4v^3e^3 <> e^4v^2 + 4v^3e^3$, c'eſt-à-dire, que le premier rapport eſt plus grand. Nous aurons enſuite, pour ſavoir ſi le rapport eſt plus grand pour neuf déciſions que pour ſix, $\frac{A}{B} <> \frac{A + bv^6e^3}{B + be^6v^3}$, d'où $Ae^3 <> Bv^3$, ou $v^4e^3 + 4v^3e^4 + av^4e^5 >< e^4v^3 + 4e^3v^4 + ae^4v^5$, ou $3v^3e^4 + av^4e^5 <> 3v^4e^3 + av^5e^4$; donc le premier rapport eſt le plus petit. La plus petite probabilité a donc lieu dans le cas où le jugement final a été formé par ſix déciſions. Ainſi, 1.° la plus petite probabilité qu'on puiſſe attendre de cette forme, ſera celle qui eſt exprimée par $\frac{v^4 + 4v^3e + 6v^4e^2}{1 - 12v^3e^3}$; & la probabilité qu'on n'en aura pas une plus grande par $1 - 12v^3e^3$, c'eſt-à-dire, en ſuppoſant $v = \frac{9}{10}$, la plus petite probabilité en faveur de v, ſera $\frac{987066}{991252}$; & la probabilité qu'on n'en aura point une plus forte, ſera exprimée par $\frac{991252}{1,000,000}$; 2.° la plus petite probabilité poſſible dans ce cas, aura lieu pour les termes $4v^3e$ & $6v^4e^2$, & alors on a $V = \frac{v^2}{v^2 + e^2}$ & $E = \frac{e^2}{v^2 + e^2}$, en ſorte que la ſûreté qui réſulte de cette forme de Tribunaux, ne doit être eſtimée que comme ſi le jugement étoit formé par ſix déciſions, & dans ce cas elle n'eſt abſolument que celle qui réſulte de la probabilité $\frac{v^2}{v^2 + e^2}$.

Mais ſi nous examinons la probabilité relativement non aux déciſions, mais à l'avis de chaque Votant, nous trouverons, comme ci-deſſus, qu'il eſt poſſible que le jugement ſoit rendu avec une pluralité plus petite qu'aucune quantité donnée. En effet, ſuppoſons le jugement rendu par $3n$ déciſions, la probabilité ſera $\frac{v^{2n}e^n}{v^{2n}e^n + e^{2n}v^n} = \frac{1}{1 + \frac{e^n}{v^n}}$.

Soient

Soient maintenant les décisions v rendues à la plus petite pluralité possible, que nous nommerons q', les jugemens e rendus à la plus grande, qui peut être l'unanimité, c'est-à-dire, $q > q'$, & soit v' & e' la probabilité de chaque Votant, la probabilité sera $\frac{v'^{2nq'} e'^{qn}}{v'^{2nq'} e'^{qn} + e'^{2nq'} v'^{qn}}$, quantité $< \frac{1}{2}$ si $q' < \frac{q}{2}$. Dans ce cas, plus on augmentera n, plus la probabilité sera petite, & elle n'aura d'autres limites que zéro, ce qui paroît devoir suffire pour faire rejeter cette forme de décision, quand bien même le cas où la décision rendue à la pluralité dans cette forme de jugement, a une probabilité au-dessous de $\frac{1}{2}$, seroit presque impossible. *(Voyez pages 13 & 79).* Ainsi cette forme exigeroit que la pluralité q' de chaque Tribunal fût plus grande que $\frac{1}{2} q$.

Nous n'ajouterons rien ici. Il est aisé de voir comment on trouveroit des formules pour toutes les autres hypothèses de pluralité proportionnelle, qui donneroient de même $V + E = 1$, & conduiroient à des résultats semblables.

Troisième Cas.

On exige ici un nombre donné de décisions consécutives conformes entr'elles. Ainsi soit v la probabilité de la vérité d'une décision, e la probabilité de l'erreur; on demande la probabilité d'avoir sur r décisions, p décisions consécutives, soit en faveur de v, soit en faveur de e, r étant déterminé ou indéfini.

Nous chercherons d'abord la valeur de V dans l'hypothèse où l'on auroit egard aux cas dans lesquels on auroit eu p décisions consécutives en faveur de e, & ensuite p en faveur de v.

Cela posé, soit r fini. $(v + e)^r$ exprime le nombre de toutes les combinaisons; or $(v + e)^r = v^p . (v + e)^{r-p} + v^{p-1} e . (v + e)^{r \; p} + v^{p-2} e . (v + e)^{r-p+1} + v^{p-3} e . (v + e)^{r-p+2} \ldots\ldots + ve^2 . (v + e)^{r-3} + ve . (v + e)^{r-2} + e . (v + e)^{r-1}$. En effet, $(v + e)^r = e . (v + e)^{r-1} + v . (v + e)^{r-} . v . (v + e)^{r-}$

$= ve.(v+e)^{r-2} + v^2.(v+e)^{r-2}$, $v^2.(v+e)^{r-2} = v^2e.(v+e)^{r-3} + v^3.(v+e)^{r-3}$, & ainsi de suite jusqu'à ce qu'il ne reste plus que $v^p.(v+e)^{r-p}$.

Si donc V^r est la probabilité que v arrivera p fois de suite dans r combinaisons, V^{r-1} qu'il arrivera p fois de suite dans $r-1$ combinaisons, V^{r-2} dans $r-2$ combinaisons, nous aurons l'équation $V^r = eV^{r-1} + ve.V^{r-2} + v^2eV^{r-3} + v^3eV^{r-4} \ldots\ldots + v^{p-2}eV^{r-p+1} + v^{p-1}eV^{r-p} + v^p$, à cause de $v^p.(v+e)^{r-p} = v^p$.

Supposons maintenant $V^r = cf^r + A$, A étant une quantité indépendante de r, nous aurons, 1.° $A = e(1 + v + v^2 \ldots + v^{p-1})A + v^p$, d'où, sommant la série, $A = \frac{e.\overline{1-v^p}}{1-v} A + v^p$, d'où $A = 1$ à cause de $e = 1 - v$; 2.° nous aurons $1 = \frac{e}{c^f} + \frac{ve}{c^{2f}} + \frac{v^2e}{c^{3f}} \ldots + \frac{v^{p-1}e}{c^{pf}}$, & faisant $\frac{v}{c^f} = z$, $1 = \frac{e}{v}(z + z^2 \ldots\ldots + z^p)$, ou $\frac{v}{e} = z.\frac{1-z^p}{1-z}$. Soient maintenant $g, g', g'' \ldots g'''^{p-1}$ les valeurs de c^f, que donne cette équation, nous aurons $V^r = 1 + Cg^r + C'g'^r \ldots + C''^{p-1}g'''^{p-1r}$. Il suffira donc de connoître les valeurs de V^r pour $r = p, p+1 \ldots\ldots 2p-1$ pour déterminer les p arbitraires C & avoir l'expression générale de V^r, ce qui n'a aucune difficulté, puisque $V^p = v^p$, $V^{p+1} = v^p + eV^p$, $V^{p+2} = v^p + eV^{p+1} + veV^p$, &c. & ainsi de suite.

Si nous cherchons maintenant la valeur de $V^{\frac{1}{0}}$, nous observerons, 1.° que pour tous les cas où z est réel & positif, on a $z > v$ à cause de l'équation $\frac{z.(1-z^p)}{1-z} = \frac{v}{1-v}$; 2.° que pour z réel & négatif, on a nécessairement p impair & $z^p > 1$. On a donc $z > 1$, en faisant abstraction du signe; d'où il résulte, à cause de $g = \frac{v}{z}$, tous les g^r répondans à des racines positives ou négatives réelles, égaux à zéro lorsque $r = \frac{1}{0}$; 3.° que la racine de l'équation en z ne peut être une imaginaire simple. En effet, multipliant par $1 + z$, on auroit $\frac{z + z^2 - z^{r+1} - z^{r+2}}{r \cdot \quad 1 - z^2} = \frac{v}{1 - v}$, ce qui donne, en faisant $z = a\sqrt{-1}$, ou $a = 0$, ou $a = \pm 1$. Or la première condition ne répond qu'à $v = 0$, & la seconde donneroit également, ou $v = 0$, ou $\frac{v}{1 - v}$ négatif, ce qui est contre l'hypothèse; 4.° que si l'on suppose z de la forme $a + b\sqrt{-1}$, on ne pourra avoir dans $cf = \frac{v}{z}$ le coëfficient réel commun aux deux racines $a + b\sqrt{(-1)}$, $a - b\sqrt{(-1)}$, plus grand que l'unité, & par conséquent $\frac{v}{\sqrt{(a^2 + b^2)}} > 1$, parce qu'il en résulteroit sans cela des termes infinis dans $V^{\frac{1}{0}}$. Nous aurons donc, ou $\frac{v}{\sqrt{(a^2 + b^2)}} < 1$, ou $\frac{v}{\sqrt{(a^2 + b^2)}} = 1$. Or ce second cas donne $v = 0$.

Nous aurons en général, excepté pour $v = 0$, $V^r = 1$, & il est évident que, pour $v = 0$, $V^r = 0$.

Maintenant nous aurons pour déterminer V^r, en retranchant les cas où l'on a eu $e\ p$ fois de suite avant d'avoir v aussi p fois de suite, $V^r = v^p + eV^{r-1} + veV^{r-2} \ldots + v^{p-1}eV^{r-p}$; mais il est aisé de voir que cette équation n'est pas exacte. En effet, les termes répondans à e^{p-1} multiplié par un terme commençant par v, ne doivent pas entrer dans V^r, & cependant entrent dans eV^{r-1}, veV^{r-2}, &c. Il faudra donc retrancher un terme $e \cdot e^{p-1}V^{r-p} + ve.e^{p-1}V^{r-p-1} \ldots\ldots + v^{p-1} \cdot e^p V^{r-2p+1}$; mais les termes en V, qui dans cette seconde série commencent par e, étoient déjà retranchés dans V^{r-1}, V^{r-2}, &c. Il faut donc ajouter ici une série $e \cdot e^p \cdot V^{r-p-1} + ve \cdot e^p \cdot V^{r-p-2} \ldots\ldots\ldots\ldots + v^{p-1}e \cdot e^p \cdot V^{r-2p}$; mais il est aisé de voir que par la même raison, il faut retrancher de ce dernier terme une série

$e^{2p}V^{r-2p} + ve^{2p}V^{r-2p-1} \ldots + v^{p-1}e^{2p}V^{r-3p+1}$

& ainsi de suite ; en sorte que l'on a

$$\begin{aligned} V^r = v^p &+ eV^{r-1} \ldots\ldots\ldots + v^{p-1}eV^{r-p} \\ &- (e^pV^{r-p} \ldots\ldots + v^{p-1}e^pV^{r-2p+1}) \\ &+ e^{p+1}V^{r-p-1} \ldots + v^{p-1}e^{p+1}V^{r-2p} \\ &- (e^{2p}V^{r-2p} \ldots\ldots + v^{p-1}e^{2p}V^{r-3p+1}) \\ &+ e^{2p+1}V^{r-2p+1} \ldots + v^{p-1}e^{2p+1}V^{r-3p} \\ &- (e^{3p}V^{r-3p} \ldots\ldots + v^{p-1}e^{3p}V^{r-4p+1}) \\ &+ \ldots\ldots\ldots\ldots\ldots\ldots\ldots\ldots \end{aligned}$$

& ainsi de suite jusqu'à V^p. Or, en considérant cette formule, il est facile de voir que les séries de deux en deux sont absolument semblables, & que chaque paire de série ne diffère de la précédente, qu'en ce qu'elle est multipliée par e^p, & qu'il faut mettre dans l'exposant de V, $r - p$ au lieu de r. On aura donc

$$\begin{aligned} V^{r-p} = v^p &+ eV^{r-p-1} \ldots\ldots + v^{p-1}eV^{r-2p} \\ &- (e^pV^{r-2p} \ldots\ldots + v^{p-1}e^pV^{r-3p+1}) \\ &+ e^{p+1}V^{r-2p-1} \ldots + v^{p-1}e^{p+1}V^{r-3p} \\ &- \ldots\ldots\ldots\ldots\ldots\ldots\ldots\ldots \end{aligned}$$

Multipliant par e^p, & retranchant de l'équation précédente, nous aurons

$$\begin{aligned} V - e^pV^{r-p} = v^p &- e^pv^p \\ &+ eV^{r-1} + veV^{r-2} \ldots\ldots + v^{p-1}eV^{r-p} \\ &- (e^pV^{r-p} + ve^pV^{r-p-1} \ldots + v^{p-1}e^pV^{r-2p+1}), \end{aligned}$$

formule dans laquelle le terme $e^p v^p$ ne commence à se trouver que lorsque $r - p = p$, ou $r = 2p$, c'est-à-dire, qu'on aura V^r par une équation aux différences finies du $(2p - 1)^e$ ordre, ou V^r donné par les $2p - 1$ termes précédens.

Nous aurons E^r par une formule semblable ; en changeant v en e, & réciproquement.

Si maintenant nous supposons $r = \frac{1}{0}$, nous aurons $V + E = 1$. En effet, il résulte de ce que nous avons dit ci-dessus, que, excepté dans le cas de $v = 0$, la probabilité d'avoir $v\,p$ fois de suite, sans avoir égard à ce que e ne soit pas arrivé auparavant p fois de suite, étoit égale à l'unité. Or, $V + E$ renferme tous les termes de cette première formule; donc $V + E = 1$, puisqu'il ne peut être plus grand.

On trouvera ensuite la valeur de $\frac{V}{E}$ dans ce même cas, par le moyen de l'équation précédente, & la série qui représentera la valeur de ces deux quantités, sera composée de termes dépendans chacun des $2p - 1$ termes précédens.

On pourra former encore ici les équations suivantes,

$$\begin{aligned} V^r = {} & v^p - e^p v^p \\ & + eV^{r-1} + veV^{r-2} \ldots\ldots\ldots + (v^{p-1}e + e^p)V^{r-p} \\ & - ve^pV^{r-p-1} - v^2e^pV^{r-p-2} \ldots\ldots - v^{p-1}e^pV^{r-2p+1} \end{aligned}$$

$$\begin{aligned} V^{r+1} = {} & v^p - e^p v^p \\ & + eV^r + veV^{r-1} \ldots\ldots\ldots + (v^{p-1}c + e^p)V^{r-p+1} \\ & - ve^pV^{r-p} - v^2e^pV^{r-p-1} \ldots\ldots - v^{p-1}e^pV^{r-2p+2} \end{aligned}$$

$$\begin{aligned} V^{r+1} - V^r = {} & eV^r - e.(1-v).V^{r-1} - ve.(1-v).V^{r-2} \\ & - v^{p-2}e.(1-v).V^{r-p+1} - (ve^p + v^{p-1}c).V^{r-p} \\ & + e^p.V^{r-p+1} - e^pV^{r-p} + ve^p.(1-v).V^{r-p-1} \\ & + v^2e^p.(1-v).V^{r-p-1} + v^{p-1}e^pV^{r-2p+1} \end{aligned}$$

$$\begin{aligned} = {} & e(V^r - V^{r-1}) + ve(V^{r-1} - V^{r-2}) \ldots + (v^{p-1}e + e^p)(V^{r-p+1} - V^{r-p}) \\ & - ve^p(V^{r-p} - V^{r-p-1}) \ldots\ldots - v^{p-1}e^p(V^{r-2p+2} - V^{r-2p+1}), \end{aligned}$$

d'où l'on tire

$$\begin{aligned} & \Delta.V^{r+2p-1} = e\Delta.V^{r+2p-2} + ve\Delta.V^{r+2p-3} \ldots\ldots \\ & + (v^{p-1}e + e^p)\Delta.V^{r+p-1} - ve^p\Delta.V^{r+p-2} \ldots\ldots \\ & - v^{p-1}e^p\Delta.V^r. \end{aligned}$$

Résolvant ces équations, déterminant les arbitraires, on en tirera la valeur de V^r, & cette valeur donnée en général, donnera celle de $V^{\frac{1}{0}}$, ou de la valeur de V^r, en supposant le nombre des décisions indéfini.

Mais comme l'on sait déjà ici que dans le cas de $r = \frac{1}{0}$

on a $V^r + E^r = 1$; ce qu'il importe le plus de connoître, eſt le rapport de V^r à E^r dans ce cas. Or, en obſervant la manière dont ces quantités ſe forment, on trouvera que dans ce cas $V^r = (1 + e + e^2 \ldots\ldots + e^{p-1}) v^p \phi$, & $E^r = (1 + v + v^2 \ldots\ldots + v^{p-1}) e^p \phi$, ϕ étant une fonction ſemblable de v & de e. On aura donc

$$\frac{V^r}{E^r} = \frac{v^p}{e^p} \left(\frac{1 + e + e^2 \ldots\ldots + e^{p-1}}{1 + v + v^2 \ldots\ldots + v^{p-1}} \right) = \frac{v^p . 1 - v .}{e^p . 1 - e .} \cdot \frac{1 - e^p}{1 - v^p} < \frac{v^p}{e^p}.$$

Il eſt donc évident ici que plus on augmentera r, plus le rapport $\frac{V^r}{E^r}$ diminuera.

Il réſulte de-là, que ſi l'on adopte cette forme de déciſions, on aura,

1.° Quel que ſoit p, une probabilité toujours croiſſante, & approchant lans ceſſe de l'unité, d'avoir une déciſion.

2.° La probabilité en général que la déciſion ſera en faveur de la vérité, ſera exprimée par $\frac{v^p}{e^p} \cdot \frac{1 - v}{1 - e} \cdot \frac{1 - e^p}{1 - v^p} < \frac{v^p}{e^p}$.

3.° Le cas le plus favorable eſt celui où l'on aura d'abord p déciſions conſécutives, ſans aucun mélange.

4.° S'il y a quelque mélange dans le cas de $p = 2$, à cauſe de $V^r = v^2 . (1 + e) . (1 + ev + ev^2 + ev^3 + \&c.)$, il eſt clair que le cas le plus défavorable ſera celui de toutes les valeurs paires de r; où le rapport des probabilités eſt $\frac{v^2}{e^2} \cdot \frac{e}{v} = \frac{v}{e}$.

5.° Si p eſt plus grand que 2, on pourra avoir les p déciſions conſécutives en faveur de v, par un terme $e^{p-1} (v e^{p-1})^{r'} v^p$; les p déciſions conſécutives, ſuppoſées en faveur de e, ſeront alors $v^{p-1} (e v^{p-1})^{r'} e^p$. Leur rapport ſera donc $\frac{e^{p-1} . e^{r'p - r'} v^{p + r'}}{v^{p-1} . v^{r'p - r'} e^{p + r'}} = \frac{e^{r'(p-2)-1}}{v^{r'(p-2)-1}}$. Or, r' croiſſant indéfiniment, il eſt clair que lorſque $p > 2$, la probabilité en faveur de v pourra être plus petite qu'aucune grandeur poſitive donnée, d'où il réſulte que dans ce cas même, en ne conſidérant que la ſuite des déciſions ſucceſſives, on peut avoir une décision définitive d'une probabilité moindre qu'aucune grandeur donnée.

6.° Que si on a égard de plus à la nature de v & de e, qui représentent non l'avis d'un seul homme, mais la décision d'un Tribunal, la conclusion précédente acquiert plus de force. En effet, soit v' & e' la probabilité du suffrage de chaque Votant, que q soit leur nombre, q' plus petit que q la pluralité exigée, il peut arriver que les décisions de ces Tribunaux soient rendues à l'unanimité pour e, & à la pluralité seulement de q' pour v; le rapport de la probabilité en faveur de la vérité de la décision finale, à la probabilité contraire, sera donc exprimée par $\frac{e'^{q.(r'+1).(p-1)}\,v'^{q'.(r'+p)}}{v'^{q.(r'+1).(p-1)}\,e'^{q'.(r'+p)}}$, terme qui, pour les mêmes valeurs de r' & de p, est encore plus petit.

Il en résulte que cette forme de décisions expose à avoir des jugemens qu'on doive exécuter, malgré la plus grande probabilité qu'elles sont contraires à la vérité, ce qui suffit pour faire rejeter cette forme.

On pourroit objecter ici que cet inconvénient ne doit pas être considéré, parce qu'il est aisé de faire en sorte qu'il soit très-peu probable que ce cas ait lieu, & qu'il ne faudroit pas proscrire une forme qui auroit des avantages, parce qu'elle se trouveroit défectueuse dans certaines combinaisons extraordinaires qui ne doivent jamais avoir lieu.

Mais on peut répondre, 1.° qu'on peut éviter cet inconvénient en adoptant une autre forme, & qu'il n'est ni juste ni raisonnable de s'exposer à un risque qu'on peut éviter. L'incertitude qui naît de la possibilité que les hommes se trompent dans leurs jugemens, est inévitable ici, & les dangers auxquels cette possibilité expose, le sont par conséquent aussi. Il n'en est pas de même du danger de se soumettre à exécuter une décision dont la fausseté est très-probable; il n'a lieu que parce qu'en cherchant une plus grande sûreté par une forme très-compliquée, on s'expose à se conduire d'après la minorité & non d'après la pluralité des suffrages.

2.° Ce cas n'eſt pas comme celui où l'on eſt expoſé à ſe tromper en ſe conduiſant d'après l'avis de la pluralité. Dans le cas où l'on ſe conduit d'après l'avis de la pluralité, il peut devenir probable ſur un très-grand nombre de déciſions, qu'on agira une ou pluſieurs fois d'après une déciſion contraire à la vérité; mais on a dans chaque cas particulier, pris à part, une probabilité très-grande que la déciſion qu on adopte eſt conforme à la vérité. Dans l'autre cas au contraire, ſi on a une très-grande probabilité de ne pas être expoſé à agir d'après une déciſion très-probablement fauſſe, il doit arriver également parmi un grand nombre de déciſions que ce cas aura lieu, & dès-lors, dans ce cas particulier, on ſe trouve obligé d'agir d'après une déciſion que l'on eſt en droit de regarder comme fauſſe. Ceux qui ordonnent & ceux qui obéiſſent à une telle déciſion, ſeroient donc contraints d'agir contre leur conſcience.

Nous nous ſommes arrêtés ſur cet objet, parce que cette forme de déciſions eſt établie dans un des plus célèbres Tribunaux de l'Europe, où l'on exige trois déciſions conſécutives conformes entr'elles, d'où il réſulte que l'on peut, même lorſque la déciſion définitive a lieu au bout de onze jugemens, & en ſuppoſant ces jugemens également probables, avoir $\frac{V}{E} = \frac{e^2(ve^2)^2v^3}{v^2(ev^2)e^3} = \frac{e}{v}$.

Il ne nous reſte plus qu'un ſeul cas à examiner, celui où la déciſion définitive eſt prononcée par un ſeul Tribunal, mais où la même queſtion a été déjà décidée par un Tribunal inférieur.

Dans ce cas, on voit d'abord que ſi l'on conſidère la probabilité en général, & en ſuppoſant qu'on n'ait d'avance aucune connoiſſance de l'évènement, la probabilité ſera la même que ſi le Tribunal ſupérieur jugeoit ſeul; mais il n'en eſt pas de même ſi l'on examine la probabilité réſultante du jugement déjà connu.

Soit en effet v' & e' la probabilité de la vérité & de l'erreur pour l'opinion de chaque Votant du Tribunal inférieur,

&

& p' la pluralité du jugement qu'il a rendu, la probabilité de la vérité de ce jugement, ſera $\frac{v'^{p'}}{v'^{p'}+e'^{p'}}$, & celle de l'erreur $\frac{e'^{p'}}{v'^{p'}+e'^{p'}}$. Soit enſuite v & e la probabilité de la vérité & de l'erreur pour l'opinion de chaque Votant du Tribunal ſupérieur, & p la pluralité; la probabilité de la vérité du jugement ſera $\frac{v^p}{v^p+e^p}$, & celle de l'erreur $\frac{e^p}{v^p+e^p}$. Si les deux déciſions ſont conformes, on aura pour la probabilité qu'elles ſont vraies, $\frac{v'^{p'}v^p}{v'^{p'}v^p+e'^{p'}e^p}$, & celle de l'erreur ſera $\frac{e'^{p'}e^p}{v'^{p'}v^p+e'^{p'}e^p}$. Si au contraire elles ſont oppoſées, la probabilité de la vérité de la dernière $\frac{e'^{p'}v^p}{e'^{p'}v^p+v'^{p'}e^p}$, & celle de l'erreur ſera $\frac{v'^{p'}e^p}{e'^{p'}v^p+v'^{p'}e^p}$. Cela poſé, il eſt aiſé de voir que dans le ſecond cas la valeur de la probabilité de la vérité de la dernière déciſion, peut devenir plus petite que ne l'exige la ſûreté publique. En effet, ſoit q' le nombre qui compoſe le Tribunal inférieur, & p la plus petite pluralité exigée dans le Tribunal ſupérieur, la probabilité de la déciſion de ce dernier Tribunal pourra n'être que $\frac{e'^{q'}v^p}{e'^{q'}v^p+v'^{q'}e^p}$, & ſoit $v'=r'e'$ & $v=re$, elle ſera $\frac{r^p}{r^p+r'^{q'}}$. Or, ſi $q'>p$, cette quantité deviendra moindre qu'un demi, à moins que r ne ſoit plus grand que r'.

Soit a la limite de cette quantité, on aura $\frac{r^p}{r^p+r'^{q'}}=a$, d'où $r^p=\frac{r'^{q'}a}{1-a}$, ou $r=r'^{\frac{q'}{p}}\left(\frac{a}{1-a}\right)^{\frac{1}{p}}$. Soit enſuite p' la plus petite pluralité de la déciſion du Tribunal inférieur, la plus petite probabilité, quand les décisions seront conformes, se trouvera $\frac{v'^{p'} v^p}{v'^{p'} v^p + e'^{p'} e^p} = \frac{r'^{p'} r^p}{r'^{p'} r^p + 1}$.

Supposons maintenant $q' = 5, p = 2$, & que l'on veuille que $a = \frac{100}{101}$, ce qui est un nombre très-petit s'il s'agit de questions importantes. Supposons encore $r' = 4$, c'est-à-dire, que la probabilité de la vérité du jugement de chaque Votant du Tribunal inférieur soit $\frac{4}{5}$, nous aurons $r = 4^{\frac{5}{2}} \cdot 100^{\frac{1}{2}} = 320$, c'est-à-dire, qu'il faudroit que la probabilité de la justesse de la décision de chaque Votant du Tribunal supérieur fût $\frac{320}{321}$, & par conséquent que les Votans du Tribunal supérieur ne se trompassent qu'une fois sur trois cents vingt-un jugemens, & ceux du Tribunal inférieur une fois sur cinq; or une telle supériorité ne peut guère se supposer.

Si au contraire $q' < p$; par exemple, si on a ici $p = 6$, on aura, en conservant tout le reste, $r = 4^{\frac{5}{6}} \cdot 100^{\frac{1}{6}} < \frac{684}{100}$. Il suffiroit donc dans cette hypothèse, de supposer que chaque Votant du Tribunal supérieur ne se trompât qu'une fois sur huit à peu-près, tandis que chaque Votant du Tribunal inférieur se trompe une fois sur cinq, supposition qu'on peut faire, puisqu il est possible de mettre plus de précautions dans le choix des Membres du Tribunal supérieur.

Cet exemple suffit pour montrer que dans le cas où la décision d'un Tribunal supérieur doit être suivie, lorsqu'elle est contraire à celle du Tribunal inférieur, l'intérêt de la sûreté publique exige que la plus petite pluralité à laquelle ce Tribunal puisse condamner, soit plus grande que la pluralité contraire obtenue dans le premier Tribunal.

Reprenons donc la formule $r^p = r'^{q'} \cdot \frac{a}{1-a}$; en y regardant q', r, r', & a comme connus, nous en tirerons

$p = q' \cdot \frac{lr'}{lr} + \frac{l\frac{a}{1-a}}{lr}$. Supposons donc que nous voulions $a = \frac{1000}{1001}$, c'est-à-dire, qu'il y ait au moins 1000 à parier contre 1 qu'un innocent ne sera pas condamné, nous aurons $p = q' \cdot \frac{lr'}{lr} + \frac{3}{lr}$. Ainsi, par exemple, si nous supposons $r = 8$, $r' = 4$, $q' = 5$, nous aurons $p = 7$, parce qu'il faut toujours prendre pour p le premier nombre entier plus grand que la valeur de p donnée par l'équation.

Mais il est très-possible que cette valeur de p soit beaucoup plus grande qu'il n'est nécessaire de l'exiger dans les jugemens. En effet, ici où $p = 7$ & $r = 8$, dans le cas où l'on fait abstraction du jugement du Tribunal inférieur, la probabilité de l'erreur est moindre qu'un deux millionième; & dans le cas où l'on aura seulement une pluralité d'une voix dans le Tribunal inférieur, & où la décision seroit conforme, la probabilité de l'erreur seroit moindre d'un huit millionième; & si on exige une pluralité de trois voix dans ce Tribunal inférieur de cinq Votans, elle deviendroit moindre d'un cent vingt-huit millionième.

Or, il est évident qu'en exigeant une telle probabilité, beaucoup plus que suffisante, on s'exposera au risque de n'obtenir aucune décision. Il faudroit donc que la pluralité exigée dans le Tribunal supérieur, dans le cas de deux décisions opposées, fût plus grande que dans le cas où elles sont conformes; & l'on peut établir qu'il faut qu'elles soient telles en général, que l'on ait dans l'une & l'autre hypothèse une égale probabilité pour le cas le plus défavorable.

L'hypothèse des décisions contraires donne $p = q' \cdot \frac{lr'}{lr} + \frac{l\frac{a}{1-a}}{lr}$; l'hypothèse des décisions conformes, donne $p = \frac{l\frac{a}{1-a}}{lr} - p' \cdot \frac{lr'}{lr}$. Ces équations donneront les valeurs de p dans les deux cas.

Conservant toujours le même exemple que ci-dessus, & faisant $p' = 1$, nous aurons, pour le cas des deux décisions conformes, $p = 3$; & si $p' = 3$, $p = 2$ au lieu de $p = 7$.

D'après ce que nous venons d'exposer, il est donc clair que pour cette forme de jugemens, il ne faut pas exiger la même pluralité dans le cas des décisions contraires & dans celui des décisions conformes entr'elles.

Cela posé, on peut choisir deux partis; 1.° de fixer en général la pluralité du second Tribunal dans les deux cas, comme nous venons de le faire; 2.° de fixer dans chaque décision particulière la pluralité du second Tribunal d'après la pluralité de celle du premier, en regardant p' & q' comme donnés par l'évènement. Pour cela, si l'on fait $r = r'$, supposition assez naturelle, & d'ailleurs favorable à la sûreté, on aura

$$p = q' + \frac{l\frac{a}{1-a}}{lr}, \quad p = \frac{l\frac{a}{1-a}}{lr} - p', \text{ ou } p - q' = \frac{l\frac{a}{1-a}}{lr},$$

& $p + p' = \frac{l\frac{a}{1-a}}{lr}$, c'est-à-dire, dans les deux cas la pluralité en faveur de la décision égale à $\frac{l\frac{a}{1-a}}{lr}$, comme on l'auroit trouvé pour un seul Tribunal. Comparant maintenant ces deux valeurs de p, on trouvera leur différence extrême égale à $q' + p'$, c'est-à-dire, à la somme de la plus grande & de la plus petite pluralité du Tribunal inférieur. Mais comme il paroît convenable d'exiger que la décision du Tribunal supérieur soit toujours prise à part d'une probabilité suffisante, alors la moindre valeur de p devra être $\frac{l\frac{a}{1-a}}{lr}$ pour le cas où les décisions sont conformes; & pour celui où elles sont contradictoires, il faudra augmenter cette pluralité de q', q' pouvant être ou la pluralité de chaque jugement rendu par le Tribunal inférieur, ou, si l'on veut prendre un terme fixe, q' étant le nombre des Votans dans le Tribunal inférieur.

Avant de paſſer à l'examen du cas où l'on ſuppoſe que les Votans peuvent ſe partager en plus de deux avis différens, nous croyons devoir inſiſter ſur une remarque générale, qu'il ſera facile de déduire de tout ce qui précède.

C'eſt que de toutes les manières de prendre des déciſions, compriſes dans les différentes hypothèſes que nous avons examinées, celle qui eſt la plus ſimple, & qui conſiſte à ſe contenter d'un ſeul Tribunal & d'une ſeule déciſion, en exigeant une pluralité fixe ſi le nombre des Votans eſt fixe, & une pluralité égale à un nombre conſtant, plus un nombre proportionnel à celui des Votans ſi ce nombre peut varier, eſt celle dans laquelle, en employant un moindre nombre de Votans, & en exigeant d'eux le moins de lumières, on peut plus facilement obtenir, 1.° une probabilité ſuffiſante en général, que la déciſion ne ſera pas contraire à la vérité; 2.° une probabilité ſuffiſante d'obtenir une déciſion conforme à la vérité; 3.° lorſque la déciſion eſt connue & que la pluralité eſt la moindre poſſible, une probabilité encore ſuffiſante en faveur de la vérité de la déciſion. La ſeule hypothèſe, *page 55*, où l'on ſuppoſe que l'on demande à pluſieurs repriſes les voix d'une même aſſemblée juſqu'à ce que l'on parvienne à une pluralité exigée, auroit les mêmes avantages en la conſidérant d'une manière abſtraite; mais on verra dans les Parties ſuivantes, qu'il s'en faut beaucoup qu'elle les puiſſe conſerver dans la pratique.

Nous n'avons conſidéré juſqu'ici que deux déciſions contradictoires entr'elles; il eſt des cas ou l'on peut avoir beſoin d'en conſidérer trois, ou un plus grand nombre. Par exemple, on peut ſuppoſer que chaque Votant puiſſe prononcer oui ou non ſur une queſtion, ou ne point prononcer du tout, & on peut n'avoir dans ce cas aucun égard à cette déciſion. De plus, bien qu'il ſoit en général toujours poſſible de réduire toutes les opinions à deux contradictoires entr'elles, cependant comme ce moyen peut amener des diſcuſſions, entraîner des longueurs, & que d'ailleurs on ne peut même en reconnoître les avantages avant d'avoir examiné ce qui réſulte des déciſions où l'on admet une plus grande quantité d'avis, cette dernière supposition doit être examinée séparément. Enfin, lorsqu'on fait un choix entre plusieurs objets ou entre plusieurs personnes à la pluralité des suffrages, la nature de la question qu'on décide peut mériter des recherches particulières.

Nous aurons donc à examiner successivement ces trois différentes hypothèses.

DIXIÈME HYPOTHÈSE.

On suppose ici trois opinions v, e, i; v & e sont deux opinions qui peuvent être vraies ou fausses; v désigne une opinion vraie, e l'opinion contradictoire, qui est nécessairement fausse; i est l'opinion incertaine, par laquelle le Votant déclare seulement qu'il ne peut nier ni affirmer aucune des deux propositions contradictoires.

Cela posé, soit q le nombre des Votans, la formule $i^q + q i^{q-1}.(v+e) + \frac{q}{2} i^{q-2}.(v+e)^2 \ldots\ldots + \frac{q}{q'} i^{q-q'}.(v+e)^{q'} + \frac{q}{q'+1} i^{q-q'-1}.(v+e)^{q'+1} \ldots\ldots + (v+e)^q$ représentera toutes les combinaisons possibles des décisions v, e & i.

Soit maintenant $q' < q$ le nombre de décisions v & e qu'il faut avoir pour obtenir en faveur de l'une ou de l'autre la pluralité exigée. Si $V^{q'}$, $V'^{q'}$, $V^{q'+1}$, $V'^{q'+1} \ldots\ldots\ldots$ expriment les mêmes quantités que ci-dessus, & que W^q, W'^q expriment les quantités correspondantes pour l'hypothèse présente, c'est-à-dire, la probabilité qu'il n'y aura pas de décision contre v, ou qu'il y en aura une en faveur de v, nous aurons

$$W^q = \frac{q}{q'} i^{q-q'} V^{q'}.(v+e)^{q'} + \frac{q}{q'+1} i^{q-q'-1} V^{q'+1}.(v+e)^{q'+1} + \frac{q}{q'+2} i^{q-q'-2} V^{q'+2}.(v+e)^{q'+2} \ldots\ldots\ldots\ldots + q.i V^{q-1}.(v+e)^{q-1} + V^q.(v+e)^q.$$

Faisant ensuite $V^{q'+1} = V^{q'} + U$, $V^{q'+2} = V^{q'+1} + U^{1}$, & enfin $V^{q} = V^{q-1} + U^{q-q'-1}$, nous aurons

$$W^{q} = \left[\frac{q}{q'} i^{q-q'} . (v+e)^{q'} + \frac{q}{q'+1} i^{q-q'-1} (v+e)^{q'+1} + \frac{q}{q'+2} i^{q-q'-2} . (v+e)^{q'+2} \ldots\ldots\ldots + (v+e)^{q}\right] V^{q'}$$
$$+ \left[\frac{q}{q'+1} i^{q-q'-1} . (v+e)^{q'+1} + \frac{q}{q'+2} i^{q-q'-2} . (v+e)^{q'+2} \ldots\ldots\ldots + (v+e)^{q}\right] U$$
$$+ \left[\frac{q}{q'+2} i^{q-q'-2} . (v+e)^{q'+2} \ldots\ldots + (v+e)^{q}\right] U^{1}$$
$$\ldots\ldots\ldots\ldots\ldots\ldots\ldots\ldots$$
$$+ (v+e)^{q} . U^{q-q'-1}$$

Nous aurons par conséquent

$$W^{q+1} = \left[\frac{q+1}{q'} i^{q-q'+1} . (v+e)^{q'} + \frac{q+1}{q'+1} i^{q-q'} . (v+e)^{q'+1} \ldots\ldots\ldots + (v+e)^{q+1}\right] V^{q'}$$
$$+ \left[\frac{q+1}{q'+1} i^{q-q'} . (v+e)^{q'+1} \ldots\ldots + (v+e)^{q+1}\right] U$$
$$\ldots\ldots\ldots\ldots\ldots\ldots\ldots\ldots$$
$$+ (v+e)^{q+1} . U^{q-q'}$$

Maintenant soit $C^{q}_{q'}$ le coëfficient de $V^{q'}$ dans W^{q}, & $C^{q+1}_{q'}$ le coëfficient du même terme dans W^{q+1}, & que $C^{q}_{q'+1}$, $C^{q+1}_{q'+1}$, $C^{q}_{q'+2}$, $C^{q+1}_{q'+2}$, &c. soient les coëfficiens de U, U^{1}, &c. dans les mêmes formules, nous aurons $C^{q+1}_{q'} = C^{q}_{q'} . (i+v+e) + \frac{q}{q'-1} i^{q-q'+1} . (v+e)^{q'}$ $= C^{q}_{q'} + \frac{q}{q'-1} i^{q-q'+1} . (v+e)^{q'}$, à cause de $i+v+e=1$.

De même $C^{q+1}_{q'+1} = C^{q}_{q'+1} + \frac{q}{q'} i^{q-q'} . (v+e)^{q'+1}$,

$C^{q+1}_{q'+2} = C^{q}_{q'+2} + \frac{q}{q'+1} i^{-q'-1} . (v+e)^{q'+2}$, & ainsi de suite. Nous aurons donc

$$W^{q+1} = W^{q} + \frac{q}{q'-1} i^{q-q'+1} . (v+e)^{q'} V^{q'} + \frac{q}{q'} i^{q-q'} . (v+e)^{q'+1} U + \frac{q}{q'+1} i^{q-q'-1} . (v+e)^{q'+2} U' \ldots . + qi . (v+e)^{q} U^{q-q'-1} + (v+e)^{q+1} U^{q-q'}.$$

Prenant maintenant la valeur de W^{q+2}, elle sera

$$W^{q+1} + \frac{q+1}{q'-1} i^{q-q'+2} . (v+e)^{q'} V^{q'} + \frac{q+1}{q'} i^{q-q'+1} . (v+e)^{q'+1} U + \frac{q+1}{q'+1} i^{q-q'} . (v+e)^{q'+2} U' \ldots\ldots\ldots\ldots\ldots\ldots + (q+1) . i . (v+e)^{q+1} U^{q-q'} + (v+e)^{q+2} U^{q-q'+1}.$$

Maintenant il est aisé de voir que les coëfficiens de $V^{q'}$, $U, U' \ldots\ldots U^{q-q'}$ dans W^{q+1} & dans W^{q+2}, sont égaux chacun à chacun, en multipliant successivement chacun de ces coëfficiens dans W^{q+1} par $\frac{q+1}{q-q'+2} i$, $\frac{q+1}{q-q'+1} i$, $\frac{q+1}{q-q'} i \ldots\ldots\ldots$ les dénominateurs étant égaux dans chaque terme au coëfficient de i augmenté de l'unité. Soit φ la somme de ces termes pour W^{q+1}, elle sera $(q+1) \int \varphi \partial i$ pour W^{q+2}, & nous aurons l'équation $W^{q+2} = W^{q+1} + (q+1) \int \varphi \partial i + (v+e)^{q+2} U^{q-q'+1}$, d'où $\frac{\partial . W^{q+2}}{\partial i} = \frac{\partial . W^{q+1}}{\partial i} + (q+1) \varphi$, parce que le dernier terme ne contient pas i; mais $W^{q+1} = W^{q} + \varphi$. Donc on aura $\frac{\partial . W^{q+2}}{\partial i} = \frac{\partial . W^{q+1}}{\partial i} + (q+1)(W^{q+1} - W^{q})$. On déduira donc chaque terme des deux précédens sans difficulté. En effet, l'on aura $W^{q} = W^{q-1} + (q+1) \int (W^{q-1} - W^{q-2}) \partial i + (v+e)^{q} . U^{q-q'-1}$, les

les intégrales étant priſes de manière qu'elles ſoient zéro lorſque $i = 0$, & ces fonctions ne contenant que des puiſſances ſimples de i.

Lorſque $q = \frac{1}{0}$, la valeur de W^q ci-deſſus devient $V^{q'} + U + U' + U'' \ldots = V^{\frac{1}{0}}$, & par conſéquent 1, $\frac{1}{2}$, ou 0 dans les mêmes circonſtances; ſeulement dans le cas de $i = 1$, la fonction W^q devient zéro dans l'hypothèſe que nous conſidérons ici.

Ce que nous avons dit des quantités W^q, s'appliquera ſans difficulté aux quantités W'^q, qu'on aura d'une manière ſemblable, & l'on peut obſerver de même que toutes les fois que les quantités V^q, V'^q iront en croiſſant, q devenant plus grand, il en ſera de même des quantités W^q, W'^q & réciproquement lorſque les quantités V^q, V'^q iront en décroiſſant. Il ne peut y avoir de différence que pour les cas où, ſoit V^q, ſoit V'^q iroient d'abord en croiſſant & enſuite en décroiſſant, ou réciproquement. Dans ce cas, les W^q ou les W'^q ſuivront la même loi, mais le changement qui arrivera à ces quantités n'aura pas lieu aux mêmes points.

Si maintenant nous examinons la queſtion en elle-même, nous trouverons que, ſi nous connoiſſons i & $v + e$, v' & e' étant en général la probabilité qu'un Votant décidera ſuivant la vérité ou contre l'erreur, on aura $v = (v + e)\ v'$, $e = (v + e) . e'$, comme le prouvent d'ailleurs les formules ci-deſſus, où les V ſont des fonctions de v' & e' homogènes, & multipliées par des puiſſances de $v + e$ du même degré. Mais il nous reſte à voir ce que déſignent les quantités i, $v + e$; i, eſt l'opinion qu'il n'y a pas de preuves ſuffiſantes pour décider; $v + e$ eſt l'opinion que ces preuves ſont acquiſes. La vérité de cette opinion, que les preuves ſont acquiſes ou non, eſt indépendante de la vérité d'une des deux déciſions oppoſées; & par conſéquent, en conſidérant la queſtion dans un ſens abſtrait, le rapport de v à e doit reſter le même, ſoit que ceux qui votent pour la non-exiſtence des preuves, ſe trompent, ſoit qu'ils aient raiſon. Ainſi dans ce cas, on aura avec une égale probabilité, ou $i = v'$ & $v + e = e'$, ou $i = e'$ & $v + e = v'$; & par conſéquent, ſi dans les formules précédentes $W_{,}^{q}$ & $W'^{q}_{,}$ repréſentent la valeur de ces termes pour $i = e'$, & $v + e = v'$ & $W_{,,}^{q}$ & $W'^{q}_{,,}$ les valeurs des mêmes termes lorſque $i = v'$ & $v + e = e'$, on aura $W^{q} = \frac{W_{,}^{q} + W_{,,}^{q}}{2}$ $W'^{q} = \frac{W'^{q}_{,} + W'^{q}_{,,}}{2}$

La queſtion eſt préciſément la même que celle-ci. Suppoſez q urnes; qu'on ſache que dans ces q urnes il y en a m remplies de q boules rouges, & n remplies de q boules, dont m blanches & n noires, ou bien n remplies de q boules rouges & m remplies de q boules, dont m blanches & n noires, & qu'on demande la probabilité d'avoir, en tirant au haſard une urne & une boule de cette urne un nombre q de fois, une pluralité donnée en faveur des boules blanches ſur les boules noires.

Mais cette manière d'enviſager la queſtion ne peut avoir lieu dans l'application. En effet, ſuppoſons que ceux qui ont voté pour la non-exiſtence des preuves aient raiſon, on ne doit pas ſuppoſer pour ceux qui ont voté le contraire & qui ont rendu une déciſion, une probabilité de cette déciſion égale à celle qu'auroit la même déciſion s'ils ne s'étoient pas trompés ſur la première queſtion. Si même on conſidère la queſtion en général, il paroît au contraire plus juſte de ſuppoſer que dans ce cas il y a une plus grande probabilité que ceux qui ont commis l'erreur en prononçant qu'il y a des preuves ſuffiſantes, ſeront plus expoſés à ſe tromper dans leurs déciſions. On pourroit même ſuppoſer qu'alors, conſervant à v' & e' leur valeur, il faudroit, lorſqu'on ſuppoſe $i = e'$ & $v + e = v'$, mettre dans les V, v' pour v; & lorſque $i = v'$, mettre dans les V, e' pour v.

Dans cette hypothèſe, la valeur de W^{q}, en faiſant $i = e'$, ſera $\frac{q}{q'} e'^{q-q'} v'^{q'} V^{q'} + \frac{q}{q'+1} e'^{q-q'-1} v'^{q'+1} V^{q'+1} \ldots + V^{q} v'^{q}$; & la valeur de W^{q}, lorſque $i = v'$, ſera $\frac{q}{q'} v'^{q-q'} e'^{q'} E^{q'} + \frac{q}{q'+1} v'^{q-q'-1} e'^{q'+1} E^{q'+1} \ldots\ldots + E^{q} e'^{q}$.

Or si on prend pour la vraie valeur de W^q la somme de ces deux valeurs, divisée par 2, on aura une fonction semblable de v' & de e', qui tendra toujours par conséquent à devenir égale à $\frac{1}{2}$, excepté lorsque W^q est encore égale à l'unité, quoique $v' < e'$, & qui ne donnera aucune probabilité en faveur de la vérité plutôt qu'en faveur de l'erreur, quelle que soit la probabilité du jugement de chaque Votant; & dans le même cas W'^q tend toujours à devenir $\frac{1}{2}$.

Cette conclusion semble paradoxale, mais elle est fondée sur les trois propositions suivantes; la première, que puisqu'on fait abstraction du nombre de voix pour i, on doit prendre également la probabilité pour le cas où ces voix sont en faveur de la vérité & pour le cas où elles sont en faveur de l'erreur: cette supposition nous paroît incontestable; la seconde, que toutes les fois qu'il n'y a point de véritables preuves, & qu'on prendra les voix de ceux qui se trompent en décidant que ces preuves étoient acquises, la probabilité de leur décision sur le fond de la question ne doit pas être la même que s'ils ne s'étoient pas trompés dans leur première décision, & cette seconde proposition est encore incontestable; la troisième, que dans ce cas on doit supposer la probabilité de l'erreur du second jugement, égale à la probabilité de ne pas se tromper dans le premier jugement, & cette hypothèse peut être regardée comme très-naturelle. D'ailleurs, quand on n'admettroit pas cette dernière proposition, on obtiendra le même résultat toutes les fois que $E^{\frac{1}{0}}$ sera zéro, ou toutes les fois que $E'^{\frac{1}{0}}$ sera zéro, selon que l'on cherchera W^q ou W'^q; d'où il est aisé de voir, 1.° qu'en supposant, ce qui paroît incontestable, la probabilité de la vérité du second jugement, le premier étant erroné, égale ou inférieure à $\frac{1}{2}$, l'on pourra avoir $W^{\frac{1}{0}} = 1$, en exigeant un certain degré de pluralité, mais qu'on aura nécessairement $W'^{\frac{1}{0}} = \frac{1}{2}$; 2.° que dans le cas d'une pluralité proportionnelle au nombre des Votans, où la limite des $V^{\frac{1}{0}} = 1$, est $v = \frac{m}{2m+n}$ (*voyez page 53*).

La limite où $W^{\frac{1}{0}}$ cesseroit d'être 1, sera le point ou la probabilité de la vérité de la seconde décision, la première étant eronée, sera égale à $\frac{m}{2m+n}$. Or, cette considération suffit pour montrer combien cette forme de votation seroit défectueuse.

On pourroit en proposer une autre, c'est-à-dire, exiger qu'il y eût non-seulement une pluralité donnée en faveur de v sur e, mais aussi une pluralité semblable de $v+e$ sur i. Dans ce nouveau cas, en conservant les mêmes dénominations, on aura $W^q = (v+e)^q . V^q + q.i.(v+e)^{q-1} V^{q-1} \ldots\ldots + \frac{q}{q'} (v+e)^{q'} i^{q-q'} V^{q'}$, q' indiquant le terme où cesse la pluralité en faveur de $v+e$. Or, il est aisé de voir que cette fonction est absolument la même que celle ci-dessus, excepté que q' qui est constant, est ici variable avec q. Les W^{q+1}, W^{q+2}, trouvés ci-dessus, seront donc diminués chacun de termes qui s'y seroient trouvés dans l'hypothèse ci-dessus. Soient donc T & T' ces termes qui dépendent de l'hypothèse de pluralité, & dont le nombre est toujours déterminé & indépendant de q, on aura $\frac{\partial . (W^{q+2} - T')}{\partial i} = \frac{\partial (W^{q+1} - T)}{\partial i} + W^{q+1} - T - W^q$; d'où l'on tirera la valeur de W^{q+2}, dépendante d'un nombre déterminé de termes précédens, en intégrant par rapport à i, & ajoutant la constante $(v+e)^{q+2} U^{q-q'+1}$.

En examinant cette formule, on trouvera de même que plus q deviendra grand, plus la valeur de W^q augmentera, pourvu que v' soit tel, & l'hypothèse de pluralité tellement combinée, que la fonction $(v+e)^q + q.i.(v+e)^{q-1} \ldots\ldots + \frac{q}{q'} . (v+e)^{q'} . i^{q-q'}$ aille en augmentant, ainsi que les V^q, $V^{q-1} \ldots\ldots\ldots$

Quant au cas de $q = \frac{1}{0}$, on aura $W^{\frac{1}{0}} = 1$ toutes les fois que v' ſera tel, que cette même formule $(v + e)^q \ldots + \frac{q}{q'}(v + e)^q . i^{q - q'}$ ſera égale à l'unité.

Enfin pour avoir W^q, en ſuivant le même raiſonnement que ci-deſſus, il faudra mettre dans la formule ci-deſſus v' pour $v + e$, & e' pour i & dans les V, v' pour v, puis mettre dans la même formule e' pour $v + e$, v' pour i, & dans les V, e' pour v, & en prendre la ſomme.

Si dans cette hypothèſe, on cherche la plus petite valeur de la probabilité en faveur de la vérité, ſoit r la plus petite pluralité, on aura d'abord $\frac{v'^r}{v'^r + e'^r}$ pour la plus petite probabilité qu'il n'y a pas eu d'erreur dans la déciſion, que les preuves ſont acquiſes, & enſuite $\frac{v'^r}{v'^r + e'^r}$ qu'il n'y en a point dans celle de la queſtion, ce qui, en prenant la même hypothèſe que ci-deſſus, donne la probabilité en faveur de la vérité, $\frac{v'^{2r} + e'^{2r}}{(v'^r + e'^r)^2}$, & en faveur de l'erreur, $\frac{2 v'^r e'^r}{(v'^r + e'^r)^2}$.

La raiſon pour laquelle on prend ici les ſommes entières ſans les diviſer par deux, comme dans le cas que nous avons conſidéré d'abord, c'eſt que dans ces dernières formules la ſomme des termes répondans aux deux déciſions vraies, aux deux déciſions fauſſes, à la première vraie, à la ſeconde fauſſe, à la première fauſſe, à la ſeconde vraie, ne peut être que l'unité, au lieu qu'elle eſt deux dans le premier cas.

Lorſqu'on n'admet qu'une déciſion pour ou contre, comme dans le cas d'un jugement où l'on dit, l'accuſé eſt coupable, c'eſt-à-dire, le crime eſt prouvé, ou bien l'accuſé n'eſt pas coupable, ce qui ſignifie également, ou je crois l'accuſé innocent, ou le crime n'eſt pas prouvé; on voit que les Votans pour i ſe confondent avec ceux qui décident en faveur de l'accuſé, il eſt donc abſolument inutile de les diſtinguer, parce que la loi ne pouvant infliger aucune peine lorſque le crime n'eſt pas prouvé, c'eſt ſeulement entre ces deux propoſitions, le crime est prouvé, le crime n'est pas prouvé, qu'il s'agit de prononcer. Cette même distinction seroit inutile aussi dans le cas où il y auroit un dédommagement ou une justice à accorder à l'innocent absous, non par défaut de preuves, mais à cause de la conviction de son innocence. Il est clair que pour ce cas l'avis de ceux qui voteroient pour *i*, doit se confondre avec celui de ceux qui votent contre l'accusé. Il est superflu d'avertir ici que dans le cas où le Tribunal peut ordonner une nouvelle instruction, & où cette question lui est proposée, il n'y a réellement que deux avis, & qu'ainsi ce cas n'appartient pas à l'hypothèse que nous considerons.

Mais il peut y avoir d'autres cas où cette distinction entre trois avis soit très-utile. Par exemple, si on propose à une assemblée d'adopter une loi, on peut exiger d'abord une certaine pluralité pour décider que l'on est en état de prononcer, & la même pluralité pour décider qu'il faut, ou adopter la loi nouvelle, ou laisser subsister l'ancienne, & alors cette seconde décision ne doit être faite que par les voix de ceux qui se croyent assez instruits pour prononcer. Ce n'est pas ici comme dans un jugement en matière criminelle, où celui qui déclare qu'il n'existe pas de preuves suffisantes, est obligé d'être d'avis de renvoyer l'accusé; au lieu que celui qui a déclaré qu'il ne sait pas d'une manière certaine si une loi proposée est bonne ou mauvaise, ne doit voter ni pour ni contre. On peut donc dans ce cas, & peut-être dans plusieurs autres, croire qu'il est utile d'admettre trois avis, & nous avons montré qu'alors, en exigeant d'abord une certaine pluralité pour décider s'il y a lieu d'admettre une décision, & ensuite une pluralité semblable pour déterminer la décision, on pouvoit s'assurer la même sûreté & les mêmes avantages qu'en forçant les avis de se partager entre deux décisions contradictoires. Cet objet sera discuté plus en détail à la fin de cette Partie.

ONZIÈME HYPOTHÈSE.

Nous considérerons ici trois avis, que nous désignerons

également par v, e & i, & nous chercherons la probabilité pour un nombre donné de Votans, ou que ni e ni i ne l'emportent ſur v d'une pluralité exigée, ou que e & i l'emportent chacun ſur v de cette pluralité ſans l'emporter l'un ſur l'autre, ou enfin que v l'emporte à la fois ſur e & ſur i de cette pluralité.

Nous ſuppoſerons que cette pluralité exigée n'eſt que d'une unité, parce que cette ſuppoſition ſuffit pour montrer la méthode qu'on doit ſuivre lorſque la pluralité eſt d'un nombre conſtant, ou lorſqu'elle eſt proportionnelle au nombre des Votans, & que les concluſions auxquelles on ſera conduit pour ce cas particulier, indiquent ſuffiſamment les concluſions analogues qu'on trouveroit dans les autres cas.

Par la même raiſon, nous ne conſidérerons qu'une ſeule des formes dont le nombre des Votans eſt ſuſceptible, parce que ce que nous dirons pour cette forme, s'appliqueroit ſans difficulté aux autres formes. Nous ſuppoſerons donc le nombre des Votans égal à $2q + 1 = 3q' + 1$, ou plus ſimplement $6q + 1$. Dans les cinq autres formes de nombre qui donneroient des formules différentes, le nombre des Votans ſeroit $6q$, $6q + 2$, $6q + 3$, $6q + 4$, $6q + 5$; & des ſix formes, trois ſeroient paires, trois impaires, deux de la forme $3q'$, deux de la forme $3q' + 1$, deux de la forme $3q' + 2$, parmi leſquelles une eſt impaire & l'autre paire.

Cela poſé, ſoit W^q la probabilité que ni e ni i n'obtiendront ſur les deux autres opinions la pluralité, nous aurons

$$W^q = v^{6q+1} + (6q+1).v^{6q}.(e+i)\ldots\ldots + \frac{6q+1}{3q}v^{3q+1}.(e+i)^{3q}$$
$$+ \frac{6q+1}{3q+1}v^{3q}.(e+i)^{3q-1}.\left[1 - \frac{e^{3q+1}+i^{3q+1}}{(i+e)^{3q+1}}\right]$$
$$+ \frac{6q+1}{3q+2}v^{3q-1}.(i+e)^{3q+2} \times$$
$$\left[1 - \frac{e^{3q+2} + (3q+2).e^{3q+1}i + \frac{3q+2}{2}e^{3q}i^2 + i^{3q+2} + (3q+2).i^{3q+1}e + \frac{3q+2}{2}i^{3q}e^2}{(i+e)^{3q+2}}\right]\ldots$$

ou $W^q = 1 - \Big[(e + 1)^{6q+1} (E'^{6q+1} + I'^{6q+1}) \ldots\ldots$

$+ (6q + 1)(e + i)^{6q} v^2 (E'^{6q} + I'^{6q})$

$+ \frac{6q+1}{2} (e + i)^{6q-1} v^2 (E'^{6q-1} + I'^{6q-1}) \ldots$

$+ \frac{6q+1}{2q} (e + i)^{4q+1} v^{2q} (E'^{4q+1} + I'^{4q+1})$

$+ \frac{6q+1}{2q+1} (e + i)^{4q} . v^{2q+1} (E'^{4q}_{4} + I'^{4q}_{4})$

$+ \frac{6q+1}{2q+2} (e + i)^{4q-1} v^{2q+2} (E'^{4q-1}_{7} + I'^{4q-1}_{7})$

$+ \frac{6q+1}{2q+3} (e + i)^{4q-2} v^{2q+3} (E'^{4q-2}_{10} + I'^{4q-2}_{10}) \ldots\ldots$

$+ \frac{6q+1}{3q-1} (e + i)^{3q+2} v^{3q-1} (E'^{3q+2}_{3q-2} + I'^{3q+2}_{3q-2})$

$+ \frac{6q+1}{3q} (e + i)^{3q+1} v^{3q} (E'^{3q+1}_{3q+1} + I'^{3q+1}_{3q+1}) \Big].$

Les termes E', I', repréſentent ici la probabilité que dans un certain nombre de Votans, dont la probabilité des deux avis ſeroit exprimée par $\frac{e}{e+i}$ & $\frac{i}{e+i}$, e ou i obtiendroient la pluralité. Le nombre ſupérieur indique celui des Votans, & l'inférieur la pluralité exigée.

Suppoſons maintenant que l'on augmente q de l'unité, nous aurons

$W^{q+1} = 1 - \Big[(e + i)^{6q+7} (E'^{6q+7} + I'^{6q+7}) \ldots\ldots\ldots\ldots$

$+ \frac{6q+7}{2q+2} (e + i)^{4q+5} v^{2q+2} (E'^{4q+5} + I'^{4q+5})$

$+ \frac{6q+7}{2q+3} (e + i)^{4q+4} v^{2q+3} (E'^{4q+4}_{4} + I'^{4q+4}_{4})$

$+ \frac{6q+7}{2q+4} (e + i)^{4q+3} v^{2q+4} (E'^{4q+3}_{7} + I'^{4q+3}_{7}) \ldots\ldots$

$+ \frac{6q+7}{3q+3} (e + i)^{3q+4} v^{3q+3} (E'^{3q+4}_{3q+4} I'^{3q+4}_{3q+4}) \Big].$

Pour comparer maintenant ces formules entr'elles, & en tirer

tirer une méthode d'avoir une valeur de W^q dépendante ſeulement d'un nombre de valeurs précédentes, déterminé & indépendant de q, nous commencerons par établir deux règles générales; 1.° que ſi nous diviſons W en un nombre quelconque fini de parties qui, ajoutées les unes aux autres, forment ce terme, & que nous ayons chacune de ces parties dépendante des parties correſpondantes dans les valeurs de W^{q-1}, W^{q-2}, &c. le nombre des W^{q-1}, W^{q-2}, &c. étant déterminé & fini, nous aurons également W^q par un nombre déterminé & fini des valeurs précédentes; 2.° que toutes les fois que deux ſéries ordonnées par rapport aux puiſſances d'une quantité, ſeront telles que le terme général de l'une ſera égal au terme général de l'autre, multiplié par un numérateur & un dénominateur, formés de facteurs linéaires en nombre fini de l'indice de ce même terme, on aura entre ces deux ſéries une équation linéaire d'un ordre fini.

Cela poſé, nous conſidérerons d'abord la ſérie $(e+i)^{6q+1}(E'^{6q+1}+I'^{6q+1})+(6q+1).(e+i)^{6q}v(E'^{6q}+I'^{6q})\ldots\ldots + \frac{6q+1}{2q}(e+i)^{4q+1}v^{2q}(E'^{4q+1}+I'^{4q+1})$, ou plutôt la ſérie $(e+i)^{6q+1}E'^{6q+1}+(6q+1)(e+i)vE'^{6q}\ldots\ldots + \frac{6q+1}{3q}(e+i)^{4q+1}v^{2q}E'^{4q+1}$, puiſque la formule pour la ſeconde ſérie ſera la même que celle-ci, en changeant e en i, & réciproquement. Cela poſé, ſi l'on met $q+1$ au lieu de q, cette fonction devient $(e+i)^{6q+7}E'^{6q+7} + (6q+7)(e+i)^{6q+6}vE'^{6q+6}\ldots\ldots\ldots\ldots + \frac{6q+7}{2q+2}(e+i)^{4q+5}v^{2q+3}E'^{4q+5}$. Or, il eſt aiſé de voir, 1.° que cette ſeconde ſérie contient $2q+3$ termes, & que l'autre n'en contient que $2q+1$; & qu'ainſi pour les comparer terme à terme, il faut d'abord retrancher de la ſeconde les termes $\frac{6q+7}{2q+1}(e+i)^{4q+6}v^{2q+1}E'^{4q+6}$, & $\frac{6q+7}{2q+2}(e+i)^{4q+5}v^{2q+2}E'^{4q+5}$; enſuite le terme général de la première série étant $\frac{6q+1}{r}(e+i)^{6q+1-r}v^r E'^{6q+1-r}$, & celui de la seconde étant $\frac{6q+7}{r}(e+i)^{6q+7-r}v^r E'^{6q+7-r}$, soit E''^{6q+1-r} la différence entre ces deux valeurs de E, nous aurons pour le second terme

$$\frac{6q+7}{r}(e+i)^{6q+7-r}v^r(E'^{6q+1-r}+E''^{6q+1-r}).$$

Or, comparant la première partie de ce terme à celui de la première suite, on voit qu'il est égal à ce terme de la première suite, multiplié par $(e+i)^6 \frac{6q+7 \ldots\ldots 6q+2}{6q+7-r \ldots\ldots 6q+2-r}$; en sorte qu'appelant A le terme de la première suite, A' la première partie du terme correspondant de la seconde, & $B = \frac{A(e+i)^6}{6q+7-r \ldots\ldots 6q+2-r}$, nous aurons A'

$$= B.(6q+7)(6q+6)\ldots\ldots\ldots\ldots\ldots(6q+2)$$

$$= [\frac{\partial B}{\partial e+\partial i}.(e+i)+\frac{\partial B}{\partial v}v](6q+6)\ldots\ldots(6q+2)$$

$$= B'.(6q+6)\ldots\ldots\ldots\ldots\ldots\ldots\ldots\ldots(6q+2)$$

$$= [\frac{\partial.\frac{B'}{e+i}}{\partial e+\partial i}.(e+i)^2+\frac{\partial B'}{\partial v}v](6q+5)\ldots\ldots(6q+2)$$

$$= B''.(6q+5)\ldots\ldots\ldots\ldots\ldots\ldots\ldots\ldots(6q+2)$$

$$= [\frac{\partial.\frac{B''}{(e+i)^2}}{\partial e+\partial i}.(e+i)^3+\frac{\partial B''}{\partial v}v](6q+4)\ldots(6q+2)$$

& ainsi de suite jusqu'à un terme B^{vi}, qui aura pour diviseur $6q+7-r \ldots\ldots\ldots\ldots 6q+2-r$. Soit donc

$$A' = B^{vi} = \frac{C}{6q+7-r\ldots 6q+2-r} = \frac{-\int(\frac{C}{v^{6q+8}}\partial v).v^{6q+7}}{6q+6-r\ldots 6q+2-r}$$

$$= \frac{C'}{6q+6-r\ldots 6q+2-r} = \frac{-\int(\frac{C'}{v^{6q+7}}\partial v).v^{6q+6}}{6q+5-r\ldots\ldots 6q+2-r},$$

& ainſi de ſuite juſqu'à C^{VI}, qui eſt une fonction linéaire de B. On aura donc une équation linéaire en A' & A; & comme cette équation eſt indépendante de r, ſoit P^q la ſérie, P' le premier terme de la ſérie correſpondante pour $q + 1$, on aura P' égale à une fonction linéaire de P^q, ſemblable à celle qui donne A' en A. On aura donc $P^{q+1} = F : P^q + (e+i)^{.6q+7} E''^{6q+1} + (6q+7)(e+i)^{6q+6} v E''^{6q} \ldots + \frac{6q+7}{2q} (e+i)^{4q+7} v^{2q} E''^{4q+1}$, & par conſéquent $P^{q+2} = F : P^{q+1} + (e+i)^{.6q+13} E''^{6q+7} \ldots\ldots\ldots + \frac{6q+13}{2q} (e+i)^{4q+13} v^{2q} E''^{4q+7}$. Maintenant il eſt aiſé de voir que chacun des E'', multiplié par la puiſſance de $(e+i)$, eſt formé d'un nombre déterminé de termes multipliés par les mêmes puiſſances de ei, que la différence de ces expoſans eſt la même pour tous les E'' correſpondans des deux ſéries, & que les puiſſances de i & de e ſont les mêmes, quel que ſoit l'expoſant de E'', ou quel que ſoit q; que ces termes enfin ont chacun des coëfficiens, dont les numérateurs & les dénominateurs ſont des facteurs proportionnels à l'expoſant de E''. La ſérie qui entre dans la valeur de P^{q+1}, & que nous appelerons Q^q, pourra donc ſe partager en un nombre fini & déterminé de ſéries, & Q^{q+1}, c'eſt-à-dire, la ſérie qui entre dans la valeur de P^{q+2}, ſe partagera en ſéries correſpondantes, qui, d'après les règles générales poſées ci-deſſus, ſeront des fonctions linéaires des ſéries ſemblables qui entrent dans Q^q.

Si nous examinons maintenant la ſérie $\frac{6q+1}{2q+1} (e+i)^{4q} v^{2q+1}$

$$(E'^{4q}_{4} + I'^{4q}_{4}) + \frac{6q+1}{4q-1} (e+i)^{4q-1} v^{2q+2} (E'^{4q-1}_{7} + I'^{4q-1}_{7}) \ldots$$

nous trouverons qu'elle pourra ſe décompoſer de la même manière, à cette différence près, que les E'' qui contiendront chacune un même nombre de termes, auront des coëfficiens formés de facteurs, qui varieront non-ſeulement par rapport à l'expoſant de E'', mais auſſi par rapport à la pluralité exigée,

& proportionnellement à cette pluralité; mais cette pluralité décroît proportionnellement aux accroissemens de l'exposant de E''; donc elle n'empêchera pas les facteurs d'avoir les conditions exigées pour que la règle puisse s'y appliquer.

Donc, par la première règle, on aura la première partie de W^{q+2} égale à une fonction linéaire de la première partie de W^{q+1} & de W^q; & la seconde partie de W^{q+2} égale à une autre fonction linéaire de la partie correspondante de W^{q+1} & de W^q. Donc on aura une équation linéaire entre W^{q+4}, W^{q+3}, W^{q+2}, W^{q+1} & W^q; & W^{q+5} exprimé par une fonction linéaire de W^{q+4} .... W^q.

En déterminant ainsi le nombre des W, nous n'avons pas eu égard aux deux termes semblables, également composés de e & de i, qui forment les W, parce qu'il suffit de connoître une de ces parties de la valeur des W, puisque l'autre se trouve immédiatement, en changeant e en i, & réciproquement. Ainsi dans ce dernier article, les W sont la partie de la valeur de W, qui est multipliée par les E. De plus, à cause des termes à ajouter, cette fonction contiendra encore un nombre fini de termes E', I'; mais connoissant la valeur de ces termes pour W^q, on les a pour W^{q+1}, en y ajoutant un simple terme. *Voyez les Hypothèses 1, 2, 3.*

Nous nous sommes bornés ici à montrer comment la valeur de W^q dépendoit d'un nombre toujours fini de valeurs précédentes de la même fonction; il seroit inutile, pour l'objet de cet Ouvrage, de chercher à porter plus loin cette théorie. Les calculs nécessaires pour avoir W^q dans des cas particuliers, lorsque q est un peu grand, seroient excessivement longs, & on ne pourroit se livrer à ce travail que dans le cas où il deviendroit d'une utilite réelle.

Si nous cherchons maintenant la valeur de W^q, W^q exprimant la probabilité que e & i n'ont pas sur v la pluralité exigée, sans qu'il soit nécessaire, pour rejeter un terme, que l'un des deux ait cette pluralité sur l'autre, nous aurons

$$W_{1}^{q} = v^{6q+1} + (6q+1)\, v^{6q+1}.(e+i)\ldots\ldots\ldots$$

$$+ \frac{6q+1}{3q} v^{3q+1}.(e+i)^{3q} + \frac{6q+1}{3q+1} v^{3q}.(e+i)^{3q+1}$$

$$\left(1 - \frac{e^{3q+1}+i^{3q+1}}{(e+i)^{3q+1}}\right) + \frac{6q+1}{3q+2} v^{3q-1}.(e+i)^{3q+2} \times$$

$$\left[1 - \frac{e^{3q+2}+(3q+2).e^{3q+1}i+\left(\frac{3q+2}{2}\right)e^{3q}i^{2}+i^{3q+2}+(3q+2).i^{3q+1}e+\left(\frac{3q+2}{2}\right)i^{3q}e^{2}}{(e+i)^{3q+2}}\right]\ldots$$

& ainsi de suite comme dans la formule W^{q}, excepté que lorsqu'on sera parvenu aux termes $\frac{6q+1}{4q+2} v^{2q-1}.(e+i)^{4q+2}$, $\frac{6q+1}{4q+4} v^{2q-3}.(e+i)^{4q+4}\ldots\ldots\ldots\ldots\ldots\ldots\ldots\ldots$ les termes $\frac{6q+1}{4q+2} v^{2q-1} \frac{4q+2}{2q+1} e^{2q+1} i^{2q+1}$, $\frac{6q+1}{4q+4} v^{2q-3} \frac{4q+4}{2q+2} e^{2q+2} i^{2q+2}\ldots\ldots$ qui entrent dans W^{q}, n'entrent point dans W_{1}^{q}, & qu'il faut les en retrancher; & si l'on veut l'exprimer de la même manière que ci-dessus, on aura

$$W_{1}^{q} = 1 - \Big[(e+i)^{6q+1} + (6q+1).(e+i)^{6q} v$$
$$+ \frac{6q+1}{2}(e+i)^{6q-1} v^{2}\ldots\ldots + \frac{6q+1}{2q}(e+i)^{4q+1} v^{2q}$$
$$+ \frac{6q+1}{2q+1} v^{2q+1}.(e+i)^{4q}(E'^{4q}_{4} + I'^{4q}_{4})\ldots\ldots\ldots$$
$$+ \frac{6q+1}{3q+1} v^{3q}.(e+i)^{3q+1}(E'^{3q+1}_{3q+1} + I'^{3q+1}_{3q+1})\Big],$$

qui ne diffère de W^{q} que quant à la première partie de la série.

On peut mettre également W_{1}^{q} sous la forme

$$(v+i)^{6q+1} V^{6q+1} + (6q+1)\,(v+i)^{6q} e V^{6q}\ldots\ldots\ldots\ldots,$$
$$+ \frac{6q+1}{2q}(v+i)^{4q+1} e^{2q} V^{4q+1} + \frac{6q+1}{2q+1}(v+i)^{4q}.e^{2q+1} V'^{4q}_{2}$$
$$+ \frac{6q+1}{2q+3}(v+i)^{4q-1} e^{2q+2} V'^{q-1}_{5}\ldots + \frac{6q+1}{3q+1}(v+i)^{3q+1} e^{3q} V'^{3q+1}_{3q-1},$$

& W^{q} sous celle $(v+i)^{6q+1} V^{6q+1}\ldots\ldots\ldots\ldots\ldots\ldots$

$$+ \frac{6q+1}{2q}(v+i)^{4q+1} e^{2q} V^{4q+1} + \frac{6q+1}{2q+1}(v+i)^{4q} e^{2q+1} V'^{4q}_{2}\ldots$$

$$+\frac{6q+1}{3q}(v+i)^{3q+1}e^{3q}V^{q\,3q+1}_{\;\;3q-1}+\Big(\frac{6q+1}{2q+1}\,\frac{4q+1}{2q+1}e^{2q+1}v^{2q-1}i^{2q+1}$$

$$+\frac{6q+1}{2q+2}\,\frac{4q-1}{2q+2}e^{2q+2}v^{2q-3}i^{2q+2}\ldots\ldots+\frac{6q+1}{3q}\,\frac{3q+1}{3q}e^{3q}vi^{3q}\Big).$$

Cherchons enfin W'^{q}, c'est-à-dire, la probabilité que v obtiendra sur i & e la pluralité exigée, nous aurons

$$W'^{q}=v^{6q+1}+(6q+1).v^{6q}.(e+i)\ldots\ldots\ldots\ldots\ldots\ldots\ldots\ldots$$

$$+\frac{6q+1}{3q}v^{3q+1}(e+i)^{3q}+\frac{6q+1}{3q+1}v^{3q}.(e+i)^{3q+1}\Big[1-\Big(E'^{\,3q+1}_{\,3q-1}+I'^{\,3q+1}_{\,3q-1}\Big)\Big]$$

$$+\frac{6q+1}{3q+2}v^{3q-1}(e+i)^{3q+1}\Big[1-\Big(E'^{\,3q+2}_{\,3q-4}+I'^{\,3q+2}_{\,3q-4}\Big)\Big]$$

$$+\frac{6q+1}{3q+3}v^{3q-2}(e+i)^{3q+3}\Big[1-\Big(E'^{\,3q+3}_{\,3q-7}+I'^{\,3q+3}_{\,3q-7}\Big)\Big]\ldots\ldots\ldots$$

$$+\frac{6q+1}{4q}v^{2q+1}(e+i)^{4q}\Big(1-E'^{\,4q}_{\,2}+I'4^{\,q}_{\,2}\Big)=v^{6q+1}+(6q+1).v^{6q}.(e+i).$$

$$+\frac{6q+1}{4q}v^{2q+1}.(e+i)^{4q}-\Big[\frac{6q+1}{2q+1}v^{2q+1}(e+i)^{4q}\Big(E'^{\,4q}_{\,2}+I'^{\,4q}_{\,2}\Big)\ldots\ldots\ldots$$

$$\frac{6q+1}{3q}v^{3q}.(e+i)^{3q+1}\Big(E'^{\,3q+1}_{\,3q-1}+I'^{\,3q+1}_{\,3q-1}\Big)\Big]=(v+i)^{6q+1}V'^{6q+1}$$

$$+(6q+1).(v+i)^{6q}eV'^{6q}\ldots\ldots+\frac{6q+1}{2q}(v+i)^{4q+1}e^{2q}V'^{4q+1}$$

$$+\frac{6q+1}{2q+1}(v+i)^{4q}e^{2q+1}V'^{\,4q}_{\,4}+\frac{6q+1}{2q+2}(v+i)^{4q-1}e^{2q+2}V'^{\,4q-1}_{\,7}\ldots\ldots\ldots$$

$$+\frac{6q+1}{3q}(v+i)^{3q+1}c^{3q}V'^{\,3q+1}_{\,3q+1}.$$

On pourroit chercher encore une fonction $W'^{q}_{,}$, c'est-à-dire, la probabilité que v surpassera un des deux i ou e, & pourra cependant être égal à l'autre, & nous aurons

$$W'^{q}_{,}=v^{6q+1}+(6q+1).v^{6q}.(e+i)\ldots\ldots\ldots\ldots\ldots\ldots\ldots\ldots$$

$$+\frac{6q+1}{4q}v^{2q+1}.(e+i)^{4q}-\frac{6q+1}{2q+1}v^{2q+1}.(e+i)^{4q}\Big(E'^{\,4q}_{\,4}+I'^{\,4q}_{\,4}\Big)\ldots\ldots$$

$$+\frac{6q+1}{3q}v^{3q}.(e+i)^{3q+1}\Big(E'^{\,3q+1}_{\,3q+1}+I'^{\,3q+1}_{\,3q+1}\Big),\text{ ou bien}$$

$$W'^{q}_{,}=(v+i).V^{6q+1}+(6q+1).(v+i)^{6q}eV^{6q}\ldots\ldots\ldots\ldots$$

$$+\frac{6q+1}{2q}(v+i)^{4q+1}e^{2q}V^{4q+1}+\frac{6q+1}{2q+1}(v+i)^{4q}e^{2q+1}V'^{\,4q}_{\,2}$$

$$+\frac{6q+1}{2q+2}(v+i)^{4q-1}e^{2-q+2}V'^{\,4q-1}_{\,5}\ldots\ldots+\frac{6q+1}{3q}(v+i)^{3q+1}e^{3q}V'^{\,3q+1}_{\,3q-1}.$$

On trouvera pour $W_{,}^{q}$, $W^{'q}_{,}$, $W_{,}^{'q}$, la manière de tirer une de ces quantités de la valeur connue des précédentes, par la même méthode que nous avons employée pour W^{q}.

Après avoir donné ces formules, il nous reste à examiner ce qu'elles deviennent dans le cas où $q = \frac{1}{0}$. Examinons d'abord la formule $W^{'q}$. Soit $v > i$; dans ce cas V^{6q+1}, $V^{'6q}$, &c. deviennent 1, & par conséquent la première partie de $W^{'q}$ devient $(v+i)^{6q+1} \ldots \frac{6q+15}{2q} (v+i)^{4q+1} e^{2q}$, qui est 1 tant que $v+i > 2e$; ainsi nous aurons $W^{'q} = 1$ si $v > i$ & $e < \frac{1}{3}$. Soit dans l'hypothèse de $e < \frac{1}{3}$, $v = i$, la première partie de $W^{'q}$ sera $= \frac{1}{2}$ à cause de $V = \frac{1}{2}$; mais dans ce même cas la formule semblable pour i seroit aussi $\frac{1}{2}$; & comme la somme des termes, soit que v surpasse e & i, soit que i surpasse v & e, a pour limite l'unité, il est clair que la seconde partie est encore zéro dans ce cas. Donc lorsque $v = i$ & $e < \frac{1}{3}$, $W^{'q} = \frac{1}{2}$. Si $e < \frac{1}{3}$ & $i > v$, il est clair que $W^{'q} = 0$, puisqu'alors la somme seule des termes où i obtient la pluralité, est égale à l'unité.

Soit maintenant $e > \frac{1}{3}$, en substituant i à e dans l'article précédent, on trouvera $W^{'q} = 1$ si $v > e$, $W^{'q} = \frac{1}{2}$ si $v = e$, $W^{'q} = 0$ si $v < e$.

Soit enfin $e = \frac{1}{3}$; substituant toujours i à e, nous trouverons encore, par l'article premier, $W^{'q} = 1$ si $v > e$, & $W^{'q} = 0$ si $v < e$; en sorte que le seul terme à déterminer sera celui de $e = \frac{1}{3}$, & $v = i = \frac{1}{3}$. Pour déterminer ce cas, nous supposerons d'abord $v = e$, ce qui nous donne $W^{'q} = \frac{1}{2}$ ou 0, selon que $v >$ ou $< i$, & par conséquent la valeur moyenne est $\frac{1}{4}$. Si nous supposons $v = i$, nous aurons de même pour valeur moyenne $W^{'q} = \frac{1}{4}$. Si enfin nous supposons $e = i$, nous aurons $W^{'q} = 1$, ou $= 0$, selon que $v >$ ou $< e$, & $\frac{1}{2}$ pour valeur-moyenne. Prenant donc une valeur moyenne entre ces trois valeurs, nous aurons $W^{'q} = \frac{1}{3}$.

L'examen de la formule qui exprime $W_{,}^{'q}$, nous donnera les mêmes valeurs pour les cas semblables.

Si maintenant nous cherchons la valeur de W^q, nous trouverons que W^q eſt égal à l'unité moins la ſomme des valeurs de W'^q, où l'on auroit mis v pour e, & réciproquement v pour i, & réciproquement. Donc, 1.° ſi $v>e$ & $v>i$, $W^q = 1$; 2.° ſi $v>e$ & $<i$, ou $<e$ & $>i$, on aura $W'^q = 0$; 3.° ſi $v=e$ & $v>i$, ou ſi $v=i$ & $v>e$, on aura $W'^q = \frac{1}{2}$; 4.° ſi $v=e$ & $v<i$, ou $v=i$ & $v<e$, on aura $W^q = 0$; 5.° enfin que ſi $v=e=i$, on aura $W^q = \frac{1}{3}$; & il en ſera de même de W^q.

Tout ce qu'on vient de dire, a lieu également pour le cas où la pluralité ſeroit d'un nombre déterminé. A l'égard du cas où la pluralité ſeroit proportionnelle au nombre des Votans, on trouvera de même les quantités W^q, W'^q égales à 1, $\frac{1}{2}$, $\frac{1}{3}$, 0 dans les différens cas ſuivans. 1.° Toutes les fois que comparant v à e & à i ſéparément, on auroit V'^q ou $V^q = 1$ pour les deux cas, on aura W'^q ou $W^q = 1$; 2.° toutes les fois que dans la même comparaiſon V'^q ou V^q ſera $= 1$ pour e ou i, & égal à $\frac{1}{2}$ pour i ou e, on aura W'^q ou $W^q = \frac{1}{2}$; 3.° ſi l'on a pour e $\frac{1}{2}$, & pour i $\frac{1}{2}$, on aura W'^q ou $W^q = \frac{1}{3}$; 4.° ils ſeront égaux à zéro ſi V'^q ou V^q eſt pour un ſeul des e ou i égal à zéro. En pouſſant ce raiſonnement plus loin, on trouvera de même que pour quatre voix, les W'^q ou W^q pourront être 1, $\frac{1}{2}$, $\frac{1}{3}$, $\frac{1}{4}$, 0, & on déterminera de la même maniere les cas de ces différentes valeurs, & en général pour p avis, où ces quantités peuvent être 1, $\frac{1}{2}$, $\frac{1}{3}$, $\frac{1}{4}$ .... $\frac{1}{p}$, 0.

Après avoir expoſé ici les différentes formules qui peuvent avoir lieu pour la pluralité entre trois avis, il nous reſte à examiner, comme ci-deſſus, ce que peuvent déſigner ici les quantités v, e & i.

Puiſqu'il y a ici trois avis, il eſt évident que chacun ne peut être compoſé d'une ſeule propoſition; ſans cela il n'y auroit que deux avis, celui de la propoſition & celui de la contradictoire. Cela poſé, appelons les avis a, b, c, & ſuppoſons qu'il y ait ſeulement deux propoſitions; déſignons ces deux

deux propoſitions par A & A', & les deux contradictoires de chacune par N & N'. Suppoſons encore que l'avis a ſoit formé des deux propoſitions A & A', & voyons quels peuvent être les avis b & c; ces deux avis ne peuvent être que A & N', A' & N, N & N'. Il y a donc ici réellement quatre avis; & ſi les propoſitions ſont indépendantes l'une de l'autre, ſoit ∂ le quatrième avis, & qu'on ait $\frac{a}{A \,\&\, A'}$, $\frac{b}{A \,\&\, N'}$, $\frac{c}{A' \,\&\, N}$, $\frac{\partial}{N \,\&\, N'}$; il eſt aiſé de voir que l'on aura les voix pour a & b également pour A, & les voix pour c & ∂ également pour N, les voix pour a & c également pour A', & les voix pour b & ∂ également pour N'. Suppoſons maintenant que l'on ait voté pour ces quatre avis a, b. c, ∂; qu'il y ait q voix pour a, q' pour b, q'' pour c, & q''' pour ∂; que q ſoit le plus grand de ces nombres, & qu'on ait en conſéquence admis l'avis a, on admettra donc les propoſitions A & A'; cependant la propoſition A a pour elle dans la réalité $q + q'$ voix, $q'' + q'''$ contre; & la propoſition A' a pour elle $q + q''$ voix, & contre elle $q' + q'''$. Il eſt évident que l'on peut avoir $q + q' < q'' + q'''$. En effet, faiſant $q' = q - m$, $q'' = q - n$, $q''' = q - p$, il ſuffira d'avoir $n + p < m$. Il eſt clair de même que l'on pourra avoir $q + q'' < q' + q'''$; il ſuffiroit d'avoir $m + p < n$, mais que ces deux conditions ne peuvent avoir lieu en même-temps. Ainſi en prenant de cette manière la pluralité entre quatre avis, on ſera expoſé à décider en faveur d'une propoſition qui a contre elle la pluralité réelle. Cette méthode eſt donc défectueuſe.

Si les avis renfermoient trois propoſitions dictinctes & indépendantes, il pourroit y avoir huit différens avis, ſeize pour quatre, & en général 2^n avis pour n propoſitions. Donc toutes les fois que les avis doivent ſe réduire à trois, à cinq, à des nombres intermédiaires à ceux qui entrent dans la ſérie 2, 4, 8, 16, &c. c'eſt une preuve que les avis, tels qu'ils ſont propoſés, ne ſe réduiſent point à un ſyſtème de propoſitions diſtinctes & indépendantes, & des contradictoires de ces propoſitions.

Examinons maintenant dans quel cas, la propoſition étant compoſée de deux autres, il peut n'y avoir que trois avis. Nous trouvons ici deux cas, celui où des quatre combinaiſons *A* & *A'*, *A* & *N'*, *N* & *A'*, *N* & *N'*, il y en a une qui implique contradiction; ce qui a lieu, par exemple, lorſque *N* étant la contradictoire de la propoſition *A*, la propoſition *A'* eſt une propoſition contraire de la propoſition *A*. Le ſecond cas aura lieu lorſqu'on prend un avis *a*, par exemple, qui prononçant la propoſition *A*, ne forme aucune déciſion entre les propoſitions *A'* & *N'*, ce qui ſe ſubdiviſe en deux cas, l'un où celui qui forme l'avis *a*, ne peut voter entre *A'* & *N'*, l'autre où il peut voter.

Ces trois hypothèſes peuvent ſe préſenter. Suppoſons d'abord ces trois avis *b*, *c*, *∂*; *il eſt prouvé que l'accuſé eſt coupable, il eſt prouvé qu'il n'eſt pas coupable, il n'eſt prouvé ni qu'il ſoit coupable ni qu'il ne le ſoit pas*, on aura, 1.° les deux propoſitions *A* & *N*, *il eſt prouvé que l'accuſé eſt coupable, il n'eſt pas prouvé que l'accuſé eſt coupable;* 2.° les deux propoſitions *A'* & *N'*, *il eſt prouvé qne l'accuſé eſt non-coupable, il n'eſt pas prouvé que l'accuſé ſoit non-coupable*, il eſt clair que les deux propoſitions *A* & *A'* ne peuvent ſe combiner enſemble. Nous n'aurons donc que trois avis, l'un *b*, formé de *A* & de *N'*, qui eſt renfermé dans la ſeule propoſition, *il eſt prouvé que l'accuſé eſt coupable;* l'autre *c*, formé par les deux propoſitions *N* & *A'*, *il n'eſt pas prouvé que l'accuſé ſoit coupable, il eſt prouvé que l'accuſé n'eſt pas coupable*, & qui peut être renfermé dans la ſeule propoſition, *il eſt prouvé que l'accuſé n'eſt pas coupable;* enfin l'avis *∂*, formé par les deux propoſitions, *il n'eſt pas prouvé que l'accuſé ſoit coupable, il u'eſt pas prouvé que l'accuſé ne ſoit pas coupable.*

Soient ces trois avis portés; *b* par *q* Votans, *c* par *q'* Votans, *∂* par *q''* Votans, il eſt clair que l'on aura pour *A* *q* voix, & $q' + q''$ contre, que nous aurons pour *A'* *q'* voix, &

$q + q''$ pour N'. Soit donc $q > q'$ & q'', si on en conclut une décision en faveur de l'opinion *b*, on adoptera réellement la proposition *A* avec q voix contre $q' + q''$, & la proposition N' avec $q + q''$ voix contre q' ; il sera donc très-possible que la proposition *A* soit adoptée avec l'avis de la minorité, quoiqu'on ait paru suivre la pluralité.

Si nous cherchons maintenant quels seroient dans ce cas les valeurs de v, i & e, employées dans les formules ci-dessus, nous supposerons d'abord que v' & e' représentent en général la probabilité que l'avis de chaque Votant sur une question simple sera conforme ou contraire à la vérité. Si nous considérons l'avis *b*, nous aurons donc v'^2 la probabilité que les deux décisions qui le forment sont conformes à la vérité ; e'^2 la même probabilité pour l'avis *c*, & $v'e'$ pour l'avis *∂* ; ainsi nous pouvons supposer $v = \frac{v'^2}{v'^2 + e'v' + e'^2}$, $e = \frac{e'^2}{v'^2 + e'v' + e'^2}$, & $i = \frac{v'e'}{v'^2 + e'v' + e'^2}$, ce qui nous donnera, dans le cas d'une pluralité constante, les W & les W' égaux à 1 si le nombre des Votans est $\frac{1}{0}$ lorsque $v' > e'$, & en général lorsque v' est, par rapport à e', dans les limites où les V & les V' deviendroient 1, en ne considérant que v' & e'.

Si nous considérons l'avis *c*, & que v'^2 soit la probabilité de la vérité des deux décisions qui le forment, la probabilité de la vérité de *b* sera e'^2, & celle de *∂* sera $e'v'$. On aura donc encore pour v, e, i les mêmes valeurs que ci-dessus, qui conduiront aux mêmes résultats.

Considérons enfin l'avis *∂*. Si sa probabilité est v'^2, celle de *c* sera $v'e'$, & celle de *b* aussi $v'e'$, ce qui donnera $v = \frac{-v'^2}{v'^2 + 2v'e'}$, & i & e égaux $\frac{v'e'}{v'^2 + 2v'e'}$, ou $v = \frac{v'}{v' + 2e'}$, $e = \frac{e'}{v' + 2e'}$, $i = \frac{e'}{v' + 2e'}$, & un résultat semblable aux précédens pour les valeurs des W & des W'.

Supposons que l'on ait pris les avis séparément sur les deux propositions; la probabilité que l'avis qui réunit la pluralité sera vrai, sera exprimée par V'^2, mais il ne faut pas supposer ici que V'^2 soit divisé par l'unité, mais seulement par le nombre des cas possibles. Soit donc V' la probabilité qu'une proposition aura la pluralité & sera vraie, E' qu'elle aura la pluralité & ne sera pas vraie, $\frac{V'^2}{V'^2 + 2V'E' + E'^2}$ exprimera la probabilité que deux opinions consécutives seront vraies, mais cela suppose la possibilité des opinions V'^2, $V'E'$, $E'V'$ & E'^2. Or ici, dans le cas de l'avis b, la combinaison $V'E'$ est contradictoire, puisqu'elle supposeroit que, la proposition *l'accusé est prouvé coupable*, étant vraie, la proposition *l'accusé est prouvé n'être pas coupable* est vraie aussi. Ainsi dans ce cas la probabilité de l'avis b sera $\frac{V'^2}{V'^2 + V'E' + E'^2}$, celle de l'avis c étant $\frac{E'^2}{V'^2 + V'E' + E'^2}$, & celle de l'avis ∂ étant $\frac{V'E'}{V'^2 + V'E' + E'^2}$. On trouvera un résultat semblable pour l'avis c, & pour l'avis ∂ on aura la probabilité de ∂ égale à $\frac{V'^2}{V'^2 + 2V'E'}$, celle de c égale à $\frac{V'E}{V'^2 + 2V'E'}$, & celle de b égale à $\frac{V'E'}{V'^2 + 2V'E'}$, résultat analogue à celui que l'on a eu pour trois avis.

Voyons maintenant ce qui arrive lorsque la pluralité est connue, & supposons qu'on ait q voix pour b, q' voix pour c, q'' voix pour ∂, ce qui donne nécessairement pour A q voix; pour N, $q' + q''$ voix; pour A', q' voix; pour N', $q + q''$ voix. Considérons d'abord les trois avis, nous aurons, en examinant l'avis b, pour la probabilité que cet avis eſt vrai.......... $v'^{2q+q''}e'^{2q'+q''}$

pour la probabilité que la ſeconde propoſition ſeulement eſt vraie.......................... $v'^{2q''+q+q'}e'^{q+q'}$

pour la probabilité que toutes deux ſont fauſſes..... $v'^{2q'+q''}e'^{2q+q''}$

pour l'avis c maintenant; la probabilité qu'il eſt vrai, ſera.......................... $v'^{2q'+q''}e'^{2q+q''}$

la probabilité qu'une propoſition ſeule en eſt vraie, ſera.......................... $v'^{2q'+q+q'}e'^{q+q'}$

la probabilité que toutes deux ſont fauſſes........ $v'^{2q+q''}e'^{2q'+q''}$

enfin pour l'avis ∂, la probabilité qu'il eſt vrai, ſera.. $v'^{2q''+q+q'}e'^{q+q'}$

la probabilité qu'une propoſition ſeule eſt vraie, ſi c'eſt N, ſera.......................... $v'^{2q'+q''}e'^{2q+q''}$

& ſi c'eſt N', ſera.......................... $v'^{2q+q''}e'^{2q+q''}$

Suppoſons donc d'abord q plus grand que q' & q'', & qu'en conſéquence l'avis b ſoit adopté, la probabilité qu'il eſt vrai ſera $\dfrac{v'^{2q+q''}e'^{2q'+q''}}{v'^{2q+q''}e'^{2q'+q''}+v'^{2q+q''}e'^{2q'+q''}+v'^{2q''+q+q'}e^{q+q'}}$; celle qu'il eſt faux, ſera $e'^{2q+q''}v'^{2q'+q''}$, avec le même dénominateur, & celle qu'il n'eſt vrai que quant à la propoſition N', $v'^{2q''+q+q'}e'^{q+q'}$, diviſé par le même dénominateur. Donc 1.° ſi nous avons $q''+q'-q>0$, il ſera plus probable que N' ſeulement eſt vrai, & que, quoique la pluralité ſoit en faveur de b, c'eſt l'avis ∂ qui devoit être préféré; 2.° Suppoſant même $q=q'+q''+r$, nous aurons la probabilité en faveur de b égale à $\dfrac{v'^{2q'+3q''+2r}e'^{2q'+q''}}{v'^{2q'+3q''+2r}e'^{2q'+q''}+v'^{2q'+q''}e'^{2q'+3q''+2r}+v'^{3q''+2q'+r}e'^{2q'+q''+r}}$ $=\dfrac{v'^{2q''+2r}}{v'^{2q''+2r}+e'^{2q''+2r}+v'^{2q''+r}e'^{+r}}$; donc négligeant même le terme $e'^{2q''+2r}$, il faudra pour avoir une grande probabilité en faveur de b, que $\frac{v'^r}{v'^r + e'^r}$ soit une quantité suffisamment grande.

Supposons maintenant $q' > q$ & q'', nous trouverons, comme ci-dessus, que la conclusion formée à la pluralité des voix, n'aura qu'une probabilité moindre que $\frac{1}{2}$ si on a $q'' + q - q' > 0$; & ensuite faisant $q' = q + q'' + r$, qu'il faudra, pour avoir une probabilité suffisante, que $\frac{v'^r}{v'^r + e'^r}$ soit une quantité assez grande.

Supposons enfin $q'' > q$ & q', nous aurons la probabilité de la vérité de l'avis ∂ exprimé par $v'^{2q''+q+q'} e'^{q+q'}$, divisé toujours par le même dénominateur, ce qui exige, 1.° comme ci-dessus, $q'' + q' > q$ & $q'' + q > q'$, ce qui a lieu toujours dans l'hypothèse; 2.° que $\frac{v'^{q''+q'-q}}{v'^{q''+q'-q} + e'^{q''+q'-q}}$ ou $\frac{v'^{q''+q-q'}}{v'^{q''+q-q'} + e'^{q''+q-q'}}$, selon que $q >$ ou $< q'$ soit suffisamment grand, Nous supposons même ici que les termes e'^{2r} e'^{2q} ou $e'^{2q'}$ peuvent être négligés devant les termes v'^{2r}, $v'^{2q''}$; car si ces termes ne pouvoient pas être négligés, il faudroit que les quantités

$$\frac{v'^{2r}}{v'^{2r} + v'^r e'^r + e'^{2r}}, \quad \frac{v'^{2q''}}{v'^{2q''} + v'^{q''+q'-q} e'^{q''+q-q'} + v'^{q''+q-q'} e'^{q''+q'-q}}$$

exprimassent des probabilités suffisantes.

Si nous supposons ensuite que l'on demande successivement aux mêmes Votans leur avis, 1.° sur les propositions A & N; 2.° sur les propositions A' & N', nous aurons q voix pour A, & $q' + q''$ pour N, q' voix pour A', & $q + q''$ pour N', en sorte que $\frac{v'^q e'^{q'+q''}}{v'^q e'^{q'+q''} + v'^{q'+q''} e'^q}$ & $\frac{e'^q v'^{q'+q''}}{v'^q e'^{q'+q''} + v'^{q'+q''} e'^q}$ exprimant les probabilités de A & de N, & $\frac{v'^{q'} e'^{q+q''}}{v'^{q'} e'^{q+q''} + v'^{q+q''} e'^{q'}}$

$\frac{v'^{q+q''}e'^{q'}}{v'^{q'}e'^{q+q''}+v'^{q+q''}e'^{q'}}$ les probabilités de A' & de N', & les décisions A, A' étant contradictoires, on aura pour les trois avis possibles les probabilités suivantes,

$$\frac{v'^{2q+q''}e'^{2q'+q''}}{v'^{2q+q''}e'^{2q+q''}+v^{2q'+q''}e^{2q+q''}+v'^{q+q'+2q''}e'^{q+q'}} \text{ pour } A \text{ \& } N',$$

$$\frac{v'^{2q'+q''}e'^{2q+q''}}{v'^{2q+q''}e'^{2q'+q''}+v'^{2q'+q''}e'^{2q+q''}+v'^{q+q'+2q''}e'^{q+q'}} \text{ pour } N \text{ \& } A', \text{ \&}$$

$$\frac{v'^{q+q'+2q''}e^{q+q'}}{v'^{2q+q''}e'^{2q'+q''}+v'^{2q'+q''}e'^{2q+q''}+v'^{q+q'+2q''}e^{q+q'}} \text{ pour } N \text{ \& } N',$$

comme ci-dessus. Or, pour que l'avis *b* doive être choisi, il faudra, 1.° $q > q' + q''$; 2.° $q + q'' > q'$, condition comprise dans la première. Pour que l'avis *c* doive être préféré, il faudra de même, 1.° $q' > q + q''$; 2.° $q' + q'' > q$; enfin pour que l'avis *ð* doive être préféré, il faudra, 1.° $q' + q'' > q$; 2.° $q + q'' > q'$. Ces conclusions sont les mêmes que ci-dessus; & il résulte de ces formules que dans le cas, où l'on propose de délibérer sur trois avis, il ne faut pas prononcer à la pluralité de l'avis qui a le plus de voix, mais q, q', q'' exprimant les voix pour les avis *b*, *c*, *ð*, prononcer *b*, *c*, *ð*, suivant que $q > q' + q''$, $q' > q + q''$ & $q' + q'' > q$.
$q + q'' > q'$.

Si on compte les voix de cette manière, il devient indifférent dans la théorie, ou de prendre les avis sur les trois propositions à la fois, ou sur deux successivement, en prenant les avis deux fois, mais cela peut ne pas être indifférent dans la pratique. Il sera nécessaire d'abord de partager les trois avis de manière qu'avant la délibération, les avis, *b* formé de *A* & de *N'*, *c* de *N* & de *A'*, *ð* de *N* & de *N'*, soient bien distingués, afin que les voix q, q', q'' soient bien distinctes les unes des autres si on prend les trois avis à la fois, ou bien si on prend deux fois les voix entre deux avis seulement pour que les avis soient bien établis. Si ensuite les avis ne sont pas donnés publiquement, ou signés, & qu'on procède par ſcrutin, il peut y avoir un inconvénient à prendre ſucceſſivement les deux avis, parce qu'il devient phyſiquement poſſible que le même Votant donne ſucceſſivement l'avis A & l'avis A', qui ſont contradictoires entr'eux. Ainſi dans ce cas, il peut y avoir de l'avantage à ne point partager la queſtion entre deux avis contradictoires, mais il y en auroit davantage encore à ne la point partager, ſi on adoptoit la méthode ordinaire de prendre la pluralité.

Nous avons vu qu'il y a deux autres cas, où dans la combinaiſon de deux ſyſtèmes de deux propoſitions contradictoires, les quatre avis qui en réſultent paroiſſent ſe réduire à trois; le premier cas eſt celui où l'avis formé de la propoſition A, ne prononce rien ſur les propoſitions A' ou N'. Suppoſons, par exemple, que l'on propoſe deux moyens d'exécuter un projet, & que l'on admette ces trois avis, l'un pour le projet A', l'autre pour le projet N', & un troiſième pour ne faire ni l'une ni l'autre des opérations propoſées. Soit A ce dernier avis, N & A' celui du premier projet, N & N' celui du ſecond, & ſuppoſons que A peut voter pour A' ou pour N', ce qui a lieu ſi la vérité des propoſitions A' & N' eſt indépendante de la vérité des propoſitions A & N; comme ſi, par exemple, il s'agiſſoit de choiſir entre deux projets A' & N' d'amener une telle eau dans une ville, & que l'avis A fût qu'il faut les rejeter tous deux, parce que cette eau eſt mauvaiſe, il eſt clair que la ſupériorité de l'un de ces projets ſur l'autre eſt indépendante de la première queſtion. Si donc on a q voix pour A, q' pour N & A', q'' pour N & N', on auroit tort de prononcer en faveur de q lorſque q eſt plus grand que q' & q'', puiſque ſi $q < q' + q''$, on concluroit alors réellement que l'eau eſt mauvaiſe, d'après l'avis de la minorité. De même il ne faudroit pas conclure en faveur de q' lorſque q' eſt plus grand que q & que q'', parce que ſuppoſé que ceux qui ont formé l'avis A, interrogés pour prononcer entre A' & N' votent, au nombre de $q_{,}$ pour q', & de $q_{,,}$ pour q'', il peut arriver que $q' + q_{,} > q'' + q_{,,}$. Il ne faut donc pas, ſur une queſtion de ce genre, admettre trois avis, mais prendre ſucceſſivement deux

deux fois les voix, chacune entre deux avis ſeulement. Ce que nous venons de dire de ce ſecond cas eſt très-ſimple, & il auroit été inutile de nous y arrêter, ſi nous n'avions occaſion de remarquer dans la ſuite que ce qui nous paroît abſurde dans l'hypothèſe que nous venons d'examiner, a conſtamment été pratiqué preſque par-tout, & dans tous les temps, pour une hypothèſe ſemblable, mais plus compliquée.

Mais ne peut-il pas arriver que la propoſition qui forme l'avis *A*, ſoit telſe que celui qui le prononce ne puiſſe voter ni pour *A'* ni pour *N'*! Cette ſuppoſition forme un ſecond cas: l'exemple le plus ſimple qu'on en puiſſe choiſir, eſt celui où l'avis *A* ſeroit; *on n'a pas les lumières néceſſaires pour prononcer* Alors il eſt clair que ceux qui ont eu cet avis *A* ne peuvent, ſans ſe contredire, voter pour *A'* ou pour *N'*. Or dans ce cas on ne doit point, ſi q eſt plus grand que q' & que q'', adopter l'avis *A*, mais rejeter cet avis tant que $q < q' + q''$, & adopter q' ou q'', ſelon que $q' >$ ou $< q''$. Ce cas rentre abſolument dans le premier, & on doit en tirer la même concluſion, c'eſt-à-dire, qu'il vaudra mieux demander à la fois la voix ſur les trois avis, pourvu que l'on n'admette pas la manière ordinaire de prendre la pluralité. *Voyez ce que nous avons dit ci-deſſus.*

Il ſe préſente un quatrième cas; c'eſt celui où l'avis *A* paroît rejeter à la fois les avis *A'* & *N'*. Comme ces avis ſont contradictoires, cette hypothèſe eſt impoſſible à la rigueur; ainſi elle ne paroît ſe préſenter que dans des cas où le ſyſtème des trois avis n'eſt pas formé par deux ſyſtèmes de deux propoſitions contradictoires, mais par un plus grand nombre.

Par exemple, ſoient ces trois avis; *toute reſtriction miſe au commerce eſt une injuſtice; les reſtrictions miſes par des loix générales, peuvent ſeules être juſtes; les reſtrictions miſes par des ordres particuliers, peuvent être juſtes.* Il eſt clair que ſi nous appelons *A* la propoſition générale, *toute reſtriction eſt injuſte; N* la propoſition, *il y a des reſtrictions juſtes; A'* la propoſition, *les reſtrictions miſes par des loix générales peuvent ſeules être juſtes; N'* la propoſition, *les restrictions même particulières peuvent être justes*, alors ceux qui ont l'avis A, ne peuvent voter pour aucune des propositions A' & N', puisqu'ils les rejettent toutes deux. Mais il faut observer en même-temps que nous avons ici réellement trois systèmes de propositions contradictoires.

A Toute restriction est injuste.

N Il y a des restrictions justes.

A' Les restrictions mises par des loix générales, peuvent être justes.

N' Les restrictions mises par des loix générales, ne peuvent être justes.

A'' Les restrictions mises par des ordres particuliers, peuvent être justes.

N'' Les restrictions mises par des ordres particuliers, ne peuvent être justes.

Ce système produit huit combinaisons, formant huit avis qui seroient tous possibles si les propositions étoient indépendantes : ces huit avis sont, (1) $AA'A''$, (2) $AA'N''$, (3) $AN'A''$, (4) $AN'N''$, (5) $NA'A''$, (6) $NA'N''$, (7) $NN'A''$ (8) $NN'N''$. Voyons maintenant comment le système de huit avis a pu paroître se réduire à trois.

Il est clair, 1.° que les avis (1) (2) (3) sont impossibles, puisqu'ils sont formés de propositions qui se contredisent; 2.° que l'avis (8), formé des propositions N, N', N'', est rejeté, parce qu'on suppose qu'il n'y a que ces deux manières de mettre des restrictions au commerce, & qu'ainsi cet avis implique également contradiction; 3.° que l'avis (7) a pu être rejeté, parce qu'on a pu regarder comme absurde un avis où entreroient les deux propositions N' & A'', en supposant que si les restrictions mises par des loix générales sont injustes, *à fortiori* celles qui sont mises par des ordres particuliers, doivent l'être aussi. Cela posé, il nous reste seulement les avis (4), (5) & (6).

Soit q le nombre des Votans pour l'avis (4), q' pour

l'avis (5), q'' pour l'avis (6), & voyons ce qu'il en résulte pour la probabilité de chacune des trois décisions..

La probabilité pour A sera ici $\frac{v'^{q}e'^{q'+q''}}{v'^{q}e'^{q'+q''}+v'^{q'+q''}e'^{q}}$, & celle pour N $\frac{v'^{q'+q''}e'^{q}}{v'^{q}e'^{q'+q''}+v'^{q'+q''}e'^{q}}$; la probabilité pour A' sera $\frac{v'^{q'+q''}e'^{q}}{v'^{q}e'^{q'+q''}+v'^{q'+q''}e'^{q}}$, & celle pour N' sera $\frac{v'^{q}e'^{q'+q''}}{v'^{q}e'^{q'+q''}+v'^{q'+q''}e'^{q}}$; enfin la probabilité pour A'', sera $\frac{v'^{q'}e'^{q+q''}}{v'^{q'}e'^{q+q''}+v'^{q+q''}e'^{q'}}$, & celle de N'' sera $\frac{v'^{q+q''}e'^{q'}}{v'^{q'}e'^{q+q''}+v'^{q+q''}e'^{q'}}$. Les probabilités des avis (4), (5), (6), seront donc comme $v'^{3q+q''}e'^{3q'+2q''}$ $v'^{3q'+2q''}e'^{3q+q''}$, & $v'^{q+2q'+3q''}e'^{2q+q'}$.

Si maintenant nous examinons ces trois termes, nous verrons que les avis (4), (5), (6), ont réellement la pluralité, non lorsqu'on a $q \substack{> q' \\ > q''}$, ou $q' \substack{> q \\ > q''}$, ou $q'' \substack{> q \\ > q'}$, mais quand on a $3q+q'' \substack{> 3q'+2q'' \\ > q+3q'+2q''}$, ou $3q'+2q'' \substack{> 3q+q'' \\ > q+3q'+2q''}$, ou $q+3q'+2q'' \substack{> 3q+q'' \\ > 3q'+2q''}$, & qu'ainsi dans ce cas encore, en prenant la décision à la pluralité entre les avis à la manière ordinaire, on pourroit adopter l'avis de la minorité.

En effet en examinant ces formules, on trouvera que $3q+q'' \substack{> 3q'+2q'' \\ > q+2q'+3q''}$ donne $2q>2q'+2q''$ ou $q>q'+q''$; d'où il résulte, 1.° qu'on ne doit adopter l'avis (4) que lorsque $q>q'+q''$; 2.° que dans ce cas, le nombre des voix pour A étant q, le nombre des voix pour N' aussi q, le nombre des voix pour N'', $q+q''$, chacune des trois propositions qui forment l'avis (4) aura la pluralité en sa faveur.

De même si $3q'+2q'' \substack{> 3q+q'' \\ > q+2q'+3q''}$, on aura $q'>q+q''$; d'où il résulte, 1.° qu'il faut que $q'>q+q''$ pour que l'avis (5) puisse être adopté; 2.° que le nombre de voix pour N étant $q' + q''$, pour A' aussi $q' + q''$, & pour A'', q', chacune des trois propositions qui forment l'avis (5) aura la pluralité en sa faveur.

Enfin si $q + 2q' + 3q'' \begin{smallmatrix} > 3q + q'' \\ > 3q' + 2q'' \end{smallmatrix}$, il faudra que $q + q'' > q'$ & $q' + q'' > q$. Ces deux conditions sont donc nécessaires pour l'avis (6); & comme le nombre des voix pour $\dot{N}$ & A' est $q' + q''$, & pour N, $q + q''$, il est clair qu'elles ne peuvent avoir lieu, sans que les trois propositions, qui forment l'avis (6), n'aient en même-temps la pluralité.

Ainsi dans cette hypothèse, comme dans la première & la troisième ci-dessus, il peut être avantageux de demander qu'on prononce entre trois avis, pourvu que l'on suive dans la manière de compter la pluralité, la méthode indiquée par le calcul.

Ce que nous avons dit jusqu'ici suffit pour indiquer les principes que l'on doit suivre lorsque dans un système de n propositions contradictoires deux à deux, les 2^n combinaisons d'avis possibles se réduisent à trois, quatre, & en général à un nombre d'avis moindre que 2^n. Nous remarquerons ici de plus qu'il se présente une différence importante entre la première hypothèse de trois avis, que nous avons considérée, & cette quatrième hypothèse. Dans la première, les avis étoient réduits à trois par la nature même de la question; mais dans celle-ci les avis ne sont réduits à trois qu'en vertu de suppositions, dont une au moins, celle qui exclut l'avis (7), n'est pas d'une vérité nécessaire. En effet, cet avis seroit; *il y a des restrictions justes, les restrictions mises par des loix générales ne peuvent être justes; celles qui sont mises par des ordres particuliers peuvent être justes.* Or il n'y a rien dans cet avis qui soit rigoureusement contradictoire dans les termes mêmes, ainsi il ne doit être rejeté de la délibération que dans la supposition qu'aucun des Votans ne l'admettroit. Ce qui a lieu ici pour un avis pourroit avoir lieu pour un plus grand nombre dans des questions plus compliquées.

On peut conclure de-là, 1.° que lorsqu'il s'agit de prononcer à la pluralité des voix sur des questions compliquées, il est nécessaire de réduire ces questions à un système de propositions contradictoires deux à deux; 2.° qu'il faut examiner ensuite si ce système peut se résoudre en deux ou plusieurs systèmes indépendans l'un de l'autre, & dans ce cas prendre séparément les avis sur chaque système; 3.° qu'il faut prendre toutes les combinaisons d'avis possibles qui résultent de chaque système & en exclure les avis qui sont contradictoires dans les termes; 4.° quant à ceux qui, comme l'avis (8) de la quatrième hypothèse que nous avons considérée, ne sont exclus que parce qu'ils renferment une contradiction avec une vérité reconnue, ou qui, comme l'avis (7), renferment des propositions dont la contradiction paroît claire sans être dans les termes, & par conséquent sans être évidente par elle-même, ils ne doivent être rejetés qu'avec précaution, & la sûreté de la décision paroît exiger qu'avant de les exclure, on s'assure qu'ils ne seroient adoptés par aucun des Votans; 5.° après avoir ainsi réduit ces avis, on doit choisir celui qui a la pluralité, en la prenant suivant le principe que nous avons indiqué ci-dessus, mais en observant que, si par la nature de la question, on exige une certaine pluralité pour pouvoir adopter une décision, il faut exiger cette pluralité pour toutes les propositions qui entrent dans la décision.

On voit donc combien il faut de précautions pour obtenir, à la pluralité des voix, une décision probable sur des questions compliquées, & que cela exige de la part de ceux qui proposent les objets de délibération, de la sagacité & des lumières. Cependant, dans la plupart des pays où les affaires les plus importantes sont décidées à la pluralité des voix, on n'a paru attacher aucune importance à cet objet, quoiqu'il résulte de ce que nous avons dit, que, faute de cette attention, on est exposé à regarder comme faites à la pluralité des voix, des décisions qui n'ont réellement que la minorité. Il ne faut donc pas s'étonner si on a eu lieu d'observer que les décisions rendues par des aſſemblées nombreuſes, ſont ſouvent contraires à la vérité, puiſque, indépendamment du peu de probabilité que peut avoir le ſuffrage de chaque Votant, lorſqu'ils ſont un grand nombre, il arrive encore qu'il ſe gliſſe des erreurs dans la manière de recueillir les ſuffrages. Cette obſervation conduit naturellement à deux réflexions qui nous paroiſſent importantes; la première, que ce n'eſt point uniquement à la nature de l'eſprit humain qu'il faut attribuer le peu de confiance que méritent ſouvent les déciſions des grandes aſſemblées, mais que la mauvaiſe méthode d'y prendre les avis, eſt une ſource d'erreurs très-fréquente; la ſeconde, que la connoiſſance de la méthode qu'il faut ſuivre pour obtenir d'une aſſemblée des déciſions ſur la vérité deſquelles on puiſſe raiſonnablement compter, dépend d'une théorie plus compliquée qu'on ne le croit communément.

Ce que nous avons dit juſqu'ici, ſuffira pour apprécier l'uſage établi dans quelques pays, d'obliger ceux qui ont voté pour un certain nombre d'avis plus grand que deux, de ſe réunir pour un des deux avis qui ont eu le plus de voix. En effet, connoiſſant les voix qui ont été données pour chacun des avis, il eſt aiſé, en formant de ces avis un ſyſtème de propoſitions contradictoires deux à deux, de voir dans quel cas un des deux avis les plus nombreux a réellement la pluralité; dans quel cas ceux qui ont été d'un autre avis, peuvent ſe réunir à l'un des deux par un nouveau jugement, ou ont déjà formé leur vœu pour l'un des deux, ou ne peuvent adopter ni l'un ni l'autre.

On voit en effet qu'il ſeroit abſurde d'exiger en général de ceux qui ont voté pour un avis, de ſe réunir à l'un des deux qui ont la pluralité, puiſqu'il y a des cas où ils ne peuvent voter, & d'autres où ils ne doivent pas être libres de choiſir, & il ne paroît pas qu'on ait fait une aſſez grande attention à cette diſtinction dans les pays où cet uſage eſt établi.

Nous ne nous ſommes pas arrêtés à chercher en général dans tous les cas que nous avons examinés, la probabilité d'avoir une déciſion conforme ou non à la vérité, parce qu'il ſuffit pour y parvenir, d'une application très-ſimple des formules que nous avons développées ci-deſſus.

Il nous reſte maintenant pour terminer ce que nous avons à dire ſur les déciſions priſes entre trois ou un grand nombre d'avis, à examiner le cas d'une élection : nous ſuppoſerons trois Candidats ſeulement.

Appelons les trois Candidats A, B, C, il eſt clair que celui qui élit A, prononce les deux propoſitions $A > B$, $A > C$ (Nous employons ici l'expreſſion $A > B$ pour exprimer que A vaut mieux que B); celui qui élit B, prononce les deux propoſitions $B > A$, $B > C$, & celui qui élit C, les deux propoſitions $C > A$, $C > B$; mais le premier ne décide rien ſur la propoſition $B \gtrless C$, le ſecond ſur la propoſition $A \gtrless C$, le troiſième ſur la propoſition $B \gtrless A$. Il réſulte de cette première obſervation, qu'il eſt très-poſſible que A ait la pluralité ſuivant la méthode ordinaire de compter, & que cependant il ne l'ait pas réellement. En effet, ſuppoſons que des q voix pour A il y en ait $q_{,}$ qui euſſent prononcé $B > C$, & $q_{,,}$ qui euſſent prononcé $B < C$; que des q' pour B toutes euſſent prononcé $C > A$, & que des q'' voix pour C, toutes euſſent prononcé $B > A$; il y aura donc pour $B > C$, $q' + q_{,}$; pour $C > B$, $q'' + q_{,,}$; pour $A > B$, q voix; pour $A > C$, auſſi q voix; pour $A < B$, $q' + q''$; pour $A < C$, $q' + q''$; d'où il réſulte que ſi $q' + q'' > q$, & $q' + q_{,} > q'' + q_{,,}$, la véritable pluralité ſera en faveur de B. Soit, par exemple, $q = 11$, $q' = 10$, $q'' = 10$, $q_{,} = 8$, $q_{,,} = 3$, il y aura vingt voix contre onze pour décider que B & C ſont ſupérieurs à A, & dix-huit contre treize pour décider que B eſt ſupérieur à C, cet exemple ſuffit pour montrer que la méthode ordinaire de déterminer la pluralité dans les élections eſt abſolument défectueuſe.

Il eſt même très-poſſible que la vraie pluralité appartienne réellement à celui qui a eu le moins de voix. En effet, on peut avoir $q > q' > q''$, & cependant $q < q' + q''$, & $q' + q_{,} < q'' + q_{,,}$. Soit, par exemple, $q = 11$, $q' = 10$,

$q'' = 9$, $q_{,} = 3$, $q_{,,} = 8$, A ſera inférieur à B comme à C, à la pluralité de 19 contre 11, & C ſera ſupérieur à B, à la pluralité de 17 contre 13.

Pour chercher maintenant quelle méthode on peut prendre pour ne commettre aucune autre erreur dans les élections, que celles qui naiſſent des erreurs commiſes dans le jugement des Votans, nous allons rappeler cette queſtion aux principes que nous venons d'établir.

Il eſt clair, 1.° que nous avons ici un ſyſtème de trois propoſitions & de leurs contradictoires, $A>B$, $A>C$, $B>C$.
$A<B$ $A<C$ $B<C$

Nous avons donc huit combinaiſons poſſibles;

(1) $A>B$, $A>C$, $B>C$	(2) $A>B$, $A>C$, $B<C$	(3) $A>B$, $A<C$, $B>C$	(4) $A>B$, $A<C$, $B<C$
(5) $A<B$, $A>C$, $B>C$	(6) $A<B$, $A>C$, $B<C$	(7) $A<B$, $A<C$, $B>C$	(8) $A<B$, $A<C$, $B<C$

2.° Qu'en examinant ces huit combinaiſons, (1) & (2), nous donneront $A>B$ & C; (5) & (7) $B>A$ & C; (4) & (8) $C>A$ & B, & que (3) & (6) ſont contradictoires dans les termes, puiſque deux des propoſitions quelconques qui les forment, ne peuvent ſubſiſter avec la troiſième. Il n'y a donc réellement que ſix avis poſſibles, comme on l'auroit trouvé en obſervant qu'il ne reſte à celui qui vote pour un des trois qu'à prononcer ſur la ſupériorité des deux autres.

3.° En ſuppoſant donc qu'on admette ces ſix avis ſeulement, & qu'on cherche enſuite la probabilité ſur chaque propoſition: ſoient q', q'', q^{IV}, q^{V}, q^{VII}, q^{VIII} le nombre des voix pour les avis (1), (2), (4), (5), (7) & (8), nous aurons

pour $A>B$ $q' + q'' + q^{\text{IV}}$ voix,
pour $A<B$ $q^{\text{V}} + q^{\text{VII}} + q^{\text{VIII}}$,

pour

pour $A > C$ $q' + q'' + q^{iv}$ voix,
pour $A < C$ $q^{iv} + q^{vii} + q^{viii}$,
pour $B > C$ $q' + q^{v} + q^{vii}$,
pour $B < C$ $q'' + q^{iv} + q^{viii}$.

4.° On pourroit donc choisir pour celui des six avis qu'on doit adopter, celui où la somme des trois nombres de ces suites qui y répondent, est la plus grande, comme on a fait précédemment; mais il faut observer que dans les cas que nous avons examinés, l'avis pour lequel cette somme étoit la plus grande, étoit formé de manière que chacune des trois propositions qui le composoient, avoit la pluralité en sa faveur; en sorte que cet avis étoit toujours formé des trois propositions qui avoient la pluralité, & que celle des combinaisons à laquelle appartenoit cette propriété, ne pouvoit être du nombre de celles qui renferment une contradiction dans les termes: or c'est ce qui n'a pas lieu ici. Prenant en effet la combinaison (3) qui est exclue, nous aurons, pour que les trois propositions qui la forment aient la pluralité, les trois conditions $q' + q'' + q^{iv} > q^{v} + q^{vii} + q^{viii}$, $q^{iv} + q^{vii} + q^{viii} > q' + q'' + q^{v}$ & $q' + q^{v} + q^{vii} > q'' + q^{iv} + q^{viii}$; conditions auxquelles on peut satisfaire, pourvu que l'on ait $q' > q^{viii}$, $q^{iv} > q^{v}$, $q^{vii} > q''$, & la différence entre ces quantités, prises ainsi deux à deux, telle que la somme de deux différences soit plus grande que la troisième. Soit, par exemple, $q' = 9$, $q^{viii} = 3$, $q^{iv} = 7$, $q^{v} = 4$, $q^{vii} = 6$, $q'' = 2$, on aura pour la première proposition 18 voix contre 13, pour la seconde 16 contre 15, pour la troisième 19 contre 12.

D'ailleurs il faut observer que deux des six avis, donnent le même résultat, ce qui les réduit réellement à trois, & qu'ainsi ce ne seroit pas celui des six avis qui obtient la pluralité qu'il faudroit choisir, mais la combinaison de deux avis qui auroit cet avantage, & que par conséquent on supposeroit que les voix ont été données pour A, pour B ou pour C, selon que l'un des nombres $2q' + 2q'' + q^{iv} + q^{v}$,

$2q^{v} + 2q^{vii} + q' + q^{viii}$, $2q^{iv} + 2q^{viii} + q'' + q^{vii}$, surpasseroit les deux autres.

Si le premier nombre est supposé plus grand que les deux autres, nous aurons pour conditions $q' - q^{viii} + q^{iv} - q^{v} > 2(q^{vii} - q'')$ & $2(q' - q^{viii}) > q^{iv} - q^{v} + q^{vii} - q''$; conditions auxquelles satisfont les nombres pris ci-dessus. On choisiroit donc dans ce cas l'avis (1); or cet avis renferme la proposition $A > C$, qui dans l'hypothèse seroit admise à la minorité de quinze voix contre seize; & on trouvera de même, que quelque décision que l'on préfère, elle renfermera toujours une proposition adoptée avec la minorité.

5.° Il se présente ici nécessairement une distinction à faire. En effet, on peut supposer ou qu'il est nécessaire de choisir un des Élus, ou que cela n'est pas nécessaire. Dans ce second cas, on peut prendre également deux partis, l'un plus simple, qui seroit, par exemple, d'exiger qu'un des trois Candidats eût plus que la moitié des voix, parce qu'il est aisé de voir, d'après les formules précédentes, que dans ce cas les avis (3) & (6) ne peuvent avoir lieu, & qu'il n'y a aucune hypothèse où ce Candidat n'ait pas la pluralité; mais cette méthode a l'inconvénient d'exposer souvent à regarder comme indécise une élection qui est réellement décidée : le second parti seroit d'examiner si, en prenant les voix qui résultent des six avis seuls possibles, on peut avoir pour les trois systèmes de propositions,

$A > B$, $B > A$, $C > A$
$A > C$, $B > C$, $C > B$ la pluralité pour les deux propositions

à la fois, & d'adopter le système pour lequel cette propriété a lieu. Il faut donc chercher ici quelle peut être, dans cette manière de prendre les décisions, la probabilité de leur vérité. Supposons, par exemple, que nous ayons pour $A > B$ 18 voix, pour $A > C$ 18 voix, pour $B > A$ 15 voix, pour $C > A$ 15 voix, pour $B > C$ 32 voix, pour $C > B$ une voix, & qu'on demande la probabilité de la décision, qui est ici en faveur de la combinaison $A > B$, $A > C$, nou aurons, pour la probabilité de la proposition $A > B$,

$\frac{v'^{18}e'^{15}}{v'^{18}e'^{15}+v'^{15}e'^{18}} = \frac{v'^{3}}{v'^{3}+e'^{3}}$, de même $\frac{v'^{3}}{v'^{3}+e'^{3}}$ pour la probabilité de la propoſition $A > C$, & par conſéquent pour la probabilité des deux jugemens combinés $\frac{v'^{6}}{v'^{6}+2v'^{3}e'^{3}+e'^{6}}$ $= \frac{1}{1+\frac{2e'^{3}}{v'^{3}}+\frac{e'^{6}}{v'^{6}}}$. Comparons maintenant cette probabilité avec celle des deux propoſitions combinées $B > C$, $B > A$; la probabilité de la première étant $\frac{v'^{31}}{v'^{31}+e'^{31}}$, & celle de la ſeconde $\frac{e'^{3}}{v'^{3}+e'^{3}}$, la probabilité combinée ſera

$$\frac{v'^{31}e'^{3}}{v'^{34}+v'^{31}e'^{3}+v'^{3}e'^{31}+e'^{34}} = \frac{e'^{3}}{v'^{3}} \cdot \frac{1}{1+\frac{e'^{3}}{v'^{3}}+\frac{e'^{31}}{v'^{31}}+\frac{e'^{34}}{v'^{34}}};$$

d'où comparant ces deux quantités, pour que la probabilité de $A > B$ ſurpaſſe celle de $B > C$, il faudra que

$$\underset{A > C}{1+\frac{e'^{3}}{v'^{3}}+\frac{e'^{31}}{v'^{31}}+\frac{e'^{34}}{v'^{34}}} > \underset{B > A}{\frac{e'^{3}}{v'^{3}}+\frac{2e'^{6}}{v'^{6}}+\frac{e'^{9}}{v'^{9}}}.$$

Or il eſt aiſé de voir que cette condition n'a pas lieu pour toutes les valeurs de $v > e$; ce qui a lieu dans cet exemple peut avoir lieu pour d'autres valeurs de q, q'' . . . . . . q^{VIII}. Ainſi le ſyſtème de propoſitions pour lequel on conclut la pluralité, n'eſt pas néceſſairement celui qui a la plus grande probabilité.

Cette conſéquence doit-elle faire rejeter cette méthode? telle eſt la queſtion qui nous reſte à examiner ici.

1.° Celui qui donneroit la préférence à A, d'après une élection faite ſous cette forme, raiſonneroit ainſi : j'ai lieu de croire que A vaut mieux que C, & j'ai auſſi lieu de croire que A vaut mieux que B; donc je dois préférer A à B & à C. Celui qui donneroit la préférence à B, parce que la probabilité de la vérité de la combinaiſon $B > C$, $B > A$ eſt plus grande, raiſonneroit ainſi : j'ai lieu de croire très-fortement que B vaut mieux que C, & j'ai lieu de croire que A vaut mieux que B; donc je dois préférer B à C & à A. Or ce dernier raiſonnement paroît abſurde.

2.° La combinaiſon $B > C, B > A$, qui a une probabilité plus grande que la combinaiſon $A > B$, $A > C$, n'a cet avantage que parce qu'une des propoſitions qui la compoſent a une très-grande probabilité; ce qui fait que, quoique la ſeconde ait une probabilité au-deſſous de $\frac{1}{2}$, la probabilité de la combinaiſon totale eſt ſupérieure à celle de deux propoſitions, qui toutes deux ont une probabilité au-deſſus de $\frac{1}{2}$. Mais il ne peut réſulter de cela que l'on doive admettre une propoſition dont la probabilité eſt plus petite que $\frac{1}{2}$ de préférence à la propoſition contradictoire, dont la probabilité eſt plus grande que $\frac{1}{2}$.

3.° Dans le cas que nous conſidérons ici, la préférence ne peut être donnée à C ſur A & B. Il ne peut donc y avoir de doute qu'entre A & B, mais $A > B$ eſt plus probable que $B > A$; donc A doit être préféré.

4° Il faut obſerver encore que ce cas ne peut arriver que lorſque la probabilité de la combinaiſon $A > B$, $A > C$ eſt plus petite que $\frac{1}{2}$, puiſqu'un des termes, qui par l'hypothèſe entrent comme facteurs dans la probabilité de la combinaiſon $B > C$, $B > A$, eſt néceſſairement au-deſſous de $\frac{1}{2}$, & l'autre au-deſſous de l'unité. Ce cas eſt donc un de ceux où l'on ne doit choiſir que lorſqu'il y a néceſſité de ſe décider; & dans le cas où l'on eſt forcé de choiſir, c'eſt à la combinaiſon des deux avis, dont la probabilité eſt plus grande, qu'il faut s'arrêter.

Examinons l'autre cas où l'on peut être forcé de choiſir, celui où en prenant les voix, on ſeroit conduit à l'avis (3). On aura alors dans les trois ſyſtèmes,

(I) $A > B$, (III) $B > C$, (V) $C > A$,
(II) $A > C$ (IV) $B > A$ (VI) $C > B$

formés des propoſitions (I) & (II), (III) & (IV), (V) & (VI), les propoſitions (I), (III), (V) conformes à l'avis de la pluralité, & les propoſitions (II), (IV), (VI) conformes à l'avis de la minorité. Soit ici d'abord l'avis $B > C$ qui a la plus grande pluralité, il eſt clair que la propoſition (V) aura une moindre pluralité, & la propoſition (VI) une plus grande minorité. Le troiſième ſyſtème doit donc être abſolument exclu, & la déciſion ne peut être ſuppoſée en faveur de *C* contre *B*. Comparons enſuite les deux autres ſyſtèmes; il pourra d'abord arriver que la propoſition (I) ait une moindre probabilité que la propoſition (V). Dans ce cas, (II) ſera plus improbable que (IV), & par conſéquent, en adoptant le ſecond ſyſtème, on adoptera non-ſeulement celui pour lequel la probabilité des deux propoſitions combinées eſt la plus grande, mais celui où chacune des deux propoſitions qui le compoſent l'emporte ſur chacune des deux propoſitions qui compoſent l'autre ſyſtème: mais ſi au contraire la propoſition (I) eſt plus probable que la propoſition (V), la propoſition (II) ſera moins improbable que la propoſition (IV); & dans ce cas, quand même la probabilité du ſecond ſyſtème ſurpaſſeroit celle du premier, il vaut mieux adopter le premier qui n'oblige pas à admettre une propoſition ſi improbable.

Si l'on ne s'arrête pas à réunir tous les avis qui conduiſent au même réſultat, & qu'on ne conſidère que l'avis le plus probable; dans le premier cas, où nous avons propoſé de rejeter la combinaiſon la plus probable dans certaines circonſtances, l'avis adopté ſe trouve réſulter des trois propoſitions qui ont eu le plus de voix; & de même daus ce ſecond cas, où les trois avis ne peuvent ſubſiſter enſemble, l'avis adopté réſulte des deux qui ſont les plus probables. C'eſt donc réellement à la combinaiſon d'avis la plus probable qu'on donne la préférence, & on ne paroiſſoit en préférer une moins probable, que parce qu'on avoit fait entrer dans le jugement des combinaiſons moins probables qui conduiſent au même réſultat.

Si on veut appliquer ce que nous venons de dire au cas où il y a un nombre *n* de Candidats, on pourra ſuivre les règles ſuivantes: 1.° tous les avis poſſibles, & qui n'impliquent pas contradiction, se réduisent à indiquer l'ordre de mérite que l'on juge avoir lieu entre les Candidats. Par exemple, les six avis ci-dessus se réduisent aux six combinaisons (1) *A, B, C*; (2) *A, C, B*; (4) *C, A, B*; (5) *B, A, C*; (7) *B, C, A*; (8) *C, B, A*, que nous marquons ici des mêmes numéros que les avis qui y répondent *(voyez page 120)*, & qui indiquent les différens ordres, suivant lesquels *A, B, C* peuvent être rangés. Donc pour n Candidats, on aura $n \,.\, n - 1 \,.\,.\,.\,.\, 2$ avis possibles; 2.° Chaque Votant ayant donné ainsi son avis, en indiquant l'ordre de valeur des Candidats, si on les compare deux à deux, on aura dans chaque avis $\frac{n.(n-1)}{2}$ propositions à considérer séparément. Prenant le nombre de chaque fois que chacune est comprise dans l'avis d'un des q Votans, on aura le nombre de voix qui adoptent chaque proposition; 3.° on formera un avis des $\frac{n.(n-1)}{2}$ propositions qui réunissent le plus de voix. Si cet avis est du nombre des $n \,.\, n - 1 \,.\,.\,.\,.\, 2$ avis possibles, on regardera comme élu le Sujet à qui cet avis accorde la préférence. Si cet avis est du nombre de $2^{\frac{n.n-1}{2}} - n \,.\, n - 1 \,.\,.\,.\, 2$ avis impossibles, alors on écartera de cet avis impossible successivement les propositions qui ont une moindre pluralité, & l'on adoptera l'avis résultant de celles qui restent; 4.° dans le cas où l'on ne sera pas obligé d'élire, & où l'on pourra différer, on examinera la probabilité des avis réunis qui donnent la préférence à *A*, à *B*, à *C*, &c. & on n'admettra l'élection que lorsqu'il résulte en faveur d'un des Candidats une probabilité plus grande que $\frac{1}{2}$; ce qui ne peut avoir lieu dans le cas où le résultat des voix conduit à un des $2^{\frac{n.n-1}{2}} - n \,.\, n - 1 \,.\,.\,.\,.\, 2$ avis absurdes, & n'a lieu dans le cas des $n \,.\, n - 1 \,.\,.\,.\, 2$ autres avis, que lorsque chacune des $n - 1$ propositions $A > B$, $A > C$, &c. qui forment essentiellement l'avis en faveur de *A*, par exemple, sont celles qui réunissent le plus de voix; il y a cependant une très-grande différence entre ce cas & celui d'un avis impossible. Dans ce dernier cas, on est obligé d'admettre une proposition qui a réellement la pluralité contr'elle, ce qui n'a pas lieu ici : ainsi lorsqu'il y a des inconvéniens à différer l'élection, on peut admettre l'avis possible, pris comme nous l'avons exposé ci-dessus; au lieu qu'il faut une véritable nécessité d'élire pour adopter l'avis lorsque les propositions qui le forment impliquent contradiction; 5.° on ne peut choisir une méthode plus simple. Supposons en effet pour trois Candidats, qu'on se borne à demander si $A > B$, si $A > C$, & qu'il en résulte une votation positive en faveur des deux énoncés, on aura à la vérité une décision conforme à celle que nous avons montré ci-dessus qu'il falloit choisir, *pages 123 & suiv.* Si on a une votation positive pour la première proposition, négative pour la seconde, alors on ne sera pas en droit d'en conclure en faveur de C, comme ces deux propositions paroissent l'indiquer, puisque nous avons vu que, dans le même cas, la décision peut être en faveur de A, si on décide que $B > C$, & que des trois propositions $A < C$ soit la moins probable; en faveur de B, si de trois propositions $A > B$ est la moins probable; en faveur de C, si des trois propositions $B > C$ est la moins probable, ou dans le cas de la votation en faveur de $C > B$, cas qui est compris dans celui où $B > C$ est supposée la moins probable des trois propositions. De plus, il est évident qu'en admettant cette méthode, on auroit des résultats différens, suivant qu'on commenceroit à délibérer sur la suite des propositions $A > B$, $A > C$. . . . . . . ou $B > A$, $B > C$, ou $C > A$, $C > B$; 6.° il est nécessaire de connoître le nombre des Candidats, & toute élection exige nécessairement que par une première votation on ait décidé sur la capacité des Candidats, dans le cas où l'avis seroit adopté, même s'il n'étoit pas formé des $n - 1$ propositions qui ont la pluralité; 7.° si le nombre des Votans est très-grand, & la probabilité de l'avis de chacun très-peu au-dessus de $\frac{1}{2}$, il devient très-difficile, à proportion que le nombre des Candidats est plus grand, d'obtenir une décision qui ait un degré de probabilité au-dessus de $\frac{1}{2}$. Ainsi on ne doit confier à une grande assemblée le choix qu'entre des Candidats qui ont été d'ailleurs jugés très-capables, avec une probabilité très-grande, ou bien le droit de présenter à une assemblée moins nombreuse & plus éclairée un certain nombre de Candidats. En général toute élection faite par un grand nombre d'hommes, conduit à une très-petite probabilité que l'on a choisi le meilleur.

Dans tout ce que nous avons dit, on suppose que tous votent de bonne foi. Nous verrons dans la quatrième Partie ce qu'il faut modifier de ces conclusions dans la supposition contraire.

Examinons maintenant le cas où il y a partage, & prenons celui de trois Candidats seulement. L'égalité peut avoir lieu de deux manières, ou parce qu'il y a partage entre A & B, en sorte que $A > B$ & $A < B$ ont un nombre égal de voix, ou bien lorsqu'il y a égalité entre deux propositions indépendantes, comme $A > B$ ou $A < B$, $A > C$, ou $C > A$, $B > C$, ou $C > B$. Par exemple, soit $A = B$ à substituer dans les huit résultats ci-dessus; ils se réduiront à quatre:

$$\begin{array}{cccc} A = B, & A = B, & A = B, & A = B \\ A > C & A > C & A < C & A < C \\ B > C & B < C & B > C & B < C \end{array}$$

Le quatrième qui comprend (4) & (8), est en faveur de C; le troisième, qui comprend (3) & (7), est en faveur de B; le second, qui contient (2) & (6); est en faveur de A; le premier enfin, qui contient (1) & (5), est indécis, quoique l'on puisse supposer un peu plus de présomption pour A que pour B, selon que $A > C$ est plus ou moins probable que $B > C$.

Supposons maintenant $A > B$ & $A > C$ egaux, ce qui ne peut avoir lieu que dans les décisions (1) & (2), où l'on aura toujours la décision en faveur de A, & dans les décisions (7) & (8), dont l'une est en faveur de B, & l'autre en faveur de C.

Supposons

Suppoſons enfin $A > B$ & $B > C$ égaux, nous aurons (1) en faveur de A, (3) en faveur de A ſi $A > B$ a plus de voix que $C > A$, indécis entre B & C dans le cas contraire, mais avec quelque préſomption en faveur de B. Dans le (6) nous aurons une déciſion en faveur de C ſi $A > C$ a moins de voix que $B > A$, & nulle déciſion dans le cas contraire, mais avec quelqu'avantage pour B, & enfin nous aurons pour (8) la déciſion en faveur de C. Nous avons jugé ici des réſultats d'après les principes expoſés ci-deſſus, *pages 123 & ſuivantes;* & il faut diſtinguer également les cas où l'on forme le réſultat de propoſitions, toutes plus probables que leur contradictoire, & ceux où l'on ne peut avoir le même avantage.

Si les trois A, B, C ont un nombre égal de voix, il eſt clair qu'il n'y aura rien de décidé; & s'il y a égalité entre trois propoſitions, cela ne changera rien pour les cas (1), (2), (4), (5), (7), (8); & pour les cas (3) & (6) il n'y aura aucune déciſion.

Ces principes s'appliqueront au cas où il y a plus de trois Candidats, & ſuffiront pour les réſoudre.

Ce que nous avons dit des élections, s'applique au cas où les délibérations portent ſur un ſyſtème de propoſitions contradictoires deux à deux & liées entr'elles, dont il réſulte plus de trois propoſitions poſſibles.

Il ne nous reſte à examiner ſur les élections que deux queſtions; la première, la probabilité des erreurs où l'on peut être entraîné en ſuivant la méthode ordinaire. Nous ſuppoſerons ici trois Candidats A, B, C, & que ſur q Votans A a obtenu q' ſuffrages; B, q'' ſuffrages; C, q''' ſuffrages. Cela poſé, puiſque les Votans pour A ont prononcé les deux propoſitions $A > B$, $A > C$, ils n'ont laiſſé de doute que ſur la propoſition $B > C$; mais puiſque v' & e' ſont la probabilité du jugement de chaque Votant, & que $B > C$ a eu q'' voix en ſa faveur, & q''' contre, la probabilité de la vérité de $B > C$ ſera exprimée par $\frac{v'^{q''-q'''}}{v'^{q''-q'''} + e'^{q''-q'''}}$, & la probabilité de ſa fauſſeté par $\frac{e'^{q''-q'''}}{v'^{q''-q'''}+e'^{q''-q'''}}$, & celle que chacun des q' Votans votera en faveur de $B > C$ ou de $B < C$, par $\frac{v'^{q''-q'''+1}+e'^{q''-q'''+1}}{v'^{q''-q''}+e'^{q''-q'''}}$ & $\frac{v'^{q''-q'''}e'+e'^{q''-q'''}v'}{v'^{q''-q'''}+e'^{q''-q'''}}$. Nommant ν & ε ces deux probabilités, celles que dans les q' Votans il y en aura q', $q'-1$, $q'-2$ . . . . . o pour $B > C$, & o, 1, 2 . . . . q' pour $B < C$, seront exprimées par les termes de la série $\nu^{q'} + q'\nu^{q'-1}\varepsilon + \frac{q'}{2}\nu^{q'-2}\varepsilon$ . . . . . .

On aura de même la probabilité des avis qu'auroient donné pour $A > C$, $A < C$ ceux qui ont voté pour B, ou des avis qu'auroient donné pour $A > B$, $A < B$ ceux qui ont voté pour C; & appelant ν' & ε', ν'' & ε'' ces probabilités, les termes des suites formées par $(\nu' + \varepsilon')^{q''}$, $(\nu'' + \varepsilon'')^{q'''}$, donneroient les probabilités de tous les nombres possibles de décisions pour ou contre $A > C$, & pour ou contre $A > B$. Supposons maintenant $q' \gtrless {q'' \atop q'''}$, & que l'on ait $q' = q_{\prime}' + q_{\prime\prime}'$, le premier de ces nombres représentant le nombre inconnu des voix pour $B>C$, & $q_{\prime\prime}'$ le nombre des voix pour $B<C$; soit de même $q'' = q_{\prime}'' + q_{\prime\prime}''$, $q_{\prime}''$ étant le nombre des voix pour $A > C$, & $q_{\prime\prime}''$ le nombre des voix pour $A < C$; soit enfin $q''' = q_{\prime}''' + q_{\prime\prime}'''$, $q_{\prime}'''$ étant le nombre des voix pour $A > B$ & $q_{\prime\prime}'''$ le nombre des voix pour $A < B$, & que nous cherchions quels doivent être les nombres $q_{\prime}'$, $q'_{\prime\prime}$, $q_{\prime}''$, $q_{\prime\prime}''$, $q_{\prime}'''$, $q_{\prime\prime}'''$, pour que la pluralité soit encore en faveur de A. Nous aurons pour première condition, que la pluralité doit avoir lieu en faveur de $A > B$ & de $A > C$; mais il suit de ce que nous venons de dire, que le nombre des voix pour $A>B$ est $q' + q_{\prime}'''$, & celui des voix pour $A < B$, $q'' + q_{\prime\prime}'''$, il faudra donc que $q' + q_{\prime}''' > q'' + q_{\prime\prime}'''$, ou $q' - q'' > q_{\prime\prime}''' - q_{\prime}'''$. La probabilité que A aura encore la pluralité sur B, sera exprimée par $V_{\prime} = \nu''^{q'''} + q'''\nu''^{q'''-1}\varepsilon$ . . . . $+ \frac{q'''}{q_{\prime\prime}'''-1}\nu''^{q'''-q_{\prime\prime}'''+1}\varepsilon^{q_{\prime\prime}'''-1}$, $q_{\prime\prime}'''$ étant le premier nombre où $q_{\prime\prime}''' - q_{\prime}''' > q' - q''$.

De même pour que $A > C$ ait encore la pluralité, il faudra que $q' + q_{,}'' > q''' + q_{,,}''$, ce qui donne $q' - q''' > q_{,,}'' - q_{,}''$, & la probabilité que cela aura lieu, sera exprimée par $V_{,,} = v'^{q''} + q'' v'^{q''-1} \varepsilon \ldots\ldots\ldots\ldots$ $+ \frac{q''}{q_{,,}''-1} v'^{q''-q_{,,}''+1} \varepsilon^{q_{,,}''-1}$, $q_{,,}''$ étant le nombre où $q_{,,}'' - q_{,}''$ devient plus grand que $q' - q''$, & le produit de ces deux quantités donnera la probabilité d'avoir encore $A > B$, $A > C$ à la pluralité des voix. Supposons, comme ci-dessus, $q = 31$, $q' = 11$, $q'' = 10$, $q''' = 10$, nous aurons $v' = v'^2 + e'^2$, $\varepsilon' = 2v'e'$, $v'' = v'^2 + e'^2$, $\varepsilon'' = 2v'e'$, $q_{,,}'' = q_{,,}''' = 6$, & la probabilité que la pluralité est réellement en faveur de $A > B$ & de $A > C$ égale à $\left(v'^{10} + 10 v'^9 \varepsilon' + \frac{10.9}{2} v'^8 \varepsilon'^2 + \frac{10.9.8}{1.2.3} v'^7 \varepsilon'^3 + \frac{10.9.8.7}{1.2.3.4} v'^6 \varepsilon'^4\right)^2$, v' étant $v'^2 + e'^2$, & ε' étant $2v'e'$.

S'il s'agit de comparer cette probabilité, non à l'unité, mais à celle de n'avoir point à la fois $B > C$, $B > A$ ou $C > A$, $C > B$, nous aurons pour condition de $B > C$, $q_{,}' + q'' > q_{,,}' + q'''$ & $q'' - q''' > q_{,,}' - q_{,}'$, ce qui donne la probabilité $V_{,,,} = v^{q'} + q' v'^{q'-1} \varepsilon \ldots\ldots\ldots\ldots$ $+ \frac{q'}{q_{,}''-1} v^{q'-q_{,,}'+1} \varepsilon^{q_{,,}'-1}$, $q_{,,}'$ étant le nombre où $q_{,,}' - q_{,}'$ devient plus petit que $q'' - q'''$, & pour $B > A$ $q'' + q_{,,}''' > q' + q_{,}'''$, ou $q_{,,}''' - q_{,}''' > q' - q''$, ainsi la probabilité sera $\varepsilon''^{q'''} + q''' \varepsilon''^{q'''-1} v'' \ldots + \frac{q'''}{q_{,,}'''} \varepsilon''^{q_{,,}'''} v'^{q_{,}'''}$, ce terme étant le dernier de la série, ou $q_{,,}''' - q_{,}''' > q' - q''$, ou $1 - V_{,}$ enfin le produit de ces deux quantités donne la probabilité d'avoir à la fois $B > A$, $B > C$. Cette probabilité devient dans le cas que nous avons donné pour exemple, à cause de $v = \frac{1}{2}$, $\varepsilon = \frac{1}{2}$, $q_{,,}'' = q_{,,}'''$, $\frac{1}{2}\left(\varepsilon'^{10} + 10 \varepsilon'^9 v \ldots\ldots \right.$ $\left. + \frac{10.9.8.7}{1.2.3.4} \varepsilon'^6 v'^4\right)$. De même nous aurons pour condition de $C > B$, $q'_{\prime\prime} + q''' > q'_{\prime} + q''$, ou $q'_{\prime\prime} - q''_{\prime} > q'' - q'''$ ce qui donne la probabilité $\varepsilon^{q'} + q' \varepsilon^{q' - 1} v \ldots\ldots\ldots\ldots$ $+ \frac{q'}{q'_{\prime\prime}} \varepsilon^{q''_{\prime}} v^{q'_{\prime}}$, ce terme étant le dernier, ou $q'_{\prime\prime} - q'_{\prime} > q'' - q'''$, ou $1 - V_{\prime\prime\prime}$; & pour $C > A$, $q''' + q''_{\prime\prime} > q' + q''_{\prime}$, ou $q''_{\prime\prime} - q''_{\prime} > q' - q'''$, & la probabilité égale à $\varepsilon'^{q''} + q'' \varepsilon'^{q'' - 1} v \ldots\ldots\ldots\ldots$ $+ \frac{q''}{q''_{\prime\prime}} \varepsilon'^{q''_{\prime\prime}} v^{q''_{\prime}}$, $q''_{\prime\prime}$ & $q''_{\prime}$ exprimant le dernier terme, ou $q''_{\prime\prime} - q''_{\prime} > q' - q'''$, ou bien $1 - V_{\prime\prime}$. Le produit de ces probabilités donne celle d'avoir à la fois $C > B$, $C > A$, qui, dans l'exemple que nous avons choisi, est encore $\frac{1}{2}$ $(\varepsilon'^{10} + 10\, \varepsilon'^{9} v' \ldots\ldots + \frac{10.9.8.7}{1.2.3.4} \varepsilon'^{6} v'^{4})$; & la somme de ces probabilités combinées, est celle d'avoir plutôt $C > B$ & $C > A$, ou $B > C$ & $B > A$, que $A > C$ & $A > B$. Ainsi dans l'exemple ci-dessus, elle sera $\varepsilon'^{10} \ldots\ldots \frac{10.9.8.7}{1.2.3.4} \varepsilon'^{6} v'^{4}$. Comparant cette probabilité avec celle de $A > B$, $A > C$, nous trouverons que si on nomme $V_{\prime}$ la fonction $v'^{10} \ldots\ldots$ $+ \frac{10.9.8.7}{1.2.3.4} v'^{6} \varepsilon'^{4}$, nous aurons la probabilité pour A égale à $V_{\prime}^{2}$, celle pour B ou C égale à $1 - V_{\prime} - \frac{10.9.8.7.6}{1.2.3.4.5} v'^{5} \varepsilon'^{5}$, & il faudra, pour que la probabilité pour A l'emporte sur les deux autres, que $V_{\prime} + V_{\prime}^{2} + V_{\prime} \frac{10.9.8.7.6}{1.2.3.4.5} v'^{5} \varepsilon'^{5} > 1$.

Mais nous avons vu qu'on pouvoit prononcer en faveur de A lorsqu'on n'a pas $A > B$, $A > C$, mais seulement $A > B$, $A < C$, pourvu que $A > C$ soit la moins improbable des trois propositions dont la pluralité est au-dessous de $\frac{1}{2}$. Il en est de même de B & de C. On prendra donc les différentes pluralités qui ont lieu pour ces différens cas : ils sont tous renfermés dans les avis (3) & (6), *page 120*, & la probabilité du premier de ces avis est $V_{\prime\prime\prime} V_{\prime} (1 - V_{\prime\prime})$, qui donne une décision pour A, pour B ou pour C, selon que $A > B$ & $B > C$, $C > A$ & $B > C$, $C > A$ & $A > B$, seront les deux propositions les plus probables, ou auront le plus de voix; ainsi l'on prendra pour A tous les termes de $V_{'''} V_{,} . (1 - V_{''})$, ou (soit $q_{,}'''$ le coëfficient de ν'', $q_{''}'''$ celui de ε'', $q_{,}''$ celui de ν', $q_{''}''$ celui de ε', $q_{,}'$ celui de ν, $q_{''}'$ celui de ε), des trois nombres $q' - q'' + q_{,}''' - q_{''}'''$, $q'' - q''' + q_{,}' - q_{''}'$, $q''' - q' + q_{''}'' - q_{,}''$, le dernier sera le plus petit; pour B, les termes où le premier de ces trois nombres sera le plus petit; pour C, les termes où le second sera le plus petit.

De même la probabilité de l'avis (6) sera $(1 - V_{,}).(1 - V_{'''}).V_{''}$, & l'on aura dans chacun la probabilité pour A, B, C, selon que des nombres $q'' - q' + q_{''}''' - q_{,}'''$, $q' - q'' + q_{,}'' - q_{''}''$, & $q''' - q' + q_{''}' - q_{,}'$, le premier, le troisième & le second seront les plus petits.

Si ayant $A > B$, $A > C$, on exige encore que la pluralité pour $B > C$ ou $C > B$ soit plus petite que les deux ci-dessus, il faudra dans $V_{,} V_{''} (\nu + \varepsilon)^{q'}$, prendre seulement les termes qui donneront $q' - q'' + q_{,}''' - q_{''}'''$ & $q' - q''' + q_{,}'' - q_{''}''$ plus grands $q'' - q''' + q_{,}' - q_{,}''$ ou $q''' - q'' + q_{''}' - q_{,}'$.

Dans les formules précédentes, nous n'avons pas eu égard aux termes qui, par l'égalité des voix entre A & B, ou l'égalité de pluralité entre $A > B$ & $A > C$, ou entre $A > B$ & $B > C$, & les égalités semblables pourroient changer les déterminations; ainsi il faudra en retrancher les termes qui répondent à ces cas particuliers, & les placer ou avec les probabilités pour celui des Candidats qui alors a la pluralité, ou, s'il n'en résulte pas de décision, en former la probabilité qu'il n'y aura rien de décidé, soit entre les trois, soit entre deux des concurrens.

Si l'on veut avoir en général la probabilité qu'avec une assemblée composée de q Votans, la pluralité donnée par une élection faite à la manière ordinaire, sera en faveur du même Candidat, que la pluralité résultante de tous les jugemens, pris comme nous l'avons indiqué, on développera en série l'expression $(A + B + C)^q$, & pour chaque terme on cherchera la probabilité, comme nous venons de l'expliquer pour le terme $\frac{q}{q''.q'''} A^{q'} B^{q''} C^{q'''}$; on multipliera chacune de ces probabilités par le coëfficient du terme correspondant, & on en divisera la somme par 3^q.

Les formules précédentes mettront en état de déterminer quelle espèce de pluralité il conviendra d'établir, pour que, connoissant la probabilité de l'opinion de chaque Votant, on puisse, en prenant les voix à la manière ordinaire, avoir une probabilité suffisante qu'il n'y a pas erreur dans l'élection, ce qui exige, 1.° qu'il y ait une probabilité très-grande que le jugement formé de cette manière sera le même que celui qui auroit été porté si chaque Votant avoit opiné sur les $\frac{n.(n-1)}{2}$ propositions qui résultent de la proposition de choisir entre n Candidats; 2.° qu'il y ait une probabilité suffisante que cet avis sera conforme à la vérité; mais il y auroit toujours ici, comme dans les cas discutés, *pages 10 & 114*, l'inconvénient de s'exposer volontairement à une erreur, produite non par l'incertitude de chaque jugement, mais par la forme d'élection qui a été adoptée.

Il nous reste à parler du cas où l'élection n'est censée faite que lorsqu'un des Candidats a ou plus de la moitié, ou les deux tiers, &c. des suffrages. Il est aisé de voir que dans ce cas, la probabilité de la bonté du choix se trouvant, en prenant, *hypothèses 2e, 3e*, la valeur de V' pour cette pluralité, & en supposant v' & e' la probabilité que le jugement de chaque Votant est conforme ou contraire à la vérité, & la valeur de E' dans le même cas, alors on aura $V + E'$ pour la probabilité qu'il y aura une élection, $\frac{V'}{V'+E'}$ pour la probabilité que l'élection sera bien faite, & $\frac{E'}{V'+E'}$ qu'elle sera mal faite. Si q' est la pluralité connue, $\frac{v^{q'}}{v^{q'}+e^{q'}}$

exprimera la probabilité de la juſtice de l'élection dans ce cas; & ſi q' eſt la plus petite pluralité poſſible, $\frac{v^{q'}}{v^{q'} + e^{q'}}$ exprimera la plus petite probabilité poſſible de l'élection.

Nous terminerons ici cette première Partie, en nous bornant à rappeler les conſéquences les plus importantes qui ont paru en réſulter.

1.° Pour remplir les deux conditions eſſentielles d'avoir une probabilité très-grande de ne pas décider contre la vérité, & une probabilité ſuffiſante de décider en faveur de la vérité, on doit chercher une aſſemblée formée de manière, que l'avis de chaque Votant ait une probabilité aſſez grande; & comme en multipliant le nombre des Votans on s'expoſe à diminuer cette probabilité, il ſera très-difficile de remplir ces deux conditions ſi le nombre des Votans eſt très-grand, quelque forme qu'on donne à la manière de donner les déciſions, à moins que les objets ſur leſquels on délibère ne ſoient très-ſimples.

2.° Les formes les plus ſimples ſont en général les plus avantageuſes, *voyez page 85*, & il faut exclure toutes celles qui conduiſent à la poſſibilité de regarder comme rendu par la pluralité un jugement qui n'a réellement que la minorité, & c'eſt une troiſième condition non moins eſſentielles que les deux autres.

3.° La difficulté de réunir les trois conditions précédentes, augmente beaucoup lorſqu'il ne s'agit point de voter entre deux propoſitions ſimples, mais de choiſir enrre différens ſyſtèmes de propoſitions, ce qui arrive toutes les fois qu'il y a plus de deux avis poſſibles.

4.° Dans ce cas, il eſt très-important que les propoſitions ſur leſquelles on eſt obligé de demander un avis, ſoient bien diſtinguées, & que l'énumération des avis poſſibles entre leſquels il faut choiſir ſoit complette; ſans cela on ſera expoſé à avoir des déciſions contraires à la pluralité, ſans pouvoir le reconnoître.

5.° Dans ce même cas encore, ſi les Votans ne ſont pas

très-éclairés, il ne ſera ſouvent poſſible d'éviter une déciſion contraire à la vérité, qu'en choiſiſſant une forme qui ôte preſque l'eſpérance d'avoir une déciſion, ce qui eſt ſe condamner à conſerver les abus & les préjugés.

6.° Par conſéquent il ſera difficile d'éviter les erreurs, & ſur-tout d'avoir des déciſions vraies tant qu'on ne cherchera ſa ſûreté que dans le nombre des Votans ou la forme des aſſemblées, excepté dans le cas où v, c'eſt-à-dire, la probabilité qu'un Votant votera en faveur de la vérité, eſt beaucoup plus grand que e, c'eſt-à-dire, que la probabilité qu'il votera contre la vérité: mais la plus grande ſûreté ſera facile à ſe procurer lorſque l'aſſemblée qui décidera ſera formée de perſonnes pour leſquelles v eſt beaucoup plus grand que e, d'où l'on peut conclure que le bonheur des hommes dépend moins de la forme des aſſemblées qui décident de leur ſort que des lumières de ceux qui les compoſent, ou en d'autres termes, que les progrès de la raiſon doivent plus influer ſur leur bonheur que la forme des conſtitutions politiques.

Fin de la première Partie.

SECONDE

SECONDE PARTIE.

Nous conserverons ici les mêmes expressions que dans la première Partie, & nous regarderons toujours les voix comme égales entr'elles.

Nous avons supposé jusqu'ici que l'on connoissoit la probabilité de la vérité de la décision de chaque Votant, & nous avons cherché à déterminer pour un nombre quelconque donné de Votans, & pour différentes hypothèses de pluralité aussi données;

1.° La probabilité de ne pas avoir une décision contraire à la vérité.

2.° La probabilité d'avoir une décision conforme à la vérité.

3.° La probabilité la plus petite d'une décision rendue à la pluralité exigée dans chaque hypothèse. Nous appellerons M cette probabilité.

Nous supposerons maintenant que l'on connoît une ou plusieurs de ces trois quantités, & que l'on cherche ou la valeur de v, ou celle de q, ou l'hypothèse de pluralité qu'il convient de choisir.

Les quantités V & V' pourront être données de deux manières.

On peut supposer d'abord qu'elles sont connues par l'expérience, c'est-à-dire, qu'on sache qu'un Tribunal pour lequel on connoît le nombre des Membres & la pluralité exigée, a une probabilité connue de ne pas condamner la vérité, ou de donner une décision qui y est conforme *(voyez la troisième Partie)*; & dans ce cas on peut chercher à connoître quelle a été la probabilité de la voix de chaque Votant.

On peut supposer aussi que l'on ait fixé pour V ou pour V' des valeurs au-dessous desquelles V & V' ne peuvent tomber sans nuire à l'intérêt public, & chercher dans ce cas, soit l'hypothèse de pluralité & le nombre des Votans étant donné, la valeur de v qui répond à ces valeurs de V ou de V', soit v étant connu, l'hypothèse de pluralité ou le nombre des Votans qu'il faut choisir pour obtenir ces valeurs de V ou de V'.

La plus petite probabilité à laquelle une décision peut être formée, ne peut être connue qu'en fixant de même un terme au-dessous duquel elle ne peut tomber sans compromettre ou la sûreté ou l'utilité générale, & l'on peut alors ou chercher la pluralité à exiger, v étant connu; ou chercher, cette pluralité étant donnée, la valeur que v doit avoir.

Il faut observer ici que dans ce dernier cas, où l'on suppose V, V', M connus seulement par la condition qu'ils ne doivent pas tomber au-dessous d'une certaine valeur, les valeurs cherchées de v, de q, ou de la pluralité à exiger, doivent satisfaire à cette condition pour chacune de ces trois quantités.

C'est ici le lieu d'expliquer ce que nous entendons par cette limite, au-dessous de laquelle V, V' ou M ne doivent pas tomber.

Un Écrivain, justement célèbre par son éloquence, a établi dans quelques essais qu'il a publiés sur le calcul des probabilités, qu'il y avoit un certain degré de probabilité, que l'on pouvoit regarder dans le calcul comme équivalent à la certitude morale, & il paroît regarder la supposition de cette espèce de *maximum* de probabilité comme un moyen d'expliquer plusieurs paradoxes que renferme la théorie ordinaire de ce calcul.

Nous ne croyons pas que l'on puisse adopter cette opinion, & la grande réputation de celui qui l'a soutenue nous oblige à la combattre ici avec quelque détail.

I. Cette opinion est inexacte en elle-même, en ce qu'elle tend à confondre deux choses de nature essentiellement différente, la probabilité & la certitude : c'est précisément comme si on confondoit l'asymptote d'une courbe avec une tangente menée à un point fort éloigné ; de telles suppositions ne pourroient être admises dans les Sciences exactes sans en détruire toute la précision.

II. Cette hypothèſe ne peut ſervir à expliquer aucun paradoxe ni à réſoudre aucune difficulté. En effet, elle conſiſte à regarder une très-grande probabilité comme une certitude, ou, ce qui en eſt la conſéquence, à regarder comme égales deux probabilités dont la différence eſt très-petite. Or ce qui ſeroit faux ou paradoxal ſi on donnoit aux quantités leurs véritables valeurs, ne devient pas vrai ou conforme à la raiſon commune, parce qu'il paroît tel lorſqu'on donne à ces mêmes quantités une valeur qu'elles n'ont pas.

III. Cette même méthode doit être regardée comme défectueuſe dans l'uſage du calcul. En effet, on ne peut regarder comme un *maximum* une certaine valeur d'une quantité variable, qui n'eſt pas un *maximum* réel, que dans le cas où cette limite de la quantité eſt inconnue. Par exemple, on peut ſuppoſer en Aſtronomie un certain nombre de demi-diamètres terreſtres comme la plus grande valeur de la diſtance de la Terre au Soleil, parce qu'on ignore quelle eſt préciſément cette diſtance, & qu'ainſi en la ſuppoſant un peu plus grande que celle qui eſt donnée par les obſervations qui la donnent la plus grande, on eſt ſûr de ne pas s'éloigner beaucoup de ſa limite en ce ſens. Mais il n'en eſt pas de même d'une quantité dont la limite réelle eſt donnée : or ici la limite de la probabilité eſt connue; c'eſt 1 ou la certitude.

IV. Il réſulteroit également des inconvéniens dans la pratique de ce principe, qui fait regarder comme égales entr'elles deux probabilités très grandes. En effet, la probabilité d'un évènement ne doit pas ſe ſéparer de celle de l'évènement contraire. Si $\frac{10^{10,000}}{10^{10,000}+1}$ exprime la probabilité d'un évènement, celle de l'évènement contraire ſera $\frac{1}{10^{10,000}+1}$. Suppoſons un autre évènement dont la probabilité ſoit $\frac{10^{100,000}}{10^{100,000}+1}$, celle de l'évènement contraire ſera $\frac{1}{10^{100,000}+1}$; le rapport des probabilités des deux évènemens les plus probables, sera donc exprimé par $\frac{10^{110,000}+10^{100,000}}{10^{110,000}+10^{10,000}}$ ou

$$\frac{1+\frac{1}{10^{10,000}}}{1+\frac{1}{10^{100,000}}}$$; quantité qu'on pourroit regarder comme sensiblement égale à l'unité, ce qui permettroit de considérer comme égales les deux probabilités dont elle exprime le rapport, si on pouvoit séparer l'idée de ces probabilités de celle de la probabilité des évènemens contraires. Mais ici le rapport des probabilités des deux évènemens contraires sera exprimé par $\frac{10^{100,000}+1}{10^{10,000}+1}$, rapport qui coïncide presque avec celui de $10^{90,000}$ à l'unité, en sorte que l'un est incomparablement plus probable que l'autre. Supposons donc que ces deux premiers évènemens expriment pour deux personnes l'espérance de vivre un certain espace de temps, & les deux évènemens contraires le danger de mourir, on ne peut pas dire que ces deux personnes ont une espérance égale de vivre, puisqu'elles courent un danger de mourir si inégal, mais seulement qu'elles ont toutes deux une très-grande espérance de vivre, toutes deux un très-petit danger de mourir.

Telles sont les raisons qui nous paroissent devoir faire rejeter l'idée d'un *maximum* de probabilité, & employer au contraire un *minimum* de probabilité. En effet, puisque dans le parti que nous suivons sur une affaire importante, nous sommes obligés de décider d'après une certaine probabilité, il doit y avoir un degré de probabilité, tel qu'on ne puisse, sans imprudence, se conduire d'après une proposition qui n'auroit en sa faveur qu'une probabilité moindre, si en se trompant, on tombe dans un mal beaucoup plus grand que celui qui résulteroit de ne point agir, & un autre degré de probabilité, tel qu'on puisse se conduire avec prudence d'après une proposition qui aura ce degré ou un degré supérieur.

Ce *minimum* doit varier dans les différentes questions qu'on se propose, & doit être déterminé d'après la grandeur du mal auquel on s'expose en agissant, & celle des inconvéniens qui résulteroient de ne point agir. Comme il ne peut y avoir aucun rapport direct entre le nombre qui exprime une probabilité & le motif de juger que cette probabilité est suffisante pour n'être ni imprudent ni injuste en se conduisant d'après elle, on ne peut déterminer ce *minimum* que d'après l'expérience, c'est-à-dire, d'après ce qui est regardé dans l'ordre général des choses humaines comme donnant une probabilité suffisante. Par exemple, si on suppose qu'on cherche la probabilité que doit avoir un jugement qui condamne un homme au supplice, c'est-à-dire, la probabilité que cet homme n'est pas innocent, qui doit être exigée pour la sûreté publique, on peut faire le raisonnement suivant : *Je ne serai point injuste en soumettant un homme à un jugement qui l'expose à un danger, tel que cet homme lui-même, étant supposé de sang froid, jouissant de sa raison, & ayant des lumières, s'exposeroit pour le plus petit intérêt, pour un léger amusement à un danger égal, sans même presque songer qu'il s'y expose.*

Supposons qu'il soit question de la probabilité qu'une loi civile est conforme à la justice ou à l'utilité générale, on peut faire ce raisonnement : *Je ne serai point injuste en soumettant les habitans d'un tel pays à cette loi, s'il est aussi probable qu'elle est juste, & par conséquent qu'elle leur est utile, qu'il est probable que les hommes raisonnables & éclairés qui ont placé leur patrimoine d'une manière qu'ils regardent comme sûre, & sans aucun motif d'avidité & de convenance particulière, ne sont pas exposés à le perdre.*

Nous renverrons donc à la troisième Partie la détermination de ces quantités V, V' & M.

On auroit pu proposer une autre méthode de les déterminer. Supposons en effet que V' soit la probabilité de la vérité d'une décision, $1 - V'$ la probabilité qu'elle est fausse, I le mal qui résulte de l'exécution de cette décision si elle est fausse, I' le mal qui résulteroit de ne pas l'exécuter si elle est vraie, on pourroit faire la proposition suivante; $V' : 1 - V' = I : I'$, ce qui donne $V' = \frac{I}{I + I'}$. Comme cette méthode se présenteroit naturellement, sur-tout à ceux qui se sont occupés du calcul des probabilités, parce qu'elle est absolument fondée sur une des principales règles de ce calcul, nous exposerons ici les motifs d'après lesquels nous avons cru devoir ne pas l'adopter; ce qui nous oblige à examiner d'abord la règle en elle-même.

Un des plus grands Géomètres & des plus illustres Philosophes de ce siècle, a proposé contre cette règle des objections qui n'ont point été résolues jusqu'ici; aussi chercherons-nous moins à faire sentir ce qu'elle a de défectueux qu'à montrer sur quels fondemens réels elle est établie, & à faire voir, par les raisons mêmes qui peuvent la faire admettre dans quelques cas, qu'elle ne peut avoir d'application dans celui que nous considérons ici.

Cette règle consiste à supposer que deux conditions sont égales lorsque les avantages de chacune sont en raison inverse de leur probabilité.

Ainsi on voit qu'il n'est pas question d'une égalité absolue, & qu'on ne peut point substituer dans tous les cas une des conditions à l'autre. Cette première restriction n'est point particulière à cette règle; elle a lieu aussi en Mécanique & dans d'autres Sciences. Par exemple, les produits de deux machines sont égaux, lorsque les forces sont en raison inverse des vîtesses avec lesquelles elles agissent; cependant on ne peut en conclure que toutes les machines où les forces sont en raison inverse des vîtesses, doivent être regardées comme également avantageuses. Ces deux machines ne sont donc égales entr'elles qu'en ce qu'elles ont une égalité de produit. Voyons donc de même ici en quoi on peut regarder comme égales deux conditions différentes, qui sont telles que leurs avantages soient en raison inverse de leur probabilité.

Cela posé, nous verrons d'abord que, si on considère un seul homme & un seul évènement, il ne peut y avoir aucune espèce d'égalité. La probabilité $\frac{1}{2}$ d'avoir deux écus ne peut être égale à la certitude d'en avoir un.

Il en sera de même de deux hommes qui joueroient un

ſeul coup à un jeu inégal ; celui qui auroit la probabilité $\frac{1}{10}$ de gagner neuf écus, n'eſt point dans une poſition égale à celle d'un autre homme qui auroit la probabilité $\frac{9}{10}$ de gagner un écu.

Pourquoi donc preſcrit-on cependant au premier, pour jouer à jeu égal, de mettre un écu, & au ſecond d'en mettre 9 ? le voici : on conſidère le jeu comme devant ſe renouveler un nombre indéfini de fois. En effet, prenons v & e pour les probabilités des deux évènemens A & B, & développons la formule $(v+e)^{qv+qe}$, $qv+qe$ étant le nombre des évènemens, & qv & qe étant des nombres entiers quelconques ; il eſt clair,

1.° Que le terme $\frac{qv+qe}{qe}\, v^{qv} e^{qe}$ eſt le plus grand de la ſérie. Le cas où A arrivera qv fois & B qe fois, eſt donc de tous les évènemens le plus probable. Donc ſi l'évènement A fait gagner e, & que l'évènement B faſſe gagner v dans le cas de la ſuite d'évènemens la plus probable, A fera gagner qve. & B auſſi qve. Donc la règle de faire les gains en raiſon inverſe des probabilités, a l'avantage d'établir l'égalité entre les évènemens dans le cas de la ſuite d'évènemens la plus probable.

2.° Prenant la même formule $(v+e)^{qv+qe}$, & ſuppoſant z une quantité auſſi petite qu'on voudra, &, pour abréger, $v>e$, il eſt clair que la ſomme de tous les termes de cette formule, juſqu'a $\frac{qv+qe}{qe-qz}\, v^{qv+qz} e^{qe-qz}$, approchera de zéro à meſure que q augmentera. C'eſt le cas de la *page 13*, où V' eſt égal à zéro lorſque $q=\frac{1}{0}$.

Si enſuite nous ordonnons la ſérie par rapport à e, nous trouverons que la ſomme de tous les termes, juſqu'à $\frac{qv+qe}{qe+qz}\, v^{qv-qz} e^{qe+qz}$, approchera auſſi de zéro à meſure que q augmentera. C'eſt ici le cas où, *page 53*, V devient zéro lorſque $q=\frac{1}{0}$. Donc la ſomme des $2qz-1$ termes qui restent, approchera de devenir égale à l'unité à mesure que q augmentera, quelque petit que soit z, & ira toujours en s'approchant de l'unité; supposant donc que chaque évènement A produise un gain e, & chaque évènement B un gain v, le dernier terme $v^{qv+qz}e^{qe-qz}$ donnera $qve + qez$ pour les gains de A, & $qve - qvz$ pour ceux de B. La différence sera $q.(v+e).z$ en faveur du gain de A. De même le dernier terme $v^{qv-qz}e^{qe+qz}$ donnera $qve - qez$ pour le gain de A, & $qve + qez$ pour celui de B, & une différence de $q.(v+e).z$ en faveur de B.

On peut donc acquérir une probabilité aussi grande qu'on voudra que A n'aura pas sur B, ni B sur A un avantage supérieur à $q.(v+e).z$. Or le plus grand avantage possible de A dans les $q.(v+e)$ coups étant égal à $q.(v+e).e$, & celui de B à $q.(v+e).v$, il est clair qu'on parviendra à obtenir telle probabilité qu'on voudra que A n'obtiendra pas un avantage plus grand qu'une portion $\frac{z}{e}$ de tout le gain qu'il peut faire, ni B un avantage plus grand qu'une portion $\frac{z}{v}$ de tout le gain qu'il peut faire, z pouvant être aussi petit qu'on voudra. Enfin $q.(v+e).z$ est pour A comme pour B la limite du point au-delà duquel il peut être très-probable que leur avantage ne s'étendra point, & cette limite est la même pour l'un & pour l'autre.

Or, ces conditions ne peuvent être remplies qu'en supposant les avantages en raison inverse des probabilités; donc ce n'est qu'en suivant cette règle qu'on peut établir dans la supposition d'une suite indéfinie d'évènemens, une sorte d'égalité entre deux conditions inégales.

Mais il faut observer ici que dans le cas de $q = \frac{1}{0}$, z ne peut pas être zéro, mais une quantité finie aussi petite qu'on voudra. En effet, les quantités V' & E', *page 53*, qui sont zéro tant que z est fini, deviennent subitement chacune $\frac{1}{2}$ lorsque $z = 0$.

3.°

3.° Si nous reprenons la même formule $(v+e)^{qv+qe}$, & que nous ſuppoſions le gain de *A* égal à *e*, & celui de *B* égal à *v*, le terme $\frac{qv+qe}{qe} v^{qv} e^{qe}$ étant celui où les avantages ſont égaux, tous les termes qui ſont avant celui-ci, donneront un avantage pour *A*; tous ceux qui ſont après donneront un avantage pour *B*; mais, *page 53*, plus *q* augmente, plus la ſomme des premiers ou *V'*, & la ſomme des ſeconds ou *E*, approchent de la valeur $\frac{1}{2}$, & d'être égales entr'elles; & l'on peut obſerver que cette propriété ceſſe d'avoir lieu pour tout autre rapport entre les avantages & la probabilité des évènemens. Donc cette hypothèſe eſt la ſeule où, en ſuppoſant une ſuite indéfinie d'évènemens, on approche continuellement d'avoir une probabilité égale que les avantages de l'un ne l'emporteront pas ſur ceux de l'autre.

Si on ſuppoſe au contraire le gain de *A*, $e+z$, & celui de *B*, $v-z$, alors le terme où il y aura égalité, ſera $\frac{qv+qe}{qe+qz} v^{qv-qz} e^{qe+qz}$, & la ſomme des termes précédens, ou *V'*, renfermera tous les cas avantageux pour *A*. Or, *page 53*, dans ce cas, plus *q* augmente, plus *V'* approche de l'unité; donc il y auroit alors une probabilité toujours croiſſante que *A* auroit de l'avantage ſur *B*.

Si l'on ſuppoſe le gain de *A*, $e-z$, & celui de *B*, $v+z$; alors le terme où il y aura égalité ſera $\frac{qv+qe}{qe-qz} v^{qv+qz} e^{qe-qz}$, & la ſomme de tous les termes au-delà de celui-ci, où *E* renfermera tous les cas où l'avantage eſt pour *B*; or dans ce cas, *page 53*, *E* tend continuellement à devenir égal à 1; donc on aura une probabilité toujours croiſſante que *B* aura l'avantage ſur *A*.

Cette règle a donc pu être adoptée, non comme établiſſant une véritable égalité entre des choſes différentes, mais comme étant la ſeule qui puiſſe, en conſidérant la ſucceſſion & l'ordre des évènemens, amener une ſorte d'égalité entre ces mêmes choſes, & faire diſparoître leurs différences le plus qu'il eſt poſſible.

L'on voit enfin qu'elle établit entre deux ſuites d'évènemens inégalement avantageux & inégalement probables, une eſpèce d'égalité dans ce ſens, qu'elle approche continuellement d'être ſemblable à celle qui exiſte entre deux Joueurs qui jouent à un jeu égal un grand nombre de coups. Le cas où il n'y a ni perte ni gain, eſt également l'évènement de tous le plus probable. Il y a également une probabilité croiſſante à l'infini de ne pas perdre ou de ne pas gagner au-delà d'un nombre de coups ou d'évènemens ayant un rapport auſſi petit qu'on voudra, mais fini, avec le nombre total des coups. On approche dans le cas des probabilités inégales d'une égalité de probabilité pour l'avantage de l'un ou de l'autre des évènemens, tandis qu'on a toujours cette égalité en jouant un jeu égal.

On voit donc que cette règle, qui dans un ſens abſtrait eſt juſte, & qui eſt en même-temps la ſeule règle générale qu'on puiſſe établir, n'eſt point applicable dans la pratique à une infinité de cas, puiſqu'elle ne fait qu'établir une ſorte de parité entre un jeu égal & un jeu inégal, & ſeulement lorſqu'on embraſſe la ſuite indéfinie des évènemens.

Nous ne nous arrêterons pas ici à faire l'application de ces réflexions aux différentes queſtions pour la ſolution deſquelles cette règle a été employée; cette digreſſion nous écarteroit trop de notre objet. D'ailleurs ceux qui ſont verſés dans le calcul des probabilités, verront ſans peine comment il faut appliquer aux différentes queſtions le principe général auquel nos réflexions conduiſent, c'eſt-à-dire, que la règle qui preſcrit de faire les avantages en raiſon inverſe des probabilités, ne peut être admiſe qu'autant qu'on pourra regarder comme poſſible une ſuite aſſez nombreuſe d'évènemens, pour établir d'une manière aſſez approchée l'égalité à laquelle on ne peut rigoureuſement atteindre, & qu'il ne réſultera de la ſuppoſition de cette longue ſuite d'évènemens aucune conſéquence qui rende la règle inadmiſſible.

Si nous considérons maintenant le cas particulier qui nous occupe ici, que nous prenions pour exemple le jugement d'un accusé, & qu'on propose de faire cette proportion : *la probabilité qu'un homme condamné est coupable, doit être à la probabilité qu'il est innocent, comme l'inconvénient de punir un innocent est à celui de renvoyer un coupable.*

Nous observerons que nous devons avoir pour chaque jugement une probabilité suffisante que l'homme condamné est coupable. Or il est évident que la règle proposée ne nous conduit point par elle-même à cette probabilité.

En effet, que résulteroit-il de cette règle même appliquée à une suite de jugemens ? Soit v la probabilité que l'accusé est coupable, e celle qu'il est innocent. Développons la formule $(v+e)^{qv+qe}$. Que résulte-t il de l'égalité considérée sous le point de vue que nous avons présenté ici ? c'est qu'il sera très-probable que dans $qv+qe$ jugemens, on aura un des cas compris entre $\frac{qv+qe}{qc-qz}\, v^{qv+qz}\, e^{qe-qz}$, & $\frac{qv+qe}{qe+qz}\, v^{qv-qz}\, e^{qe-qz}$, z pouvant être une quantité très-petite par rapport à e ou à v, c'est-à-dire, qu'il sera très-probable que le nombre des innocens condamnés sera entre $qe-qz$ & $qe+qz$, & que plus on multipliera le nombre des jugemens, plus on approchera d'avoir une égale probabilité que le nombre des innocens condamnés sera au-dessus ou qu'il sera au-dessous de qe.

Si au contraire on absout avec cette probabilité, on aura une probabilité toujours croissante d'absoudre entre $qv+qz$ & $qv-qz$ coupables, & une probabilité égale que le nombre des coupables absous sera au-dessous ou qu'il sera au-dessus de qv, ce qui conduiroit tout au plus à prouver qu'il y a un égal inconvénient à condamner ou à absoudre avec cette probabilité ; & que par conséquent, pour peu qu'on choisisse de ne condamner qu'à une probabilité plus grande, il y a plus d'inconvénient à absoudre qu'à condamner avec cette dernière probabilité, tandis que si on en prenoit une plus petite, il y auroit plus d'inconvénient à condamner qu'à absoudre.

Ainsi on pourroit tout au plus employer cette probabilité en raison inverse des inconvéniens de condamner ou d'absoudre pour déterminer M, c'est-à-dire, la limite de la plus petite probabilité où il puisse être permis de condamner avec justice; car nous avons vu dans la première Partie, *page 24*, qu'on peut avoir à la fois V & V' fort grands, c'est-à-dire, avoir à la fois une très-grande probabilité qu'un Tribunal ne condamnera pas un innocent & n'absoudra pas un coupable.

Mais on voit, qu'il ne résulteroit pas de l'admission de ce principe qu'il fût très-probable que l'homme qui a été condamné soit coupable; ainsi cette règle, même appliquée à la seule détermination de M, ne conduiroit qu'à commettre une injustice, sous prétexte qu'il est utile au Public de la commettre, ce qui seroit en législation un principe aussi absurde que tyrannique.

On peut tirer cependant une remarque utile des résultats où nous a conduits l'examen de cette hypothèse. Supposons qu'on ait un Tribunal qui donne pour V & V' des valeurs suffisantes pour la sûreté; que $2q'+1$ soit la pluralité exigée pour condamner, ce qui donne $\frac{v^{2q'+1}}{v^{2q'+1}+e^{2q'+1}} = M$. *Voyez page 54*. Soit N la probabilité à laquelle on doit condamner, en supposant qu'on admette la règle de faire les probabilités de la justice ou de l'injustice de la condamnation en raison inverse des inconvéniens d'absoudre un coupable ou de condamner un innocent. Puisque l'accusé est absous lorsqu'il y a une pluralité de $2q'-1$ contre lui, & que la probabilité qu'il est coupable est $\frac{v^{2q'-1}}{v^{2q'-1}+e^{2q'-1}}$, il faudroit avoir $N > \frac{v^{2q'-1}}{v^{2q'-1}+e^{2q'-1}}$, ce qui pourroit avoir lieu, quoique M fût beaucoup plus grand que N si v est grand par rapport à e. Cette observation montre encore combien il est avantageux de former d'hommes éclairés les assemblées qui décident, & qu'il y a même des avantages qu'on ne peut ſe procurer par aucun autre moyen.

Ces motifs ſuffiſent pour rejeter l'hypothèſe que nous venons d'examiner ; ainſi nous n'inſiſterons pas ſur la difficulté, & même, dans un grand nombre de cas, ſur l'impoſſibilité preſque abſolue d'évaluer en nombres les inconvéniens qu'on veut comparer.

Après avoir montré quelle eſt la nature des quantités V, V', M, dans les cas où l'on peut les regarder comme connues, nous ſuppoſerons qu'elles ont été déterminées d'après les règles que nous établirons dans la troiſième Partie, & nous allons examiner maintenant comment, ces quantités étant données, on peut déterminer, ſoit le nombre des Votans, ſoit l'hypothèſe de pluralité, ſoit la probabilité de chaque Votant.

Premier Cas.

Nous ſuppoſerons d'abord que V eſt donné, ainſi que v & l'hypothèſe de pluralité, & que l'on cherche q, où le nombre des Votans; il peut arriver ici ou que la pluralité ſoit proportionnelle au nombre des Votans, ou qu'elle ſoit conſtante.

Si elle eſt conſtante; on prendra la formule pour cette hypothèſe, *pages. 14 ou 25;* on y ſubſtituera les valeurs données de q' & de v; on continuera juſqu'à ce qu'on ait une valeur de V égale ou ſupérieure à la valeur donnée; & le terme où l'on s'arrêtera donnera le nombre de Votans le plus petit qui ſatisfaſſe à cette valeur de V.

Il peut arriver dans ce cas que la valeur de V, donnée par la formule, ſoit d'abord décroiſſante & enſuite croiſſante, ce qui ſembleroit donner deux limites du nombre des Votans, l'une telle qu'on ne doit point le ſuppoſer plus grand, l'autre telle qu'on ne doit point le ſuppoſer plus petit, pour n'avoir pas une valeur de V inférieure à la valeur exigée ; mais on ne doit avoir égard ici qu'à la valeur de V, qui eſt ſupérieure à la quantité donnée, dans la partie de la ſérie où les valeurs de V deviennent croiſſantes. En effet, il eſt évident que ces valeurs de V, qui ſont plus grandes que la valeur exigée pour un nombre de Votans répondant aux termes où, en augmentant ce nombre, V diminue, correſpondroient à des valeurs de V' trop déſavorables.

Si la pluralité eſt proportionnelle avec un nombre conſtant, ou ſimplement proportionnelle, on prendra les formules des quatrième, cinquième & ſixième hypothèſes, *pages 27, 41, 48 ;* on y ſubſtituera les valeurs de v, de q' & de m, n; *(voyez la ſixième hypothèſe)* & on continuera ces formules juſqu'à ce qu'elles conduiſent à une valeur de V, ſupérieure à celle de la même quantité qui eſt donnée, & le terme où l'on s'arrêtera donnera la valeur de q. Si la formule donne des premières valeurs de V plus grandes que cette valeur donnée, & qu'elles aillent enſuite en décroiſſant, on n'aura aucun égard à ces premières valeurs, parce qu'elles répondent à une valeur de V' trop petite.

Second Cas.

Nous ſuppoſons que V, v & q nombre des Votans ſont donnés, & qu'on cherche la pluralité qu'on doit exiger.

Dans ce cas on prendra la formule $(v + e)^q$; & après l'avoir ordonnée par rapport à v, on y ſubſtituera pour v ſa valeur, & on la continuera juſqu'à ce que la ſomme des termes de la formule ſoit égale à V ou plus grande; & $\frac{q}{q - q,} v^{q,} e^{q - q,}$ étant ce terme, $q - 2q,$ exprimera la pluralité demandée.

On pourroit ſuppoſer que connoiſſant V & v, on ne connoiſſe ni l'hypothèſe de pluralité ni q, mais ſeulement de certaines limites où ces quantités ſoient renfermées.

Dans ce cas, on prendra les formules des *pages 14 & 25,* qu'on ſuppoſera développées juſqu'à $2q$ & $2q + 1$, $2q$ & $2q + 1$ étant les plus grandes valeurs qu'on puiſſe ſuppoſer pour le nombre des Votans, & $2q'$ ou $2q' + 1$, qui indiquent la pluralité, étant la plus petite valeur qu'il eſt permis de ſuppoſer. Si la valeur de V que donnent ces formules eſt plus grande que la valeur exigée, alors il faut préférer cette hypothèſe, parce qu'elle donne V' plus grand; ſinon on y ajoutera ſucceſſivement les termes $\frac{2q}{q+q'+1} v^{q-q'-1} e^{q+q'+1}$, $\frac{2q}{q+q'+2} v^{q-q'-2} e^{q+q'+2}$, &c. ou $\frac{2q+1}{q+q'+2} v^{q-q'-1} e^{q+q'+2}$, $\frac{2q+1}{q+q'+3} v^{q-q'-2} e^{q+q'+3}$, &c. qui donneront alors les valeurs de V pour le même nombre & pour les pluralités plus grandes.

Troiſième Cas.

On ſuppoſe que l'on connoiſſe V', v & la pluralité, & que l'on cherche le nombre des Votans.

Si la pluralité eſt conſtante, on prendra les formules des *pages 21 & 26*; & comme V' va toujours en croiſſant, on y ſubſtituera les valeurs de v & de q', & on continuera juſqu'à ce que la valeur de V', donnée par ces formules, ſoit égale à la valeur exigée de V', ou la ſurpaſſe.

Si la pluralité eſt proportionnelle, on prendra les formules que donnent pour V' les quatrième, cinquième & ſixième hypothèſes; mais il faut obſerver ici que la formule qui donne V', peut être telle qu'elle devienne décroiſſante au bout d'un certain nombre de termes, quoique $v > e$, & dans ce cas il peut arriver que jamais V' ne puiſſe atteindre à la valeur exigée; ſuppoſons qu'il puiſſe y atteindre, il faut alors examiner laquelle des valeurs de V', égales ou ſupérieures à la valeur exigée, donne la plus grande valeur de V, & en donne une ſuffiſante.

Quatrième Cas.

On ſuppoſe V' connu, ainſi que v & q, & on cherche la pluralité.

Pour cela, on prendra $(v+e)^q$, qu'on réduira en ſérie, q étant le nombre des Votans, & on s'arrêtera au terme

$\frac{q}{q_{,}} v^{q-q_{,}} e^{q_{,}}$, tel que V' ait la valeur exigée, & $q - 2q_{,}$ exprimera la pluralité, qui sera d'autant plus petite que l'on aura supposé une plus grande valeur de V', & qui pourra par conséquent devenir impossible à trouver.

Si on suppose la limite du nombre des Votans seulement donnée, il faudra chercher la valeur de V' pour la valeur de v qui est connue, en supposant le plus grand nombre de Votans qu'il soit permis de prendre, & la plus petite pluralité. Si V' est avant ce terme supérieur à la valeur exigée, alors on pourra retrancher les termes qui deviennent superflus, afin que le nombre des Votans soit moindre, ou que la pluralité soit plus grande, en observant que ce dernier moyen doit être préféré, parce qu'il rend V plus grand, & qu'une plus grande pluralité rend aussi M plus grand.

Cinquième Cas.

On suppose M donné, ainsi que v, & on cherche la pluralité.

Soit q' cette pluralité, on aura $M = \frac{v^{q'}}{v^{q'} + e^{q'}} = \frac{1}{1 + \frac{e^{q'}}{v^{q'}}}$

$$\& \left(\frac{e}{v}\right)^{q'} = \frac{1-M}{M}, \text{ d'où } q' = \frac{l\,\frac{1-M}{M}}{l\,\frac{e}{v}} = \frac{lM - l(1-M)}{lv - le},$$

Les méthodes que nous venons d'exposer suffiront pour déterminer la constitution d'un Tribunal, lorsque l'on connoît la probabilité de la voix de chaque Votant.

Supposons en effet que la probabilité de la voix de chaque Votant soit $\frac{4}{5}$, par exemple, & que la plus petite probabilité à laquelle on se permette de décider, soit $\frac{19{,}999}{20{,}000}$, on aura pour q' $\frac{\log. 19999}{\log. 4} = \frac{4{,}301008}{0{,}602060} = 8$, parce qu'il faut prendre toujours

toujours le nombre entier plus grand que la valeur rigoureuse. Si on avoit supposé $v = \frac{9}{10}$, il auroit suffi, dans la même hypothèse, de faire $q' = 5$.

Supposons maintenant que l'on veuille, v étant $\frac{4}{5}$, avoir au moins $V' = \frac{99}{100}$, c'est-à-dire, que sur cent décisions, il n'y en ait qu'une qui fasse rejeter la vérité, soit faute d'avoir la pluralité exigée, soit parce que la décision sera conforme à l'erreur, & qu'on cherche le nombre des Votans, on aura $q = 17$; & pour le nombre des Votans, 34.

Mais si, par exemple, on vouloit que V' fût $\frac{999}{1000}$, c'est-à-dire, si on exigeoit qu'il y eût 999 contre 1 à parier que la vérité ne seroit pas condamnée, soit faute de décision, soit par une décision contraire à la vérité, il faudroit un très-grand nombre de Votans, & il en faudroit même plus de cinquante pour que cette probabilté fût seulement $\frac{199}{200}$.

A la vérité, cette seconde probabilité, & même la première, seroient très-suffisantes; & quant à la valeur de V dans cette hypothèse, dès le point où la formule, *page 25*, commence à avoir ses termes positifs, ce qui a lieu pour quatorze Votans, le risque que la vérité sera condamnée est déjà au-dessous de $\frac{1}{475{,}500}$; & pour les trente-quatre Votans, on s'assurera aisément qu'elle est moindre *qu'un deux millionième* environ. On voit donc qu'en ne supposant aux Membres d'un Tribunal destiné, par exemple, à juger des procès criminels, qu'assez de justesse d'esprit & de raison pour ne se tromper qu'une fois sur cinq, on pourroit, en exigeant une pluralité de huit voix, avoir à la fois une probabilité $\frac{65{,}536}{65{,}537}$ qu'un innocent ne sera pas condamné dans le cas le plus défavorable, c'est-à-dire, lorsqu'il n'a contre lui que la plus petite pluralité possible, & par conséquent un risque $\frac{1}{65{,}537}$ qu'il pourra être condamné injustement.

Si on ſuppoſe ce Tribunal de trente-quatre Juges, on aura dans le même cas, même avant de connoître à quel nombre de voix le jugement a été rendu, une probabilité plus grande que $\frac{99}{100}$ qu'un coupable ſera condamné, & un riſque moindre que $\frac{1}{100}$ qu'il pourra ſe ſauver.

On aura de même alors environ $\frac{1}{2,000,000}$ pour le riſque que court l'accuſé innocent, ou pour la probabilité qu'il ne ſera pas abſous par un jugement, ou renvoyé parce qu'il n'y a pas de déciſion. S'il y a une déciſion, le riſque qu'elle pourra condamner un innocent ſera environ $\frac{1}{1,980,000}$,

On voit donc que ce Tribunal ſeroit très-favorable aux accuſés, que ſa forme expoſeroit très-peu à des injuſtices, & qu'il n'auroit d'autre inconvénient que de laiſſer peut-être plus d'eſpérance à un coupable que ne l'exigeroit la ſûreté publique.

Suppoſons donc ici $v = \frac{9}{10}$, ce qui donne $2q' + 1 = 5$; & prenant pour V' la formule de la *page 21*, nous trouverons que, ſi on exige V' égal ou ſupérieur à $\frac{999}{1000}$, on aura cette valeur dès le ſixième terme, ce qui donne 15 Votans; dès-lors V ne différera non plus de l'unité que de moins de deux millionièmes; en ſorte que l'on aura avec un Tribunal ainſi formé, 1.° une probabilité $\frac{59,049}{50,050}$ que le condamné n'eſt pas innocent lorſque la pluralité la plus petite a lieu, ou un riſque qu'il eſt innocent de $\frac{1}{59,050}$ ſeulement; 2.° avant le jugement une probabilité plus grande que $\frac{999}{1000}$ qu'un coupable ne ſera pas renvoyé faute de réunir pour ſa condamnation une aſſez grande pluralité; 3.° enfin un riſque moindre d'un deux millionième qu'un innocent ſera condamné, & un riſque preſque auſſi petit, c'eſt-à-dire, d'environ $\frac{1}{1,980,000}$ que ſi une condamnation eſt prononcée à la pluralité des voix, elle ne tombera point ſur un innocent.

On voit donc qu'un tel Tribunal auroit tous les avantages qu'exigent la ſûreté & la juſtice. & que d'ailleurs il n'aura pas l'inconvénient de laiſſer aux coupables une trop grande eſpérance de ſe ſauver. Ainſi, par exemple, en exigeant la préſence de quinze Juges pour rendre un jugement, au lieu de ſept ou huit ſeulement, & une pluralité de cinq voix au lieu de deux ou de trois; ſi l'on pouvoit évaluer à $\frac{9}{10}$ dans tous les cas la probabilité de la voix de chacun, on auroit un Tribunal contre la forme duquel il n'y auroit aucune objection ſolide à faire.

Au reſte, il ne faut regarder ces exemples que comme deſtinés à donner une idée de la méthode qu'on doit ſuivre. Nous chercherons dans la Partie ſuivante à déterminer les valeurs qu'il convient de choiſir pour V, V', M & v, & ce ſera dans la quatrième que nous examinerons avec plus de détail différentes formes de Tribunaux, & que nous en diſcuterons les avantages ſous tous les points de vue.

Sixième Cas.

Nous connoiſſons V, q, q', & nous cherchons v.

Pour cela, au lieu de la formule pour V^q qui eſt donnée, *page 15*, nous prendrons la formule ſuivante.

$$V^q = 1 - \frac{2q+1}{q-q'+1} v^{q-q'+1} e^{q+q'+1} \left(\frac{q-q'+1}{q+q'+1} v - e\right)$$
$$+ \frac{2q+3}{q-q'+2} v^{q-q'+2} e^{q+q'+2} \left(\frac{q-q'+2}{q+q'+2} v - e\right)$$
$$+ \frac{2q+5}{q-q'+3} v^{q-q'+3} e^{q+q'+3} \left(\frac{q-q'+3}{q+q'+3} v - e\right)$$

$+ \ldots\ldots\ldots\ldots\ldots$ & ainſi de ſuite, cette ſérie étant prolongée à l'infini. Enſuite nous remarquerons qu'au lieu des puiſſances de v & de e, on peut, en faiſant $ve = z$, mettre dans ces termes $e^{2q'} z^{q+1-q'}$, $e^{2q'} z^{q+2-q'}$, $e^{2q'} z^{q+3-q'}$, &c. De plus, nous avons $v = \frac{1}{2} + \sqrt{(\frac{1}{4} - z)}$ & $e = \frac{1}{2} - \sqrt{(\frac{1}{4} - z)}$, & par conséquent $\frac{a}{b} v - e = \frac{a-b}{b} \cdot \frac{1}{2} + \frac{a+b}{b} \sqrt{(\frac{1}{4} - z)}$, ce qui donne pour les termes qui multiplient les puissances de v & de e,

$$\frac{2q+2}{q+q'+1} \sqrt{(\tfrac{1}{4} - z)} - \frac{2q'}{q+q'+1} \tfrac{1}{2}$$
$$\frac{2q+4}{q+q'+2} \sqrt{(\tfrac{1}{4} - z)} - \frac{2q'}{q+q'+2} \tfrac{1}{2}$$
$$\frac{2q+6}{q+q'+3} \sqrt{(\tfrac{1}{4} - z)} - \frac{2q'}{q+q'+3} \tfrac{1}{2}$$
$$\cdots\cdots\cdots\cdots\cdots\cdots\cdots\cdots$$

Nous aurons donc

$$\begin{aligned} V^q = 1 - e^{2q'} z^{q+1-q'} \sqrt{(\tfrac{1}{4} - z)} \Big[& \frac{2q+2}{q-q'+1} + \frac{2q+4}{q-q'+2} z + \frac{2q+6}{q-q'+3} z^2 \\ & + \frac{2q+8}{q-q'+4} z^3 + \cdots\cdots \Big] \\ - e^{2q'} z^{q+1-q'} q' \Big[& \frac{1}{q+q'+1} \frac{2q+1}{q-q'+1} + \frac{1}{q+q'+2} \frac{2q+3}{q-q'+2} z \\ & + \frac{1}{q+q'+3} \frac{2q+5}{q+q'+3} z^2 + \frac{1}{q+q'+4} \frac{2q+7}{q+q'+4} z^3 \\ & + \cdots\cdots \Big] \end{aligned}$$

ou $1 - V^q$ égal à la somme des deux séries précédentes. Il est aisé de voir, en examinant ces séries, que si on les suppose ordonnées simplement par rapport à z, on n'aura pas des séries très-convergentes.

Considérons donc de nouveau ces séries en elles-mêmes, & d'abord la première qui multiplie $\sqrt{(\frac{1}{4} - z)}$. Soit a le premier terme de cette série, & b le coëfficient du second, nous aurons $b = a \cdot \frac{(2q+4)\cdot(2q+3)}{(q-q'+2)\cdot(q+q'+1)} = a \cdot \frac{4(q+1)^2 + 6(q+1) + 2}{(q+1)^2 + q + 1 - (q'^2 - q')}$

$$= a \cdot \frac{4\left(1 + \frac{3}{2}\frac{1}{q+1} + \frac{1}{2}\frac{1}{(q+1)^2}\right)}{1 + \frac{1}{q+1} - \frac{q'^2 - q'}{(q+1)^2}}$$; & en regardant $\frac{1}{q+1}$

& $\frac{q^2-q}{(q+1)^2}$ comme un seul terme, & appelant r leur différence, $b = 4a\,[1 - r + r^2 - r^3 + r^4 \ldots\ldots\ldots$

$+ \frac{3}{2} \cdot \frac{1}{q+1}(1 - r + r^2 - r^3 + r^4 \ldots\ldots\ldots\ldots)$

$+ \frac{1}{2}\,\frac{1}{(q+1)^2}(1 - r + r^2 - r^3 + r^4 \ldots\ldots\ldots\ldots)]$

Soit c le coëfficient du troisième terme, on aura $c = 4b\,[1 - r' + r'^2 - r'^3 + r'^4 \ldots\ldots\ldots\ldots$

$+ \frac{3}{2} \cdot \frac{1}{q+2}(1 - r' + r'^2 - r'^3 + r'^4 \ldots\ldots\ldots),$

$+ \frac{1}{2}\,\frac{1}{(q+2)^2}(1 - r' + r'^2 - r'^3 + r'^4 \ldots\ldots\ldots\ldots)]$

r' étant $= \frac{1}{q+2} - \frac{q^2-q}{(q+2)^2}$. Cela posé, si nous ne considérons que les premiers termes, & que nous négligions les autres, il est clair que S étant la série, nous aurons $S = a + 4zS$, ou $S = \frac{a}{1-4z}$ & $S = \frac{a}{1-4z}$ sera en général la valeur de la somme des premiers termes de la série ainsi ordonnée.

Considérons ensuite le terme qui se trouve ici multiplié par $\frac{1}{2} \cdot \frac{1}{q+1}$, $\frac{1}{2} \cdot \frac{1}{q+2}$, &c. nous aurons une série $a + 4az + 4bz^2 + 4cz^3 + \&c. - 2a \cdot \frac{z}{q+1}$

$- 2b\,\frac{z^2}{q+2} - 2c \cdot \frac{z^3}{q+3} - \&c.$

$= a + bz + cz^2 + \dot{c}z^3 + \&c.$ Donc appelant S cette série, nous aurons $S = a + 4z - 2\frac{\int(Sz^q\partial z)}{z^q}$. Si on y ajoute ensuite les termes qui sont divisés par $(q+1)^2$. $(q+2)^2$, $(q+3)^2$, &c. & qu'on y substitue, ce qui est toujours possible, des termes divisés par $(q+1).(q+2)$, $(q+2).(q+3).(q+3).(q+4)$, &c. qui n'en diffèrent que par des termes de l'ordre de ceux qu'on néglige, on aura, p étant le coëfficient de ces termes,

$$\left.\begin{matrix} a + 4az + 4bz^2 \ldots\ldots\ldots \&c. \\ -2a \cdot \frac{z}{q+1} - 2b \cdot \frac{z^2}{q+2} \ldots \&c. \\ +4a \cdot \frac{pz}{(q+1)(q+2)} + 4b \cdot \frac{pz^2}{(q+2)(q+3)} \&c. \end{matrix}\right\} = a + bz + cz^2 + \&c.$$

d'où $S = a + 4zS - 2 \cdot \frac{\int(Sz^q \partial z)}{z^q} + 4p\,\frac{\int[\int(Sz^q \partial z)\partial z]}{z^{q+1}}$, & ainsi de suite; & si l'on eût voulu prendre $\frac{p}{(q+1)^2}$, $\frac{p}{(q+2)^2}$, &c. au lieu de $\frac{p}{(q+1)\cdot(q+2)}$, $\frac{p}{(q+2)\cdot(q+3)}$, &c. on auroit eu $S = a + 4zS - 2\,\frac{\int(Sz^q \partial z)}{z^q}$ $+ 4p\,\frac{\int\frac{(\int Sz^q \partial z)\partial z}{z}}{z^q}$, & on pourra pousser cette suite aussi loin que l'on voudra. Mais cette méthode n'auroit encore ici que peu d'avantages, notre objet étant d'avoir une expression de la série par un petit nombre de termes. Or dès le second, qui conduit à une équation différentielle du premier ordre, qui est intégrable généralement, on auroit, en la développant, un nombre de termes très-grand, & proportionnel à q, ce qui est précisément ce que nous devons chercher à éviter.

Si au lieu de cela, on cherche à avoir S en z ou z en S par les moyens connus, on aura pour les premiers termes,

$$S = \frac{a}{1-4z} - a \cdot \frac{\int\frac{z^q \partial z}{1-4z}}{z^q}, \text{ ou } z = \frac{S-a}{4S} + 2 \cdot \frac{\int(\frac{S-a}{4S})^q \frac{\partial S}{S}}{(\frac{S-a}{4S})^q}$$

formules qui, développées, contiennent encore q termes.

Cependant il est possible dans ce cas de réduire cette formule à de moindres termes. En effet, on peut supposer

$$\frac{\int(\frac{z^q \partial z}{1-4z})}{z^q} = \frac{z}{(1-4z)\cdot(q+1)} - \frac{4z^2}{(q+1)\cdot(q+2)\cdot(1-4z)^2} + \&c\ldots$$

ou l'on s'arrêtera à un terme fixe indépendant de q, & du même ordre que celui auquel on a arrêté les autres termes de la série ; & la même chose aura lieu pour les autres fonctions intégrales.

Si on considère maintenant la seconde série, on trouvera que, le coëfficient du premier terme étant a, & b celui du second, on aura $b = \frac{(2q+3).(2q+2)}{(q-q'+2).(q+q'+1)} \cdot \frac{q+q'+1}{(q+q'+2)} \cdot a$

$$= \frac{(2q+3).(2q+2)}{(q-q'+2).(q+q'+2)} a = \frac{4.(q+2)^2 - 6.(q+2) + 2}{(q+2)^2 - q'^2} a$$

$$= a \frac{4 - \frac{6}{q+2} + \frac{2}{(q+2)^2}}{1 - \frac{q'^2}{(q+2)^2}}.$$ On aura de même pour c, coëfficient du troisième terme, $c = b \cdot \frac{4 - \frac{6}{q+3} + \frac{2}{(q+3)^2}}{1 - \frac{q'^2}{(q+3)^2}}$, & ainsi de suite, ce qui donnera, comme ci-dessus, $S = a + 4Sz$, en s'en tenant au premier terme, & $S = a + 4Sz - \frac{6\int(Sz^{q+1}\partial z)}{z^{q+1}.(1-4z)}$, en prenant le second, & ainsi de suite comme pour la première série, & on pourra y appliquer les mêmes réflexions.

Supposons donc qu'on s'arrête au second terme, on aura, par ce qui précède,

$$1 - V = e^{2q'} z^{q+1-q'} \sqrt{(\tfrac{1}{4} - z)} \cdot \frac{2q+2}{q-q'+1} \cdot \frac{1}{1-4z}$$
$$+ e^{2q'} z^{q+1-q'} \frac{q'}{q+q'+1} \cdot \frac{2q+1}{q-q'+1} \frac{1}{1-4z};$$

& si on veut ajouter un terme de plus, il faudra ajouter au premier terme $\frac{-2z}{(q+1)(1-4z)}$, & au second $\frac{-6z}{(q+2)(1-4z)}$, en sorte que l'on aura $1 - V = \frac{2q+2}{q-q'+1} e^{2q'} z^{q+1-q'}$

$$\left[\frac{1}{2\sqrt{(1-4z)}}\left(1 - \frac{2z}{q+1}\right) + \frac{q'}{2q-2} \cdot \frac{1}{1-4z}\left(1 - \frac{6z}{q+2}\right)\right]$$

On pourra se procurer encore d'une autre manière une expression approchée de la valeur de V. En effet, nous avons ici $V = \Sigma\, e^{2q'} z^{q+1-q'} \surd (\frac{1}{4} - z) \,.\, \frac{2q+2}{q-q'+1}$ $+ \Sigma\, e^{2q'} z^{q+1-q'} \,.\, \frac{q'}{q+q'+1} \, \frac{2q+1}{q-q'+1}$. Il s'agira donc d'intégrer ces deux quantités. Considérons d'abord le terme $\frac{2q+2}{q-q'+1}$ qui est égal à $\frac{(2q+2).(2q+1)\ldots\ldots\ldots\ldots\ldots\ldots 1}{1.2\ldots\ldots(q-q'+1).1.2\ldots\ldots\ldots q+q'+1}$. Mais, par les formules de M. Euler, *Traité du Calcul différentiel, Tome II, page 468*, nous avons,

1.° $(2q+2).(2q+1)\ldots\ldots\ldots 1 = \surd 2\Pi . (2q+2)^{2q+2+\frac{1}{2}}$
$C^{-(2q+2)}\, C^{\frac{m}{2.(2q+2)}}\, C^{\frac{-n}{3.4.(2q+2)^3}}\, C^{\frac{p}{5.6.(2q+2)^5}} \ldots\ldots\ldots\ldots$
où Π représente un nombre connu par approximation, & m, n, p, &c. des nombres aussi connus & positifs.

2.° $1 \ldots\ldots\ldots q+q'+1 = \surd 2\Pi . (q+q'+1)^{q+q'+1+\frac{1}{2}}$
$C^{-(q+q'+1)}\, C^{\frac{m}{2(q+q'+1)}}\, C^{\frac{-n}{3.4.(q+q'+1)^3}}\, C^{\frac{p}{5.6.(q+q'+1)^5}} \ldots\ldots$

3.° $1 \ldots\ldots\ldots q-q'+1 = \surd 2\Pi . (q-q'+1)^{q-q'+1+\frac{1}{2}}$
$C^{-(q-q'+1)}\, C^{\frac{m}{2(q-q'+1)}}\, C^{\frac{-n}{3.4.(q-q'+1)^3}}\, C^{\frac{p}{5.6.(q-q'+1)^5}} \ldots\ldots$

Si nous cherchons maintenant, d'après ces expressions, le terme $\frac{2q+2}{q-q'+1}$, nous aurons, en comparant les facteurs précédens terme à terme,

1.° $\surd 2\Pi$ au numérateur, & $(\surd 2\Pi)^2$ au dénominateur, ce qui donne $\surd 2\Pi$ au dénominateur.

2.° Il faut comparer le terme composé $(q+q'+1)^{q+q'+1+\frac{1}{2}}$ $.(q-q'+1)^{q-q'+1+\frac{1}{2}}$ à $(2q+2)^{2q+2+\frac{1}{2}}$. Pour cela, nous supposerons $(q+q'+1)^{q+q'+1+\frac{1}{2}} =$ $C^{l(q+q'+1).(q+q'+1+\frac{1}{2})}$; or $l(q+q'+1) = l(q+1)$ $+ l$

$+l(1+\frac{q'}{q+1})=l(q+1)+\frac{q'}{q+1}-\frac{q'^2}{2(q+1)^2}$ $+\frac{q'^3}{3(q+1)^3}-\frac{q'^4}{4(q+1)^4}+\frac{q'^5}{5(q+1)^5}$ ..... &c. Donc $l(q+q'+1)\times(q+q'+1+\frac{1}{2})=l(q+1)\times$ $(q+q'+1+\frac{1}{2})+q'+\frac{q'(q'+\frac{1}{2})}{q+1}-\frac{q'^2}{2(q+1)}$ $-\frac{q'^2(q'+\frac{1}{2})}{2(q+1)^2}+\frac{q'^3}{3(q+1)^2}+\frac{q'^3(q'+\frac{1}{2})}{3(q+1)^3}-\frac{q'^4}{4(q+1)^3}$ $-\frac{q'^4(q'+\frac{1}{2})}{4(q+1)^4}+\frac{q'^5}{5(q+1)^4}+\frac{q'^5(q'+\frac{1}{2})}{5(q+1)^4}-\frac{q'^6}{6(q+1)^5}$, &c. Par la même raison, nous aurons $l(q-q'+1)\times$ $(q-q'+1+\frac{1}{2})=l(q+1)\times(q-q'+1+\frac{1}{2})$ $-q'+\frac{q'(q'-\frac{1}{2})}{q+1}-\frac{q'^2}{2(q+1)}+\frac{q'^2(q'-\frac{1}{2})}{2(q+1)^2}-\frac{q'^3}{3(q+1)^2}$ $+\frac{q'^3(q'-\frac{1}{2})}{3(q+1)^3}-\frac{q'^4}{4(q+1)^3}+\frac{q'^4(q'-\frac{1}{2})}{4(q+1)^4}-\frac{q'^5}{5(q+1)^4}$ $+\frac{q'^5(q'-\frac{1}{2})}{5(q+1)^5}-\frac{q'^6}{6(q+1)^5}$, &c. Prenant la somme de ces deux quantités, elle sera $l(q+1)\times(2q+3)+\frac{q'^2}{q+1}$ $-\frac{q'^2}{2(q+1)^2}+\frac{q'^4}{2.3(q+1)^3}-\frac{q'^4}{4(q+1)^4}+\frac{q'^6}{3.5(q+1)^5}$ &c. Donc élevant C à cette puissance, & comparant les termes analogues, $(q+1)^{2q+3}$ & $(2q+2)^{2q+2+\frac{1}{2}}$, nous aurons au numérateur $2^{2q+2+\frac{1}{2}}$, & au dénominateur $(q+1)^{\frac{1}{2}}$. $C^{\frac{q'^2}{q+1}}C^{\frac{-q'^2}{2(q+1)^2}}C^{\frac{q'^4}{6(q+1)^3}}C^{\frac{-q'^4}{4(q+1)^4}}C^{\frac{q'^6}{15(q+1)^5}}$.

3.° Les termes C^{-2q+2} & $C^{-(q+q'+1)}$ $C^{-(q-q'+1)}$ se détruisent.

4.° Prenant maintenant les termes $C^{\frac{m}{2(q+q'+1)}}$, $C^{\frac{m}{2(q-q'+1)}}$, si nous mettons $\frac{m}{2(q+1+q')}$ & $\frac{m}{2(q+1-q')}$ sous la forme $\frac{m}{2(q+1)}$ [$1-\frac{q'}{q+1}+\frac{q'^2}{(q+1)^2}-\frac{q'^3}{(q+1)^3}+\frac{q'^4}{(q+1)^4}$ — &c. . . .]

& $\frac{m}{2(q+1)}\left[1+\frac{q'}{q+1}+\frac{q'^2}{(q+1)^2}+\frac{q'^3}{(q+1)^3}+\frac{q'^4}{(q+1)^4}+\&c.\ldots\right]$,
leur ſomme ſera $\frac{m}{q+1}\left[1+\frac{q'^2}{(q+1)^2}+\frac{q'^4}{(q+1)^4}+\&c.\right]$.
Comparant ce terme avec le terme analogue $C^{\frac{m}{2(2q+2)}}$, nous aurons au dénominateur $C^{\frac{3m}{4(q+1)}}$, & de plus les termes $C^{\frac{mq'^2}{(q+1)^3}}$, $C^{\frac{mq'^4}{(q+1)^5}}$, &c.

5.° Prenant enſuite les termes $C^{\frac{-n}{3.4(q+q'+1)^3}}$, $C^{\frac{-n}{3.4(q-q'+1)^3}}$, nous ferons

$$\frac{n}{3.4(q+q'+1)} = \frac{n}{3.4(q+1)^3}\left[1-\frac{3q'}{q+1}+\frac{6q'^2}{(q+1)^2}\ \&c.\right]$$

& $$\frac{n}{3.4(q-q'+1)^3} = \frac{n^3}{3.4(q+1)^3}\left[1+\frac{3q'}{q+1}+\frac{6q'}{(q+1)^2}+\&c.\right];$$

dont la ſomme ſera $\frac{n}{2.3(q+1)^3}\left[1+\frac{6q'^2}{(q+1)^2},\ \&c.\right]$.
Comparant donc ces deux termes avec le terme analogue $C^{\frac{-n}{3\,4(2q+2)^3}}$, nous aurons au numérateur le terme $C^{\frac{-15n}{16.2.3(q+1)^3}}$ & $C^{\frac{nq'^2}{(q+1)^5}}$ &c.

6.° Prenant enfin, pour nous arrêter au cinquième terme, $C^{\frac{p}{5.6(q+q'+1)^5}}$ $C^{\frac{p}{5.6(q-q'+1)}}$, nous en tirerons pour premier terme, en nous arrêtant toujours aux termes diviſés par $(q+1)^5$, $\frac{2p}{5.6(q+1)^5}$, qui comparé au terme analogue $C^{\frac{p}{5.6(2q+2)^5}}$, donne au dénominateur un terme $C^{\frac{63p}{32.5.6(q+1)^5}}$
La valeur de la formule précédente, en s'arrêtant à la cinquième puiſſance négative de $q+1$, ſera donc

$$\frac{2^{2q+2+\frac{1}{2}}}{\sqrt{\Pi}.(q+1)^{\frac{1}{2}}}\times C^{\frac{-(4q'^2+3m)}{4(q+1)}}.C^{\frac{q'^2}{2(q+1)^2}}.C^{\frac{\frac{15n}{16.2.3}-mq'^2-\frac{q'^4}{6}}{(q+1)^3}}$$

$$C^{\frac{q'^4}{4(q+1)^4}}.C^{\frac{-\left(\frac{63p}{32.5.6}-nq'^2+mq'^4+\frac{q'^6}{15}\right)}{(q+1)^5}}.$$

Cela posé, on mettra le terme $C^{\frac{a'}{q+1}}$ sous la forme $1 + \frac{a'}{q+1} + \frac{a'^2}{2(q+1)^2} + \frac{a'^3}{2.3(q+1)^3} + \frac{a'^4}{2.3.4(q+1)^4} + \frac{a'^5}{2.3.4.5(q+1)^5}$, &c; le terme $C^{\frac{b'}{(q+1)^2}}$ sous la forme $1 + \frac{b'}{(q+1)^2} + \frac{b'^2}{2(q+1)^4} +$ &c; les termes $C^{\frac{c'}{(q+1)^3}}$, $C^{\frac{\delta'}{(q+1)^4}}$, $C^{\frac{e'}{(q+1)^5}}$, sous la forme $1 + \frac{c'}{(q+1)^3}$, $1 + \frac{\delta'}{(q+1)^4}$, $1 + \frac{e'}{(q+1)^5}$, ce qui donne, en s'arrêtant toujours aux termes divisés par $(q+1)^5$, le produit de tous ces termes égal à

$$1 + \frac{a'}{q+1} + \frac{a'^2 + 2b'}{2(q+1)^2} + \frac{a'^3 + 6a'b' + 6c'}{2.3\, q+1)^3} + \frac{a'^4 + 3.4a'^2b' + 2.3.4a'c' + 2.3.4\delta' + 3.4.b'^2}{2.3.4\,(q+1)^4} + \frac{a'^5 + 4.5a'^3b' + 3.4.5a'^2c' + 2.3.4.5b'c' + 3.4.5a'b'^2 + 2.3.4.5a'\delta' + 2.3.4.5\,e'}{2.3.4.5\,(q+1)^5}$$

Maintenant, nous aurons la première partie de ΔV égale à $\frac{e^{2q'}\sqrt{(\frac{1}{4}-z)}}{\sqrt{2\Pi}.z^{q'}} . \frac{2^{2q+2+\frac{1}{2}}z^{q+1}}{(q+1)^{\frac{1}{2}}}$, ou $\frac{e^{2q'}\sqrt{(\frac{1}{4}-z)}}{\sqrt{\Pi}.z^{q'}} . \frac{4^{q+1}z^{q+1}}{(q+1)^{\frac{1}{2}}}$, multiplié par la série précédente. Ainsi, en faisant abstraction des coëfficiens qui ne contiennent pas q, nous aurons à intégrer des termes $\frac{c^{(l4+lz)(q+1)}}{(q+1)^{\frac{1}{2}}}$, $\frac{c^{(l4+lz)(q+1)}}{(q+1)^{\frac{1}{2}}}$, $\frac{c^{(l4+lz)(q+1)}}{(q+1)^{\frac{5}{2}}}$, $\frac{c^{(l4+lz)(q+1)}}{(q+1)^{\frac{7}{2}}}$, &c.

Maintenant, pour avoir en série la valeur de ces intégrales, nous prendrons la formule suivante,

$$\Sigma(P.Q) = \Sigma P.Q - \Delta Q(\Sigma^2 P + \Sigma P) + \Delta^2 Q(\Sigma^3 P + 2\Sigma^2 P + \Sigma P) - \Delta^3 Q(\Sigma^4 P + 3\Sigma^3 P + 3\Sigma^2 P + \Sigma P) + \Delta^4 Q(\Sigma^5 P + 4\Sigma^4 P + 6\Sigma^3 P + 4\Sigma^2 P + \Sigma P), \text{\&c.}$$

où $\Sigma^2 P$, $\Sigma^3 P$, &c. désignent que l'intégration a été répétée deux, trois, &c. fois. Ici nous avons d'abord P de la forme $C^{p(q+1)}$; or $\Sigma . C^{p(q+1)} = \frac{C^{p(q+1)}}{C^p - 1}$; donc $\Sigma^2 P = \frac{C^{p(q+1)}}{(C^p-1)^2}$, $\Sigma^3 P = \frac{C^{p(q+1)}}{(C^p-1)^3}$, &c. Q est égal $(q+1)^{-\frac{1}{2}}$, $(q+1)^{-\frac{3}{2}}$, $(q+1)^{-\frac{5}{2}}$, &c. & en général à $(q+1)^{-\frac{n}{2}}$; n étant un nombre impair. Cela posé, nous aurons, à cause de $\Delta q = 1$, $\Delta Q = \frac{\partial Q}{\partial z} + \frac{\partial^2 Q}{2\partial z^2} + \frac{\partial^3 Q}{2.3.\partial z^3} + \frac{\partial^4 Q}{2.3.4.\partial z^3} + \frac{\partial^5 Q}{2.3.4.5.\partial z^5} \ldots\ldots + \frac{\partial^n Q}{1.2.3\ldots n\partial z^n}$

$$\Delta^2 Q = \frac{2^2-2}{2} . \frac{\partial^2 Q}{\partial z^2} + \frac{2^3-2}{1.2.3} . \frac{\partial^3 Q}{\partial z^3} + \frac{2^4-2}{1.2.3.4} . \frac{\partial^4 Q}{\partial z^4} \ldots\ldots + \frac{2^n-2}{1.2.\ldots\ldots n} . \frac{\partial^n Q}{\partial z^n}$$

$$\Delta^3 Q = \frac{3^3-3.2^3+3}{1.2.3} . \frac{\partial^3 Q}{\partial z^3} + \frac{3^4-3.2^4+3}{1.2.3.4} . \frac{\partial^4 Q}{\partial z^4} \ldots\ldots + \frac{3^n-3.2^n+3}{1.2.3\ldots\ldots n} . \frac{\partial^n Q}{\partial z^n}$$

$$\Delta^4 Q = \frac{4^4-4.3^4+6.2^4-4}{1.2.3.4} . \frac{\partial^4 Q}{\partial z^4} \ldots\ldots\ldots\ldots + \frac{4^n-4.3^n+6.2^n+4}{1.2.3\ldots\ldots\ldots n} . \frac{\partial^n Q}{\partial z^n}$$

....

$$\Delta^m Q = \frac{m^m - m(m-1)^m + \frac{m.(m-1)}{2}(m-2)^m \ldots\ldots \pm m}{1.2.3\ldots\ldots\ldots m} . \frac{\partial^m Q}{\partial z^m} \ldots + \frac{m^n - .(m-1)^n + \frac{m(m-1)}{2}(m-2)^n \ldots\ldots \pm m}{1.2.3\ldots\ldots\ldots n} . \frac{\partial^n Q}{\partial z^n}$$

Le coëfficient du premier terme étant toujours l'unité, nous aurons ici,

$$\Delta.(q+1)^{-\frac{1}{2}} = -\tfrac{1}{2}.(q+1)^{-\frac{3}{2}} + \tfrac{1}{2}.\tfrac{1}{2}.\tfrac{3}{2}.(q+1)^{-\frac{5}{2}} - \frac{1}{2.3}.\tfrac{1}{2}.\tfrac{3}{2}.\tfrac{5}{2}.(q+1)^{-\frac{7}{2}} + \frac{1}{2.3.4}.\tfrac{1}{2}.\tfrac{3}{2}.\tfrac{5}{2}.\tfrac{7}{2}.(q+1)^{-\frac{9}{2}} - \frac{1}{1.2.3.4.5}.\tfrac{1}{2}.\tfrac{3}{2}.\tfrac{5}{2}.\tfrac{7}{2}.\tfrac{9}{2}.(q+1)^{-\frac{11}{2}}, \text{ \&c. \&c.}$$

$\Delta^2 . (q+1)^{-\frac{1}{2}} = \frac{1}{2} . \frac{3}{2} . (q+1)^{-\frac{5}{2}} - \frac{1}{2} . \frac{3}{2} . \frac{5}{2} . (q+1)^{-\frac{7}{2}} +$
$\frac{7}{3.4} . \frac{1}{2} . \frac{3}{2} . \frac{5}{2} . \frac{7}{2} . (q+1)^{-\frac{9}{2}} - \frac{1}{4} . \frac{1}{2} . \frac{3}{2} . \frac{5}{2} . \frac{7}{2} . \frac{9}{2} . (q+1)^{-\frac{11}{2}} + \ldots$ &c.

$\Delta^3 . (q+1)^{-\frac{1}{2}} = -\frac{1}{2} . \frac{3}{2} . \frac{5}{2} . (q+1)^{-\frac{7}{2}} + \frac{3}{2} . \frac{1}{2} . \frac{3}{2} . \frac{5}{2} . \frac{7}{2} . (q+1)^{-\frac{9}{2}} -$
$\frac{5}{4} . \frac{1}{2} . \frac{3}{2} . \frac{5}{2} . \frac{7}{2} . \frac{9}{2} . (q+1)^{-\frac{11}{2}} + \ldots\ldots\ldots\ldots$ &c.

$\Delta^4 . (q+1)^{-\frac{1}{2}} = \frac{1}{2} . \frac{3}{2} . \frac{5}{2} . \frac{7}{2} . (q+1)^{-\frac{9}{2}} - 2 . \frac{1}{2} . \frac{3}{2} . \frac{5}{2} . \frac{7}{2} . \frac{9}{2}$
$. (q+1)^{-\frac{11}{2}} + \ldots\ldots\ldots\ldots$ &c.

$\Delta . (q+1)^{-\frac{1}{2}} = -\frac{1}{2} . \frac{3}{2} . \frac{5}{2} . \frac{7}{2} . \frac{9}{2} . (q+1)^{-\frac{11}{2}} + \ldots\ldots$ &c.

Nous aurons de même

$\Delta . (q+1)^{-\frac{3}{2}} = -\frac{3}{2} . (q+1)^{-\frac{5}{2}} + \frac{1}{2} . \frac{3}{2} . \frac{5}{2} . (q+1)^{-\frac{7}{2}} -$
$\frac{1}{2.3} . \frac{3}{2} . \frac{5}{2} . \frac{7}{2} . (q+1)^{-\frac{9}{2}} + \frac{1}{2.3.4} . \frac{3}{2} . \frac{5}{2} . \frac{7}{2} . \frac{9}{2} . (q+1)^{-\frac{11}{2}} - \ldots$ &c.

$\Delta^2 . (q+1)^{-\frac{3}{2}} = \frac{3}{2} . \frac{5}{2} . (q+1)^{-\frac{7}{2}} - \frac{3}{2} . \frac{5}{2} . \frac{7}{2} . (q+1)^{-\frac{9}{2}} +$
$\frac{7}{3.4} . \frac{3}{2} . \frac{5}{2} . \frac{7}{2} . \frac{9}{2} . (q+1)^{-\frac{11}{2}} - \ldots\ldots\ldots$ &c.

$\Delta^3 . (q+1)^{-\frac{3}{2}} = -\frac{3}{2} . \frac{5}{2} . \frac{7}{2} . (q+1)^{-\frac{9}{2}} + \frac{3}{2} . \frac{3}{2} . \frac{5}{2} . \frac{7}{2} . \frac{9}{2} .$
$(q+1)^{-\frac{11}{2}} - \ldots\ldots\ldots\ldots$ &c.

$\Delta^4 . (q+1)^{-\frac{3}{2}} = \frac{3}{2} . \frac{5}{2} . \frac{7}{2} . \frac{9}{2} . (q+1)^{-\frac{11}{2}} - \ldots\ldots\ldots$ &c.

De même, nous aurons

$\Delta . (q+1)^{-\frac{5}{2}} = -\frac{5}{2} . (q+1)^{-\frac{7}{2}} + \frac{1}{2} . \frac{5}{2} . \frac{7}{2} . (q+1)^{-\frac{9}{2}} -$
$\frac{1}{2.3} . \frac{5}{2} . \frac{7}{2} . \frac{9}{2} . (q+1)^{-\frac{11}{2}} + \ldots\ldots\ldots\ldots$ &c.

$\Delta^2 . (q+1)^{-\frac{5}{2}} = \frac{5}{2} . \frac{7}{2} . (q+1)^{-\frac{9}{2}} - \frac{5}{2} . \frac{7}{2} . \frac{9}{2} . (q+1)^{-\frac{11}{2}} + \ldots$ &c.

$\Delta^3 . (q+1)^{-\frac{5}{2}} = \frac{5}{2} . \frac{7}{2} . \frac{9}{2} . (q+1)^{-\frac{11}{2}} - \ldots\ldots\ldots\ldots$ &c.

On aura encore

$\Delta . (q+1)^{-\frac{7}{2}} = -\frac{7}{2} . (q+1)^{-\frac{9}{2}} + \frac{1}{2} . \frac{7}{2} . \frac{9}{2} (q+1)^{-\frac{11}{2}} - \ldots$ &c.

$\Delta^2 . (q+1)^{-\frac{7}{2}} = \frac{7}{2} . \frac{9}{2} . (q+1)^{-\frac{11}{2}} \ldots\ldots\ldots\ldots$ &c.

& enfin $\Delta.(q+1)^{-\frac{9}{2}} = -\frac{9}{2}.(q+1)^{-\frac{11}{2}}$ ..... &c. Et en substituant ces quantités dans la formule qui donne $\Sigma.PQ$, on aura la valeur de l'intégrale cherchée.

Si on s'arrêtoit au premier terme, cette valeur seroit $\frac{e^{2q'}.\sqrt{(\frac{1}{4}-z)}.2^{\frac{1}{2}}.(4z)^{q+1}}{\sqrt{(2\Pi)}.z^{q'}.(4z-1).(q+1)^{\frac{1}{2}}}$; & pour avoir la valeur de la même fonction, en s'arrêtant au second terme, il faut y ajouter, 1.° un terme $\frac{a'.e^{2q'}\sqrt{(\frac{1}{4}-z)}.2^{\frac{1}{2}}.(4z)^{q+1}}{\sqrt{(2\Pi)}.z^{q'}.(4z-1).(q+1)^{\frac{1}{2}}}$, à cause de $\frac{a}{(q+1)^{\frac{1}{2}}}$, qu'il faut ajouter à la valeur de Q; 2.° à cause de $-\Delta Q(\Sigma^2 P+\Sigma P)$, ΔQ étant $-\frac{1}{2}.(q+1)^{-\frac{3}{2}}$, & $\Sigma^2 P+\Sigma P$ étant $\frac{(4z^{p+1})}{(4z-1)^2}+\frac{(4z)^{p+1}}{(4z-1)}$, le terme $\frac{\frac{1}{2}.e^{2q'}.\sqrt{(\frac{1}{4}-z)}.2^{\frac{1}{2}}.(4z)^{q+1}}{\sqrt{(2\Pi)}.z^{q'}.(4z-1)(q+1)^{\frac{1}{2}}}.(1+\frac{1}{(4z-1)})$.

Il nous reste maintenant à chercher, par la même méthode, le second terme, qui est $\Sigma.e^{2q'}z^{q-1-q'}\frac{q'}{q+q'+1}\frac{2q+1}{q+q'+1}$ ou $\Sigma.q'e^{2q'}z^{q+1-q'}\frac{2q+1}{q+q'+1}\times[\frac{1}{q+1}-\frac{q'}{(q+1)^2}+\frac{q'^2}{(q+1)^3}-\ldots$ &c.].

Maintenant, nous avons $\frac{2q+1}{q+q'+1}=\frac{(2q+1).2q\ldots\ldots\ldots\ldots\ldots\ldots 1.}{1.2\ldots\ldots(q+q'+1)1.2\ldots(q-q')}$.

Or, nous arrêtant ici au premier terme, pour ne pas trop alonger des formules qui, d'après ce qui a été dit ci-dessus, n'auroient aucune difficulté, nous avons,

1.° $(2q+1)\ldots 1=\sqrt{(2\Pi)}.z^{2q+1+\frac{1}{2}}C^{-2q+1}.C^{\overline{\frac{m}{2.(2q+1)}}}$;

2.° $(q+q'+1)\ldots\ldots 1=\sqrt{(2\Pi)}.(q+q'+1)^{q+q'+1+\frac{1}{2}}\times C^{-(q+q'+1)}.C^{\overline{\frac{m}{2(q+q'+1)}}}$; 3.° $(q-q')\ldots\ldots\ldots\ldots 1=\sqrt{(2\Pi)}.(q-q')^{q-q'+\frac{1}{2}}.C^{-(q-q')}.C^{\overline{\frac{m}{2(q-q')}}}$, ce qui nous donnera, comme ci-dessus, 1.° $\sqrt{(2\Pi)}$ au dénominateur; 2.° $(2q+1)^{2q+1+\frac{1}{2}} = C^{l(2q+1)(2q+1+\frac{1}{2})}$

$$= C^{[l(2q+2)+l(1-\frac{1}{2q+2})](2q+1+\frac{1}{2})}$$

$$= C^{[l(2q+2)-\frac{1}{2q+2}-\frac{1}{2(2q+2)^2}\,\ldots\ldots\ldots\,\&c.](2q+1+\frac{1}{2})};$$

$$(q+q'+1)^{q+q'+1+\frac{1}{2}} = C^{[l(q+1)+\frac{q'}{q+1}-\frac{q'^2}{2(q+1)^2}\ldots\&c.](q+q'+1+\frac{1}{2})};$$

$$(q-q')^{q-q'+\frac{1}{2}} = C^{[l(q+1)-\frac{q'+1}{q+1}-\frac{(q'+1)^2}{2(q+1)^2}\ldots\ldots\&c.](q-q'+\frac{1}{2})},$$

ce qui nous donnera $C^{l(q+1)\times-\frac{1}{2}}\, 2^{2q+1+\frac{1}{2}}.C^{-\frac{q'^2+q'}{q+1}}$; 3.° les termes $C^{-(2q+1)}$ & $C^{-(q+q'+1)}.C^{-(q-q')}$ se détruiront; 4.° nous mettrons, à cause que nous négligeons les troisièmes termes, $C^{\frac{m}{2(2q+2)}}$ au lieu de $C^{\frac{m}{2(2q+1)}}$, & $C^{\frac{m}{2(q+1)}}$, $C^{\frac{m}{2(q+1)}}$ au lieu de $C^{\frac{m}{2(q+q'+1)}}$, $C^{\frac{m}{2(q-q')}}$, ce qui donnera un terme $C^{-\frac{1}{2}.\frac{m}{q+1}}$

Ainsi nous aurons cette partie de la valeur de ΔV égale à

$$\frac{q'e^{2q'}(4z)^{q+1}.C^{\frac{-q'^2+\quad+\frac{1}{2}+\frac{3m}{4}}{q+1}}}{z^{q'}\sqrt{(2\Pi)}\ (q+1)^{\frac{1}{2}}\sqrt{2}}, \text{ ou } \frac{q'e^{2q'}(4z)^{q+1}C.^{\frac{a'}{q+1}}}{z^{q'}\sqrt{(2\Pi)}.(q+1)^{\frac{1}{2}}\sqrt{2}},$$

ce qui donne pour intégrale $\frac{q'e^{2q'}(4z)^{q+1}}{z^{q'}\sqrt{2\Pi}\ (q+1)^{\frac{1}{2}}\sqrt{2}.(4z-1)}$, si on s'en tient au premier terme; & si on prend le second à cause de $C^{\frac{a'}{q+1}} = 1 + \frac{a'}{q+1}$, il faudra ajouter,

1.° $\frac{a'q'e^{2q'}(4z)^{q+1}}{z^{q'}\sqrt{2\Pi}.(q+1)^{\frac{3}{2}}\sqrt{2}.(4z-1)}$, 2.° $\frac{\frac{1}{2}q'e^{2q'}(4z)^{q+1}}{z^{q'}\sqrt{2\Pi}.(q+1)^{\frac{3}{2}}\sqrt{2}.(4z-1)}$

$(1 + \frac{1}{4z-1})$.

Si nous cherchons maintenant quelles constantes il faut ajouter à ces intégrales, nous trouverons que lorsque $q = 0$, cas où elles ſe bornent au premier terme, on doit avoir $V = 1$; mais à cauſe de $4z < 1$, on a alors la ſomme de ces intégrales égale à zéro; donc il faudra ajouter la conſtante 1. Nous aurons donc, en ſe bornant au premier terme,

$$V = 1 - \frac{e^{2q'} \cdot 2^{\frac{1}{2}} (4z)^{q+1} \sqrt{(\frac{1}{4} - z)}}{\sqrt{(2\Pi)} \cdot z^{q'} (1 - 4z)(q+1)^{\frac{1}{2}}} - \frac{q' e^{2q'} (4z)^{q+1}}{z^{q'} \sqrt{(2\Pi)} \cdot (q+1)^{\frac{1}{2}} \cdot 2^{\frac{1}{2}} \cdot (1 - 4z)},$$

quantités qui, comme on le voit, s'accordent avec la valeur trouvée par l'autre méthode, ſi on y met cette première valeur pour les termes $\frac{2q+2}{q+q'+1}$, $\frac{2q'+1}{q+q'+1}$ leur valeur approchée, & il en ſera de même pour les autres termes.

Suppoſons maintenant qu'on connoiſſe dans ces formules V & $1 - V$, & que q ſoit très-grand, on cherchera une valeur de z & de e qui donne une valeur de ces formules peu différente de celles qu'elles doivent avoir, & on aura une valeur approchée de e & de z.

Maintenant, pour avoir une ſeconde valeur, on prendra la précédente valeur, priſe en y mettant $q + 1$ au lieu de q; on y ajoutera ou l'on en retranchera le terme $\frac{2q+1}{q+q'+1} v^{q-q'+1} e^{q+q'+1} \left(\frac{q-q'+1}{q+q'+1} v - e\right)$, & on cherchera la valeur approchée de e & de z, qui, ſubſtituée dans cette nouvelle formule, donne à très-peu près la valeur donnée de $1 - V$ ou V.

Suppoſons que l'on cherche $1 - V$, que l'on n'ait pris que les premiers termes de la valeur approchée, que σ & ϵ ſoient les premières valeurs de z & de e, & qu'on appelle Z la première partie de la valeur de $1 - V$, & Z' la ſeconde; mettant $q + 1$ à la place de q, Z deviendra $\frac{(2q+4) \cdot (2q+3)}{(q-q'+1) \cdot (q+q'+2)} z \cdot Z$, & $\frac{\partial Z}{\partial z}$ par conſéquent $\frac{(2q+4) \cdot (2q+3)}{(q-q'+1) \cdot (q+q'+2)} Z + \frac{(2q+4) \cdot (2q+3)}{(q-q'+1) \cdot (q+q'+2)} z \frac{\partial Z}{\partial z}$, & de même $Z' = -\frac{(2q+3)(2q+2)}{(q-q'+1)(q-q'+2)} Z' z$ & $\frac{\partial Z'}{\partial z}$

=

$$= \frac{(2q+3).(2q+2)}{(q-q'+1).(q+q'+2)} Z + \frac{(2q+3).(2q+2)}{(q-q'+1).(q+q'+2)} z\frac{\partial Z}{\partial z};$$ & si l'on prend les secondes formules, Z deviendra $Z\frac{(q+1)^{\frac{1}{2}}}{(q+2)^{\frac{1}{2}}} 4z$, & sa différence sera $\frac{\partial Z}{\partial z} 4z \frac{(q+1)^{\frac{1}{2}}}{(q+2)^{\frac{1}{2}}} + 4Z \frac{(q+1)^{\frac{1}{2}}}{(q+2)^{\frac{1}{2}}}$, & on aura des formules semblables pour Z'.

Quant au terme qu'on a ajouté, il sera, dans le premier cas, $(Z+Z')(1-4z)$; & dans le second, $(Z+Z')(4z-1)$. Si donc on substitue $\epsilon+\partial\epsilon$ à ϵ, & $\sigma+(1-2\epsilon)\partial\epsilon$ à σ, & qu'on néglige les puissances de ϵ au dessus de la première, on aura pour $\partial\epsilon$ une valeur assez simple à calculer en nombres, qui ne contiendra que Z & Z', $\frac{\partial Z}{\partial z}$ & $\frac{\partial Z'}{\partial z}$, dans lesquelles on mettroit σ pour z & ϵ pour e. Mais on a dans la première approximation la valeur de Z & de Z'; & quant à $\frac{\partial Z}{\partial z}$ & $\frac{\partial Z'}{\partial z}$, il est aisé de voir qu'elles seront égales à Z & à Z', multipliés par une fonction assez simple. On aura donc $\partial\epsilon$ sans être obligé de calculer aucun terme compliqué & par une équation $\partial\epsilon + \alpha + \beta\frac{1-V}{Z} = 0$, ou $\partial\epsilon + \alpha + \beta\frac{V}{Z} = 0$, α & β étant des quantités en nombres peu difficiles à trouver.

Si on cherche ensuite une troisième approximation, on fera dans la valeur précédente de Z, α, β & $1-V$ ou V, $q = q+1$, on ajoutera le même terme $(Z+Z')(1-4z)$, & l'on aura une valeur de $\partial\epsilon'$ par une équation assez simple de la même forme; mais alors il faudra mettre dans Z & Z, comme dans les autres termes, $\epsilon+\partial\epsilon$ au lieu de ϵ, & $\sigma+\partial\sigma$, ou $\sigma+(1-2\epsilon)\partial\epsilon$ au lieu de σ. Cette substitution est fort simple. En effet, soit σ une valeur de z & σ' une autre valeur de z, ϵ une valeur de e, & ϵ' une autre valeur de e, Z la valeur qui répond à la première,

$Z_{,}$ celle qui répond à la seconde, on aura $Z_{,} = Z\left(\frac{\varepsilon}{e}\right)^{2q'}\left(\frac{\sigma'}{\sigma}\right)^{q+1-q'}\left(\frac{1-4\sigma'}{1-4\sigma}\right)^{\frac{1}{2}}$; & appelant de même Z' la première valeur de Z' après la première substitution, & $Z'_{,}$ la seconde, on aura $Z'_{,} = Z'\left(\frac{\varepsilon'}{e}\right)^{2q'}\left(\frac{\sigma'}{\sigma}\right)^{q+1-q'}\left(\frac{1-4\sigma'}{1-4\sigma}\right)^{\frac{1}{2}}$. ce qui demande très-peu de calcul pour avoir $Z_{,}$ ou $Z'_{,}$ lorsqu'on connoît Z ou Z'; & ainsi de suite.

Il arrivera même très-souvent que l'on aura une valeur suffisamment approchée de z ou de e, en faisant

$$1 - V = \frac{2q+2 \ldots\ldots}{q-q'+1} e^{2q'} z^{q+1-q'} \times \left[\sqrt{\left(\tfrac{1}{4} - z\right)} + \frac{7q'}{2q+2}\right];$$

ce qui simplifieroit encore le calcul.

Cette méthode sera très-satisfaisante tant que q sera très-grand; mais si q n'est pas très-grand, on pourra employer le moyen suivant.

1.° On prendra

$$1 - V = \frac{2q+1}{q-q'+1}\left(\frac{q-q'+1}{q+q'+1} v - e\right) e^{2q'} z^{q-q'+1},$$

& on cherchera une valeur de v & de e, qui donne pour cette formule une valeur très-voisine de $1 - V$. Supposant, par exemple, $q = 12$, $q' = 2$, & $1 - V = \frac{1}{10{,}000}$, on cherchera une valeur de v & de e, qui donnera une valeur de $1 - V$ approchante de la véritable, & on la trouvera ici entre $\frac{80}{100}$ & $\frac{79}{100}$ pour v, $\frac{79}{100}$ étant sûrement trop petit, & $\frac{80}{100}$ pouvant être trop grand.

2.° Quand on aura cette première limite, on prendra les deux premiers termes de la valeur de $1 - V$, qui sont

$$\frac{2q+1}{q-q'+1} e^{2q'} z^{q-q'+1}\left[\left(\frac{q-q'+1}{q+q'+1} v - e\right) + \frac{(2q+3 \,.\, (2q+2)}{(q-q'+1 \,.\, q+q'+1} ve\left(\frac{q-q'+2}{q+q'+2} v - e\right)\right].$$

On suppose dans ce dernier facteur à v sa valeur trouvée

d'abord & priſe de celle des limites qui eſt la plus voiſine. Soit A cette valeur, B celle de $\frac{2q+1}{q-q'+1}$, qui eſt conſtante, on aura $\frac{1-V}{A.B} = e^{2q'} z^{q-q'+1}$; & appelant $e = \frac{1}{b}$, & $z = \frac{a}{b^2}$, on aura $\frac{a^{q-q'+1}}{b^{2q+2}} = \frac{1-V}{A.B}$; d'où l'on tirera $(q - q' + 1) la - (2q + 2) lb = l(\frac{1-V}{A.B})$; & faiſant $la + \partial = lb$, on aura $- la(q + q' + 1) - (2q + 2)\partial = l(\frac{1-V}{A\ B})$. Or, comme $b = a + 1$, ∂ exprime la différence entre deux logarithmes conſécutifs, & on pourra, ſans des tâtonnemens bien pénibles, réſoudre cette équation.

Ayant ici une valeur de v & de e, on la ſubſtituera dans la fraction exprimée par A, & on cherchera une nouvelle valeur de v & de e par la même méthode, pour avoir une nouvelle valeur plus approchée de v & de e. En ſuivant, par exemple, cette méthode dans le cas que nous avons propoſé, on aura une valeur de v, à un millième près, dès les deux premiers termes, ce qui, dans bien des cas, ſera ſuffiſant.

On continuera de même pour le troiſième terme. Cette méthode réuſſira même pour le cas où q n'eſt pas très-grand, parce qu'il ſuffit de très-petites augmentations ou diminutions de v pour en produire de très-ſenſibles dans la grandeur de $1 - V$. Nous ne nous arrêterons pas à développer, pour le cas du nombre des Votans $2q$ & de la pluralité de $2q'$, les formules correſpondantes à celles que nous venons de développer.

Septième Cas.

On ſuppoſe V' connu, ainſi que q & q', & on cherche v & e.

On emploîra ici les mêmes formules que pour le cas précédent, en conſervant z, changeant v en e, & réciproquement, ainsi que les signes, & ajoutant l'unité, ou simplement changeant v en e dans $1 - V$.

Huitième Cas.

Si on avoit supposé qu'on connût seulement la moindre pluralité exigée & le moindre nombre des Votans, ainsi que V ou V', & qu'on cherchât ensuite pour une pluralité proportionnelle les valeurs de v & de e, il est aisé de voir qu'ayant résolu la question pour le cas le plus simple, il suffiroit de connoître le changement qu'un terme de plus apporte successivement dans les valeurs de v & de e. Nous n'entrerons dans aucun détail sur ce dernier cas, où, la première valeur trouvée, on aura les autres dans presque toutes les circonstances avec assez de facilité.

Neuvième Cas.

On suppose ici qu'on connoît M & q', & qu'on cherche v & e. Soit prise la formule $M = \frac{v^{2q'+1}}{v^{2q'+1} + e^{2q'+1}} = \frac{1}{1 + \left(\frac{e}{v}\right)^{2q'+1}}$, on a $\left(\frac{e}{v}\right)^{2q'+1} = \frac{1-M}{M}$ & $l\frac{e}{v} = \frac{1}{2q'+1}$ $[l(1 - M) - lM]$; & si le nombre des Votans est pair, $l\frac{e}{v} = \frac{1}{2q'}[l(1 - M) - lM]$.

C'est ici le lieu de faire une observation qui peut être importante. On s'est contenté dans quelques pays de fixer quel nombre des Juges d'un Tribunal nombreux suffit pour rendre une décision, & la pluralité nécessaire pour condamner. Par exemple, un Tribunal est formé de trente Juges qui ont droit d'y siéger, & la loi prononce que sept suffisent pour rendre un jugement, & qu'on exige une pluralité de deux voix seulement : dans ce cas, s'il n'y a que sept Juges, comme la pluralité est nécessairement trois, nous avons

$1 - V = 21e^5 - 35e^6 + 15e^7$, $V' = 21v^5 - 35v^6 + 15v^7$, $M = \frac{1}{1 + \frac{e^3}{v^3}}$; mais si on suppose que huit Juges y ont assisté, on a $1 - V = 56e^5 - 140e^6 + 120e^7 - 35e^8$, $V' = 56v^5 - 140v^6 + 120v^7 - 35v^8$, & $M = \frac{1}{1 + \frac{e^2}{v^2}}$. Or la différence des deux valeurs de $1 - V$ est $35e^5 - 105e^6 + 105e^7 - 35e^8 = (35e^5)(1 - 3e) + 105e^7(1 - \frac{1}{3}e)$. La différence des valeurs de V' est $35v^5(1 - 3v) + 105v^7(1 - \frac{1}{3}v)$. Donc

1.° Toutes les fois que $1 - 3e + 3e^2 - e^3$ sera positif, c'est-à-dire, que $e < 1$, ce qui a toujours lieu, on aura pour huit Votans $1 - V$ plus grand & V plus petit. Ainsi dans ce cas, s'il n'y a que sept Juges, il y aura moins à craindre qu'un innocent ne soit condamné que lorsqu'ils se trouvent huit.

2.° Prenant la différence entre les deux valeurs de V', nous trouverons V' plus grand pour huit Votans que pour sept, tant que v ne sera pas plus grand que 1, c'est-à-dire dans tous les cas. Ainsi dans le cas où sept Juges seulement jugeront, il y aura plus à craindre qu'un coupable n'échappe, & qu'il n'y ait pas de décision.

3.° Enfin la différence de M sera beaucoup plus importante. En effet, on auroit dans un cas $M = \frac{1}{1 + \frac{e^3}{v^3}}$, & dans l'autre $M = \frac{1}{1 + \frac{e^2}{v^2}}$, ou dans un cas $\frac{e}{v} = \left(\frac{1 - M}{M}\right)^{\frac{1}{3}}$, & dans l'autre $\frac{e}{v} = \left(\frac{1 - M}{M}\right)^{\frac{1}{2}}$. Supposons donc que $1 - M = \frac{1}{10001}$, & $M = \frac{10000}{10001}$. Pour avoir la sûreté exigée, on aura dans le premier cas $\frac{e}{v} = \frac{4642}{100,000}$, & dans le ſecond $\frac{e}{v} = \frac{1}{100}$, c'eſt-à-dire, plus du double. En ſorte qu'en exigeant de Tribunaux pairs ou impairs une égale pluralité de deux ſuffrages, on regarde comme égaux ces deux Tribunaux; tandis que pour donner une ſûreté égale, il faudroit que la probabilité de l'erreur de chaque Votant fût quatre fois & demie moindre dans l'un que dans l'autre.

Dans la même hypothèſe, ſuppoſons que cette probabilité ſoit telle qu'elle donne $\frac{1-M}{M} = \frac{1}{10000}$ dans le premier cas, nous aurons dans le ſecond $\frac{1-M}{M} = \left(\frac{1}{10000}\right)^{\frac{2}{3}} = \frac{21}{10000}$, & par conſéquent $1 - M$, c'eſt-à-dire, le riſque que court un innocent d'être condamné, égal à $\frac{21}{10021}$ au lieu de $\frac{1}{10001}$.

Ainſi dans cette forme de Tribunaux, la ſûreté des innocens ſeroit à peu-près tantôt vingt une fois plus grande, tantôt vingt-une fois plus petite, ſuivant que le haſard amèneroit des Juges en nombre pair ou impair; & il paroît en quelque ſorte contraire à la juſtice de faire volontairement dépendre de ce haſard une différence ſi marquée dans le ſort des accuſés, excepté dans le cas où la petiteſſe du riſque eſt extrême.

Le danger pour une pluralité de n voix, eſt $\frac{e^n}{e^n + v^n}$, & pour $n + 1$ voix, $\frac{e^{n+1}}{e^{n+1} + v^{n+1}}$; le rapport ſera, faiſant $v = me$, $m\left(1 - \frac{1}{m^n} + \frac{1}{m^{n+1}} + \frac{1}{m^{2n}} - \frac{1}{m^{2n+1}} \ldots\ \&c.\right)$, c'eſt-à-dire, toujours plus petit que m, excepté quand n eſt infini. Ainſi il faudra toujours, comme on doit chercher à avoir m un peu grand, prendre la moindre pluralité de n voix, telle qu'il en réſulte un riſque ſi petit, que quand celui de la pluralité $n + 1$ seroit m fois plus petit, un accusé ne pût être frappé de l'avantage qu'il résulteroit pour lui, d'avoir un nombre impair de Juges si n est pair, ou d'en avoir un nombre pair si n est impair; comme, par exemple, un homme jeune, d'une bonne constitution, n'est pas plus frappé de la crainte de mourir d'apoplexie dans quinze jours que dans la journée, quoique le danger soit quinze fois plus grand.

Fin de la seconde Partie.

TROISIÈME PARTIE.

NOUS avons suffisamment exposé l'objet de cette troisième Partie: on a vu qu'elle devoit renfermer l'examen de deux questions différentes. Dans la première, il s'agit de connoître, d'après l'observation, la probabilité des jugemens d'un Tribunal ou de la voix de chaque Votant; dans la seconde, il s'agit de déterminer le degré de probabilité nécessaire pour qu'on puisse agir dans différentes circonstances, soit avec prudence, soit avec justice.

Mais il est aisé de voir que l'examen de ces deux questions demande d'abord qu'on ait établi en général les principes d'après lesquels on peut déterminer la probabilité d'un évènement futur ou inconnu, non par la connoissance du nombre des combinaisons possibles qui donnent cet évènement, ou l'évènement opposé, mais seulement par la connoissance de l'ordre des évènemens connus ou passés de la même espèce. C'est l'objet des problèmes suivans.

PROBLÈME I.

Soient deux évènemens seuls possibles A & N, dont on ignore la probabilité, & qu'on sache seulement que A est arrivé m fois, & N, n fois. On suppose l'un des deux évènemens arrivés, & on demande la probabilité que c'est l'évènement A, ou que c'est l'évènement N, dans l'hypothèse que la probabilité de chacun des deux évènemens est constamment la même.

SOLUTION. Soit x cette probabilité inconnue de A, la probabilité d'amener A, m fois & N, n fois, sera $\frac{m+n}{n} x^m . (1 - x)^n$; donc la probabilité d'amener

A, m

A, *m* fois, & *N*, *n* fois, sera pour toutes les valeurs de *x* depuis zéro jusqu'à 1, $\frac{m+n}{n}\int x^m . (1-x)^n \partial x$.

De même, la probabilité d'amener *A* après avoir eu *A*, *m* fois, & *N*, *n* fois sera $\frac{m+n}{n}\int x^{m+1} . (1-x)^n \partial x$; la probabilité d'amener *N* sera dans la même hypothèse $\frac{m+n}{n}\int x^m . (1-x)^{n+1} \partial x$, & celle d'amener l'un ou l'autre, égale à la somme de ces deux probabilités, sera $\frac{m+n}{n}\int x^m . (1-x)^n \partial x$. On aura donc pour la probabilité d'amener *A* plutôt que *N*, $\frac{\int x^{m+1} . (1-x)^n \partial x}{\int x^m . (1-x)^n \partial x}$, & pour la probabilité d'amener *N* plutôt que *A*, $\frac{\int x^m . (1-x)^{n+1} \partial x}{\int x^m . (1-x)^n \partial x}$. Or, en intégrant par parties, on a, en prenant les intégrales depuis $x = 0$ jusqu'à $x = 1$,

$$\int x^m . (1-x)^n \partial x = \frac{n . (n-1) \ldots\ldots\ldots\ldots 1}{(m+1) \ldots\ldots\ldots\ldots (m+n+1)};$$

$$\int x^{m+1} . (1-x)^n \partial x = \frac{n . (n-1) \ldots\ldots\ldots\ldots 1}{(m+2) \ldots\ldots\ldots\ldots (m+n+2)};$$

$$\int x^m . (1-x)^{n+1} \partial x = \frac{(n+1) . n \ldots\ldots\ldots\ldots 1}{(m+1) \ldots\ldots\ldots\ldots (m+n+2)}.$$

Donc la probabilité en faveur de *A* sera $\frac{m+1}{m+n+2}$, & celle en faveur de *N*, $\frac{n+1}{m+n+2}$.

PROBLÈME II.

On suppose dans ce Problème, que la probabilité de *A* & de *N* n'est pas la même dans tous les évènemens, mais qu'elle peut avoir pour chacun une valeur quelconque depuis zéro jusqu'à l'unité.

SOLUTION. Dans ce cas, la probabilité d'avoir m fois A, & n fois N, eſt exprimée par $\frac{m+n}{n} (\int x \partial x)^m [\int (1-x)^n \partial x]^n$.

La probabilité d'avoir une fois A après avoir eu A, m fois, & n fois N, eſt exprimée par $\frac{m+n}{n} (\int x \partial x)^{m-1} [\int (1-x) . \partial x]^n$.

Enfin la probabilité d'avoir N après m évènemens A, & n évènemens N, ſera $\frac{m+n}{n} (\int x \partial x)^m [\int (1-x) . \partial x]^{n+1}$.

Les intégrales étant priſes depuis $x = 0$ juſqu'à $x = 1$, la première devient $\frac{m+n}{n} \frac{1}{2^{m+n}}$; la ſeconde & la troiſième ſont $\frac{m+n}{n} \frac{1}{2^{m+n+1}}$. La probabilité d'avoir A ſera donc exprimée par $\frac{1}{2}$, & celle d'avoir N auſſi par $\frac{1}{2}$.

PROBLÈME III.

On ſuppoſe dans ce problème que l'on ignore ſi à chaque fois la probabilité d'avoir A ou N reſte la même, ou ſi elle varie à chaque fois, de manière qu'elle puiſſe avoir une valeur quelconque depuis zéro juſqu'à l'unité, & l'on demande, ſachant que l'on a eu m évènemens A, & n évènemens N, quelle eſt la probabilité d'amener A ou N.

SOLUTION. Si la probabilité eſt conſtante, celle d'obtenir A, m fois, & N, n fois, eſt exprimée par $\frac{m+n}{n} . \frac{n.(n-1)\ldots\ldots\ldots\ldots 1}{(m+1).(m+2)\ldots\ldots (m+n+1)}$. Si la probabilité n'eſt pas conſtante, celle d'obtenir A, m fois & N, n fois, eſt $\frac{m+n}{n} \frac{1}{2^{m+n}}$. Donc la probabilité que la première hypothèſe a lieu, sera $\dfrac{\dfrac{n.(n-1)\ldots\ldots\ldots\ldots 1}{(m+1).(m+2)\ldots\ldots m+n+1}}{\dfrac{n.(n-1)\ldots\ldots\ldots\ldots 1}{(m+1).(m+2)\ldots\ldots m+n+1}+\dfrac{1}{2^{m+n}}}$, &

celle que la seconde aura lieu, par

$\dfrac{\dfrac{1}{2^{m+n}}}{\dfrac{n.(n-1)\ldots\ldots\ldots\ldots 1}{(m+1).(m+2)\ldots\ldots m+n+1}+\dfrac{1}{2^{m+n}}}$; mais si la premicre hypothèse a lieu, la probabilité d'avoir A est $\dfrac{m+1}{m+n+2}$, & celle d'avoir N, $\dfrac{n+1}{m+n+2}$; & si la seconde hypothèse a lieu, la probabilité d'avoir A est $\frac{1}{2}$, de même que celle d'avoir N. La probabilité d'avoir A sera donc

$\dfrac{\dfrac{n.(n-1)\ldots\ldots\ldots 1}{(m+2)\ldots\ldots m+n+2}+\dfrac{1}{2^{m+n+1}}}{\dfrac{n.(n-1)\ldots\ldots\ldots 1}{(m+1)\ldots\ldots m+n+1}+\dfrac{1}{2^{m+n}}}$, & celle d'avoir N sera

$\dfrac{\dfrac{(n+1).n\ldots\ldots\ldots 1}{(m+1)\ldots\ldots m+n+2}+\dfrac{1}{2^{m+n+1}}}{\dfrac{n.(n-1)\ldots\ldots\ldots 1}{(m+1)\ldots\ldots (m+n+1)}+\dfrac{1}{2^{m+n}}}$,

REMARQUE.

Si l'on compare les deux termes $\dfrac{n.(n-1)\ldots\ldots\ldots\ldots 1}{(m+1).(m+2)\ldots\ldots m+n+1}$ & $\dfrac{1}{2^{m+n}}$, on trouvera que, si on suppose $m = an$ & $n = \frac{1}{0}$, le rapport du premier au second de ces termes sera $\frac{1}{0}$ tant que a sera plus grand ou plus petit que 1, & au contraire zéro lorsque $a = 1$.

Ainsi supposons m & n donnés & inégaux; si on continue d'observer les évènemens, & que m & n conservent la même proportion, on parviendra à une valeur de m & de n, telle qu'on aura une probabilité aussi grande qu'on voudra, que la probabilité des évènemens *A* & *N* est constante.

Par la même raison, lorsque *m* & *n* sont fort grands, leur différence, quoique très-grande en elle-même, peut être assez petite par rapport au nombre total, pour que l'on ait une très-grande probabilité que la probabilité d'avoir *A* ou *N* n'est pas constante.

PROBLÈME IV.

On suppose ici un évènement *A* arrivé *m* fois, & un évènement *N* arrivé *n* fois; que l'on sache que la probabilité inconnue d'un des évènemens soit depuis 1 jusqu'à $\frac{1}{2}$, & celle de l'autre depuis $\frac{1}{2}$ jusqu'à zéro, & l'on demande, dans les trois hypothèses des trois problèmes précédens, 1.° la probabilité que c'est *A* ou *N* dont la probabilité est depuis 1 jusqu'à $\frac{1}{2}$; 2.° la probabilité d'avoir *A* ou *N* dans le cas d'un nouvel évènement; 3.° la probabilité d'avoir un évènement dont la probabilité soit depuis 1 jusqu'à $\frac{1}{2}$.

SOLUTION. 1.° Soit supposé que la probabilité est constante, la probabilité d'avoir *m*, *A* & *n*, *N* sera exprimée, si la probabilité de *A* est depuis 1 jusqu'à $\frac{1}{2}$, par $\frac{m+n}{n}$. $\int \frac{\frac{1}{2}}{x^m.(1-x)^n \partial x}$, ce terme ainsi figuré exprimant que l'intégrale est prise depuis 1 jusqu'à $\frac{1}{2}$. Si la probabilité de *A* est depuis $\frac{1}{2}$ jusqu'à o, la probabilité d'avoir *m*, *A* & *n*, *N* sera la même intégrale prise depuis $\frac{1}{2}$ jusqu'à o, ou $\frac{m+n}{n}$ $[\int x^m.(1-x)^n \partial x - \int \frac{\frac{1}{2}}{x^m.(1-x)^n \partial x}]$, ou $\frac{m+n}{n}$ $\int [\frac{\frac{1}{2}}{x^n.(1-x)^m \partial x}]$. La probabilité que l'évènement *A* est celui dont la probabilité est au-dessus de $\frac{1}{2}$, sera donc $\frac{\int \frac{\frac{1}{2}}{x^m.(1-x)^n \partial x}}{\int x^m.(1-x)^n \partial x}$, & celle que c'est l'évènement *N*, sera

$\dfrac{\int^{\frac{1}{2}} x^n.(1-x)^m \partial x}{\int x^m.(1-x)^n \partial x}$. La probabilité d'avoir l'évènement A, si la probabilité de A est depuis 1 jusqu'à $\frac{1}{2}$, sera $\dfrac{\int^{\frac{1}{2}} x^{m+1}.(1-x)^n \partial x}{\int^{\frac{1}{2}} [x^m.(1-x)^n \partial x]}$; & si la probabilité de A est depuis $\frac{1}{2}$ jusqu'à o, la probabilité de l'évènement A sera $\dfrac{\int^{\frac{1}{2}} [x^n.(1-x)^{m+1} \partial x]}{\int^{\frac{1}{2}} [x^n.(1-x)^m \partial x]}$. Multipliant chacun de ces termes par les probabilités respectives des hypothèses auxquelles ils répondent, & prenant leur somme, la probabilité de l'évènement A sera $\dfrac{\int x^{m+1}.(1-x)^n \partial x}{\int x^m.(1-x)^n \partial x}$, & semblablement celle de l'évènement N sera $\dfrac{\int x^m.(1-x)^{n+1} \partial x}{\int x^m.(1-x)^n \partial x}$.

Par la même raison, la probabilité de l'évènement A, cette probabilité étant depuis 1 jusqu'à $\frac{1}{2}$, étant multipliée par la probabilité qu'elle est renfermée dans ces limites, donne $\dfrac{\int^{\frac{1}{2}} [x^{m+1}.(1-x)^n \partial x]}{\int x^m.(1-x)^n \partial x}$, & celle d'avoir N dans la même hypothèse, sera $\dfrac{\int^{\frac{1}{2}} [x^{n+1}.(1-x)^m \partial x]}{\int x^m.(1-x)^n \partial x}$, & leur somme, ou $\dfrac{\int^{\frac{1}{2}} [(x^{m+1}.(1-x)^n + x^{n+1}.(1-x)^m] \partial x}{\int x^m.(1-x)^n \partial x}$ exprimera la probabilité d'avoir un évènement dont la probabilité sera entre 1 & $\frac{1}{2}$.

2.° Soit supposée maintenant la probabilité changeante à chaque évènement, mais étant toujours pour le même, ou depuis 1 jusqu'à $\frac{1}{2}$, ou depuis o jusqu'à $\frac{1}{2}$.

La probabilité d'avoir l'évènement *A*, *m* fois, & *N*, *n* fois; celle de *A* étant depuis 1 jusqu'à $\frac{1}{2}$, sera $\frac{m+n}{n}$. $\int^{\frac{1}{2}} x\partial x^{m} \int^{\frac{1}{2}} (1-x).\partial x$; & si c'est la probabilité de *N* qui est depuis 1 jusqu'à $\frac{1}{2}$, la probabilité d'avoir *A*, *m* fois, & *N*, *n* fois, sera exprimée par $\frac{m+n}{n} \int^{\frac{1}{2}} x\partial x^{n} \int^{\frac{1}{2}} (1-x).\partial x^{m}$; le nombre total des combinaisons étant $\int (x\partial x)^{m+n} = 1^{m+n}$, la probabilité de *m*, *A* & *n*, *N* sera donc dans la première hypothèse, $\frac{m+n}{n} \frac{3^{m}}{8^{m+n}}$; & dans la seconde, $\frac{m+n}{n} \frac{3^{n}}{8^{m+n}}$; en sorte que la probabilité que *A*, plutôt que *N*, a une probabilité entre 1 & $\frac{1}{2}$, sera $\frac{3^{m}}{3^{m}+3^{n}}$, & la probabilité contraire $\frac{3^{n}}{3^{m}+3^{n}}$. La probabilité d'avoir une fois de plus l'évènement *A*, si la probabilité de *A* est depuis 1 jusqu'à $\frac{1}{2}$, sera

$$\frac{\int^{\frac{1}{2}} x\partial x^{m+1} \int^{\frac{1}{2}} (1-x).\partial x^{n}}{\int x\partial x \,.\int^{\frac{1}{2}} x\partial x^{m} .\int^{\frac{1}{2}} (1-x).\partial x^{n}};$$

& si la probabilité de *A* est au contraire depuis $\frac{1}{2}$ jusqu'à o, la probabilité d'avoir *A* une fois de plus, sera

$$\frac{\int^{\frac{1}{2}} (1-x).\partial x^{m+1} \int^{\frac{1}{2}} x\partial x^{n}}{\int x\partial x \,.\int^{\frac{1}{2}} (1-x).\partial x^{m} \int^{\frac{1}{2}} x\partial x^{n}};$$

& les multipliant par la probabilité de chaque hypothèse, & prenant leur somme, on aura pour la probabilité d'amener *A*, $\frac{3^{m}\cdot\frac{3}{4}+3^{n}\cdot\frac{1}{4}}{3^{m}+3^{n}}$ · & pour celle d'amener *N*, $\frac{3^{m}\cdot\frac{1}{4}+3^{n}\cdot\frac{3}{4}}{3^{m}+3^{n}}$. La probabilité d'amener A lorsqu'il a une probabilité entre 1 & $\frac{1}{2}$, est $\frac{3^m.\frac{1}{2}}{3^m+3^n}$; celle d'amener N, en supposant sa probabilité entre 1 & $\frac{1}{2}$, est $\frac{3^n.\frac{1}{2}}{3^m+3^n}$. Donc la probabilité d'avoir en général un évènement dont la probabilité soit entre 1 & $\frac{1}{2}$, sera égale à $\frac{3}{4}$, quels que soient m & n.

3.° Les probabilités d'avoir m, A & n, N dans les deux hypothèses, sont ici comme $\int x^m.(1-x)^n \partial x$ à $\frac{3^m+3^n}{4^{m+n}}$; nous aurons donc pour la troisième la probabilité que A, plutôt que N, a sa probabilité depuis 1 jusqu'à $\frac{1}{2}$, exprimée par

$$\frac{\int \overset{\frac{1}{2}}{\overline{x^m.(1-x)^n \partial x}} + \frac{3^m}{4^{m+n}}}{\int x^m.(1-x)^n.\partial x + \frac{3^m+3^n}{4^{m+n}}};$$

la probabilité d'amener A une fois sera exprimée par

$$\frac{\int x^{m+1}.(1-x)^n \partial x + \frac{3^{m+1}+3^n}{4^{m+n+1}}}{\int x^m.(1-x)^n \partial x + \frac{3^m+3^n}{4^{m+n}}}.$$

Enfin la probabilité d'avoir un évènement dont la probabilité soit depuis 1 jusqu'à $\frac{1}{2}$, sera

$$\frac{\int \overset{\frac{1}{2}}{\overline{[x^{m+1}.(1-x)^n + x^{n+1}.(1-x)^m]\partial x}} + \frac{3^{m+1}+3^{n+1}}{4^{m+n+1}}}{\int x^m.(1-x)^n \partial x + \frac{3^m+3^n}{4^{m+n}}}.$$

PROBLÈME V.

Conservant les mêmes hypothèses, on demande quelle est, dans le cas du problème premier, la probabilité, 1.° que celle de l'évènement A n'est pas au-dessous d'une quantité donnée; 2.° qu'elle ne diffère de la valeur moyenne $\frac{m}{m+n}$ que d'une quantité a; 3.° que la probabilité d'amener A, n'est point au-dessous d'une limite a; 4.° qu'elle ne diffère de la probabilité moyenne $\frac{m+1}{m+n+2}$ que d'une quantité moindre que a. On demande aussi, ces probabilités étant données, quelle est la limite a pour laquelle elles ont lieu.

SOLUTION. 1.° $\frac{m}{m+n}\int x^m.(1-x)^n \partial x$ exprime la probabilité d'avoir m, A & n, N. La probabilité d'avoir m, A & n, N, la probabilité de A étant prise depuis 1 jusqu'à a, sera $\frac{m}{m+n}\int\frac{a}{[x^m.(1-x)^n]\partial x}$, cette fonction exprimant l'intégrale prise depuis 1 jusqu'à a. La probabilité que celle de A n'est pas au-dessous de a, sera donc $\frac{\int\frac{a}{[x^m.(1-x)^n\partial x]}}{\int[x^m.(1-x)^n\partial x]}$; & appelant M cette probabilité, on aura

$$M = \frac{n.n-1\ldots\ldots\ldots 1}{(m+1).(m+2)\ldots\ldots\ldots(m+n+1)} - \frac{\frac{1}{m+1}a^{m+1}.(1-a)^n + \frac{n}{(m+1).(m+2)}a^{m+2}.(1-a)^{n-1}\ldots\ldots + \frac{n.(n-1)\ldots\ldots\ldots 1}{(m+1).(m+2)\ldots.(m+n+1)}a^{m+n+1}}{\frac{n.(n-1)\ldots\ldots\ldots 1}{m+1.m+2\ldots\ldots\ldots m+n+1}}$$

2.° La probabilité que celle de A est au-dessus de $\frac{m+n}{n}+a$, sera exprimée par $\frac{\int\frac{\frac{m}{m+n}+a}{x^m.(1-x)^n\partial x}}{\int x^m.(1-x)^n\partial x}$, & celle qu'elle est au-dessus de $\frac{m}{m+n}-a$, par $\frac{\int\frac{\frac{m}{m-n}-a}{x^m.(1-x)^n\partial x}}{\int x^m.(1-x)^n\partial x}$; & la valeur de la probabilité que celle de A est entre ces deux limites, par la différence de ces formules. Si donc on l'appelle M, on aura

$M =$

$$M = \frac{\frac{1}{m+1}\left[\left(\frac{m}{m+n}+a\right)^{m+1}\left(\frac{n}{m+n}-a\right)^{n}-\left(\frac{m}{m+n}-a\right)^{m+1}\left(\frac{n}{m+n}+a\right)^{n}\right] + \frac{n}{(m+1).(m+2)}\left[\left(\frac{m}{m+n}+a\right)^{m+2}\left(\frac{n}{m+n}-a\right)^{n-1}-\left(\frac{m}{m+n}-a\right)^{m+2}\left(\frac{n}{m+n}+a\right)^{n-1}\right] \ldots\ldots + \frac{n.(-1)\ldots\ldots 1}{(m+1).(m+2)\ldots(m+n+1)}\left[\left(\frac{m}{m+n}+a\right)^{m+n+1}-\left(\frac{m}{m+n}-a\right)^{m+n+1}\right]}{\frac{n.(n-1)\ldots\ldots 1}{(m+1).(m+2)\ldots\ldots(m+n+1)}}$$

3.° Si a est toujours la limite de la probabilité de l'évènement A, la probabilité que x n'est pas au-dessous de cette limite, sera exprimée par la valeur de M, *article 1.er* On aura donc une probabilité égale que celle d'amener l'évènement A n'est pas au-dessous de a.

4.° Il est clair, par la même raison, que la formule

$$M = \frac{\frac{1}{m+1}\left[\left(\frac{m+1}{m+n+2}+a\right)^{m+1}\left(\frac{n+1}{m+n+2}-a\right)^{n}-\left(\frac{m+1}{m+n+2}-a\right)^{m+1}\left(\frac{n+1}{m+n+2}+a\right)^{n}\right]\ldots\ldots - \frac{n}{m+n+2}\left[\left(\frac{m+1}{m+n+2}+a\right)^{m+2}\left(\frac{n+1}{m+n+2}-a\right)^{n-1}-\left(\frac{m+1}{m+n+2}-a\right)^{m+2}\left(\frac{n+1}{m+n+2}+a\right)^{n-1}\right] \ldots\ldots + \frac{n.(n-1)\ldots\ldots 1}{(m+1).(m+2)\ldots\ldots m+n+1}\left[\left(\frac{m+1}{m+n+2}+a\right)^{m+n+1}-\left(\frac{m+1}{m+n+2}-a\right)^{m+n+1}\right]}{\frac{n.(n-1)\ldots\ldots 1}{(m+1).(m+2)\ldots\ldots(m+n+1)}}$$

exprimera la probabilité que celle de l'évènement A est entre $\frac{m+1}{m+n+2}+a$ & $\frac{m+1}{m+n+2}-a$.

REMARQUE.

Ces formules servent également à donner M en a ou a en M, mais cette dernière valeur seroit impossible à obtenir d'une manière rigoureuse; cependant on peut observer que l'on peut toujours, au moins après quelques tâtonnemens, avoir une équation

$$M = \frac{1}{m+1}\left[(b+a)^{m+1}(1-b-a)^{n}-(b'-a)^{m+1}(1-b'+a)^{n}\right] + \frac{n}{(m+1).(m+2)}\left[(b+a)^{m+2}(1-b-a)^{n-1}-(b'-a)^{m+2}(1-b'+a)^{n-1}\right] \ldots\ldots + \frac{n.(n-1)\ldots\ldots 1}{(m+1).(m+2)\ldots(m+n+1)}\left[(b+a)^{m+n+1}-(b-a)^{m+n+1}\right],$$

où a eſt très-petit par rapport à b, $1 - b$, b', $1 - b'$, quantités connues; on en tirera une équation ordonnée par rapport à a, de laquelle il ſera aiſé d'obtenir, ſans un calcul très-compliqué, une valeur approchée de cette quantité.

PROBLÈME VI.

En conſervant les mêmes données, on propoſe les mêmes queſtions pour le cas où la probabilité n'eſt pas conſtante.

SOLUTION. 1.° Dans ce cas, la probabilité d'avoir m, A & N, n, eſt $\frac{m+n}{n}\int(x\partial x)^m\int[(1-x)\partial x]^n = \frac{m+n}{n}\,\frac{1}{2^{m+n}}$; & la probabilité d'avoir m, A & n, N, ſi la probabilité de A eſt depuis 1 juſqu'à a, ſera $\frac{m+n}{m}\left(\frac{1}{2}-\frac{a^2}{2}\right)^m\left(\frac{1}{2}-a+\frac{a^2}{2}\right)^n$. La probabilité que celle de A eſt toujours contenue entre ces limites, ſera donc

$$\frac{\left(\frac{1}{2}-\frac{a^2}{2}\right)^m\left(\frac{1}{2}-a+\frac{a^2}{2}\right)^n}{\frac{1}{2^{m+n}}} = (1-a^2)^m\,(1-2a+a^2)^n.$$

Mais ſi on veut connoître la probabilité qu'elle a été toujours plutôt au-deſſus qu'au-deſſous de cette limite, alors cette probabilité ſera exprimée par $\frac{\left(\frac{1}{2}-\frac{a^2}{2}\right)^m\left(\frac{1}{2}-a+\frac{a^2}{2}\right)^n}{\left(\frac{1}{2}-\frac{a^2}{2}\right)^m\left(\frac{1}{2}-a+\frac{a^2}{2}\right)^n+\left(\frac{a^2}{2}\right)^m\left(a-\frac{a^2}{2}\right)^n}$

$$= \frac{(1-a^2)^m(1-2a+a^2)^n}{(1-a^2)^m(1-2a+a^2)^n+a^{2m}(2a-a^2)^n}.$$

2.° Soient $b+a$ & $b-a$ les limites de la probabilité

de A, celle qu'elle ſera conſtamment entre ces limites, ſera exprimée par

$$\frac{\left[\frac{(b+a)^2}{2} - \frac{(b-a)^2}{2}\right]^m \left[a+b - \frac{(a+b)^2}{2} - (b-a) + \frac{(b-a)^2}{2}\right]^n}{2^{m+n}};$$

& celle qu'elle y ſera plutôt renfermé que conſtamment au-deſſus ou conſtamment au-deſſous, ſera exprimée par

$$\frac{\left[\frac{(b+a)^2}{2} - \frac{(b-a)^2}{2}\right]^m \left[a+b - \frac{(a+b)^2}{2} - (b-a) + \frac{(b-a)^2}{2}\right]^n}{\left[\frac{(b+a)^2}{2} - \frac{(b-a)^2}{2}\right]^m \left[a+b - \frac{(a+b)^2}{2} - (b-a) + \frac{(b-a)^2}{2}\right]^n + \left[\frac{1}{2} - \frac{(b+a)^2}{2}\right]^m \left[\frac{1}{2} - (b+a) + \frac{(b+a)^2}{2}\right]^n + \left[\frac{(b-a)^2}{2}\right]^m \left[b-a-\frac{(b-a)^2}{2}\right]^n}$$

3.° La probabilité que celle de l'évènement A eſt entre 1 & a, ſera exprimée ici par $\frac{\frac{1}{2} - \frac{a^2}{2}}{\frac{1}{2}} = 1 - a^2$.

4.° La probabilité qu'elle ſera entre $b + a$ & $b - a$, ſera exprimée par $\frac{\frac{(b+a)^2}{2} - \frac{(b-a)^2}{2}}{\frac{1}{2}} = (b+a)^2 - (b-a)^2$.

REMARQUE.

Nous n'examinerons pas ici en détail le cas qui réſulte de la combinaiſon des deux précédens; on voit qu'il faudroit ſeulement multiplier la probabilité qui a été trouvée, *Problèmes V & VI*, par la probabilité que chaque hypothèſe a lieu, comme on l'a fait, *Problème III*.

PROBLÈME VII.

Suppoſant qu'un évènement A eſt arrivé m fois, & qu'un

évènement N est arrivé n fois, on demande la probabilité que l'évènement A dans q fois arrivera $q - q'$ fois, & l'évènement N, q' fois.

SOLUTION. La probabilité de l'évènement A étant x, & celle de l'évènement N, $1 - x$, la probabilité d'amener $(q - q')$, A, & q', N après m, A & n, N, sera $\frac{m+n}{n} \frac{q}{q'} x^{m+q-q'} . (1 - x)^{n+q'}$; & celle d'amener toutes les autres combinaisons possibles en q coups, sera $\frac{m+n}{n} x^m . (1 - x)^n$. Donc puisque x peut, par l'hypothèse, avoir également toutes les valeurs depuis l'unité jusqu'à zéro, la probabilité d'avoir $(q - q')$, A & q', N, sera exprimée par

$$\frac{\frac{m+n}{n} \frac{q}{q'} \int x^{m+q-q'} . (1 - x)^{n+q'} \partial x}{\frac{m+n}{n} \int x^m (1 - x)^n \partial x} = \frac{q}{q'} \frac{\int x^{m+q-q'} . (1 - x)^{n+q'} \partial x}{\int x^m . (1 - x)^n \partial x}$$

$$= \frac{q}{q'} \frac{(n+1) \ldots\ldots\ldots\ldots (n+q') \times (m+1) \ldots\ldots\ldots\ldots (m+q-q')}{(m+n+2) \ldots\ldots\ldots\ldots (m+n+q+1)}.$$

REMARQUE.

Il suit de ce que nous venons de dire, que les probabilités d'avoir q, A; $(q - 1)$, A & 1, N; $(q - 2)$, A & 2, N; $(q - 3)$, A & 3, N. . . . . . $(q - q')$, A & q', N. . . . . 2, A & $(q - 2)$, N; 1, A & $(q - 1)$, N, ou enfin q, N, seront exprimées par la suite des termes

$$\frac{(m+1) \ldots\ldots\ldots\ldots (m+q)}{(m+n+2) \ldots\ldots (m+n+q+1)}; q . \frac{(n+1)(m+1) \ldots\ldots (m+q-1)}{(m+n+2) \ldots\ldots (m+n+q+1)}$$

$$\frac{q}{2} \frac{(n+1) . (n+2) . (m+1) \ldots\ldots\ldots\ldots (m+q-2)}{(m+n+2) \ldots\ldots\ldots\ldots (m+n+q+1)} \ldots\ldots\ldots$$

$$\frac{q}{q'}\,\frac{(n+1)\ldots\ldots\ldots(n+q')\times(m+1)\ldots\ldots(m+q-q')}{(m+n+2)\ldots\ldots\ldots\ldots\ldots\ldots(m+n+q+1)}\;\ldots\ldots\ldots$$

$$\frac{q}{2}\,.\,\frac{(n+1)\ldots\ldots\ldots\ldots\ldots\ldots(n+q-2)\times(m+1)\,.\,(m+2)}{(m+n+2)\ldots\ldots\ldots\ldots\ldots(m+n+q+1)}\;;$$

$$q\,.\,\frac{(n+1)\ldots(n+q-1)\times(m+1)}{(m+n+2)\ldots\ldots(m+n+q+1)}\;;\;\frac{(n+1)\ldots\ldots\ldots\ldots(n+q)}{(m+n+2)\ldots\,(m+n+q+1)}\;;$$

& la somme de tous ces termes, quels que soient m, n & q, doit être égale à l'unité, en sorte que l'on aura en général,

$$\frac{(m+1)\ldots\ldots\ldots\ldots(m+q)}{(m+n+2)\ldots\ldots(m+n+q+1)}+q\,.\,\frac{(n+1)\,.\,(m+1)\ldots\ldots(m+q-1)}{m+n+2\ldots\ldots m+n+q+1}$$

$$+\frac{q}{2}\,\frac{(n+1)\,.\,(n+2)\,.\,(m+1)\ldots\ldots\ldots\ldots\ldots\ldots(m+q-2)}{(m+n+2)\ldots\ldots\ldots\ldots\ldots\ldots\ldots(m+n+q+1)}$$

$$+\frac{q}{3}\,\frac{(n+1)\,.\,(n+2)\,.\,(n+3)\,.\,(m+1)\ldots\ldots\ldots\ldots(m+q-3)}{m+n+2\ldots\ldots\ldots\ldots m+n+q+1}\;\ldots\ldots$$

$$+\frac{q}{2}\,\frac{(m+1)\,.\,(m+2)\,.\,(n+1)\ldots\ldots\ldots\ldots\ldots\ldots(n+q-2)}{(m+n+2)\ldots\ldots\ldots\ldots\ldots(m+n+q+1)}$$

$$+q\,.\,\frac{(m+1)\,.\,(n+1)\ldots\ldots\ldots\ldots\ldots\ldots\ldots\ldots(n+q-2)}{(m+n+2)\ldots\ldots\ldots\ldots\ldots\ldots\ldots\ldots(m+n+q+1)}$$

$$+\frac{n+1\ldots\ldots\ldots\ldots\ldots\ldots\ldots\ldots n+q}{m+n+2\ldots\ldots\ldots\ldots\ldots m+n+q+1}=1.$$

PROBLÈME VIII.

On demande dans la même hypothèse, 1.° le nombre des évènemens futurs étant $2q+1$, la probabilité que le nombre des évènemens N ne surpassera pas de $2q'+1$ le nombre des évènemens A; 2.° la probabilité que le nombre des évènemens A surpassera de $2q'+1$ le nombre des évènemens N.

SOLUTION. 1.° Soit V^q la probabilité cherchée, on aura, par le Problème précédent;

$$V^q=\frac{(m+1)\ldots\ldots\ldots\ldots\ldots\ldots\ldots\ldots\ldots(m+2q+1)}{(m+n+2)\ldots\ldots\ldots\ldots\ldots\ldots\ldots\ldots\ldots(m+n+2q+2)}$$

$$+(2q+1)\cdot\frac{(n+1).(m+1)\ldots\ldots\ldots\ldots(m+2q)}{(m+n+2)\ldots\ldots\ldots\ldots(m+n+2q+2)}$$

$$+\frac{2q+1}{2}\;\frac{(n+1).(n+2).m+1\ldots\ldots\ldots m+2q-1}{m+n+2\ldots\ldots\ldots\ldots m+n+2q+2}\ldots\ldots$$

$$+\frac{2q+1}{q+q'}\;\frac{(m+1)\ldots\ldots(m+q-q'+1)\times(n+1)\ldots\ldots(n+q+q')}{(m+n+2)\ldots\ldots\ldots\ldots(m+n+2q+2)}$$

Par la même raiſon, nous aurons

$$V^{q+1}=\frac{(m+1)\ldots\ldots\ldots\ldots\ldots\ldots(m+2q+3)}{(m+n+2)\ldots\ldots\ldots\ldots\ldots\ldots(m+n+2q+4)}$$

$$+(2q+3)\cdot\frac{(n+1).(m+1)\ldots\ldots\ldots\ldots(m+2q+2)}{(m+n+2)\ldots\ldots\ldots\ldots(m+n+2q+4)}$$

$$+\frac{2q+3}{2}\;\frac{(n+1).(n+2).(m+1)\ldots\ldots\ldots(m+2q+1)}{(m+n+2)\ldots\ldots\ldots\ldots(m+n+2q+4)}\ldots$$

$$+\frac{2q+3}{q+q'+1}\;\frac{(m+1)\ldots(m+q-q'+2)\times(n+1)\ldots(n+q+q'+1)}{(m+n+2)\ldots\ldots\ldots(m+n+2q+4)}.$$

Cela poſé, nous obſerverons, 1.° que V ne changera pas de valeur ſi on multiplie ſon premier terme par une fonction

$$\frac{(m+2q+2).(m+2q+3)}{(m+n+2q+3).(m+n+2q+4)}+\frac{2.(m+2q+2).(n+1)}{(m+n+2q+3).(m+n+2q+4)}$$
$$+\frac{(n+1).(n+2)}{(m+n+2q+3).(m+n+2q+4)};$$

ſon ſecond terme par une fonction

$$\frac{(m+2q+1).(m+2q+2)}{(m+n+2q+3).(m+n+2q+4)}+\frac{2.(m+2q+1).(n+2)}{(m+n+2q+3).(m+n+2q+4)}$$
$$+\frac{(n+2).(n+3)}{(m+n+2q+3).(m+n+2q+4)};$$

ſon troiſième terme par une fonction

$$\frac{(m+2q).(m+2q+1)}{(m+n+2q+3).(m+n+2q+4)}+\frac{2.(m+2q).(n+3)}{(m+n+2q+3).(m+n+2q+4)}$$
$$+\frac{(n+3).(n+4)}{(m+n+2q+3).(m+n+2q+4)};$$

& un terme quelconque

$$\frac{2q+1}{r}\;\frac{(m+1)\ldots\ldots\ldots(m+2q+1-r)\times(n+1)\ldots\ldots\ldots(n+r)}{(m+n+2)\ldots\ldots\ldots\ldots\ldots(m+n+2q+2)}$$

par une fonction $\frac{(m+2q+2-r).(m+2q+3-r)}{(m+n+2q+3).(m+n+2q+4)}$

$+\frac{(n+r+1).(m+2q+2-r)}{(m+n+2q+3).(m+u+2q+4)}+\frac{(n+r+1).(n+r+2)}{(m+n+2q+3).(m+n+2q+4)}$

puisque chacune de ces fonctions est égale à l'unité.

2.° On observera également que si on multiplie le terme

$$\frac{2q+1}{r}\;\frac{(m+1)\ldots\ldots\ldots(m+2q+1-r)\times(n+1)\ldots\ldots\ldots(n+r)}{(m+n+2)\ldots\ldots\ldots\ldots(m+n+2q+2)}$$

par $\frac{(m+2q+2-r).(m+2q+3-r)}{(m+n+2q+3).(m+n+2q+4)}$, le terme précédent

$$\frac{2q+1}{r-1}\;\frac{(m+1)\ldots\ldots\ldots(m+2q+2-r)\times(n+1)\ldots\ldots\ldots(n+r-1)}{(m+n+2)\ldots\ldots\ldots\ldots(m+n+2q+4)}$$

par $\frac{2.(m+2q+3-r).(n+r)}{(m+n+2q+3).(m+n+2q+4)}$, & le terme qui précède ce dernier, & qui est

$$\frac{2q+1}{r-2}\;\frac{(m+1)\ldots\ldots\ldots(m+2q+3-r)\times(n+1)\ldots\ldots\ldots(n+r-2)}{(m+n+2)\ldots\ldots\ldots\ldots(m+n+2q+2)}$$

par $\frac{(n+r-1).(n+r)}{(m+n+2q+3).(m+n+2q+4)}$, la somme de ces trois termes ainsi multipliés, sera égale au terme correspondant de V^{q+1}, $\frac{2q+3}{r}\;\frac{(m+1)\ldots\ldots(m+n+2q+3-r)\times(n+1)\ldots\ldots(n+r)}{m+n+2\ldots\ldots\ldots\ldots m+n+2q+4}$;

d'où l'on conclura que V^{q+1} & V^{q} multiplié ainsi par des fonctions égales à l'unité, ne différeront que par leurs derniers termes.

Multipliant donc le dernier terme de V, ou

$$\frac{2q+1}{q+q'}\;\frac{(m+1)\ldots\ldots\ldots(m+q-q'+1)\times(n+1)\ldots\ldots\ldots(n+q+q')}{(m+n+2)\ldots\ldots\ldots\ldots(m+n+2q+2)}$$

par $\frac{(m+q-q'+2).(m+q-q'+3)}{(m+n+2q+3).(m+n+2q+4)}+\frac{2.(m+q-q'+2).(n+q+q'+1)}{(m+n+2q+3).(m+n+2q+4)}$

$+\frac{(n+q+q'+1).(n+q+q'+2)}{(m+n+2q+3).(m+n+2q+4)}$, on trouvera que le terme

$$\frac{2q+1}{p+q'}\;\frac{(m+1)\ldots\ldots(m+q-q'+1)\times(n+1)\ldots\ldots(n+q+q'+2)}{m+n+2\ldots\ldots\ldots\ldots m+n+2q+4}$$

ne doit pas entrer dans V^{q+1}

Mais on trouvera de même que le terme

$$\frac{2q+1}{q+q'+1}\ \frac{(m+1)\ldots\ldots(m+q-q')\times(n+1)\ldots\ldots(n+q+q'+1)}{(m+n+2)\ldots\ldots\ldots\ldots(m+n+2q+2)},$$

qui, multiplié par $\frac{(m+q-q'+1).(m+q-q'+2)}{m+n+2q+3\ .\ m+n+2q+4}$, doit entrer dans la formation de V^{q+1}, n'entre pas dans celle de V^q. Nous aurons donc

$$V^{q+1}-V^q=\frac{2q+1}{q+q'+1}\ \frac{(m+1)\ldots(m+q-q'+2)\times(n+1)\ldots(n+q+q'+1)}{(m+n+2)\ldots\ldots\ldots(m+n+2q+4)}$$

$$-\frac{2q+1}{q+q'}\ \frac{(m+1)\ldots\ldots(m+q-q'+1)\times(n+1)\ldots\ldots(n+q+q'+2)}{(m+n+2)\ldots\ldots\ldots\ldots\ldots(m+n+2q+4)}$$

Nous aurons donc la différence de V^{q+1} à V^q égale à

$$\frac{2q+1}{q+q'}\ \frac{(m+1)\ldots\ldots\ldots(m+q-q'+1)\times(n+1)\ldots\ldots\ldots(n+q+q'+1)}{(m+n+2)\ldots\ldots\ldots\ldots\ldots(m+n+2q+4)}$$

$$\left[\frac{q-q'+1}{q+q'+1}.(m+q-q'+2)-(n+q+q'+2)\right],$$

& par conséquent nous aurons

$$V^q=1-\frac{(n+1)\ldots\ldots\ldots(n+2q'+1)}{m+n+2\ldots\ldots m+n+2q'+2}+(2q'+1)\ (m+1)$$

$$\frac{(n+1)\ldots\ldots n+2q'+1}{m+n+2\ldots m+n+2q'+4}\left[\frac{1}{2q'+1}(m+2)-(n+2q'+2)\right]$$

$$+\frac{2q'+3}{2}(m+1).(m+2)\frac{(n+1)\ldots\ldots\ldots\ldots(n+2q'+2)}{(m+n+2)\ldots(m+n+2q'+6)}$$

$$\left[\frac{2}{2q'+2}.(m+3)-(n+2q'+3)\right]\ldots\ldots\ldots\ldots$$

$$+\frac{2q'+5}{3}(m+1).(m+2).(m+3).\frac{(n+1)\ldots\ldots(n+2q'+3)}{(m+n+2)..(m+n+2q'+8)}$$

$$\left[\frac{3}{2q+3}(m+4)-(n+2q'+4)\right]\ldots\ldots\ldots\ldots$$

$$\ldots\ldots+\frac{2q-1}{q-q'+1}\ \frac{m+1\ldots m+q-q'\times n+1\ldots n+q+q'}{m+n+2\ldots\ldots\ldots m+n+2q+2}$$

$$\left[\frac{q-q'}{q+q'}(m+q-q'+1)-(n+q+q'+1)\right],$$

formule analogue à celle de la *page 15*, & qui s'y réduit en supposant m & n infinis par rapport à q, & $v=\frac{m}{m+n}$, $e=\frac{n}{m+n}$.

Il

Il ſuit de cette formule, que la quantité V^q ſera croiſſante à tous les termes où l'on aura $mq - 2qq' - (m + 1) . q' > nq + 2qq' + (n + 1) . q'$, & décroiſſante lorſque $mq - 2qq' - (m + 1) . q' < nq + 2qq' + (n + 1) q'$. Si l'on ſuppoſe $q = \frac{1}{0}$, la condition précédente ſe réduit à $(m - 2q') q \gtrless (n + 2q') q$, ou $m - 2q' \gtrless n + 2q'$, & par conſéquent la ſérie qui donne la valeur de V, finira par être continuellement croiſſante dans le premier cas, & décroiſſante dans le ſecond. Elle deviendra donc continuellement croiſſante ſi $m > n + 4q'$, & décroiſſante dans le cas contraire. Si on ſuppoſe que m & n ſoient infinis par rapport à q', la condition ſe réduit à $m \gtrless n$, ce qui s'accorde avec ce que nous avons trouvé, *première Partie*, *ſeconde hypothèſe*.

2.° Nous aurons

$$V'^q = \frac{(m+1) \ldots\ldots (m+2q+1)}{(m+n+2) \ldots\ldots (m+n+2q+2)}$$

$$+ (2q+1) . \frac{(m+1) \ldots\ldots (m+2q) . (m+1)}{(m+n+2) \ldots\ldots (m+n+2q+2)}$$

$$+ \frac{2q+1}{2} \frac{(m+1) \ldots\ldots (m+2q-1) . (n+1) . (n+2)}{(m+n+2) \ldots\ldots (m+n+2q+2)}$$

$$\ldots + \frac{2q+1}{q-q'} \frac{(m+1) \ldots (m+q+q'+1) \times (n+1) \ldots (n+q-q')}{(m+n+2) \ldots\ldots (m+n+2q+2)}$$

$$\& \; V'^{q+1} = \frac{(m+1) \ldots\ldots (m+2q+3)}{(m+n+2) \ldots\ldots (m+n+2q+4)}$$

$$+ (2q+1) . \frac{(m+1) \ldots\ldots (m+2q+2) . (n+1)}{(m+n+2) \ldots\ldots (m+n+2q+4)}$$

$$+ \frac{2q+3}{2} \frac{(m+1) \ldots\ldots (m+2q+1) . (n+1) . (n+2)}{(m+n+2) \ldots\ldots (m+n+2q+4)}$$

$$\ldots\ldots + \frac{2q+3}{q-q'+1} . \frac{(m+1) \ldots (m+q+q'+2) \times (n+1) . (n+q-q'+1)}{(m+n+2) \ldots\ldots (m+n+2q+4)};$$

& ſi nous multiplions terme à terme V'^q par des fonctions du ſecond degré égales à l'unité, afin de le pouvoir comparer à V'^{q+1}, nous trouverons 1.° que le terme

$\frac{2q+1}{q-q'} \frac{(m+1)\ldots\ldots(m+q+q'+1)\times(n+1)\ldots\ldots(n+q-q'+2)}{(m+n+2)\ldots\ldots\ldots\ldots(m+n+2q+4)}$, qui entre dans les produits dont la somme est égale à V'^q, ne doit pas entrer dans V'^{q+1}; 2.° que réciproquement le terme $\frac{2q+1}{q-q'+1} \frac{(m+1)\ldots\ldots(m+q+q'+2)\times(n+1)\ldots\ldots(n+q-q'+1)}{(m+n+2)\ldots\ldots\ldots\ldots(m+n+2q+4)}$, qui doit entrer dans les produits qui forment V'^{q+1}, provient d'un terme qui n'entre pas dans V'^q. Nous aurons donc

$$V'^{q+1} - V'^q = \frac{2q+1}{q-q'+1} \frac{(m+1)\ldots\ldots(m+q+q'+2)\times(n+1)\ldots\ldots(n+q-q'+1)}{(m+n+2)\ldots\ldots\ldots\ldots(m+n+2q+4)}$$

$$- \frac{2q+1}{q-q'} \frac{(m+1)\ldots\ldots(m+q+q'+1)\times(n+1)\ldots\ldots(n+q-q'+2)}{(m+n+2)\ldots\ldots\ldots\ldots(m+n+2q+4)}$$

$$= \frac{2q+1}{q-q'} \frac{(m+1)\ldots\ldots(m+q+q'+1)\times(n+1)\ldots\ldots(n+q-q'+1)}{(m+n+2)\ldots\ldots\ldots\ldots(m+n+2q+4)}$$

$$\left[\frac{q+q'+1}{q-q'+1}(m+q+q'+2) - (n+q-q'+1)\right];$$

d'où nous tirerons $V'^q = \frac{(m+1)\ldots\ldots\ldots\ldots(m+2q'+1)}{(m+n+2)\ldots\ldots\ldots(m+n+2q'+2)}$

$$+ \frac{(m+1)\ldots\ldots\ldots\ldots\ldots\ldots\ldots\ldots(m+2q'+1).(n+1)}{(m+n+2)\ldots\ldots\ldots\ldots\ldots\ldots\ldots\ldots(m+n+2q'+4)}$$

$$[(2q'+1).(m+2q'+2) - (n+2)]$$

$$+ (2q'+1)\frac{(m+1)\ldots\ldots\ldots\ldots(m+2q'+2)\ (n+1)\ (n+2)}{(m+n+2)\ldots\ldots\ldots\ldots(m+n+2q'+6)} \times$$

$$\left[\frac{2q'+2}{2}.(m+2q'+3) - (n+3)\right]\ldots\ldots\ldots$$

$$+ \frac{2q-1}{q-q'-1} \frac{(m+1)\ldots\ldots(m+q+q')\times(n+1)\ldots\ldots(n+q-q')}{(m+n+2)\ldots\ldots\ldots\ldots(m+n+2q+2)}$$

$$\left[\frac{q+q'}{q-q'}(m+q+q'+1) - (n+q-q'+1)\right],$$

formule analogue à celle de la *page 21*, & s'y réduit lorsque m & n sont infinis, en faisant $\frac{m}{m+n} = v$, & $\frac{n}{m+n} = e$.

La formule précédente sera croissante pour tous les termes où l'on aura $mq + 2qq' + (m+1).q' > nq - 2qq' - (n+1).q'$,

& décroissante pour tous ceux où l'on aura $mq + 2qq' + (m+1).q' < nq - 2qq' - (n+1).q'$. Si on suppose $q = \frac{1}{0}$, les deux conditions précédentes se réduisent à $m + 2q' \gtrless n - 2q'$, ou $m \gtrless n - 4q'$. Ainsi lorsque $m > n + 4q'$, V & V' vont tous deux continuellement en croissant lorsque q augmente au-delà d'une certaine limite.

Lorsque $m < n + 4q'$ & $m > n - 4q'$, au bout d'une certaine limite, on aura V' croissant continuellement, & V au contraire décroissant continuellement; lorsque $m < n - 4q'$, V & V' finiront par être continuellement décroissans; d'où il est aisé de conclure que V ou V' ne peuvent être égaux à l'unité, puisqu'ils ne sont qu'égaux à l'unité moins une formule qui ne peut être nulle.

On aura dans le cas de $q = \frac{1}{0}$, $V^{\frac{1}{0}} = V'^{\frac{e}{0}} = \frac{\int^{\frac{1}{2}} [x^m (1-x)^n \partial x]}{\int [x^m . (1-x)^n \partial x]}$, ce qui s'accorde avec ce qui a été trouvé dans la *première Partie, seconde hypothèse*, lorsque m & n sont infinis.

Remarque I.

L'analogie de ces formules avec celles de la première Partie, auxquelles elles deviennent semblables dans le cas de m & n infinis, montre qu'elles peuvent être employées non-seulement lorsque la valeur de v & de e est donnée *à priori*, mais aussi lorsque leur valeur moyenne a été déterminée d'après un grand nombre d'expériences. Dans ce cas, substituant $\frac{m}{m+n}$ à v, & $\frac{n}{m+n}$ à e, ou plutôt $\frac{m+1}{m+n+2}$ à v, & $\frac{m+1}{m+n+2}$ à e, on pourra, si q n'est pas très-grand, employer les formules de la première Partie au lieu de celles de ce Problème.

REMARQUE II.

La probabilité d'avoir A, $(q+q'+1)$ fois, & N, $(q-q')$ fois, est exprimée ici par
$$\frac{2q+1}{q-q'}\,\frac{(m+1)\ldots\ldots(m+q+q'+1)\times(n+1)\ldots\ldots(n+q-q')}{m+n+2\ldots\ldots\ldots\ldots m+n+2q+2},$$ & celle d'avoir N, $(q+q'+1)$ fois, & A, $q-q'$ fois, par
$$\frac{2q+1}{q-q'}\,\frac{(m+1)\ldots\ldots(m+q-q')\times(n+1)\ldots\ldots(m+q+q'+1)}{(m+n+2)\ldots\ldots\ldots\ldots(m+n+2q+2)}.$$ Donc si on sait qu'un des deux évènemens est arrivé $2q'+1$ fois plus que l'autre, la probabilité que c'est plutôt l'évènement A que l'évènement N, sera
$$\frac{(m+q-q'+1)\ldots\ldots\ldots\ldots\ldots\ldots\ldots(m+q+q'+1)}{(m+q-q'+1)\ldots\ldots(m+q+q'+1)+(n+q-q'-1)\ldots\ldots(n+q+q'+1)}.$$
Dans la première Partie nous avons trouvé la quantité correspondante exprimée par $\frac{v^{2q'+1}}{v^{2q'+1}+e^{2q'+1}}$, & l'on peut substituer l'une à l'autre, lorsque m, n & q sont très-grands par rapport à q', en faisant $v=\frac{m+q}{m+n+2q}$ & $e=\frac{n+q}{m+n+2q}$.

REMARQUE III.

Nous aurons donc ici les différentes formules analogues à celles de la première Partie; & on trouve également que, pourvu que m surpasse n de $4q'$, on pourra prendre q tel que l'on ait une probabilité toujours croissante, de n'avoir pas une pluralité $2q'+1$ en faveur de l'évènement N, & même d'avoir une pluralité $2q'+1$ en faveur de l'évènement A; mais que cette probabilité a des limites dépendantes de la valeur de m & n.

On trouvera aussi que, pourvu que m surpasse n, on pourra avoir une probabilité telle qu'on voudra que l'évènement qui a une pluralité $2q'+1$, est A plutôt que N. Il suffit pour cela d'augmenter suffisamment $2q'+1$.

PROBLÈME IX.

Nous supposerons ici seulement que le nombre des Votans est $2q$, & la pluralité $2q'$, & qu'on demande V & V' comme dans le Problème précédent.

SOLUTION. Nous aurons ici,

$$1.^{\circ}\ V^{q} = \frac{(m+1)\ldots\ldots(m+2q)}{(m+n+2)\ldots(m+n+2q+1)} + 2q\frac{(m+1)\ldots(m+2q-1).(n+1)}{(m+n+2)\ldots(m+n+2q+1)}\ldots$$

$$+ \frac{2q}{q-q'+1}\ \frac{(m+1)\ldots\ldots(m+q-q'+1)\times(n+1)\ldots\ldots(n+q+q'-1)}{(m+n+2)\ldots\ldots\ldots(m+n+2q+1)},$$

$$V^{q+1} = \frac{(m+1)\ldots\ldots(m+2q+2)}{(m+n+2)\ldots(m+n+2q+3)} + (2q+2).\ \frac{(m+1)\ldots(m+2q+1).(n+1)}{(m+n+2)\ldots(m+n+2q+3)}\ldots$$

$$+ \frac{2q+2}{q-q'}\ \frac{(m+1)\ldots\ldots(m+q-q'+2)\times(n+1)\ldots\ldots(n+q+q')}{(m+n+2)\ldots\ldots(m+n+2q+3)},$$

$$\&\ V^{q+1} - V^{q} = \frac{2q}{q-q'}\ \frac{(m+1)\ldots\ldots(m+q-q'+2)\times(n+1)\ldots\ldots(n+q+q')}{(m+n+2)\ldots\ldots\ldots(m+n+2q+3)}$$

$$- \frac{2q}{q-q'+1}\ \frac{(m+1)\ldots\ldots(m+q-q'+1)\times(n+1)\ldots\ldots(n+q+q'+1)}{(m+n+2)\ldots\ldots\ldots(m+n+2q+3)}$$

$$= \frac{2q}{q-q'+1}\ \frac{(m+1)\ldots\ldots(m+q-q'+1)\times(n+1)\ldots\ldots(n+q+q')}{(m+n+2)\ldots\ldots\ldots(m+n+2q+3)}$$

$$\times\left[\left(\frac{q-q'+1}{q+q'}\right).(m+q-q'+2)-(n+q+q'+1)\right].$$

Nous aurons donc

$$V^{q} = 1 - \frac{(n+1)\ldots\ldots(n+2q')}{(m+n+2)\ldots(m+n+2q'+1)} + 2q'.\ \frac{(m+1).(n+1)\ldots(n+2q')}{(m+n+2)\ldots(m+n+2q'+3)}$$

$$\times\left[\frac{1}{2q'}(m+2)-(n+2q'+1)\right]$$

$$\frac{2q'+2}{2}\ \frac{(m+1).(m+2).(n+1)\ldots(n+2q'+1)}{(m+n+2)\ldots\ldots(m+n+2q'+5)}\left[\frac{2}{2q'+1}(m+3)-(n+2q'+2)\right]\ldots$$

$$+ \frac{2q-2}{q-q'}\ \frac{(m+1)\ldots\ldots(m+q-q')\times(n+1)\ldots\ldots(n+q+q'-1)}{(m+n+2)\ldots\ldots\ldots(m+n+2q+1)}$$

$$\times\left[\frac{q-q'}{q+q'-1}(m+q-q'+1)-(n+q+q')\right].$$

Cette série ira en croissant tant que $(m - 2q' + 1) . q - (m + 1) . q' > (n + 2q' - 1) . q + (n - 1) . q'$, & en décroissant lorsque $(m - 2q' + 1) . q - (m + 1) . q' < (n + 2q' - 1) . q + (n - 1) . q'$, expression qui, si on suppose $q = \frac{1}{0}$, se réduit à $m - 2q' + 1 \gtrless n + 2q' - 1$, ou $m \gtrless n + 4q' - 2$.

2.° Nous aurons de même

$$V'^{q} = \frac{(m+1) \ldots\ldots\ldots (m+2q)}{m+n+2 \ldots\ldots m+n+2q+1} + 2q . \frac{(m+1) \ldots (m+q+q') . (n+1)}{(m+n+2) \ldots (m+n+2q+1)} \ldots\ldots$$

$$+ \frac{2q}{q-q'} . \frac{(m+1) \ldots\ldots\ldots (m+q+q') \times (n+1) \ldots\ldots\ldots (n+q-q')}{(m+n+2) \ldots\ldots\ldots\ldots\ldots (m+n+2q+1)}$$

$$V'^{q+1} = \frac{(m+1) \ldots\ldots\ldots (m+2q+2)}{(m+n+2) \ldots\ldots (m+n+2q+3)} + (2q+2) . \frac{(m+1) \ldots (m+2q+1) . (n+1)}{(m+n+2) \ldots (m+n+2q+3)} \ldots$$

$$+ \frac{2q+2}{q-q'+1} . \frac{(m+1) \ldots\ldots (m+q+q'+1) \times (n+1) \ldots\ldots (n+q-q'+1)}{(m+n+2) \ldots\ldots\ldots\ldots\ldots (m+n+2q+3)};$$

Nous aurons par conséquent,

$$V'^{q+1} - V'^{q} = \frac{2q}{q-q'+1} \frac{(m+1) \ldots\ldots (m+q+q'+1) \times (n+1) \ldots\ldots (n+q-q'+1)}{(m+n+2) \ldots\ldots\ldots (m+n+2q+3)}$$

$$- \frac{2q}{q-q'} \frac{(m+1) \ldots\ldots\ldots (m+q+q') \times (n+1) \ldots\ldots\ldots (n+q-q'+2)}{(m+n+2) \ldots\ldots\ldots\ldots\ldots (m+n+2q+3)}$$

$$= \frac{2q}{q-q'} \frac{(m+1) \ldots\ldots\ldots (m+q+q') \times (n+1) \ldots\ldots\ldots (n+q-q'+1)}{(m+n+2) \ldots\ldots\ldots\ldots\ldots (m+n+2q+3)}$$

$$\times \left[\frac{q+q'}{q-q'+1} (m+q+q'+1) - (n+q-q'+2) \right].$$

& $$V'^{q} = \frac{(m+1) \ldots\ldots\ldots\ldots (m+2q')}{(m+n+2) \ldots (m+n+2q'+1)} + \frac{(m+1) \ldots\ldots\ldots\ldots (m+2q') . (n+1)}{(m+n+2) \ldots\ldots (m+n+2q'+3)}$$

$$[2q'(m+2q'+1) - (n+2)] + (2q'+2)$$

$$\frac{(m+1) \ldots (m+2q'+1) . (n+1) . (n+2)}{(m+n+2) \ldots\ldots (m+n+2q'+5)} \left[\frac{2q'+1}{2} (m+2q'+2) - (n+3) \right]$$

$$\ldots\ldots\ldots \frac{2q-2}{q-q'-1} \frac{(m+1) \ldots\ldots (m+q+q'-1) \times (n+1) \ldots\ldots (n+q-q')}{(m+n+2) \ldots\ldots\ldots (m+n+2q+1)}$$

$$\left[\frac{q+q'-1}{q-q'} (m+q+q') - (n+q-q'+1) \right].$$

Cette formule sera toujours croissante tant que $(m+2q'-1)q+m(q'-1)>(n-2q'+1)q-nq'$, & décroissante lorsque $(m+2q'-1)q+m(q'-1)$ $<(n-2q'+1).q-nq'$, condition qui, dans le cas de $q=\frac{1}{0}$, se réduit à $m+2q'-1 \gtrless n-2q'+1$, ou $m \gtrless n-4q'+2$, & nous en conclurons, comme ci-dessus, que ni V ni V' ne peuvent approcher indéfiniment de l'unité, & que lorsque $q=\frac{1}{0}$, on aura $V^{\frac{1}{0}}=V'^{\frac{1}{0}}=$

$$\frac{\frac{\int[x^m(1-x)^n\partial x]}{\int[x^m.(1-x)^n\partial x]}}{\;}.$$

REMARQUE.

Si l'on sait que l'un des évènemens est arrivé $2q'$ fois plus que l'autre, la probabilité que c'est l'évènement A sera exprimée par $\frac{(m+q-q'+1)\ldots\ldots\ldots(m+q+q')}{(m+q-q'+1)\ldots(m+q+q'+1)+(n+q-q'+1)\ldots(n+q+q')}$, d'où l'on tirera les mêmes conséquences que dans l'article précédent.

PROBLÈME X.

On demande, tout le reste étant le même, la probabilité que sur $3q$ évènemens, 1.° N n'arrivera pas plus souvent que A un nombre q de fois, 2.° que A arrivera plus souvent que N un nombre q de fois.

SOLUTION. 1.° Nous aurons ici

$$V^q=\frac{(m+1)\ldots\ldots\ldots(m+3q)}{m+n+2\ldots m+n+3q+1}+3q\,\frac{(m+1)\ldots(m+3q-1)\;(n+1)}{(m+n+2)\ldots(m+n+3q+1)}$$
$$+\frac{3q}{2}.\frac{(m+1)\ldots\ldots(m+3q-2).(n+1).(n+2)}{(m+n+2)\ldots\ldots\ldots\ldots(m+n+3q+1)}\ldots\ldots\ldots$$
$$+\frac{3q}{q+1}.\frac{(m+1)\ldots\ldots(m+q+1)\times(n+1)\ldots\ldots(n+2q-1)}{(m+n+2)\ldots\ldots\ldots\ldots\ldots(m+n+3q+1)}.$$

$$V^{q+1} = \frac{(m+1)\ldots(m+3q+3)}{(m+n+\ldots m+n+3q+4)} + (3q+3)\cdot\frac{(m+1)\ldots\ldots(m+3q+2)\cdot(n+1)}{(m+n+2)\ldots\ldots(m+n+3q+4)}$$

$$+ \frac{3q+3}{2}\cdot\frac{(m+1)\ldots(m+3q+1)\cdot(n+3)\cdot(n+2)}{(m+n+2)\ldots\ldots\ldots(m+n+3q+4)}\ldots\ldots\ldots\ldots$$

$$+ \frac{3q+3}{q+2}\;\frac{(m+1)\ldots\ldots\ldots(m+q+2)\times(n+1)\ldots\ldots(n+2q+1)}{(m+n+2)\ldots\ldots\ldots\ldots(m+n+3q+4)}.$$

On obſervera enſuite que ſi on multiplie le premier terme de V par la fonction $\frac{(m+3q+1)\cdot(m+3q+2)\cdot(m+3q+3)}{(m+n+3q+2)\cdot(m+n+3q+3)\cdot(m+n+3q+4)}$

$$+ 3\cdot\frac{(m+3q+1)\cdot(m+3q+2)\cdot(n+1)}{(m+n+3q+2)\cdot(m+n+3q+3)\cdot(m+n+3q+4)}$$

$$+ 3\cdot\frac{(m+3q+1)\cdot(n+1)\cdot(n+2)}{(m+n+3q+2)\cdot(m+n+3q+3)\cdot(m+n+3q+4)}$$

$$+ \quad\cdot\frac{(n+1)\cdot(n+2)\cdot(n+3)}{(m+n+3q+2)\cdot(m+n+3q+3)\cdot(m+n+3q+4)},$$

qui eſt égale à l'unité ;

le ſecond terme par $\frac{(m+3q)\cdot(m+3q+1)\cdot(m+3+2)}{(m+n+3q+2)\cdot(m+n+3q+3)\cdot(m+n+3q+4)}$

$$+ 3\cdot\frac{(m+3q)\cdot(m+3q+1)\cdot(n+2)}{(m+n+3q+2)\cdot(m+n+3q+3)\cdot(m+n+3q+4)}$$

$$+ 3\;\frac{(m+3q)\cdot(n+2)\cdot(n+3)}{(m+n+3q+2)\cdot(m+n+3q+3)\cdot(m+n+3q+4)}$$

$$+ \quad\frac{(n+2)\cdot(n+3)\cdot(n+4)}{(m+n+3q+2)\cdot(m+n+3q+3)\cdot(m+n+3q+4)};$$

l'avant-dernier terme par $\frac{(m+q+3)\cdot(m+q+4)\cdot(m+q+5)}{(m+n+3q+2)\cdot(m+n+3q+3)\cdot(m+n+3q+4)}$

$$+ 3\cdot\frac{(m+q+3)\cdot(m+q+4)\cdot(n+2q-1)}{(m+n+3q+2)\cdot(m+n+3q+3)\cdot(m+n+3q+4)}$$

$$+ 3\cdot\frac{(m+q+3)\cdot(n+2q-1)\cdot(n+2q)}{(m+n+3q+2)\cdot(m+n+3q+3)\cdot(m+n+3q+4)}$$

$$+ \quad\frac{(n+2q-1)\cdot(n+2q)\cdot(n+2q+1)}{(m+n+3q+2)\cdot(m+n+3q+3)\cdot(m+n+3q+4)},$$

& le dernier terme par $\frac{(m+q+2)\cdot(n+q+3)\cdot(m+q+4)}{(m+n+3q+2)\cdot(m+n+3q+3)\cdot(m+n+3q+4)}$

+ 3

$$+ 3 \frac{(m+q+2).(m+q+3).(n+2q)}{(m+n+3q+2)\ (m+n+3q+3).(m+n+3q+4)}$$

$$+ 3 . \frac{(m+q+2).(n+2q).(n+2q+1)}{(m+n+3q+2).(m+n+3q+3).(m+n+3q+4)}$$

$$+ \frac{(n+2q).(n+2q+1).(n+2q+2)}{(m+n+3q+2).(m+n+3q+3).(m+n+3q+4)};$$

la valeur de V^q ne ſera pas changée.

On obſervera de plus qu'un terme quelconque de la valeur de V^{q+1}, dont le coëfficient ſoit $\frac{3q+3}{r}$, ſera égal au terme de V^q, dont le coëfficient eſt $\frac{3q}{r}$, multiplié par

$$\frac{(m+3q-r+1).(m+3q-r+2).(m+3q-r+3)}{(m+n+3q+2).(m+n+3q+3).(m+n+3q+4)}$$

plus le terme dont le coëfficient eſt $\frac{3q}{r-1}$ multiplié par

$$3 . \frac{(m+3q-r+2).(m+3q-r+3).(n+r)}{(m+n+3q+2)\ (m+n+3q+3).(m+n+3q+4)}$$

plus le terme dont le coëfficient eſt $\frac{3q}{r-2}$ multiplié par

$$3 . \frac{(m+3q-r+3).(n+r-1).(n+r)}{(m+n+3q+2).(m+n+3q+3).(m+n+3q+4)},$$

plus enfin le terme dont le coëfficient eſt $\frac{3q}{r-3}$ multiplié par

$$\frac{(n+r-2).(n+r-1).(n+r)}{(m+n+3q+2).(m+n+3q+3).(m+n+3q+4)}.$$

Cela poſé, on trouvera, 1.° que le terme $\frac{3q}{q+1}$

$$\frac{(m+1)\ldots\ldots\ldots(m+q+1)\times(n+1)\ldots\ldots\ldots(n+2q-1)}{(m+n+2)\ldots\ldots\ldots(m+n+3q+1)} \times$$

$$\frac{(n+2q).(n+2q+1).(n+2q+2)}{(m+n+3q+2).(m+n+3q+3).(m+n+3q+4)},$$ qui fait

partie de V^q, multiplié par les fonctions ci-deſſus, n'entre point dans la valeur de V^{q+1}; 2.° que le terme

$$\frac{3q}{q-1}\ \frac{(m+1)\ldots\ldots(m+q-1)\times(n+1)\ldots\ldots\ldots(n+2q+1)}{(m+n+2)\ldots\ldots\ldots(m+n+3q+1)} \times$$

$\frac{(m+q).(m+q+1).(m+q+2)}{(m+n+3q+2).(m+n+3q+3).(m+n+3q+4)}$, le terme

$\frac{3q}{q} \frac{(m+1) \ldots\ldots\ldots (m+q) \times (n+1) \ldots\ldots\ldots (n+2q)}{(m+n+2) \ldots\ldots\ldots (m+n+3q+1)} \times$

$3 \cdot \frac{(m+q+1).(m+q+2).(n+2q+1)}{(m+n+3q+2).(m+n+3q+3).(m+n+3q+4)}$, enfin le terme

$\frac{3q}{q} \frac{(m+1) \ldots\ldots\ldots (m+q) \times (n+1) \ldots\ldots\ldots (n+2q)}{(m+n+2) \ldots\ldots\ldots (m+n+3q+1)} \times$

$\frac{(m+q+1).(m+q+2).(m+q+3)}{(m+n+3q+2).(m+n+3q+3).(m+n+3q+4)}$, qui entrent dans la formation de V^{q+1}, ne peuvent être contenus dans V^q. On aura donc

$$V^{q+1} - V^q = \frac{3q}{q} \frac{(m+1) \ldots\ldots (m+q+3) \times (n+1) \ldots\ldots (n+2q)}{(m+n+2) \ldots\ldots\ldots (m+n+3q+4)}$$

$$+ \left[3 \frac{3q}{q} + \frac{3q}{q-1}\right] \frac{(m+1) \ldots (m+q+2) \times (n+1) \ldots (n+2q+1)}{(m+n+2) \ldots\ldots (m+n+3q+4)}$$

$$- \frac{3q}{q+1} \frac{(m+1) \ldots\ldots (m+q+1) \times (n+1) \ldots\ldots (n+2q+2)}{(m+n+2) \ldots\ldots\ldots (m+n+3q+4)}$$

$$= \frac{3q}{q} \frac{(m+1) \ldots\ldots (m+q+1) \times (n+1) \ldots\ldots (n+2q)}{(m+n+2) \ldots\ldots\ldots (m+n+3q+4)} \times$$

$$[(m+q+2).(m+q+3) + (3 + \frac{q}{2q+1}) (m+q+2)$$

$$.(n+2q+1) - \frac{2q}{q+1} (n+2q+1).(n+2q+2)];$$

& par conséquent nous aurons,

$$V^q = \frac{(m+1).(m+2).(m+3)}{(m+n+2).(m+n+3).(m+n+4)} + 3 \cdot \frac{(m+1).(m+2).(n+1)}{(m+n+2).(m+n+3).(m+n+4)}$$

$$+ 3 \frac{(m+1).(m+2).(n+1).(n+2)}{(m+n+2) \ldots\ldots\ldots (m+n+7)} [(m+3).(m+4)$$

$$+ (3 + \tfrac{1}{3}) (m+3).(n+3) - (n+3).(n+4)]$$

$$+ \left(\frac{6}{2}\right) \frac{(m+1) \ldots\ldots\ldots (m+3) \times (n+1) \ldots\ldots\ldots (n+4)}{(m+n+2) \ldots\ldots\ldots (m+n+10)} \times$$

$$[(m+4).(m+5) + (3 + \tfrac{2}{5}) (m+4).(n+5) - \tfrac{4}{3} (n+5).(n+6)] \ldots\ldots\ldots$$

$$+ \frac{3q-3}{q-1} \frac{(m+1) \ldots\ldots\ldots (m+q) \times (n+1) \ldots\ldots\ldots (n+2q-2)}{(m+n+2) \ldots\ldots\ldots (m+n+3q+1)} \times$$

$$[(m+q+1).(m+q+2) + (3 + \frac{q-1}{2q-1}) (m+q+1).(n+2q-1) - \frac{2q-2}{q} (n+2q-1).(n+2q)].$$

En examinant cette valeur de V^q, on trouvera qu'elle ſera croiſſante ou décroiſſante lorſque q augmente, ſelon que l'on aura

$$(m+q+1).(m+q+2)+\left(3q+\frac{q-1}{2q-1}\right)(m+q+1).(n+2q-1)$$
$$-\frac{2q-2}{q}(n+2q-1).(n+2q) > \text{ou} < 0.$$

Si $q=\frac{1}{0}$, la condition précédente devient $m \gtrless \frac{n}{2}-2$; & dans le cas de m & n, auſſi égaux à $\frac{1}{0}$, elle devient $m \gtrless \frac{n}{2}$, ce qui eſt conforme à ce qui a été trouvé dans la *première Partie, page 29.*

2.° On trouvera de même

$$V'^{q+\dot{q}}-V'^{q}=\frac{3q}{q}\,\frac{(m+1)\ldots.(m+2q)\times(n+1)\ldots.(n+q+1)}{(m+n+2)\ldots\ldots..(m+n+3q+4)}\times$$
$$\left[\frac{2q}{q+1}(m+2q+1).(m+2q+2)-\left(3+\frac{q}{2q+1}\right)(m+2q+1).(n+q+2)-(n+q+2).(n+q+3)\right]$$

$$V'^{q}=\frac{(m+1).(m+2).(m+3)}{(m+n+2).(m+n+3).(m+n+4)}+3\,\frac{(m+1).(m+2).(m+3)}{(m+n+2).(m+n+3).(m+n+4)}$$
$$+3\,\frac{(m+1).(m+2)\ (n+1).(n+2)}{m+n+2\ldots\ldots\ldots\ldots\ldots\ldots\ldots\ldots.m+n+7}\times$$
$$\left[(m+3).(m+4)-\left(3+\tfrac{1}{3}\right)(m+3).(n+3)-(n+3).(n+4)\right]\ldots$$
$$+\frac{3q-3}{q-1}\,\frac{(m+1)\ldots\ldots\ldots..(m+2q-2)\times(n+1)\ldots\ldots\ldots\ldots(n+q)}{(m+n+2)\ldots\ldots\ldots\ldots\ldots\ldots(m+n+3q+1)}\times$$
$$\left[\frac{q-1}{2q-1}(m+2q-1).(m+2q)-\left(3+\frac{2q-2}{q}\right)(m+2q-1).(n+q+1)-(n+q+1).(n+q+2)\right].$$

La ſérie qui exprime V'^{q} ſera donc croiſſante ou décroiſſante, ſelon que l'on aura $\frac{2q-2}{q}(m+2q-1).(m+2q.$
$-\left(3+\frac{q-1}{2q-1}\right)(m+2q-1).(n+q+1)$
$-(n+q+1).(n+q+2) \gtrless 0$, & dans le cas de $q=\frac{1}{0}$, $m \gtrless 2n+4$; & ſi m & n ſont $\frac{1}{0}$, $m \gtrless 2n$, ce qui s'accorde avec ce qui a été trouvé dans la première Partie.

Si $q = \frac{1}{0}$, $V^{\frac{1}{0}} = \frac{\frac{1}{2}}{\frac{\int [x^m.(1-x)^n \partial x]}{\int [x^m.(1-x)^n \partial x)}}$ $V'^{\frac{1}{0}} = \frac{\frac{1}{2}}{\frac{\int [x^m (1-x)^n \partial x]}{\int [x^m.(1-x)^n \partial x]}}$

REMARQUE I.

Si on ſait que pour un nombre d'évènemens $3q$, un des évènemens A & N eſt arrivé $2q$ fois, & l'autre q fois, la probabilité que c'eſt l'évènement A qui eſt arrivé $2q$ fois, ſera exprimée par $\frac{(m+q+1)\ldots\ldots\ldots\ldots(m+2q)}{(m+q+1)\ldots(m+2q)+(n+q+1)\ldots(n+2q)}$.

REMARQUE II.

Nous ne continuerons pas cette recherche plus long-temps. On voit en effet qu'en général les V & les V', au lieu de devenir 1, $\frac{1}{2}$, 0, comme dans la première Partie, deviennent de la forme $\frac{\frac{a}{\int [x^m.(1-x)^n] \partial x}}{\int [x^m.(1-x)^n] \partial x}$, a étant le rapport du nombre des voix en faveur de A au nombre total qui doit avoir lieu dans l'hypothèſe lorſque $q = \frac{1}{0}$, c'eſt-a-dire, $\frac{1}{2}$ ſi la pluralité eſt conſtante, $\frac{2}{3}$ pour $V'^{\frac{1}{0}}$, & $\frac{1}{3}$ pour $V^{\frac{1}{0}}$, ſi la pluralité eſt d'un tiers, $\frac{3}{5}$ pour $V'^{\frac{1}{0}}$, & $\frac{2}{5}$ pour $V^{\frac{1}{0}}$, ſi la pluralité eſt d'un quart; toutes formules qui lorſque m & n ſont $\frac{1}{0}$, rentrent dans celles de la première Partie. On aura toutes les formules dont on aura beſoin pour tous les cas que l'on voudra conſidérer, en ſubſtituant dans celles de la première Partie, pour $v^r e^{r'}$, la fonction

$$\frac{(m+1)\ldots\ldots\ldots\ldots(m+r)\times(n+1)\ldots\ldots\ldots\ldots(n+r')}{(m+n+2)\ldots\ldots\ldots\ldots(m+n+r+r'+1)}$$

PROBLÈME XI.

La probabilité étant ſuppoſée n'être pas conſtante comme dans le Problème ſecond, on demande 1.° la probabilité d'avoir ſur q évènemens, $q - q'$ évènemens A, & q' évènemens N; 2.° la probabilité que ſur $2q + 1$ évènemens,

N n'arrivera pas un nombre $2q' + 1$ de fois plus ſouvent que *A*; 3.° la probabilité que *A* arrivera un nombre $2q' + 1$ de fois plus ſouvent que *N*.

SOLUTION. 1.° La probabilité que *A* arrivera $q - q'$ fois, & *N*, q' fois, ſera exprimée par $\frac{q}{q'} \frac{\int (x\partial x)^{m+q-q'} \int [(1-x).\partial x]^{n+q'}}{\int (x\partial x)^{m} . \int [(1-x).\partial x]^{n}} = \frac{q}{q'} \frac{1}{2}^{q}$.

2.° La probabilité que l'évènement *N* n'arrivera pas $2q' + 1$ fois plus ſouvent que *A*, ſera donc exprimée par la valeur de V^q, *première Partie, page 15*, en y faiſant $v = e = \frac{1}{2}$.

3.° La probabilité que le nombre des évènemens *A* ſurpaſſera celui des évènemens *N* de $2q' + 1$ fois, ſera, par la même raiſon, égale à la valeur de V'^q, *première Partie, page 21*, en y faiſant de même $v = e = \frac{1}{2}$.

REMARQUE.

Il eſt aiſé de voir que ſi on ſuppoſe que l'on ignore laquelle des deux hypothèſes a lieu, il faudra, dans ces différentes queſtions, multiplier la probabilité que donne chaque hypothèſe par la probabilité qu'elle a lieu. *Voyez Problème III.* On ſent que les mêmes concluſions ont lieu pour toutes les hypothèſes de pluralité.

PROBLÈME XII.

On ſuppoſe que la probabilité d'un des évènemens eſt depuis 1 juſqu'à $\frac{1}{2}$, & celle de l'autre depuis $\frac{1}{2}$ juſqu'à zéro, & on demande dans cette hypothèſe;

1.° La probabilité que *A* arrivera $q - q'$ fois dans q évènemens, & *N*, q' fois; ou que l'évènement dont la probabilité eſt depuis 1 juſqu'à $\frac{1}{2}$, arrivera $q - q'$ fois, & celui dont la probabilité eſt depuis $\frac{1}{2}$ juſqu'à zéro, q' fois.

2.° La probabilité que ſur $2q + 1$ évènemens, *N* n'arrivera point $2q'+1$ fois plus ſouvent que *A*; ou que l'évènement dont la probabilité eſt depuis $\frac{1}{2}$ juſqu'à zéro, n'arrivera pas $2q'+1$ fois plus ſouvent que l'évènement dont la probabilité eſt depuis 1 juſqu'à $\frac{1}{2}$.

3.° La probabilité que ſur $2q+1$ évènemens, l'évènement *A* arrivera $2q'+1$ fois plus que *N*; ou que l'évènement dont la probabilité eſt depuis 1 juſqu'à $\frac{1}{2}$, arrivera $2q'+1$ fois plus ſouvent que celui dont la probabilité eſt depuis $\frac{1}{2}$ juſqu'à zéro.

SOLUTION. 1.° Si la probabilité de *A* eſt depuis 1 juſqu'à $\frac{1}{2}$, celle de $q-q'$ évènemens *A*, & de q' évènemens *N*, ſera exprimée par $\frac{q}{q'}\,\frac{\int^{\frac{1}{2}}[x^{m+q-q'}.(1-x)^{n+q'}\partial x]}{\int^{\frac{1}{2}}[x^{m}.(1-x)^{n}\partial x]}$; ſi au contraire la probabilité de *A* eſt depuis $\frac{1}{2}$ juſqu'à zéro, celle de $(q-q')\,A$, & de q', *N*, ſera exprimée par $\frac{\int^{\frac{1}{2}}[x^{n+q'}.(1-x)^{m+q-q'}\partial x]}{\int^{\frac{1}{2}}[(1-x)^{m}.x^{n}\partial x]}$; mais la probabilité que *A* plutôt que *N* a ſa probabilité depuis 1 juſqu à $\frac{1}{2}$, eſt $\frac{\int^{\frac{1}{2}}[x^{m}.(1-x)^{n}\partial x]}{\int[x^{m}.(1-x)^{n}\partial x]}$, & celle que la probabilité de *A* eſt plutôt depuis $\frac{1}{2}$ juſqu'à zéro, eſt $\frac{\int^{\frac{1}{2}}[x^{n}.(1-x)^{m}\partial x]}{\int[x^{n}.(1-x)^{m}\partial x]}$; donc la probabilité d'avoir $q-q'$ évènemens *A*, & q' évènemens *N*, ſera exprimée par $\frac{q}{q'}\,\frac{\int[x^{m+q-q'}.(1-x)^{n+q'}\partial x]}{\int[x^{m}.(1-x)^{n}\partial x]}$, comme dans le *Problème VIII*, ce qu'on auroit pu conclure de la nature même de la queſtion.

Maintenant on doit chercher la probabilité d'avoir $q - q'$ fois l'évènement dont la probabilité est depuis 1 jusqu'à $\frac{1}{2}$, & q' fois celui dont la probabilité est depuis $\frac{1}{2}$ jusqu'à zéro.

Si A est l'évènement dont la probabilité est entre 1 & $\frac{1}{2}$, la probabilité d'amener A, $q - q'$ fois, sera

$$\frac{q}{q'} \frac{\int^{\frac{1}{2}} [x^{m+q-q'} . (1-x)^{n+q'} \partial x]}{\int^{\frac{1}{2}} [x^{m} . (1-x)^{n} \partial x]}$$

; mais si N est l'évènement dont la probabilité est depuis 1 jusqu'à $\frac{1}{2}$, la probabilité d'amener N, $q - q'$ fois, sera

$$\frac{q}{q'} \frac{\int^{\frac{1}{2}} [x^{n+q-q'} . (1-x)^{m+q'} \partial x]}{\int^{\frac{1}{2}} [x^{n} . (1-x)^{m} \partial x]};$$

& les multipliant chacun par leurs probabilités respectives, & prenant leur somme, la probabilité d'avoir $q - q'$ fois l'évènement dont la probabilité est depuis 1 jusqu'à $\frac{1}{2}$, sera

$$\frac{q}{q'} \frac{\int^{\frac{1}{2}} [x^{m+q-q'} . (1-x)^{n+q'} + x^{n+q-q'} (1-x)^{m+q'}] \partial x}{\int [x^{m} . (1-x)^{n} \partial x]}.$$

2.° La probabilité qu'en $2q + 1$ évènemens, N n'arrivera pas $2q' + 1$ fois plus que A, sera la même que dans le *Problème VIII*, comme il est clair par l'article précédent; mais la probabilité que l'évènement dont la probabilité est entre $\frac{1}{2}$ & zéro, n'arrivera pas $2q' + 1$ fois plus que l'autre, est exprimée par

$$V^{q} = \int^{\frac{1}{2}} x^{m+2q+1} \partial x . (1-x)^{n} \partial x + x^{n+2q+1} . (1-x)^{m} \partial + (2q+1) . \int^{\frac{1}{2}} x^{m+2q} . (1-x)^{n+1} \partial x + x^{n+2q} . (1-x)^{n+1} \partial x$$

$$\ldots\ldots\ldots + \frac{2q+1}{q-q'+1} \int^{\frac{1}{2}} x^{m+q-q'+1} . (1-x)^{n+q+q'} \partial x + x^{n+q-q'+1} . (1-x)^{m+q+q'} \partial x,$$

toute la fonction étant divisée par $\int [x^{m} . (1-x)^{n} \partial x]$.

Faisant abstraction du dénominateur, & considérant séparément chacun des deux termes qui entrent dans la valeur de V^q, soit S^q la série des premiers termes, nous aurons $S^q = \int \frac{\frac{1}{2}}{x^m.(1-x)^n.V_{,}^q \partial x}$, $V_{,}^q$ étant ce que devient la formule V^q, *page 15*, en mettant x au lieu de v. Si par conséquent on appelle S^{q+1} la valeur correspondante pour $2q+3$ évènemens, nous aurons $S^{q+1} = \int \frac{\frac{1}{2}}{x^m.(1-x)^n V_{,}^{q+1} \partial x}$; donc on aura $S^{q+1} - S^q = \int \frac{\frac{1}{2}}{x^m.(1-x)^n (V_{,}^{q+1} - V_{,}^q) \partial x}$, mais, *page 15*, $V_{,}^{q+1} - V_{,}^q = \frac{2q+1}{q-q'+1} . x^{q-q'+1} . (1-x)^{q+q'+1} . \left[\frac{q-q'+1}{q+q'+1} x - (1-x)\right]$; d'où $S^{q+1} - S^q = \frac{2q+1}{q-q'+1} \times$ $\int \frac{\frac{1}{2}}{x^{m+q-q'+1}.(1-x)^{n+q+q'+1}\left[\frac{q-q'+1}{q+q'+1} x - (1-x)\right]\partial x}$. Si on appelle $S_{,}^q$ la somme des seconds termes, qui ne diffère de S^q que parce que n y est à la place de m, & réciproquement,

$$S_{,}^{q+1} - S_{,}^q = \frac{2q+1}{q-q'+1} \int \frac{\frac{1}{2}}{x^{n+q-q'+1}.(1-x)^{m+q+q'+1}\left[\frac{q-q'+1}{q+q'+1} x - (1-x)\right]\partial x},$$

& par conséquent $V^{q+1} - V^q = \frac{2q+1}{q-q'+1}$.

$$\frac{\int \frac{\frac{1}{2}}{\left[x^{m+q-q'+1}.(1-x)^{n+q+q'+1} + x^{n+q-q'+1}.(1-x)^{m+q+q'+1}\right]\left[\frac{q-q'+1}{q+q'+1} x - (1-x)\right]\partial x}}{\int x^m.(1-x)^n \partial x}$$

d'où l'on tirera la valeur de V^q par une formule analogue à celles de la première Partie & des Problèmes précédens, en substituant seulement dans chaque terme de celle de la *page 14* au lieu de $v^r e^{r'}$, $\frac{\int \frac{\frac{1}{2}}{[x^{m+r}.(1-x)^{n+r'} + x^{n+r}.(1-x)^{m+r'}]\partial x}}{\int x^m.(1-x)^n \partial x}$.

La valeur de V^q sera croissante toutes les fois que $\frac{1}{2}$

$$\frac{\div}{[x^{m+q-q'}.(1-x)^{n+q+q'}+x^{n+q-q'}.(1-x)^{m+q+q'}]\left[\frac{q-q'}{q+q'}x-(1-x)\right]\partial x}$$

ra positive, & décroissante dans le cas contraire.

Si maintenant on cherche si, lorsque $q=\frac{1}{0}$, la formule récédente est négative ou positive, on considérera séparément es deux termes qui la composent. Soit d'abord le terme

$$\frac{q-q'}{q+q'}\cdot\int\frac{\div}{x^{m+q-q'+1}.(1-x)^{n+q+q'}\partial x}-\int\frac{\div}{x^{m+q-q'}.(1-x)^{n+q+q'+1}\partial x};$$

devient

$$\frac{q-q'}{q+q'}\int[x^{m+q-q'+1}.(1-x)^{n+q+q'}\partial x]-\int[x^{m+q-q'}.(1-x)^{n+q+q'+1}\partial x]$$

$$\frac{-q'}{+q'}\left[\frac{1}{m+q-q'+2}+\frac{n+q+q'}{(m+q-q'+2.(m+q-q'+3)}+\frac{(n+q+q').(n+q+q'-1)}{(m+q-q'+2).(m+q-q'+3).(m+q-q'+4)}\dots\right]$$

$$\frac{1}{+q-q'+1}+\frac{(n+q+q'+1)}{(m+q-q'+1).(m+q-q'+2)}+\frac{(n+q+q'+1).(n+q+q')}{(m+q-q'+1).(m+q-q'+2).(m+q-q'+3)}\dots]\}$$

$\frac{1}{2})^{m+n+2q+1}$. Or si on fait abstraction du terme

$\frac{1}{m+q-q'+1}\left(\frac{1}{2}\right)^{m+n+2q+1}$, qui est zéro dans l'hypothèse,

ette formule se réduira à $\left(\frac{q-q'}{q+q'}-\frac{n+q+q'+1}{m+q-q'+1}\right)$

$\frac{\div}{\int x^{m+q-q'+1}.(1-x)^{n+q+q'}\partial x}$, qui, dans le cas de $q=\frac{1}{0}$, est

ositive tant que $m>n+4q'$.

On trouvera de même que le second terme se réduit à

$\left(\frac{q-q'}{q+q'}-\frac{m+q+q'+1}{n+q-q'+1}\right)\frac{\div}{\int x^{n+q-q'+1}.(1-x)^{m+q+q'}\partial x}$, formule

ositive pour $q=\frac{1}{0}$, tant que $n>m+4q'$.

3.° La probabilité d'avoir A, $2q'+1$ fois plus que N, era exprimée comme dans le Problème VIII.

Si on appelle V'^q la probabilité que l'évènement dont la robabilité est depuis 1 jusqu'à $\frac{1}{2}$, arrivera $2q'+1$ fois lus que l'autre, on aura V'^q, en mettant dans la formule de la *page 21*, pour $v^r e^{r'}$ $\dfrac{\frac{1}{2}}{\int [x^{m+r}.(1-x)^{n+r'} + x^{n+r}.(1-x)^{m+r'}]\partial x}{\int x^m.(1-x)^n \partial x}$

La série sera croissante ou décroissante, selon que la fonction

$$\frac{q+q'}{q-q} \frac{\frac{1}{2}}{\int [x^{m+q+q'+1} (1-x)^{n+q-q'} + x^{n+q+q'+1}.(1-x)^{n+q-q'}]\partial x}$$

$$- \frac{\frac{1}{2}}{\int [x^{m++q+q'}.(1-x)^{n+q-q'+1} + x^{n+q+q'}.(1-x)^{m+q+q'+1}]\partial x}$$ sera

positive ou négative, ce qui donne pour les premiers termes la condition $m > n - 4q'$, & pour les seconds $n > m - 4q'$.

Dans cette hypothèse, on aura $V^{\frac{1}{0}} = V'^{\frac{1}{0}} = 1$, quelles que soient m & n, comme cela est évident par soi-même, puisque la probabilité de l'évènement est toujours supposée supérieure à $\frac{1}{2}$.

REMARQUE I.

Nous ne suivrons pas plus loin cette recherche, parce que, d'après ce qui a été dit, on trouvera sans peine les formules & les conclusions analogues pour d'autres hypothèses de pluralité.

Il est aisé de voir, par exemple, que si on exige une pluralité d'un tiers, la valeur de $V^{\frac{1}{0}}$ sera 1, & que celle de

$$V'^{\frac{1}{0}} \text{ sera } \frac{\frac{\frac{2}{3}}{\int [x^m.(1-x)^n]\partial x} + \frac{\frac{1}{3}}{\int [x^n.(1-x)^m]}}{\int [x^m.(1-x)^n].\partial x}.$$

REMARQUE II.

Si on sait qu'un des deux évènemens est arrivé $2q' + 1$

fois plus que l'autre, la probabilité que c'est l'évènement qui est arrivé m fois plutôt que l'autre, sera exprimée par la même formule que dans la Remarque du Problème VIII; & la probabilité que c'est l'évènement dont la probabilité est entre 1 & $\frac{1}{2}$, le sera par

$$\frac{\int^{\frac{1}{2}} [x^{m+q+q'+1}.(1-x)^{n+q-q'}+x^{n+q+q'+1}.(1-x)^{m+q-q'}]\partial x}{\int [x^{m+q+q'+1}.(1-x)^{n+q-q'}+x^{n+q+q'+1}.(1-x)^{m+q-q'}]\partial x}.$$

PROBLÈME XIII.

On suppose que la probabilité n'est pas constante; &, les autres hypothèses restant les mêmes que dans le Problème précédent, on propose les mêmes questions.

SOLUTION. 1.° La probabilité d'avoir $q-q'$ fois l'évènement A & q' fois l'évènement N, sera exprimée, si la probabilité de A est depuis 1 jusqu'à $\frac{1}{2}$, par

$$\frac{\frac{q}{q'}\int^{\frac{1}{2}} x\partial x^{m+q-q'}\int^{\frac{1}{2}}(1-x)\partial x^{n+q'}}{\int(x\partial x)^q\int^{\frac{1}{2}}(x\partial x)^m.\int^{\frac{1}{2}}(1-x).\partial x^n}.$$

La probabilité d'avoir les mêmes évènemens, si la probabilité de A est depuis $\frac{1}{2}$ jusqu'à zéro, sera exprimée par

$$\frac{\frac{q}{q'}\int^{\frac{1}{2}}(1-x).\partial x^{m+q-q'}.\int^{\frac{1}{2}}x\partial x^{n+q'}}{\int(x\partial x)^q.\int^{\frac{1}{2}}(1-x).\partial x^m\int.^{\frac{1}{2}}x\partial x}$$

Multipliant chacun de ces termes par la probabilité de chaque évènement, nous aurons pour la probabilité totale,

$$\frac{\frac{q}{q'}\int^{\frac{1}{2}}x\partial x^{m+q-q'}\int^{\frac{1}{2}}(1-x).\partial x^{n+q'}+\int^{\frac{1}{2}}(x\partial x)^{n+q'}\int^{\frac{1}{2}}[(1-x).\partial x]^{m+q-q'}}{\int(x\partial x)^q\left[\int^{\frac{1}{2}}x\partial x^m\int^{\frac{1}{2}}(1-x).\partial x^n+\int^{\frac{1}{2}}x\partial x^n\int^{\frac{1}{2}}(1-x).\partial x^m\right]},$$

ou

$$\frac{\frac{q}{q'}.(3^{m+q-q'}+3^{n+q'})}{4^q(3^m+3^n)}.$$

Si on cherche la probabilité de l'évènement dont la probabilité est depuis 1 jusqu'à $\frac{1}{2}$, on trouvera, en suivant le même raisonnement,

$$\frac{\frac{q}{q'}\int\frac{\frac{1}{2}}{x\partial x}^{m+q-q'}\int\frac{\frac{1}{2}}{(1-x).\partial x}^{n+q'}+\int\frac{\frac{1}{2}}{x\partial x}^{n+q-q'}\int\frac{\frac{1}{2}}{(1-x).\partial x}^{m+q'}}{\int(x\partial x)^q\left[\int\frac{\frac{1}{2}}{x\partial x}^{m}\int\frac{\frac{1}{2}}{(1-x).\partial x}^{n}+\int\frac{\frac{1}{2}}{(1-x).\partial x}^{m}\int\frac{\frac{1}{2}}{x\partial x}^{n}\right]}$$

$$=\frac{q}{q'}\,\frac{3^{m+q-q'}+3^{n+q-q'}}{4^q(3^m+3^n)}=\frac{q}{q'}\,\frac{3^{q-q'}}{4^q}.$$

2.° Il résulte de ces formules, que la valeur de V^q, si on suppose $2q+1$ évènemens & une pluralité de $2q'+1$, sera, relativement à A & à N, exprimée pour A, par $\frac{3^m V_{,}^q+3^n.(1-V_{,}^q)}{3^m+3^n}$, $V_{,}^q$ étant la formule de la *page 15*, dans laquelle on substituera $\frac{3}{4}$ à v; & pour N, par $\frac{3^n.V_{,}^q+3^m.(1-V_{,}^q)}{3^m+3^n}$; & par conséquent, si $q=\frac{1}{0}$, on aura pour A, $V^{\frac{1}{0}}=\frac{3^m}{3^m+3^n}$ à cause de $V_{,}^q=1$.

Si l'on cherche la probabilité pour l'évènement quelconque, dont la probabilité est depuis 1 jusqu'à $\frac{1}{2}$, V^q sera égal à ce que devient la formule de la *page 15*, en y faisant $v=\frac{3}{4}$, c'est-à-dire que dans ce cas, quels que soient m & n, la probabilité sera comme si on avoit une probabilité $\frac{3}{4}$ que celui dont la probabilité est entre 1 & $\frac{1}{2}$ arrivera plutôt que l'autre.

3.° Les valeurs de V'^q seront de même pour la première hypothèse $\frac{3^m V_{,}'^q+3^n.(1-V_{,}'^q)}{3^m+3^n}$ & $\frac{3^n V_{,}'^q+3^m(1-V_{,}'^q)}{3^m+3^n}$, & pour la seconde; $V_{,}'^q$ étant ce que devient la formule de la *page 21* quand $v=\frac{3}{4}$.

REMARQUE.

Si l'on sait que sur $2q+1$ évènemens, l'un est arrivé $2q'+1$ fois plus que l'autre, la probabilité que c'est l'évènement A, sera exprimée par $\frac{3^{m+2q'+1}+3^n}{3^{m+2q'+1}+3^{n+2q'+1}+3^m+3^n}$,

& celle que c'eſt l'évènement dont la probabilité eſt depuis 1 juſqu'à $\frac{1}{2}$, par $\frac{3^{2q'+1}}{3^{2q'+1}+1}$.

Nous ne pouſſerons pas plus loin ces recherches, & nous allons nous occuper maintenant d'appliquer les principes précédens aux queſtions que nous nous ſommes propoſé de réſoudre.

La première conſiſte à trouver des moyens de déterminer, d'après l'obſervation, la valeur de la probabilité de la voix d'un des Votans d'un Tribunal & celle de la déciſion d'un Tribunal donné. Pour cela nous propoſerons deux méthodes.

Premier moyen.

Je ſuppoſe que l'on connoiſſe un nombre *r* de déciſions d'un Tribunal, dont les Membres ſont égaux en lumières, & en même-temps à quelle pluralité chacune des déciſions a été rendue ; que ces déciſions ſoient choiſies parmi celles où l'on ne peut ſoupçonner l'influence ſenſible de quelque corruption, de quelque paſſion, de quelques préjugés populaires. Je ſuppoſe enfin que les objets ſur leſquels ces déciſions ont porté, ſont à peu-près de la même nature, & tels que, ſoit en examinant la queſtion en elle-même, ſoit en voyant les pièces ſur leſquelles les Votans ont prononcé, l'on puiſſe juger s'ils ſe ſont trompés ou non.

Cela poſé, ſoit une aſſemblée de perſonnes très-éclairées, qui ſoient chargées d'examiner ces déciſions, & qu'on rejette celles ſur leſquelles cette eſpèce de Tribunal n'a pas prononcé qu'elles étoient bonnes ou mauvaiſes à la pluralité exigée, ces déciſions étant de plus réduites à une propoſition ſimple, l'examen étant fait par chacun des Membres ſéparément, diſcuté entr'eux, & leur vœu donné enſuite à part & en ſecret, il eſt clair, 1.° qu'on pourra ſuppoſer à ces perſonnes très-éclairées une probabilité pour chaque voix fort au-deſſus de $\frac{1}{2}$; & qu'en ſuppoſant la pluralité un peu grande, on pourra regarder leur déciſion, ſinon comme infaillible, du moins comme n'ayant qu'une erreur très-peu probable: 2.° que l'erreur qu'on pourroit commettre en regardant leur décision comme toujours vraie, ou en évaluant, avec quelqu'inexactitude, la probabilité qu'ils peuvent se tromper, n'auroit qu'une influence très-légère sur la détermination de la quantité que nous cherchons. Supposons donc une suite de jugemens rendus à différentes pluralités, & décidés vrais ou faux aussi à différentes pluralités.

Soit pour un premier jugement la probabilité de la vérité de la décision du Tribunal d'examen, exprimée par U, & celle de l'erreur de cette même décision par $1 - U$. Soit $2q + 1$ le nombre des Votans, & $2p + 1$ la pluralité, & que le Tribunal d'examen ait prononcé que la décision est vraie, on aura le résultat suivant.

Pour la Vérité.		*Pour l'Erreur.*		*Probabilité.*
$q+p+1$	*voix.*	$q-p$	*voix.*	U
$q-p$		$q+p+1$		$1-U$

Soit une seconde décision. Que la probabilité pour le Tribunal d'examen soit U', le nombre des Votans $2q'+1$, la pluralité $2p'+1$, nous aurons

Pour la Vérité.		*Pour l'Erreur.*		*Probabilité.*
$q+q'+p+p'+2$	*voix.*	$q+q'-p-p'$	*voix.*	UU'
$q+q'+p-p'+1$		$q+q'-p+p'+1$		$U.(1-U')$
$q+q'-p+p'+1$		$q+q'+p-p'+1$		$U'.(1-U)$
$q+q'-p-p'$		$q+q'+p+p'+2$		$(1-U).(1-U')$

& ainsi de suite.

Si le Tribunal d'examen déclare la décision fausse, alors il faudra mettre pour cette décision $1 - U$ au lieu de U, & réciproquement. Ainsi l'on prendra pour r décisions, par exemple, les 2^r combinaisons possibles qu'on peut former pour le nombre des voix en faveur de la vérité ou de l'erreur.

Cela posé, supposons que ces nombres pour la vérité ou

pour l'erreur, ſoient m & n, m' & n', &c. & qu'on cherche la probabilité que ſur $2q_{,}+1$ Votans il y aura une pluralité $2p_{,}+1$ en faveur de la vérité. On prendra, d'après le Problème VIII, la probabilité qui a lieu pour chaque valeur de m, m', &c. on multipliera chacune par la probabilité qui réſulte du jugement du Tribunal de déciſion, que cette pluralité a lieu, & l'on aura la probabilité totale. On trouveroit de même la probabilité que ſur $2q_{,}+1$ voix, l'erreur n'aura pas une pluralité de $2p_{,}+1$, & celle qu'une déciſion rendue à cette pluralité eſt plus conforme à la vérité qu'à l'erreur.

Si on ſe borne à chercher les probabilités pour une déciſion future, quelle qu'elle ſoit, elles ſe trouveront les mêmes. En effet, les déciſions intermédiaires pouvant avoir toutes les pluralités poſſibles avec la probabilité qui convient à chacune, le réſultat commun doit renfermer tous les cas poſſibles, & par conſéquent il doit être le même que ſi l'on faiſoit abſtraction de ces déciſions.

Mais il n'en eſt pas de même ſi l'on ſuppoſe que l'on connoiſſe la pluralité des déciſions intermédiaires. Suppoſons en effet qu'il y ait une déciſion rendue par $2q_{,}+1$ Votans, avec une pluralité de $2p_{,}+1$ voix; ſoit V la probabilité qu'elle eſt vraie, $1-V$ la probablité qu'elle eſt fauſſe pour l'hypothèſe de m voix en faveur de la vérité, & de n en faveur de l'erreur, & ſoit $U_{,}$ la probabilité de cette combinaiſon, on aura ces deux combinaiſons.

Pour la Vérité.	*Pour l'Erreur.*	*Probabilité.*
$m+q'+p'+1$ voix.	$n+q'-p'$ voix.	$U_{,}V$
$m+q'-p'$ voix.	$n+q'-p'+1$ voix.	$U_{,}(1-V)$

On répétera la même opération pour les 2^{r} valeurs de m & de n, & l'on aura 2^{r+1} combinaiſons poſſibles, avec leurs probabilités reſpectives. Suppoſons donc que l'on ait eu r' déciſions, dont on connoiſſe la pluralité, depuis que le Tribunal d'examen a décidé. On formera $2^{r\pm r'}$ combinaiſons, qui donneront $2^{r+r'}$ valeurs de *m* & de *n*; on prendra pour chaque combinaiſon la probabilité qui en réſulte pour une $r' + 1^e$ déciſion; & multipliant chaque probabilité ainſi trouvée par la probabilité de la combinaiſon qui y répond, on aura la probabilité totale.

On ſent que cette méthode conduiroit, dans la pratique, à des calculs impratiquables, mais nous avons cru devoir l'expoſer, 1.° parce qu'elle eſt la ſeule rigoureuſe, 2.° parce qu'elle conduit à cette concluſion, que, quels que ſoient les nombres *m* & *n* réſultans des déciſions du Tribunal d'examen, & quelque probabilité qu'il en naiſſe en faveur d'une déciſion nouvelle, ſi on prend pour r', ou pour le nombre des déciſions rendues depuis l'examen, un nombre très-grand, plus la pluralité de ces déciſions ſera petite, plus la probabilité totale pour une $r' + 1^e$ déciſion ſe rapprochera de $\frac{1}{2}$, ce qui conduit en général à cette concluſion très-importante, que tout Tribunal dont les jugemens ſont rendus à une petite pluralité, relativement au nombre total des Votans, doit inſpirer peu de confiance, & que ſes déciſions n'ont qu'une très-petite probabilité.

On diminuera beaucoup cette complication, en obſervant, 1.° que ſi l'on ſuppoſe que tous les Tribunaux ſoient égaux en nombre, puiſque $2q + 1$ eſt ce nombre, & r ou $r + r'$ le nombre des Tribunaux, il y aura $r(2q + 1) + 1$, ou $(r + r').(2q + 1) + 1$ combinaiſons poſſibles; & en général, ſoit $q_{\prime}$ le nombre de tous ceux qui ont voté dans toutes les déciſions, $q_{\prime} + 1$ exprimera le nombre des combinaiſons poſſibles.

2.° Que comme à chaque combinaiſon de *m* pour la vérité & de *n* pour l'erreur, répond une autre combinaiſon de *n* pour la vérité & de *m* pour l'erreur, il eſt clair qu'il n'y a que $\frac{q_{\prime}}{2} + 1$, $\frac{q_{\prime} + 1}{2}$, ſelon que $q_{\prime}$ eſt pair ou impair, combinaiſons réellement différentes. Si donc on cherche les probabilités pour une déciſion nouvelle, ſoit $q_{\prime}$ le nombre de ceux qui ont voté dans toutes les déciſions, on prendra les

les $\frac{q_{,}}{2}+1$, ou $\frac{q_{,}+1}{2}$, combinaisons qui donnent la pluralité en faveur de la vérité, ou l'égalité, & les $\frac{q_{,}}{2}+1$ ou $\frac{q_{,}+1}{2}$, qui donnent une égale pluralité en faveur de l'erreur. On prendra pour les premières les valeurs de V, V' & M, *première Partie*, & l'on aura pour les valeurs correspondantes des secondes $1-V'$, $1-V$, $1-M$; ensuite on multipliera les premières par les fonctions de U, qui représentent leurs probabilités respectives, & les secondes par des fonctions semblables de $1-U$.

3.° Cette même opération peut se simplifier encore. En effet, ce qu'il importe ici, c'est de ne pas supposer à la probabilité de la voix de chaque Votant une valeur trop forte, mais en même-temps de ne pas la faire beaucoup plus petite qu'elle n'est en effet. Cela posé, puisque le Tribunal d'examen est supposé formé d'hommes très-éclairés, & qu'on exige une très-grande pluralité dans ce Tribunal, on pourra, sans beaucoup d'erreur, faire $U=1$ pour tous les cas où le Tribunal d'examen juge que la décision est fausse, & U égale à sa valeur dans le cas de la moindre pluralité, lorsque le Tribunal d'examen juge que la décision est vraie. Alors une seule combinaison possible répondra à toutes celles qu'auroient fait naître les décisions du Tribunal d'examen contraires aux premières décisions; en sorte que soit $q_{,,}$ le nombre des Votans dans les décisions confirmées, $q_{,,}+1$ exprimera le nombre des combinaisons possibles. Maintenant si n' est le nombre des décisions confirmées, les différentes probabilités seront exprimées par $U^{n'}$, $U^{n'-1}.(1-U)$, $U^{n'-2}.(1-U)^2$, &c. au nombre de $n'+1$. Il y aura donc $2^{n'}$ combinaisons réductibles à $\frac{q_{,,}+1}{2}$ ou $\frac{q_{,,}}{2}+1$, dont une sera multipliée par $U^{n'}$, n' par $U^{n'-1}.(1-U)$, $\frac{n'}{2}$ par $U^{n'-2}.(1-U)^2$.... Après avoir donc formé ces

$n' + 1$ probabilités différentes, on cherchera en quel nombre elles répondent à chacune des $q_{\prime\prime} + 1$ combinaisons, pour lesquelles nous avons ci-dessus montré qu'il suffisoit de chercher la probabilité de $\frac{q_{\prime\prime}}{2} + 1$, ou $\frac{q_{\prime\prime}+1}{2}$ combinaisons différentes.

4.° Nous avons fait U fort grand, & par conséquent nous pouvons négliger les puissances de $1 - U$, excepté la première, & cela avec d'autant moins d'inconvéniens, que nous avons fait égale à 1 la probabilité que le Tribunal d'examen ne se trompoit pas toutes les fois qu'il jugeoit les décisions erronées, & que nous avons donné à U la plus petite valeur possible. Nous n'avons donc plus que $n' + 1$ combinaisons, dont une avec la probabilité $\frac{U^{n'}}{U^{n'} + n' U^{n'-1} . (1 - U)}$, & n' avec la probabilité $\frac{U^{n'-1} . (1 - U)}{U^{n'} + n' U^{n'-1} . (1 - U)}$, ou bien une avec la probabilité $U^{n'}$, & n' avec la probabilité $U^{n'-1} . (1 - U)$, en regardant comme favorables à l'erreur tous les autres cas. En prenant ce dernier parti, on sera sûr d'avoir des valeurs de V, V' & M plus petites qu'elles ne sont réellement; mais si U est fort grand, ces valeurs s'écarteront peu des véritables.

5.° On suppose maintenant qu'il y a eu r' décisions dont on connoît la pluralité, sans savoir si elles sont vraies ou fausses. Il en résulte d'abord, q'' représentant toujours le nombre des voix dans ces r' décisions, $q'' + 1$ combinaisons différentes de voix pour l'erreur ou pour la vérité. Cela posé, soit une combinaison de m voix pour la vérité, & de n pour l'erreur par le jugement du Tribunal d'examen, & soit $U_{\prime}$ la probabilité de cette combinaison: soit ensuite dans les r' décisions, pour lesquelles on ne connoît que la pluralité, une combinaison de m' voix contre n', on aura une combinaison de $m + m'$ voix pour la vérité contre $n + n'$ pour l'erreur, la probabilité de cette combinaison étant $U_{,}M_{,}$, & une combinaison de $m+n'$ voix pour la vérité, & de $n+m'$ pour l'erreur, la probabilité étant $U_{,} . (1 - M_{,})$, où $M_{,}$ exprime la probabilité que, si on a m résultats vrais & n faux, on aura plutôt sur $m' + n'$ résultats futurs, m' résultats vrais & n' résultats faux, que n' résultats vrais & m' faux; & il en sera de même de toutes les combinaisons. On aura donc par ce moyen les valeurs de V, V' & M pour une $r' + 1^{e}$ décision, toujours plus petites qu'elles ne doivent être dans la réalité. Mais on observera que, si pour une des combinaisons possibles, multipliées par $(1 - U)^2$, $(1 - U^3)$, &c. on avoit une valeur de $M_{,}$ qui fût assez grande pour rendre ces termes de l'ordre $1 - U$, on ne devroit pas négliger les termes multipliés par $(1 - U)^2$, $(1 - U)^3$, &c, sans quoi l'on s'exposeroit à avoir pour V, V' & M des valeurs trop petites. Aussi tant que la valeur de ces quantités ne sera pas sensiblement plus petite que pour une seule décision rendue, on pourra regarder le Tribunal comme n'ayant rien perdu de la probabilité qu'il avoit d'abord; mais si elles le deviennent sensiblement, alors il faudra avoir égard aux termes multipliés par $(1 - U)^2$, ou avoir recours à un nouvel examen pour s'assurer si cette diminution de la probabilité est réelle. En général toutes les fois que la pluralité moyenne s'éloignera sensiblement de la pluralité qu'il seroit le plus probable d'obtenir d'après les jugemens du Tribunal d'examen, & qu'elle sera plus petite, il y aura lieu, au bout d'un grand nombre de décisions, de craindre une diminution de probabilité dans les jugemens des assemblées, & il faudra ou recourir à un nouvel examen, ou employer des calculs d'une longueur impraticable.

Cette première méthode n'a que l'inconvénient d'exiger l'établissement d'un Tribunal d'examen & un recours plus ou moins fréquent à ce Tribunal. Nous allons en proposer une qui dispense de cet examen: il peut avoir en effet des difficultés indépendantes du calcul. Supposons, par exemple, qu'il s'agisse d'examiner des jugemens d'accusés dans un pays où ils ſont confiés à des Tribunaux perpétuels, nombreux & puiſſans; comment trouver alors, pour compoſer le Tribunal d'examen, des hommes qui aient les lumières que l'expérience peut-être donne ſeule en ce genre, & qui aient une impartialité & une indépendance abſolue, relativement aux Tribunaux dont il s'agit d'examiner les déciſions?

SECONDE MÉTHODE.

Nous nous bornons ici à une ſeule ſuppoſition, c'eſt que l'on regarde comme certain que la probabilité que le jugement d'un homme eſt vrai, eſt au-deſſus de $\frac{1}{2}$, c'eſt-à-dire, qu'il eſt probable qu'il rencontrera la vérité plutôt que l'erreur.

Cette ſuppoſition eſt néceſſaire en quelque ſorte, puiſque, du moment où la probabilité de la voix de chaque Votant ſera au-deſſous de $\frac{1}{2}$, il ſeroit abſurde de propoſer de décider à la pluralité des voix; ainſi cette ſeconde hypothèſe ne pourroit être admiſe que dans des cas particuliers, & pour quelques voix. Examinons, d'après ce principe, comment, connoiſſant la pluralité des déciſions de pluſieurs aſſemblées, on peut en déduire la probabilité des déciſions futures.

On peut ici ſuppoſer, 1.° que dans chaque déciſion la voix de tous les Votans ait une probabilité conſtante; 2.° que dans chaque déciſion & chaque Votant, la probabilité varie; 3.° qu'on admette enſemble les deux hypothèſes, en multipliant la probabilité qui réſulte de chacune par celle que cette hypothèſe a lieu.

Si on adopte la ſeconde hypothèſe, il ſuit de ce qui a été dit ci-deſſus, *Problèmes IV & XIII*, que l'on aura le même réſultat que l'on auroit, en faiſant dans les formules de la première Partie $v = \frac{3}{4}$, $e = \frac{1}{4}$. C'eſt une ſorte de valeur moyenne qu'il peut être utile de calculer, parce que ſi le réſultat de la première hypothèſe étoit au-deſſous de cette valeur, on en concluroit qu'il faut employer des Votans plus éclairés, & ne ſe contenter de ceux qui donnent une ſi petite probabilité que dans le cas d'une néceſſité abſolue.

Quant à la première hypothèse, il ne paroît pas naturel de l'admettre seule, puisqu'il est certain que l'hypothèse d'une probabilité, toujours la même & dans toutes les décisions, est purement mathématique. Nous préférerons la troisième hypothèse qui résulte des deux autres combinées.

Il nous reste donc à déterminer, 1.° la probabilité d'une décision future dans chaque hypothèse; 2.° la probabilité de chaque hypothèse.

Pour cela, soit un nombre n de décisions, & que celui de tous les Votans soit q', nous aurons $\frac{q'}{2} + 1$, ou $\frac{q'+1}{2}$ combinaisons différentes de pluralités en faveur de la vérité, & un pareil nombre de pluralités correspondantes en faveur de l'erreur, chacune étant répétée un certain nombre de fois pour produire le nombre 2^n de combinaisons différentes. Cela posé, on aura, par le *Problème XII*, la probabilité $M_{,}$ que pour chaque hypothèse la pluralité est en faveur de la vérité, & la probabilité $1 - M_{,}$ qu'elle est en faveur de l'erreur. On prendra ensuite dans les $q' + 1$ hypothèses ainsi trouvées, la probabilité qui résulte de chacune pour la nouvelle décision, & on la multipliera par les probabilités respectives $M_{,}$, $1 - M_{,}$.

On ne peut négliger ici les cas où la pluralité est supposée en faveur de l'erreur, parce que la probabilité que ce cas a lieu, peut n'être pas très-petite en beaucoup de circonstances; mais on a ici un avantage, c'est que dans les $q' + 1$ combinaisons, chaque combinaison semblable, répétée un nombre de fois quelconque, a constamment la même probabilité, en sorte que celle de chaque combinaison ne renferme qu'un seul terme.

D'ailleurs, ces termes sont faciles à calculer. Il ne faut en effet qu'avoir la valeur de $\int x^m \cdot (1 - x)^n \partial x$ depuis $m = q'$, $n = 0$ jusqu'à $m = 0$, $n = q'$. Or nous avons

$$\int x^m . (1 - x^n) \partial x = \frac{x^{m+1} . (1-x)^n}{m+1} + \frac{n}{m+1} \int x^{m+1} . (1-x)^{n-1} \partial x.$$

Donc ayant la valeur de cette expreſſion pour les nombres $m+1$ & $n-1$, on aura la même expreſſion pour les valeurs m & n, en ajoutant un ſeul terme. Ainſi il ſuffira de connoître un de ces termes par rapport aux valeurs de m depuis q' juſqu'à zéro. En effet, ſi P eſt un terme donné, P' le terme ſuivant qui répond aux valeurs m & n, on aura $P' = P . \frac{n}{m+1} + \frac{x^{m+1} . (1-x)^n}{m+1}$, en obſervant que le terme $\frac{x^{m+1} . (1-x)^n}{m+1}$ eſt $\frac{-\frac{1}{2}^{m+n+1}}{m+1}$ lorſqu'on prend les intégrales depuis 1 juſqu'à $\frac{1}{2}$, & $\frac{+\frac{1}{2}^{m+n+1}}{m+1}$ lorſqu'on les prend depuis $\frac{1}{2}$ juſqu'à zéro. Si $n = 0$, il ſaut ajouter dans le premier cas un terme $\frac{1}{m+1}$.

On prendra donc ſucceſſivement pour chaque combinaiſon la probabilité qu'on devroit avoir relativement à une déciſion nouvelle, & on la multipliera par la probabilité de cette combinaiſon. On prendra enſuite pour chacune la probabilité que celle des voix eſt conſtante, & on multipliera par cette probabilité la probabilité déja trouvée; on prendra enfin la probabilité pour la déciſion, en ſuppoſant celle de chaque Votant variable; & comme elle eſt la même dans toutes les combinaiſons, on la multipliera par la ſomme des probabilités que cette hypothèſe a lieu pour chacune des combinaiſons.

Or on aura ces différentes Probabilités par les *Problèmes IV, XII & XIII.* La probabilité qu'on a déterminée ici, eſt la même pour chaque déciſion nouvelle en particulier, quelqu'ordre qu'elle ait dans la ſuite de ces déciſions. Mais ſi l'on connoît la pluralité des déciſions intermédiaires, & que q'' exprime le nombre de ceux qui les ont formées, on voit que pour avoir plus exactement la probabilité de la nouvelle déciſion, il faudra ajouter ces nouvelles deciſions aux anciennes, & recommencer le calcul pour les $q' + q'' + 1$ combinaiſons de voix que l'on a dans ce cas.

Cette correction deviendra néceſſaire ſi les pluralités qu'on obſerve dans les nouvelles déciſions ne ſuivent pas à peu-près les mêmes proportions que dans celles d'après leſquelles on a établi les premières probabilités.

On pourroit auſſi chercher à déterminer la limite au-deſſous de laquelle il exiſte une très-grande probabilité que la voix de chaque Votant ne tombera point, & regarder cette limite comme la valeur conſtante de la probabilité. *Voy. Problèmes V & VI.* Cette méthode exigeroit moins de calcul, faciliteroit la comparaiſon des avantages & des inconvéniens des différens Tribunaux; & quoiqu'elle eût moins de préciſion & d'exactitude, elle donneroit une auſſi grande ſûreté qu'on voudroit, mais à la vérité avec une plus grande pluralité & des Tribunaux plus nombreux. La très-grande probabilité qu'il faudroit exiger dans ce cas, devroit être égale à V, c'eſt-à-dire, à la probabilité de ne pas avoir une déciſion fauſſe.

Nous ne pouſſerons pas plus loin ces recherches. Il ſuffit d'avoir expoſé ici les principes des méthodes & ceux du calcul: dans l'application à des exemples, on trouveroit des moyens de ſimplifier les longs calculs qu'ils exigeroient; mais on ne devroit ſe livrer à ce travail que dans le cas où il deviendroit d'une utilité immédiate.

Maintenant, il nous reſte à déterminer les valeurs qu'il faut aſſigner aux quantités V, V' & M; c'eſt-à-dire, 1.° à la probabilité qu'une déciſion qui va être rendue, ne ſera pas fauſſe; 2.° à la probabilité qu'elle ſera vraie; 3.° à la probabilité qu'une déciſion rendue à une pluralité donnée ou à la plus petite pluralité, ſera conforme à la vérité; 4.° à la probabilité que l'on aura une déciſion; cette probabilité eſt exprimée par $1 + V' - V$; 5.° à la probabilité qu'une déciſion rendue eſt vraie, & cette probabilité eſt exprimée par $\frac{V'}{1 + V' - V}$. Ces valeurs doivent être telles que l'exigeront la ſûreté & l'utilité publiques, & il eſt clair qu'il ſuffira de déterminer V, V' & M d'après ce principe; car s'il y a une probabilité ſuffiſante d'avoir une déciſion vraie, on aura à plus forte raison une probabilité suffisante d'avoir une décision vraie ou fausse; & si l'on a une probabilité suffisante de la vérité d'une décision rendue à la moindre pluralité, on l'aura pour la vérité d'une décision dont on ignore la pluralité.

Ces quantités ne doivent pas être égales entr'elles, ni être les mêmes dans les différens genres de décisions. En effet, le nombre des Votans étant assujetti à une certaine limite, tant par la nature des choses que par la nécessité de n admettre que des Votans en état de prononcer, & dont la voix ait une certaine probabilité, il faut balancer nécessairement les inconvéniens d'avoir une décision fausse & ceux de ne point avoir de décision. D'ailleurs les limites de ces quantités dépendent aussi de la nature & de l'importance des questions proposées. On n'exigera point la même probabilité, on ne formera point un Tribunal aussi nombreux pour décider, qui doit payer une cruche cassée, que pour juger si un accusé doit être puni de mort. Nous chercherons donc ici à déterminer ces quantités, 1.° pour la question d'admettre ou de rejeter une loi nouvelle, de changer ou de conserver une loi ancienne; 2.° pour un jugement sur la propriété d'un bien contesté; 3.° pour un jugement sur un crime capital. Les principes employés dans cette détermination, s'appliqueront sans peine aux autres genres de questions qu'on peut décider à la pluralité des voix.

PREMIERE QUESTION.

On voit d'abord que la probabilité de ne pas avoir une décision fausse, doit être fort grande, & d'autant plus grande qu'une mauvaise loi établie sera plus difficile à révoquer. Ainsi comme c'est ici un des cas où l'on n'exige pas absolument une décision, il est clair que moins V' sera petit, plus V doit être grand. Mais il faut observer qu'une loi nouvelle n'est presque jamais nécessaire que pour détruire un abus né de la coutume ou d'une mauvaise loi: ainsi, V' doit être très-grand, puisque l'inconvénient de laisser subsister l'abus

est

eſt auſſi très-grand. Il faudra donc que V' ſoit à peu-près égal à M, c'eſt-à-dire, à la probabilité qu'une loi établie à une certaine pluralité, eſt juſte & utile. Or, d'après cela, il eſt aiſé de voir que ſi on a pour M une valeur ſuffiſante, qu'on donne à V' la même valeur, V aura néceſſairement auſſi une valeur ſuffiſante. C'eſt donc M ſeulement que nous avons à déterminer ici.

M repréſente, comme on l'a dit, la probabilité qu'une loi établie à la moindre pluralité, eſt juſte & utile, & par conſéquent ſa valeur doit être telle, qu'un homme qui ne jugeroit de la juſtice de cette loi que par la pluralité qu'elle a obtenue, eût une aſſurance qu'il eſt de ſon intérêt de s'y ſoumettre, aſſez grande pour ne pas craindre les inconvéniens qui peuvent réſulter de l'erreur. Suppoſons donc ces inconvéniens les plus grands poſſibles, c'eſt-à-dire, égaux au riſque de perdre la vie, nous devons faire M égal à une probabilité, telle qu'un homme raiſonnable qui auroit cette même probabilité de ne pas périr, ne ſe croiroit expoſé à aucun danger. C'eſt donc cette probabilité qu'il faut ici déterminer par l'expérience, ou plutôt, comme nous l'avons déjà expliqué, *ſeconde Partie*, c'eſt le *minimum* de cette probabilité qu'il faut chercher, & non une probabilité quelconque qui donne un degré ſuffiſant d'aſſurance.

Un Savant, que nous avons déjà cité ci-deſſus, *page 138*, a cherché à déterminer cette probabilité, & il l'a fixée à $\frac{9,999}{10,000}$, parce qu'aucun homme n'eſt frappé de la terreur de périr dans l'eſpace d'un jour, & que ſur 10,000 perſonnes il en meurt une dans cet eſpace de temps. Nous prendrons la liberté de nous écarter encore ici de ſon opinion. 1.° Cette détermination eſt néceſſairement inexacte: il auroit fallu, comme l'a obſervé M. D. Bernoulli, ne pas compter tous ceux qui ont, quelque temps avant l'époque de leur mort, ou un commencement de maladie, ou un état de langueur, ou un très-grand âge, ou des diſpoſitions à une mort prochaine qu'ils ſe diſſimulent: 2.° trois cauſes concourent à rendre ce danger indifférent. Le danger en lui-même eſt petit, il eſt habituel, il eſt le plus ſouvent inévitable. C'eſt une nouvelle ſource d'erreur, & il faudroit chercher une eſpèce de danger où la première cauſe ſeule le fît mépriſer, c'eſt-à-dire, un danger auquel on s'exposât volontairement, ſans aucune habitude formée & pour un trè petit intérêt.

Suppoſons, par exemple, qu'on ſache combien il périt de Paquebots ſur le nombre de ceux qui partent de Douvres pour Calais, ou réciproquement, par un temps regardé comme bon & ſûr; on aura certainement la valeur d'un riſque qu'on peut regarder comme n'empêchant point d'avoir une probabilité d'arriver au port ſuffiſante pour s'expoſer avec ſécurité.

Suppoſons de même qu'on ſache combien de Vaiſſeaux périſſent en allant en Amérique, dans un certain nombre de Vaiſſeaux bien équipés & partis dans une ſaiſon favorable, on aura encore une expreſſion de riſque ſemblable.

On en trouveroit encore un exemple dans les accidens qui peuvent arriver par la mal-adreſſe d'un Chirurgien qui fait une ſaignée. Aucun homme raiſonnable ne craint à Paris que le Maître en Chirurgie auquel il s'adreſſe, ou l'Élève que ce Maître lui envoie, lui faſſe, en piquant l'artère, une bleſſure qui peut devenir mortelle.

On feroit bien auſſi de prendre des exemples parmi les dangers que des hommes prudens, & ayant du courage, bravent ou évitent, ſuivant leur manière perſonnelle de voir & de ſentir. Tel eſt le danger de paſſer le Pont Saint-Eſprit en deſcendant le Rhône en bateau, &c.

Ce ne ſeroit qu'en prenant un grand nombre de ces exemples, & voyant les différentes probabilités qui en réſultent, qu'il ſeroit poſſible de déterminer celle au-deſſous de laquelle on ne pourroit tomber ſans nuire à la ſûreté que la Juſtice exige.

Comme les gens qui font le commerce d'argent aiment leur fortune à peu-près autant qu'un homme raiſonnable peut aimer ſa vie, on pourroit auſſi employer ce moyen. Par exemple, choiſiſſant une manière de placer en rente viagère ſur un grand nombre de têtes choiſies, telle que l'opinion commune des hommes qui font ce commerce, la regarderoit comme ſûre : prenant enſuite l'intérêt commun des fonds de terre, des placemens avec hypothèque, celui des différens commerces, on pourroit calculer la probabilité que le placement ſur pluſieurs têtes ne ſera pas au-deſſous de ces divers intérêts, & l'on auroit ainſi différens degrés de probabilités, regardés comme ſuffiſans pour donner une ſûreté plus ou moins grande.

On pourroit même abſolument remplacer ces élémens par des Tables de mortalité. Pour cela, on prendroit des hommes de l'âge de trente à cinquante ans : on chercheroit combien ſur mille de même âge il en meurt par année, ce qui, pour les vingt années, donne vingt probabilités différentes. On n'admettroit dans cette liſte que ceux qui meurent ou d'accident ou d'une maladie très-prompte. Diviſant enſuite par 52 le riſque dans l'année, on auroit celui de mourir dans une ſemaine. Or, il eſt conſtant que tout homme de trente à cinquante ans, qui n'eſt actuellement attaqué d'aucune maladie, eſt dans la ferme perſuaſion qu'il ne doit pas craindre d'être mort au bout de la ſemaine.

Il ne ſeroit pas même inutile de prendre cette probabilité depuis vingt juſqu'à ſoixante ans & au-delà, & de juger alors juſqu'à quel point elle décroît.

On devroit prendre des Tables formées d'après un très-grand nombre d'obſervations, qui donnent à la fois & l'âge & la maladie de chaque individu.

En effet, la manière plus ou moins ſenſible dont on verroit le riſque s'accroître d'année en année, ſeroit un moyen de juger ſi la ſécurité qui s'étend ſur une ſemaine juſqu'à des âges très-avancés, eſt fondée ſur l'obſervation des évènemens, ou ſeulement ſur le défaut d'attention & la confiance en ſes forces. L'on s'arrêteroit au terme où ce changement d'une année à l'autre devient plus ſenſible.

On auroit donc alors deux termes pour leſquels on a une ſûreté différente, & qui cependant donnent une aſſurance ſuffiſante. La différence du riſque qui en réſulte peut donc être ajoutée à celui qui menace de la mort un homme ſain & encore dans la force de l'âge, ſans l'augmenter ſenſiblement, & cette différence marquera le *minimum* que nous cherchons.

En attendant des Tables plus exactes & des recherches qui deviendroient néceſſaires, ſi on vouloit appliquer à la pratique les principes que nous expoſons, ſuppoſons que les morts cauſées par des maladies inſtantanées, aient un rapport conſtant avec le nombre total des morts; que ce nombre ſoit environ un dixième, comme on peut le conclure de quelques Tables, nous trouverons enſuite que de 37 à 47 ans, ſuivant les Tables de Süſſmilch, la mortalité eſt par an d'un ſur 58,57 . . . . 48, l'accroiſſement annuel étant conſtant; mais que de 47 à 48 ans, la mortalité devient d'un 41.e; & de 36 à 37, d'un 60.e, puis de 35 à 36, d'un 70.e Nous prendrons donc le riſque de mourir d'une maladie inſtantanée dans la 37.e année, & le même riſque dans la 47.e: ils ſeront exprimés par $\frac{1}{580}$ & $\frac{1}{480}$, dont la différence ſera $\frac{1}{2784}$. Cette différence de riſque pour une ſemaine ſera donc $\frac{1}{144768}$, & c'eſt ce nombre que nous prendrons ici pour le *maximum* de riſque qu'on peut négliger, & $\frac{144767}{144768}$ pour le *minimum* de probabilité, d'après lequel on peut ſe décider avec aſſurance.

D'après les mêmes Tables, on obſerveroit également une différence toujours uniforme dans la probabilité de mourir dans l'année de 18 à 33 ans. Cette probabilité étant pour la première $\frac{1}{101}$, & $\frac{1}{86}$ pour la ſeconde; la différence eſt $\frac{15}{8686}$, & pour les maladies inſtantanées, ſeulement dans l'eſpace d'une ſemaine $\frac{1}{301115}$, riſque auſſi à négliger & beaucoup plus petit que le précédent.

Aussi nous ne regardons pas ces risques comme égaux, mais nous prenons le plus grand comme celui qui donne le *minimum* de probabilité, avec lequel on devra se croire en sûreté, ou le *maximum* de risque qu'on pourra négliger.

Ce risque paroît ici très-petit, & l'on pourroit croire qu'il exige une très-grande pluralité & une assemblée très-nombreuse; cependant en supposant seulement dans ceux qui décident, une probabilité de trouver la vérité égale à $\frac{4}{5}$, on auroit $1 - M < \frac{1}{144768}$, en exigeant une pluralité de 9 voix, & V' plus grand que $\frac{144767}{144768}$, en supposant l'assemblée formée de 61 Votans; & si l'on supposoit la probabilité de chaque voix égale à $\frac{9}{10}$, il suffiroit alors d'exiger une pluralité de six voix, & d'avoir une assemblée de 44 Votans.

Nous avons supposé ici que l'on votoit sur une loi sur laquelle il étoit également nécessaire d'avoir une décision, & que cette décision fût conforme à la vérité; mais il faut distinguer dans la loi son objet fondamental des dispositions détaillées qui doivent former la loi. Supposons, par exemple, qu'il soit question d'examiner si le vol doit jamais être puni de mort, ou en d'autres termes, si l'intérêt de la société exige que l'on établisse cette peine contre le vol, & si dans le cas où il paroîtroit l'exiger, elle ne seroit point contraire au Droit naturel. Il est clair que si la décision de cette question est soumise au jugement d'une assemblée, il faut s'assurer également une très-grande probabilité que la décision sera portée à la pluralité nécessaire, & que celle qui sera portée, sera vraie. Mais si ensuite la décision est donnée, si on a prononcé à la pluralité requise, que ce crime ne doit pas être puni de mort, mais seulement par la perte de la liberté dont on a abusé, & par des travaux publics, utiles à la société dont on a troublé l'ordre, & qu'il soit question de régler les peines de différente espèce pour les différens genres de vols, il est aisé de voir qu'il est important que les différens articles qui formeront ce règlement, soient tels qu'il n'en résulte aucun inconvénient pour la ſociété; mais il n'eſt pas également important d'avoir une très grande aſſurance que l'aſſemblée qui décidera ces différentes queſtions, rende une déciſion, pourvu qu'on ait cette grande aſſurance que celle qui ſera rendue ſoit vraie. On peut donc employer pour décider ces queſtions une aſſemblée moins nombreuſe; & en exigeant une pluralité ſuffiſante, ſe contenter d'une moindre probabilité d'avoir cette pluralité ſur chaque queſtion dès la première délibération. Or, comme la déciſion des objets de ce genre demande ſouvent plus de combinaiſons dans les idées, d'habitude de diſcuter, de connoiſſances, que celle de l'utilité de la juſtice d'une loi générale, il peut être avantageux de la confier à une aſſemblée moins nombreuſe.

Nous croyons devoir ajouter ici une obſervation aſſez importante, relativement à ces principes généraux des loix, ſur leſquels nous avons vu que l'on devoit exiger que $V' = M$; c'eſt que ſi on a un grand nombre d'hommes aſſez éclairés pour avoir, par exemple, la probabilité de l'avis de chacun égale à $\frac{2}{3}$, & pour en former un Tribunal aſſez nombreux pour avoir $V' = \frac{144767}{144768}$, la pluralité étant 18, ce qui eſt néceſſaire pour que M ait cette même valeur, alors on pourra, ſans inconvénient, ſoumettre la déciſion de cette loi à tous ceux dont la voix a cette probabilité; mais ſi au contraire on n'a pas un nombre ſuffiſant dont la voix ait cette probabilité, & qu'il y en ait au contraire un petit nombre dont la voix ait une probabilité beaucoup plus grande, il pourra être plus avantageux de leur en confier la déciſion. Enfin il peut y avoir dans une Nation aſſez peu de lumières pour que l'on ne puiſſe jamais réunir ces deux conditions de $M = V' = \frac{144767}{144768}$, parce qu'à meſure qu'on multiplieroit le nombre des Votans, la probabilité de la voix de chacun diminueroit de manière, que l'on parviendroit enfin juſqu'à ceux pour leſquels cette probabilité eſt au-deſſous de $\frac{1}{2}$.

Cette obſervation confirme ce que nous avons dit dans la

première Partie, *page 6*, & l'on voit que la nécessité d'avoir $V' = M$, peut faire trouver les mêmes inconvéniens dans une assemblée nombreuse de représentans que dans une démocratie. Nous reviendrons sur cet objet dans la cinquième Partie.

SECONDE QUESTION.

On peut supposer ici que les deux personnes qui se disputent un bien, ne doivent avoir aucun avantage l'une sur l'autre, & qu'une décision est nécessaire. Dans ce cas, on peut supposer le Tribunal qui juge impair, & n'exiger que la pluralité d'une voix : alors il y aura certainement une décision, où la plus petite probabilité M sera seulement égale à v; mais si alors on n'a point dans tous les cas une probabilité très-grande de la vérité de la décision, il faut du moins faire en sorte que le cas où cette probabilité est petite, arrive très-rarement.

Pour cela, on prendra une certaine pluralité, telle que pour cette pluralité q' on ait $\frac{v^{q'}}{v^{q'}+e^{q'}}$ assez grand, & en même-temps V' & $V'+E'$ très-grands, ce qui ne peut arriver sans que l'on ait une très-grande probabilité d'avoir une décision à cette pluralité, &, si on a une fois cette décision, une très-grande probabilité qu'elle est vraie, même dans le cas où la pluralité est la plus petite. Cherchons maintenant quelle valeur doit avoir $\frac{v^{q'}}{v^{q'}+e^{q'}}$; il est aisé de voir, en suivant le même raisonnement que nous avons fait en examinant la question précédente, que $\frac{v^{q'}}{v^{q'}+e^{q'}}$ doit être tel ici, que $\frac{e^{q'}}{v^{q'}+e^{q'}}$, ou le risque auquel on est exposé dans ce cas, soit tel qu'un homme sensé s'expose à ce risque de perdre sa fortune sans en être inquiet, ou sans qu'on le taxe d'imprudence.

Pour cela, on pourroit prendre les spéculations pour les

placemens en rentes viagères, chercher la probabilité que ceux qui les distribuent sur le moins de têtes choisies, ont de ne pas perdre de leur capital, c'est-à-dire, que la valeur de toutes les rentes viagères, jusqu'à l'extinction, excédera la valeur de leur capital, supposé placé à l'intérêt le plus foible que rapportent les placemens regardés comme les plus certains, & regarder cette probabilité comme le *minimum* au-dessous duquel $\frac{v^{q'}}{v^{q'}+e^{q'}}$ ne doit pas être pris.

Les Tables qu'on pourroit former d'après les registres des Bureaux d'assurances maritimes, pourroient donner aussi une valeur de cette même quantité; mais comme les Tables qu'il faudroit calculer pour employer ces données n'existent pas, nous pourrons y suppléer par l'hypothèse suivante, qui est analogue à celle que nous avons adoptée dans la première question.

Pour cela, nous supposerons qu'un Résignataire se croit également en sûreté lorsque le Bénéfice lui est résigné par un homme de 37 ans ou par un homme de 47 ans, pourvu qu'il soit sain dans le moment de la résignation: il risque cependant de le perdre si le Résignateur meurt dans l'espace d'environ quinze jours. Or la différence du risque pour les deux âges est alors à peu-près $\frac{1}{24,000}$ ou $\frac{1}{36,000}$, selon qu'on supposera que la moitié ou le tiers de ceux qui meurent de maladies aiguës, meurent avant le quinzième jour de la maladie.

Connoissant donc ici la valeur de M, si on connoît v, on aura q', & on cherchera ensuite à faire $V' = \frac{144767}{144768}$. En effet, alors on n'aura qu'un risque de ne pas avoir une décision, soit fausse, soit vraie, à cette pluralité, tel qu'on le négligeroit même s'il étoit question de sa propre vie: & lorsqu'on auroit une décision rendue à cette pluralité, on n'auroit, dans le cas le plus défavorable, qu'un risque $\frac{1}{24,000}$

ou

ou $\frac{1}{36,000}$ qu'elle eſt fauſſe, riſque qu'un homme, quoique attaché à ſa fortune, néglige également.

Dans ce genre de queſtions, l'on peut faire une obſervation qui ſemblera paradoxale; c'eſt qu'il y eſt en quelque ſorte plus important de confier la déciſion à des Juges très-éclairés, que lorſqu'il s'agit de décider ſur la bonté d'une loi ou ſur la vie d'un accuſé : la raiſon en eſt que dans les deux premiers cas on peut exiger une pluralité au-deſſus de l'unité, & ſuſpendre la déciſion ſur la loi, ou renvoyer l'accuſé ſi cette pluralité n'a pas lieu; au lieu qu'ici on croit néceſſaire de décider, & par conſéquent de ſe contenter de la plus petite pluralité. On riſque donc de n'obtenir la déciſion qu'à la pluralité d'une ſeule voix, & la probabilité de la déciſion n'eſt alors que celle d'une ſeule voix.

Si on ſuppoſe qu'un des deux prétendans à un bien, doit l'obtenir ou le conſerver, à moins que le droit de ſon concurrent ne ſoit bien prouvé, comme lorſque l'un des deux s'appuie ſur une longue poſſeſſion, alors on peut établir que celui qui a le droit ſera mis en poſſeſſion du bien, ou le conſervera, à moins que la pluralité contre lui ne ſoit telle que l'on ait pour M une valeur égale à celle que nous venons de déterminer; mais il ne ſeroit pas néceſſaire ici que V' fût auſſi grand que dans le cas qui a été conſidéré d'abord. *Voyez pages 11 & 12.*

TROISIÈME QUESTION.

Nous ferons encore ici $M = \frac{144767}{144768}$, & il ne peut y avoir de difficulté que ſur la valeur qu'il convient de donner à V' & à $\frac{v^{q'-2}}{v^{q'-2}+e^{q'-2}}$. Comme toutes les fois que la pluralité exigée n'a pas lieu, l'accuſé doit être renvoyé, il eſt clair que $1 - V'$ exprime la probabilité qu'un coupable ſera abſous; & ſi q' eſt la pluralité exigée, $\frac{v^{q'-2}}{v^{q'-2}+e^{q'-2}}$

exprimera la probabilité qu'un coupable eſt abſous dans le cas le plus défavorable pour la vérité du jugement.

Examinons quelle valeur l'intérêt de la ſûreté publique exige que l'on donne à ces deux quantités.

Le renvoi d'un coupable a deux inconvéniens; 1.° le danger qui réſulte de l'exemple de l'impunité; 2.° le danger qui réſulte de la liberté rendue à un coupable. Il faut les examiner ſéparément.

Quant au premier inconvénient, s'il ne s'agiſſoit que d'avoir V' aſſez grand pour que l'eſpérance de l'impunité n'excitât point au crime, ſa valeur pourroit être très-petite. En effet, un homme ne s'expoſe à un danger, tel que ſur 300 perſonnes une ſeule en échappe, que lorſqu'il eſt animé par une paſſion extrêmement violente; & s'il s'y expoſe, c'eſt qu'il préfère la mort à la vie qu'il ſeroit contraint de mener après avoir évité ce danger: mais l'opinion des hommes qui commettent des crimes, ne ſe forme pas d'après un examen réfléchi, elle dépend de l'impreſſion de l'exemple. Suppoſons par conſéquent qu'ils aient ſous les yeux l'exemple de vingt crimes dans une génération, & c'eſt beaucoup pour la plupart des pays policés, il faut avoir une grande probabilité que ſur vingt perſonnes accuſées d'un crime, & vraiment coupables, il n'y aura pas l'exemple que l'une ſe ſera ſauvée. Or, en faiſant $V' = \frac{99{,}999}{100{,}000}$, cette probabilité ſera $\frac{99{,}774}{100{,}000}$ à peu-près, & le riſque qu'il n'en réſulte un mauvais exemple pour une génération, moindre que $\frac{3}{1000}$. L'on ſent combien même cet exemple d'impunité eſt encore très-peu propre à raſſurer les coupables, parce qu'il ne s'agit ici que de ceux qui ſe livrent au crime avec l'eſpérance de l'impunité, & non des Brigands qui ne ſont pas encouragés par l'eſpérance d'être abſous, mais par celle de n'être pas arrêtés, & qu'il n'eſt pas même queſtion de l'eſpérance de l'impunité, fondée ſur le défaut de preuves, puiſque dans l'hypothèſe que nous conſidérons, le jugement étant ſeulement formé par cette proposition, *le crime n'est pas prouvé*, l'erreur qui renvoie un coupable, n'a lieu que pour le cas où le crime, quoique réellement prouvé, ne le paroît pas aux yeux des Juges.

Dans ce même cas, il est clair que l'exemple d'un coupable, renvoyé malgré la probabilité $\frac{v^{q'-2}}{v^{q'-2}+e^{q'-2}}$ seroit très-dangereux, & le seroit même avec la pluralité d'une seule voix pour le condamner. Ainsi il faudra que, le nombre des Votans étant $2q_{,}+1$, & la pluralité $2q'_{,}+1=q'$, on ait $\frac{2q_{,}+1}{q_{,}-q'_{,}+1}v^{q_{,}+q'_{,}}e^{q_{,}-q'_{,}+1}\ldots\ldots+\frac{2q_{,}+1}{q_{,}}v^{q_{,}+1}e^{q_{,}}$, & le nombre des Votans étant $2q_{,}$, & la pluralité $2q'_{,}$, $\frac{2q'}{q_{,}-q'_{,}+1}v^{q_{,}+q'_{,}-1}e^{q_{,}-q'_{,}+1}\ldots\ldots\ldots\frac{2q_{,}}{q_{,}-1}v^{q_{,}+1}e^{q_{,}-1}$ égaux à $1-M$. On pourroit exiger aussi que $1-V'-E'$ fût égal à $1-M$, en supposant que l'exemple d'un innocent renvoyé, seulement parce qu'il a contre lui une pluralité au-dessous de $2q'_{,}+1$, ou de $2q'_{,}$, peut être nuisible dans le cas où cet innocent, quoiqu'il le fût réellement, seroit regardé comme coupable dans l'opinion commune : mais comme dans ce même cas, l'exemple du risque qu'un innocent a couru, inspireroit une plus grande crainte du jugement à ceux qui le croient innocent, il paroît qu'on peut ne pas avoir égard aux termes qui répondent à la supposition d'un innocent déclaré coupable, avec une pluralité moindre que la pluralité exigée.

Quant au second inconvénient, soit D le danger auquel chaque Membre de la société est exposé pendant une année, par les crimes qui s'y commettent, & r le rapport du nombre des crimes commis par des accusés renvoyés au nombre total des crimes, Dr exprimera la partie du danger produite par ces accusés renvoyés. Soit C la probabilité qu'un accusé renvoyé est coupable, on pourra en général exprimer par DrC le danger auquel on est exposé de la part des accusés renvoyés, & coupables. Soit en effet a le nombre des accusés renvoyés existans, puisqu'il y a la probabilité C pour chacun qu'il est coupable, & I qu'il est innocent, la probabilité du danger qui résulte de ceux qui sont coupables, sera exprimée par $\frac{aC^a + (a-1) \cdot aC^{a-1}I + (a-2) \cdot \frac{a}{2} C^{a-2}I \ldots\ldots\ldots + aCI^{a-1}}{a}$ $= (C+I)^{a-1} \cdot C = C$. Donc $\frac{DrC}{a}$ exprime le danger résultant de chaque coupable renvoyé, & $\frac{DrC}{a} \cdot \frac{v^{q'-2}}{v^{q'-2}+e^{q'-2}}$ le danger résultant de l'accusé renvoyé à la pluralité de $q'-2$ voix contre lui. Le danger ne sera donc augmenté que dans la proportion de $\frac{DrC}{a} \cdot \frac{v^{q'-2}}{v^{q'-2}+e^{q'-2}}$ à $D \cdot (1 + \frac{rC}{a} \cdot \frac{v^{q'-2}}{v^{q'-2}+e^{q'-2}})$, danger total. Or, nous avons vu ci-dessus, *page 228*, que si un danger $\frac{1}{30160}$ est augmenté dans la proportion de $\frac{10}{2784}$ à $1 + \frac{10}{2784}$, cette différence pouvoit être regardée comme insensible; & D est évidemment, dans tout pays bien policé, beaucoup plus petit que $\frac{1}{30160}$. Donc il suffira que $\frac{rC}{a} \cdot \frac{v^{q'-2}}{v^{q'-2}+e^{q'-2}}$ soit plus petit que $\frac{10}{2784}$. Si $C = \frac{1-V'}{1+V-V'}$, ce qui a lieu si on suppose aux jugemens d'après lesquels on a déterminé r, la même probabilité qu'à ceux qu'on a examinés, on voit facilement qu'il suffira d'avoir V' même beaucoup plus petit que $\frac{2774}{2784}$, puisque le terme en v & r sont chacun plus petits que 1, & que a est un nombre entier.

De même Dr étant le danger résultant des accusés renvoyés, & $\frac{DrC}{a}$ le danger résultant de chaque coupable renvoyé, soit a' le nombre des jugemens rendus par année, ou b' le nombre connu des accuſés renvoyés, on aura $\frac{a' DrC}{a} . (1 - V')$ ou $b' . \frac{DrC}{a} . \frac{1 - V'}{1 + V - V'}$ pour le danger réſultant de l'abſolution des coupables; d'où l'on voit que ſi $C = \frac{1 - V'}{1 + V - V'}$, il ſuffira que $\frac{a' r}{a} . \frac{(1 - V')^2}{1 + V - V'}$ ou $\frac{b r}{a} . \frac{(1 - V')^2}{(1 + V - V')^2}$ ſoient plus petits que $\frac{10}{2784}$, ce qui n'exige pas que V' ſoit très-grand.

On voit donc que ce ſera en général la néceſſité de parer au premier des deux inconvéniens de l'impunité, qui obligera de faire V' plus grand, c'eſt-à-dire, d'avoir des Juges plus éclairés & un Tribunal plus nombreux.

Nous ne ſuivrons pas plus loin cet objet. Les exemples précédens ſuffiſent pour indiquer comment dans les différens genres de décisions on doit chercher à déterminer M & V'. Dans preſque tous les cas, on trouvera de même qu'après avoir ſatisfait à ce qu'exige la ſûreté dans la détermination de ces deux quantités, on ſe ſera aſſuré d'avoir pour V une valeur très-ſuffiſante.

On peut d'ailleurs déduire des queſtions précédentes quelques principes généraux; 1.° que toutes les fois qu'il s'agit d'un riſque inévitable, ce n'eſt pas le riſque en lui-même qu'il faut examiner pour connoître la valeur de celui qu'on peut négliger, mais qu'il faut chercher une différence entre deux riſques, que l'on puiſſe regarder comme nulle; 2.° que plus le riſque eſt petit, plus cette différence peut être grande, relativement à la valeur du riſque; 3.° que les déterminations priſes ainſi, ſeront incertaines toutes les fois que l'on n'aura point cherché cette plus grande valeur du riſque qu'on peut négliger pour différens riſques du même genre, afin de les comparer, de diſcuter les différens motifs qui peuvent les faire négliger, & de choiſir la valeur cherchée parmi ceux de ces riſques que la petiteſſe de leur probabilité fait ſeule négliger; 4.° que dans les riſques volontaires l'on doit prendre la valeur du riſque même, mais que dans ce cas il y a une incertitude néceſſaire, produite par l'inconvénient de ne pas s'expoſer à braver ce riſque, ou les avantages qu'on trouve à s'y expoſer; en ſorte qu'il ne faut avoir égard qu'aux cas où cet intérêt eſt très-petit; 5.° qu'enfin les véritables déterminations qu'il faudroit préférer pour chaque cas, ne peuvent être connues avec préciſion, ſans avoir fait un examen préliminaire très-détaillé des effets que produiſent les différentes eſpèces de riſques ſur les hommes raiſonnables dans un grand nombre de circonſtances.

Auſſi ne donnons-nous les valeurs que nous propoſons ici, que comme des déterminations qui vraiſemblablement s'éloignent peu des véritables, & plutôt comme des exemples de la méthode qu'il faut ſuivre, que comme des applications réelles de cette méthode.

Il nous reſte à examiner ici une queſtion qui n'eſt pas ſans quelque difficulté. Après avoir déterminé V, V' & M dans le troiſième exemple, de manière qu'il eſt réſulté pour chacun dans chaque déciſion une ſûreté ſuffiſante, on peut conſidérer la première de ces quantités relativement au Légiſlateur, & par conſéquent non-ſeulement pour une déciſion particulière, mais pour une ſuite de déciſions, ce qui fera naître cette queſtion : *Doit-il ſuffire à un Légiſlateur d'avoir établi une forme, telle que dans chaque jugement on puiſſe être aſſuré qu'un innocent ne ſera pas condamné! ou eſt-il obligé, autant qu'il ſera poſſible, d'établir une forme, telle que dans un certain eſpace de temps, ou pour un certain nombre de déciſions, il ſoit aſſuré qu'il n'y en aura aucune qui condamne un innocent!* Il paroît que la ſeconde opinion doit être préférée. Voyons maintenant ce qui en réſulte. Soit q le nombre de déciſions pour lequel on veuille avoir cette aſſurance; elle ſera exprimée par $(V)^q$, en ſorte que ſi l'on appelle A l'aſſurance exigée, on devra avoir $(V)^q = A$ ou $V = A^{\frac{1}{q}}$, & il faudroit, pour déterminer V d'après cette hypothèſe, connoître A & q; mais V étant plus petit que l'unité, $(V)^q$ diminue lorſque q augmente,

& devient zéro lorſque $q = \frac{1}{0}$; d'où il réſulte que, quelque valeur qu'on ait pour V, il y aura néceſſairement un nombre q pour lequel il ſera très-probable qu'au moins un innocent aura été condamné.

On ne peut donc faire V ſuffiſamment grand pour n'être pas expoſé à l'inconvénient que dans un grand eſpace de temps, ou un très-grand nombre de déciſions, il devienne probable qu'un innocent a été condamné.

Mais s'il eſt impoſſible de donner à V une valeur, qui, pour un temps indéfini, préſerve de la crainte de voir condamner un innocent, il paroît juſte du moins de faire en ſorte que chaque homme, ſoit Juge, ſoit dépoſitaire de la force publique, puiſſe avoir une grande aſſurance de n'avoir pas contribué à la condamnation d'un innocent, l'un par une erreur involontaire, l'autre par ſon conſentement. On pourroit donc prendre $\frac{V'}{V'+E'}$, ou la probabilité qu'un accuſé condamné ſera coupable, tel que, q repréſentant le nombre des hommes qui peuvent être condamnés dans l'eſpace d'une génération, on ait $\frac{V'}{V'+E'} = A^{\frac{1}{q}}$, & il ne s'agiroit plus que de déterminer A.

Pour déterminer A, on pourroit employer une méthode analogue à celle que nous avons expoſée ci-deſſus, & faire le raiſonnement ſuivant: un homme n'eſt pas plus frappé de la crainte de mourir dans ſa vingt-cinquième que dans ſa vingtième année, & la différence de riſque qu'il néglige par conſéquent pour ſa propre vie, eſt ici $\frac{1}{1900}$. Nous pourrons donc faire $A = \frac{1899}{1900}$, c'eſt-à-dire, négliger une crainte d'être involontairement complice d'une condamnation injuſte, lorſqu'elle eſt égale à une crainte que nous négligeons pour notre propre vie.

Suppoſons $q = 1900$, il faudra donc que $\frac{V'}{V'+E'}$

$= \left(\frac{1899}{1900}\right)^{\frac{1}{1000}}$, ce qui donnera $\frac{V'}{V'+E'}$ égal, à très-peu près à un deux-millionième. Or, si l'on suppose la probabilité de chaque Votant égale à $\frac{9}{10}$, on trouvera qu'en exigeant une pluralité de six voix pour condamner, & formant un Tribunal de vingt Juges, on aura $M > \frac{144767}{144768}$ & $\frac{V'}{V'+E'}$, tel que sur mille jugemens qui condamnent, on aura la probabilité $\frac{1899}{1900}$ qu'il n'y aura pas un innocent condamné. De plus, V', ou la probabilité de ne pas laisser échapper un coupable, sera moindre que deux millièmes; & si on portoit le Tribunal à trente Juges, on auroit cette dernière probabilité égale au moins à ce que nous avons exigé ci-dessus. $\frac{V'}{V'+E'}$ seroit aussi beaucoup plus grand, en sorte que cette constitution de Tribunal rempliroit toutes les conditions que nous avons exigées: il seroit plus rigoureux encore que ce fût M & non $\frac{V'}{V'+E'}$ qui fût égal à $A^{\frac{1}{q}}$, ce qui conduiroit à exiger ici une pluralité de huit voix, & demanderoit aussi un Tribunal un peu plus nombreux.

Mais cette question conduit à une considération plus importante encore. Le cas de la condamnation d'un innocent, dont le risque est, par l'hypothèse, moindre que $\frac{1}{144768}$, ne peut arriver que parce que sur trente Votans, par exemple, la pluralité étant de six voix, dix-huit au moins ont voté contre la vérité. Or, si on regarde les motifs de juger d'après lesquels les hommes se décident, comme assujettis à une loi constante, ce concert en faveur de l'erreur ne peut avoir lieu que parce que les causes qui nous font tomber dans l'erreur ont agi dans une même affaire sur un grand nombre de Votans. Il est donc vraisemblable que toutes les fois que cet évènement arrive, une de ces causes a eu, par des circonstances particulières,

particulières, une influence extraordinaire. Or, cette observation peut conduire à des moyens de procurer une sûreté beaucoup plus grande. Par exemple, 1.° si l'instruction est publique, un plus grand nombre de personnes ayant connoissance de l'affaire, pourront démêler ces circonstances singulières, & il deviendra très-probable que les Juges ne pourront être induits en erreur; 2.° si avant d'exécuter la condamnation, la signature du Prince ou du premier Magistrat d'une République, est nécessaire, ils seront très-probablement avertis de ces circonstances extraordinaires: alors, en refusant leur signature, ils pourront ou arrêter les effets de la condamnation, ou donner lieu à un examen du premier jugement; examen qu'il est facile de concilier avec la nécessité de ne pas laisser le coupable impuni, la promptitude dans l'administration de la Justice, & toutes les conditions qu'on peut exiger dans une bonne législation; 3.° la suppression de la peine de mort feroit qu'aucune injustice ne seroit rigoureusement irréparable. Les observations que nous venons de faire conduisent à cette conséquence. En effet, puisqu'il est rigoureusement démontré que, quelque précaution qu'on prenne, on ne peut empêcher qu'il n'y ait, pour un très-long espace de temps, une très-grande probabilité qu'un innocent sera condamné, il paroît également démontré que la peine de mort doit être abolie, & cette seule raison suffit pour détruire tous les raisonnemens employés pour en soutenir la nécessité ou la justice.

Fin de la troisième Partie.

QUATRIÈME PARTIE.

JUSQU'ICI nous n'avons considéré notre sujet que d'une manière abstraite, & les suppositions générales que nous avons faites s'éloignent trop de la réalité. Cette Partie est destinée à développer la méthode de faire entrer dans le calcul les principales données auxquelles on doit avoir égard pour que les résultats où l'on est conduit, soient applicables à la pratique.

PREMIÈRE QUESTION.

Nous avons supposé que, la probabilité de chaque voix étoit constante & la même pour tous les Votans, ces deux suppositions n'ont pas lieu dans l'ordre naturel; & le moyen de les rectifier sera le sujet de cette question & de la suivante.

Nous supposerons ici que tous les hommes qui votent dans une assemblée ont une égale sagacité, & que leurs voix sont égales, mais toutes les affaires n'ont pas une égale clarté, ne sont pas jugées avec la même maturité; & on ne peut pas attribuer à ces décisions la même probabilité dans tous les cas. Supposons, par exemple, que vingt-cinq personnes aient prononcé sur une question à la pluralité de 20 contre 5, & que 425 aient prononcé à la pluralité de 220 contre 205, il suit des principes établis ci-dessus, que ces deux décisions sont également probables si elles ont été rendues par des hommes également éclairés. Cependant la raison naturelle, le simple bon sens, contredisent cette conclusion : il faut donc admettre que dans le second cas la probabilité de chaque voix est moindre, &, ce qui en est une conséquence, que dans une décision rendue à la pluralité de 15 voix par 25 personnes, la probabilité de la voix de chacune est plus grande que si ces mêmes 25 personnes avoient rendu la décision avec une pluralité de 5, de 3, de 1 voix ſeulement. Examinons d'abord cette queſtion, en ſuivant les hypothèſes de la troiſième Partie.

Suppoſons donc que l'on ait un Tribunal de $2q+1$ Votans, & qu'une déciſion ſoit portée à la pluralité de $2q'+1$ voix, la probabilité que la déciſion eſt vraie, ſera exprimée dans la première hypothèſe de la troiſième Partie, par

$$\frac{m+q-q'+1 \ldots\ldots m+q+q'+1}{(m+q-q'+1 \ldots m+q+q'+1)+(n+q-q'+1 \ldots\ldots n+q+q'+1)},$$

voyez troiſième Partie, page 196; & la probabilité que la déciſion eſt fauſſe, ſera

$$\frac{n+q-q'+1 \ldots\ldots n+q+q'+1}{(m+q-q'+1 \ldots m+q+q'+1)+(n+q-q'+1 \ldots n+q+q'+1)}.$$

Or, m, n & q' reſtant les mêmes, plus q ſera grand, plus la probabilité de la déciſion diminuera, m étant plus grand que n, ce qui eſt d'accord avec le principe que nous avons établi.

Si on adopte la ſeconde hypothèſe, on aura la probabilité de la déciſion exprimée dans le même cas par

$$\frac{\int \frac{\frac{1}{2}}{[x^{m+q+q'+1}.(1-x)^{n+q-q'}\partial x]} + \int \frac{\frac{1}{2}}{[x^{n+q+q'+1}.(1-x)^{m+q-q'}\partial x]}}{\int [x^{m+q+q'+1}.(1-x)^{n+q-q'}\partial x] + \int [x^{n+q+q'+1}.(1-x)^{m+q-q'}\partial x]},$$

& la probabilité qu'elle eſt fauſſe, par

$$\frac{\int \frac{\frac{1}{2}}{[x^{m+q-q'}.(1-x)^{n+q+q'+1}\partial x]} + \int \frac{\frac{1}{2}}{[x^{n+q-q'}.(1-x)^{m+q+q'+1}\partial x]}}{\int [x^{m+q+q'+1}.(1-x)^{n+q-q'}\partial x] + \int [x^{n+q+q'+1}.(1-x)^{m+q-q'}\partial x]}.$$

Or, on trouvera de même ici que plus, m, n & q' reſtant les mêmes, q augmentera, plus au contraire le rapport de la probabilité que la déciſion eſt vraie, à la probabilité qu'elle eſt fauſſe, diminuera; en ſorte qu'elle ſera la plus petite poſſible, en ſuppoſant $q=\frac{1}{0}$.

Conſidérons maintenant dans les deux mêmes hypothèſes, q comme conſtant, & q' comme variable, & ſuppoſons q' augmenté d'une unité.

Dans la première hypothèſe, le rapport des probabilités de la vérité ou de la fauſſeté de l'opinion, au lieu d'être $\frac{m+q-q'+1 \ldots\ldots\ldots\ldots m+q+q'+1}{n+q-q'+1 \ldots\ldots\ldots\ldots n+q+q^{o}+1}$, devient $\frac{m+q-q' \ldots\ldots\ldots m+q+q'+2}{n+q-q' \ldots\ldots\ldots n+q+q'+2}$; il augmente donc, m étant plus grand que n, dans le rapport $\frac{(m+q+q'+2).(m+q-q')}{(n+q+q'+2).(n+q-q'}$ $= \frac{m^2+(2q+2).m+(q+2).q-2q'-q'^2}{n^2+(2q+2)n+(q+2).q-2q'-q'^2}$, quantité qui augmente toujours à meſure que q' augmente; au lieu que dans les hypothèſes de la *première Partie*, cette quantité, toujours la même, quel que fût q', étoit exprimée par $\frac{v^2}{e^2}$.

Dans la ſeconde hypothèſe, on trouvera également la même concluſion : ainſi on aura toujours dans ces hypothèſes, comme par le ſimple raiſonnement, la probabilité de la déciſion rendue à une pluralité égale, d'autant plus petite que le nombre des Votans ſera plus grand; & la probabilité moyenne des Votans d'autant plus grande, que la pluralité ſera plus grande ſur un nombre égal.

Mais cette obſervation ne ſuffit pas. En effet, il eſt aiſé de voir, 1.° que, ſi l'on ſuppoſe q augmenté d'une quantité $q_{,}$, par exemple, on aura le même réſultat que ſi, q reſtant le même, les m & n avoient augmenté chacun d'une quantité $q_{,}$; 2.° que lorſque q' varie, les probabilités varient très-peu, lorſque m & n ſont de très-grands nombres. Auſſi eſt-ce en conſidérant la ſomme totale des déciſions, que dans cette méthode nous trouvons un changement dans la probabilité, qui, au lieu d'être conſtante comme dans l'hypothèſe de la *première Partie*, diminue lorſque q ou q' augmente dans celles de la *troiſième*, au lieu que la diminution qu'indiquent la raiſon commune & l'expérience tombe principalement ſur la dernière déciſion.

Maintenant, ſuppoſons que nous ayons, par la première des deux hypothèſes de la *troiſième Partie*, non la valeur moyenne de la probabilité de la décision d'un Votant en faveur de la vérité, mais une probabilité M qu'elle ne tombera pas au-dessous d'une certaine limite. Soit ensuite $2q + 1$ le nombre des Votans qui composent un Tribunal, M^{2q+1} sera la probabilité que celle de la voix d'aucun d'eux ne sera au-dessous de ce terme. Si donc, *Partie III, page 228*, on fait $M^{2q+1} = \frac{144767}{144768}$, on aura une probabilité suffisante, que la voix de chaque Votant est contenue entre ces limites, & l'on pourra, sans avoir égard aux décisions d'après lesquelles on a établi ces limites, regarder simplement la probabilité de chaque Votant comme contenue entre ces mêmes limites.

A la vérité, par ce moyen, l'on fait abstraction de la probabilité différente que peuvent avoir les différentes valeurs de la probabilité de la voix de chaque Votant; mais comme cette différence de probabilité est établie sur la distribution moyenne des voix qui décident pour ou contre la vérité dans la suite des décisions soumises à l'examen, on voit qu'on se rapprochera plutôt de la vérité qu'on ne s'en écartera, en n'employant l'observation que pour former les limites des probabilités, & en regardant comme également possibles toutes celles qui sont contenues entre ces limites.

La probabilité en faveur de la vérité, si le nombre des Votans est $2q + 1$, & la pluralité $2q' + 1$, sera donc

$$\frac{\int [x^{q+q'+1} . (1-x)^{q-q'} \partial x]}{\int [x^{q+q'+1} (1-x)^{q-q'} \partial x] + \int [x^{q-q'} . (1-x)^{q+q'+1} \partial x]},$$

ces intégrales étant prises entre les limites des probabilités, que nous appellerons v & v'.

Les deux termes du rapport des probabilités de la vérité & de la fausseté de la décision, seront donc exprimés par

$$\frac{1}{q+q'+2} [v^{q+q'+2} . (1-v)^{q-q'} - v'^{q+q'+2} . (1-v')^{q-q'}]$$

$$+ \frac{q-q'}{q+q'+2 . q+q'+3} [v^{q+q'+3} . (1-v)^{q-q'-1} - v'^{q+q'+3} . (1-v')^{q-q'-1}]$$

$$+\frac{q-q'.q-q'-1}{q+q'+2.q+q'+3.q+q'+4}\left[v^{q+q'+4}.(1-v)^{q-q'-2}-v'^{q+q'+4}.(1-v')^{q-q'-2}\right]$$

$$\ldots\ldots\ldots\ldots\ldots + \frac{q-q'\ldots\ldots\ldots 1}{q+q'+2\ldots\ldots 2q+2}(v^{2q+2}-v'^{2q+2}),$$

& par

$$\frac{1}{q-q'+1}\left[v^{q-q'+1}.(1-v)^{q+q'+1}-v'^{q-q'+1}.(1-v')^{q+q'+1}\right]$$

$$+\frac{q+q'+1}{q-q'+1.q-q'+2}\left[v^{q-q'+2}.(1-v)^{q+q'}-v'^{q-q'+2}.(1-v')^{q+q'}\right]$$

$$+\frac{q+q'+1.q+q'}{q-q'+1.q-q'+2.q-q'+3}\left[v^{q-q'+3}.(1-v)^{q+q'-1}-v'^{q-q'+3}.(1-v')^{q+q'-1}\right]$$

$$\ldots\ldots\ldots\ldots\ldots + \frac{q+q'+1\ldots\ldots\ldots 1}{q-q'+1\ldots\ldots 2q+2}(v^{2q+2}-v'^{2q+2}).$$

Multipliant l'un & l'autre de ces termes par $\frac{q+q'+2\ldots 2q+2}{q-q'\ldots\ldots 1}$, le premier deviendra $v^{2q+2}-v'^{2q+2}+(2q+2)$

$$.\left[v^{2q+1}.(1-v)-v'^{2q+1}.(1-v')\right]$$

$$+\frac{2q+2}{2}\left[v^{2q}.(1-v)^2-v'^{2q}.(1-v')^2\right]\ldots\ldots\ldots\ldots$$

$$+\frac{2q+2}{q-q'}\left[v^{q+q'+2}.(1-v)^{q-q'}-v'^{q+q'+2}.(1-v')^{q-q'}\right],$$

& le second

$$v^{2q+2}-v'^{2q+2}+(2q+2)\left[v^{2q+1}.(1-v)-v'^{2q+1}.(1-v')\right]$$

$$+\frac{2q+2}{2}\left[v^{2q}.(1-v)^2-v'^{2q}.(1-v')\right]\ldots\ldots\ldots\ldots$$

$$+\frac{2q+2}{q+q'+1}\left[v^{q-q'+1}.(1-v)^{q+q'+1}-v'^{q-q'+1}.(1-v')^{q+q'+1}\right];$$

& conſervant les mêmes dénominations que dans la *première Partie*, & appelant U' & U les valeurs de V' & V répondantes à v', ce rapport ſera exprimé par $\frac{V'-U'}{V-U}$; & faiſant $V'-V=D$ & $U-U'=D'$, on aura ce rapport égal à $1+\frac{D'-D}{V-U}$. Donc, v étant plus grand que v', & par conſéquent $V>U$, la probabilité de la vérité l'emportera tant qu'on aura $D'>D$.

Or, $D' - D = \frac{2q+2}{q-q'+1}\left[v'^{q+q'+1}.(1-v')^{q-q'+1} - v^{q+q'+1}.(1-v)^{q-q'+1}\right]$

$\ldots\ldots\ldots + \frac{2q+2}{q+q'+1}\left[v'^{q-q'+1}.(1-v')^{q+q'+1} - v^{q-q'+1}.(1-v)^{q+q'+1}\right]$

ou $\left[v'^{q+1}.(1-v')^{q+1} - v^{q+1}.(1-v)^{q+1}\right]$

$$\times\Big\{\frac{2q+2}{q+1} + \frac{2q+2}{q}\left(\frac{v'}{1-v'} + \frac{1-v'}{v'} - \frac{v}{1-v} - \frac{1-v}{v}\right)$$

$$+ \frac{2q+2}{q-1}\left[\frac{v'^2}{(1-v')^2} + \frac{(1-v')^2}{v'^2} - \frac{v^2}{(1-v)^2} - \frac{(1-v)^2}{v^2}\right]\ldots$$

$$+ \frac{2q+2}{q-q'+1}\left[\frac{v'^{q'}}{(1-v')^{q'}} + \frac{(1-v')^{q'}}{v'^{q'}} - \frac{v^{q'}}{(1-v)^{q'}} - \frac{(1-v)^{q'}}{v^{q'}}\right]\Big\},$$

quantité qui ſera poſitive tant que $v' > 1 - v$, égale à zéro quand $v' = 1 - v$, & négative enſuite; mais on ſent que dans le cas qu'on examine ici, on doit chercher à avoir toujours v' au-deſſus de $\frac{1}{2}$, c'eſt-à-dire, s'aſſurer une très-grande probabilité que jamais la probabilité de la voix de chaque Votant ne tombera au-deſſous de $\frac{1}{2}$; & par conſéquent on aura $v' > 1 - v$.

Suppoſons maintenant que q augmente d'une unité, V' augmentera, *voyez page 26*, d'une quantité

$$\frac{2q+2}{q-q'} v^{q+q'+2} e^{q-q'+1}\left(\frac{q+q'+2}{q-q'+1} v - e\right);$$

U, d'une quantité

$$\frac{2q+2}{q-q'} v'^{q+q'+2} e'^{q-q'+1}\left(\frac{q+q'+2}{q-q'+1} v' - e'\right);$$

V, *voyez page 25*, d'une quantité

$$\frac{2q+2}{q+q} v^{q-q'+1} e^{q+q'+2}\left(\frac{q-q'+1}{q+q'+2} v - e\right),$$

& U, d'une quantité

$$\frac{2q+2}{q+q'} v'^{q-q'+1} e'^{q+q'+1}\left(\frac{q-q'+1}{q+q+2} v' - e'\right).$$

Et le rapport $\frac{V'-U'}{V-U}$ diminuera à meſure que q augmentera; il ſera toujours ſupérieur à l'unité, tant que l'on aura $v' > 1 - v$, & enſuite il deviendra plus petit que l'unité.

Si au contraire, q reſtant le même, on augmente q', alors le rapport $\frac{V'-U'}{V-U}$ augmentera en même-temps que q'. Il ſera toujours plus grand que l'unité ſi $v' > 1 - v$, plus petit que l'unité ſi $v' < 1 - v$, & cette augmentation ne ſera point proportionnelle, mais croiſſante en même-temps que q'. Il eſt néceſſaire d'obſerver ici que dans le cas que nous conſidérons, lorſque q augmente, non-ſeulement la probabilité diminue pour les mêmes valeurs de v & de v', mais que pour avoir M de la même valeur, il faudra ſuppoſer v plus grand & v' plus petit, ce qui tend encore à diminuer la probabilité.

Dans la ſeconde hypothèſe de la *troiſième Partie*, la probabilité que celle de la vérité d'une voix ſera entre les limites v & v', ſe trouve exprimée par

$$\frac{\int^{v'} x^m.(1-x)^n \partial x + \int^{v'} x^n.(1-x)^m \partial x - \int^{v} x^m.(1-x)^n \partial x - \int^{v} x^n.(1-x)^m \partial x}{\int x^m.(1-x)^n \partial x}.$$

Par exemple, ſoit $m = 100$, $n = 0$, $v = 1$, $v' = \frac{9}{10}$, nous aurons cette probabilité exprimée par

$$\frac{\frac{1}{101}\left[1-\left(\frac{9}{10}\right)^{101}+\left(\frac{1}{10}\right)^{101}\right]}{\frac{1}{101}} = 1-\left(\frac{9}{10}\right)^{101}+\left(\frac{1}{10}\right)^{101},$$

c'eſt-à-dire, à peu-près $\frac{41841}{41842}$

SECONDE QUESTION.

Nous avons ſuppoſé juſqu'ici que dans chaque jugement, les voix de tous les Votans avoient une même valeur; mais comme cette ſuppoſition n'eſt pas d'accord avec la réalité, nous ſommes obligés de faire entrer dans le calcul l'inégalité qu'il peut y avoir entre les voix. Pour cela, ſuppoſons qu'un Tribunal ſoit compoſé de $2q+1$ Votans, nous prendrons, comme ci-deſſus, des limites au-deſſous deſquelles il ſoit ſuffiſamment probable que la voix d'aucun des $2q+1$ Votans

Votans ne pourra tomber. Nous partagerons l'espace qui sépare ces limites en un certain nombre r de parties égales, dont les limites soient $v, v', v'', v''', v^{\text{IV}} \ldots\ldots\ldots v'''^{r}$, r n'étant pas plus grand que $2q+1$. Nous chercherons les probabilités $W, W', W'' \ldots\ldots\ldots W'''^{r-1}$ que la probabilité des voix est entre ces limites. Supposons maintenant une décision rendue à la pluralité de $2q'+1$ voix, & cherchons la probabilité que cette décision est conforme ou contraire à la vérité.

Nous avons ici r probabilités différentes, qui sont renfermées entre les limites v & v', v' & v'', v'' & v''' ..... & ainsi de suite. Si nous les exprimons par $x, x', x'' \ldots\ldots x'''^{r-1}$, puisque $W, W \ldots\ldots\ldots\ldots W'''^{r-1}$, en expriment les probabilités respectives, la valeur moyenne de la probabilité de la vérité de la décision, en ayant égard aux différentes distributions possibles des Votans, sera exprimée par $(Wx + W'x' \ldots\ldots\ldots + W'''^{r-1}x'''^{r-1})^{q+q'-1}$ $\times [W.(1-x) + W'.(1-x') \ldots + W'''^{r-1}.(1-x'''^{r-1})]^{q-q'}$.

Mais ici les puissances des x & des $1-x$ ne doivent pas être regardées comme des puissances ordinaires; on doit donner seulement à $x^p.(1-x)^{p'}$ la valeur moyenne de cette quantité, prise pour la valeur de x depuis v jusqu'à v', & de même pour les puissances des autres x. Il faudra donc prendre, au lieu de $x^p.(1-x)^{p'}$, $\int x^p.(1-x)^{p'}\partial x$, & ainsi de suite pour toutes les autres puissances; mais il peut y avoir deux manières de prendre ces intégrales; ou l'on peut dans chacune séparément prendre pour les x la valeur de $\int x^p.(1-x)^{p'}\partial x$ depuis $x=v$ jusqu'à $x=v'$, celle de $\int x'^p.(1-x')^{p'}\partial x'$ depuis $x'=v'$ jusqu'à $x'=v''$, & ainsi de suite; ou bien, après avoir pris la valeur des intégrales pour $x=v$, $x'=v'$, $x''=v''$, &c. & en avoir formé celle du terme total, prendre la valeur du même terme pour $x=v$, $x'=v''$, &c. ou, ce qui revient au même, faisant

$x' = x - a$, $x'' = x - 2a$, $x''' = x - 3a$, &c. intégrer la formule entière pour les valeurs de x depuis v jusqu'à v', c'est-à-dire, prendre la valeur de

$$\int [(W + W' + W'' \ldots\ldots + W'''^{r-1})x - (W' + 2W'' + 3W''' \ldots\ldots + rW'''^{r-1})a]^{q+q'+1}$$
$$\times [(W + W' \ldots\ldots + W'''^{r-1})(1-x) + (W' + 2W'' \ldots\ldots + rW'''^{r-1})a]^{q-q'} \partial x$$

depuis $x = v$ jusqu'à $x = v'$.

Dans la première hypothèse, on considère les valeurs moyennes de chaque combinaison de voix comme indépendantes; dans la seconde, on suppose que lorsque x diminue de v à v', x' diminue par des diminutions égales de v' à v'', & ainsi de suite; supposition qui est d'accord avec celle de la première question, & qui par conséquent convient le mieux au cas où l'on suppose les voix inégales entr'elles, & qu'elles varient à la fois d'un Votant à l'autre & d'une question à l'autre.

En adoptant donc cette hypothèse, on aura la probabilité que la décision est erronée, exprimée par

$$\int [(W + W' \ldots\ldots\ldots\ldots + W'''^{r-1})x - (W' + 2W'' \ldots\ldots\ldots\ldots W'''^{r-1})a]^{q-q'}$$
$$\times [(W + W' \ldots\ldots + W'''^{r-1})(1-x) + (W + 2W'' \ldots\ldots + rW'''^{r-1})a]^{q+q'+1} \partial x,$$

l'intégrale étant prise depuis $x = v$ jusqu'à $x = v'$, & le rapport de la probabilité de la vérité à celle de la fausseté de la décision, par $\dfrac{\int [z^{q+q'+1} \cdot (1-z)^{q-q'}] \partial z}{\int [z^{q-q'} \cdot (1-z)^{q+q'+1}] \partial z}$, l'intégrale étant prise depuis $z = v - \dfrac{(W' \ldots\ldots + rW'''^{r-1})a}{W + W' \ldots\ldots + W'''^{r-1}}$ jusqu'à $v' - \dfrac{(W' \ldots\ldots + rW'''^{r-1})a}{W + W' \ldots\ldots + W'''^{r-1}}$, quantité de la même forme que celle que nous avons considérée dans la question précédente, & de laquelle on peut tirer des résultats semblables.

Si le nombre des observations, d'après lesquelles on a déterminé les W, W', &c. est très-grand, & que ces observations donnent des résultats à peu-près constans, & n'ayant pas entr'eux de grandes différences, que a ſoit très-petit par rapport à l'unité, & que ra même ne ſoit qu'une fraction aſſez petite, on aura, par la méthode de cet article, un moyen de déterminer la probabilité d'une déciſion dont on ſuppoſe la pluralité donnée, qui s'éloignera très-peu de la réalité.

Nous ne croyons même pas que des hypothèſes plus compliquées conduiſent plus près de la vérité, à moins que l'on n'ait des obſervations qui donnent en particulier la probabilité de différentes claſſes de Votans, ou des déciſions rendues à différentes pluralités.

Dans l'application de la méthode expoſée ci-deſſus, il ne peut reſter d'autre difficulté que la longueur des calculs: on la diminuera beaucoup en cherchant une expreſſion d'un petit nombre de termes pour la valeur de $\int x^m . (1 - x)^n \partial x$, priſe depuis $x = 0$ juſqu'à $x = a$. Or, nous avons vu, *page 246*, que $\int x^m . (1 - x)^n \partial x = \frac{V^{m+n+1} . 1 . 2 \ldots\ldots n}{m+1 \ldots\ldots m+u+1}$, en ſuppoſant la pluralité $m + 1 - n$, & faiſant $v = a$, $e = 1 - a$.

De plus, faiſant $m + n = b$, & $n = b - m$, nous aurons $\int x^m . (1-x)^{b-m} \partial x = \frac{b-m}{m+1} \int x^{m+1} . (1-x)^{b-m-1} \partial x$ $+ \frac{1}{m+1} x^{m+1} . (1 - x)^{b-m}$; d'où appelant Z la valeur cherchée, nous aurons pour $x = a$, $Z - \frac{b-m}{m+1} . (Z + \Delta Z)$ $- \frac{1}{m+1} a^{m+1} . (1 - a)^{b-m} = 0$, la différence étant priſe par rapport à m, & faiſant $\Delta m = 1$. Or, cette équation devient une différentielle exacte ſi on la multiplie par $\frac{b+1 \ldots\ldots\ldots\ldots b-m+1}{1 . 2 . 3 \ldots\ldots\ldots\ldots\ldots m}$, & elle aura pour intégrale

$$Z = \frac{-\Sigma\left[\frac{a}{1-a}^{m+1} . (1-a)^{b+1} . \frac{b+1 \ldots\ldots b-m+1}{1.2 \ldots\ldots m+1}\right]}{\frac{b+1 \ldots\ldots\ldots\ldots b-m}{1.2 \ldots\ldots\ldots\ldots m+1}}$$; d'où

en employant les méthodes développées dans la *seconde Partie*, *page 163*, on aura Z exprimé par un petit nombre de termes, soit lorsque m & n seront très-grands, soit lorsque, m étant tres-grand, les puissances de $\frac{n}{m}$ devront être négligées à un certain terme, comme celles de $\frac{1}{m}$ ou de $\frac{1}{b}$.

TROISIÈME QUESTION.

Nous chercherons à déterminer ici l'influence que la voix d'un ou de plusieurs Votans a sur celle des autres, & la manière de calculer la probabilité d'un jugement, en ayant égard à cette influence.

Il ne peut être question de l'influence personnelle qui peut naître, soit de la confiance, soit de l'autorité de l'âge, ou de la réputation ou du crédit d'un des Votans, mais uniquement de celle qui a pour cause la forme du jugement ou la constitution du Tribunal. Si cependant une influence personnelle peut être assujettie au calcul elle le sera par les mêmes principes.

On peut considérer soit l'influence d'un Rapporteur sur les jugemens, celle d'un Président sur les décisions de son Tribunal, ou en général d'un Votant sur les autres, soit l'influence des Membres perpétuels d'une assemblée sur ceux qui changent à certaines époques, ou des Chefs d'un Corps sur ses Membres ordinaires.

L'expérience seule peut encore fournir des données pour résoudre chaque question, & l'on sent qu'il faut les déterminer séparément pour chaque espèce d'influence.

Supposons d'abord que l'on sache que sur $a + b$ Votans a ont été de l'avis du Rapporteur, ou plutôt de celui dont on examine l'influence, & que nous désignerons par I, nous aurons la probabilité qu'un Votant ſera de l'avis de *I*, exprimée par $\frac{a+1}{a+b+2}$, & la probabilité qu'il ſera de l'avis contraire, par $\frac{b+1}{a+b+2}$.

Soit v' la probabilité de la vérité de la voix de chaque Votant, indépendante de l'influence de la voix de *I*, e' celle de l'erreur, v'' la probabilité de la vérité de la voix du Votant *I*, & e'' celle de l'erreur. En ſuppoſant l'influence nulle, la probabilité qu'un des Votans ſeroit de l'avis de *I*, ſeroit donc $v'v'' + e'e''$, & la probabilité contraire $v'e'' + e'v''$. Ainſi $\frac{a+1}{a+b+2} - v'e'' - e'e'' = i$ exprimera la probabilité qu'un Votant ſera de l'avis de i, à cauſe de l'influence de cette voix, ou $v'e'' + v''e' - \frac{b+1}{a+b+2} = i$ la probabilité que cette même influence empêchera un Votant d'être de l'avis contraire. Nous aurons donc $(v' + e') . (1 - i)$ pour la probabilité que chaque Votant ſe décidera d'après ſon opinion, & i pour la probabilité qu'il ſuivra l'influence de *I*. Donc faiſant $v = v' . (1 - i)$, $e = e' . (1 - i)$, v, e, i exprimeront la probabilité que chaque Votant décidera conformément à la vérité, à l'erreur, ou à l'avis de *I*.

Suppoſons l'exemple le plus ſimple, celui de deux Votans, outre le Votant *I*, & developpons la formule $v^2 + 2ve + e^2 + 2vi + 2ei + i^2$. Suppoſons enſuite que cette formule ſoit multipliée par $v'' + e''$, & cherchons d'abord les valeurs de *V* ou *V'*, la pluralité étant 1, nous aurons $V = v^2v'' + 2v''ve + 2v''vi + 2v''ei + v''i^2 + v^2e'' = v'' [(v + i)^2 + 2e . (v + i)] + v^2e''$. Suppoſons enſuite que l'on conſidère les termes où l'on a la pluralité de deux voix contre une, cette pluralité étant de l'avis de *I*, ces termes ſeront $2v''ve + 2v''ie + 2vee'' + 2vie = 2v''e . (v + i) + 2e''v . (e + i)$. La probabilité que la déciſion eſt alors plutôt en faveur de la vérité, ſera donc

$\frac{v''e.(v+i)}{v''e.(v+i)+e''v.(e+i)}$; quantité plus petite que v'', qui ſeroit l'expreſſion de la même quantité, ſi i étoit égal à zéro. Examinons maintenant la déciſion rendue à la pluralité de deux voix contre celle de I; les termes qui y répondent, ſeront $v''e^2 + e''v^2$; ainſi la probabilité qu'elle eſt plutôt vraie que fauſſe, ſera $\frac{v^2e''}{v^2e''+e^2v''}$, la même que ſi l'avis de I n'avoit pas d'influence. Dans le cas ou il n'y a pas d'influence, la probabilité eſt plus grande ou plus petite, en faveur de la vérité, dans le premier cas que dans le ſecond, ſuivant que $v'' >< v$, & dans le cas de l'influence ſuivant $\frac{v''^2}{e''^2} >< \frac{v^2}{e^2} . \frac{v.(e+i)}{e.(v+i)}$. Soit $i = \frac{1}{10}$, $v' = \frac{4}{5}$, $e' = \frac{1}{5}$, $v = \frac{76}{100}$, $e = \frac{19}{100}$, $i = \frac{5}{100}$, nous aurons $\frac{v''}{e''} > \frac{474}{100}$, ou $v'' > \frac{94}{100}$, v' étant $\frac{80}{100}$, condition néceſſaire pour que la probabilité ne ſoit pas moindre lorſque la pluralité eſt de l'avis de I. Suppoſons enſuite les trois déciſions conformes, nous aurons pour le cas où elles ſont pour la vérité, $v''v^2 + 2v''vi + v''i^2$, ou $v''.(v+i)^2$, & pour les cas où elles ſont fauſſes $e''.(e+i)^2$. Ainſi l'influence de la voix I diminuera la probabilité, puiſque $\frac{v''.(v+i)^2}{e''.(e+i)^2} < \frac{v''v^2}{e''e^2}$. On voit donc, par cet exemple, 1.° que la probabilité eſt plus petite que ſi le Votant I n'avoit aucune influence; 2.° qu'à égalité de pluralité, la probabilité de la déciſion ſera plus grande lorſqu'elle eſt contraire à l'avis de I que lorſqu'elle y eſt conforme, à moins que la probabilité de la voix de I ne ſurpaſſe d'une certaine quantité celle de la voix des autres Votans.

En général, ſi on a un nombre $2q+1$ de Votans, & que la pluralité exigée ſoit $2q'+1$, on aura

$$V = v''[(v+i)^{2q} + 2q.(v+i)^{2q-1}e \ldots\ldots + \frac{2q}{q-q'}(v+i)^{q-q'}e^{q+q'}]$$
$$+ e''[v^{2q} + 2q.(v+i)^{2q-1}.(e+i) \ldots\ldots + \frac{2q}{q-q'+1}(v+i)^{q-q'+1}(e+i)^{q+q'-1}]$$

$$V'' = v''[(v+i)^{2q} + 2q.(v+i)^{2q-1}e \ldots\ldots\ldots\ldots + \frac{2q}{q-q'}(v+i)^{q+q'}.e^{q-q'}]$$
$$+ e''[v^{2q} + 2q.v^{2q-1}.(e+i) \ldots\ldots\ldots\ldots + \frac{2q}{q-q'-1}v^{q+q'+1}.(e+i)^{q-q'-1}],$$

& la probabilité d'avoir une pluralité de $2q' + 1$ pour l'avis de I, ſera

$$\frac{2q}{q-q'}v''.(v+i)^{q+q'}e^{q-q'} + \frac{2q}{q-q'}e''.(e+i)^{q+q'}v^{q-q'},$$

& celle de l'avoir contraire à cet avis, ſera

$$\frac{2q}{q-q'-1}v^{q+q'+1}(e+i)^{q-q'-1}e'' + \frac{2q}{q-q'-1}e^{q+q'+1}.(v+i)^{q-q'-1}v'',$$

d'où l'on tire des concluſions ſemblables à celles de l'exemple précédent.

Suppoſons qu'on ſache ſeulement que ſur $a' + b'$ fois que I a voté, il a voté a' fois pour la vérité, & b' fois contre, & que les autres Votans ſur $a'' + b''$ fois ont voté a'' fois en faveur de la vérité, & b'' fois contre; la probabilité qu'un Votant quelconque ſera de l'avis de I, eſt, comme ci deſſus, $\frac{a+1}{a+b+2}$; celle qu'il ſera de l'avis d'un autre Votant quelconque, ſera $\frac{(a''+1).(a''+2)}{a''+b''+2.a''+b''+3} + \frac{b''+1.b''+2}{a''+b''+2.a''+b''+3}$. Nous exprimerons donc par $\frac{a+1}{a+b+2} - \frac{a''+1.a''+2}{a''+b''+2.a''+b''+3} - \frac{b''+1.b''+2}{a''+b''+2.a''+b''+3}$ la probabilité de l'influence de I.

Cela poſé, puiſqu'il y a, indépendamment de cette influence, a'' Votans pour la vérité, & b'' contre, nous chercherons un troiſième nombre c'', tel que, ſi on ſuppoſe a'' Votans pour un avis, b'' pour un ſecond, & c'' pour un troiſième, la probabilité qu'un Votant ſera de l'avis c'', ſera égale à celle de l'influence de I. Pour cela, on prendra la valeur de $\int[\int x^{a''} x'^{b''} (1 - x - x')^{c''} \partial x] \partial x'$, les intégrales étant priſes depuis $x = 0$ juſqu'a $x = 1 - x'$, & depuis $x' = 0$ juſqu'à $x' = 1$. Cette formule deviendra donc

$$\frac{a''.a''-1\ldots\ldots\ldots 1.b''.b''-1\ldots\ldots\ldots 1.c''.c''-1\ldots\ldots\ldots 1}{1.2.3\ldots\ldots\ldots a''+b''+c''+2};$$

on prendra ensuite la valeur de

$\int[\int x^{a''} x'^{b''} (1-x-x')^{c''+1} \partial x] \partial x'$ dans les mêmes hypothèses, & elle sera $\frac{a''.a''-1..1.b''.b''-1..1.c''+1c''.c''-1..1}{1.2\ldots\ldots\ldots a''+b''+c''+3}$;

& divisant la seconde par la première, on aura $\frac{c''+1}{a''+b''+c''+3}$ pour la probabilité qu'un Votant sera de l'avis c''. On aura donc la valeur de c'' en égalant ce terme à la valeur de l'influence de I. Si a'', b'', c'' sont supposés égaux à $\frac{1}{0}$, on aura pour l'influence de I, $\frac{a+1}{a+b+1} - \frac{a''^2+b''^2}{(a''+b'')^2} = \frac{c''}{a''+b''+c''}$. Or, le premier terme est ce que nous avons appelé i ci-dessus; nous aurons donc $a''i + b''i = c''.(1-i)$, ou $\frac{c''}{a''+b''}$ $= \frac{i}{1-i}$, ce qui donne le même résultat que ci-dessus.

On aura ici les valeurs de V, V', & des autres quantités, en substituant dans les formules précédentes $\frac{a'+1}{a'+b'+2}$ à v'', $\frac{b'+1}{a'+b'+2}$ à $e'' \int[\int x^{a''} x'^{b''+r} (1-x-x')^{c''} [(1-x')^r] \partial x]$ $\partial x'$ à un terme $(v+i)^r.e^{r'}$;

$\int[\int x^{a''+r} x'^{b''} (1-x-x')^{c''} [(1-x)^{r'}] \partial x] \partial x'$ à un terme $v^r.(e+i)^{r'}$;

$\int[\int x^{a''+r} x'^{b''+r'} (1-x-x')^{c''} \partial x] \partial x'$ à un terme $v^r e^{r'}$, & divisant chaque terme par

$\int[\int x^{a''} x'^{b''} (1-x-x')^{c''} \partial x] \partial x'$, ou

$$\frac{a''.a''-1\ldots\ldots\ldots 1.b''.b''-1\ldots\ldots\ldots 1.c''.c''-1\ldots\ldots\ldots 1}{1.2.3\ldots\ldots\ldots a''+b''+c''+2},$$

Supposons

Suppoſons maintenant qu'il y ait trois Votans I, & conſervons les mêmes dénominations, nous aurons la probabilité qu'un Votant quelconque ſera de l'avis des trois Votans, exprimée par $\frac{a+1 \,.\, a+2 \,.\, a+3}{a+b+2 \,.\, a+b+3 \,.\, a+b+4}$; la probabilité qu'il ſera de l'avis de deux Votans, & contre l'avis d'un troiſième, ſera exprimée par $3 \,.\, \frac{a+1 \,.\, a+2 \,.\, b+1}{a+b+2 \,.\, a+b+3 \,.\, a+b+4}$; la probabilité qu'il ſera de l'avis d'un contre l'avis des deux autres, par $3 \,.\, \frac{a+1 \,.\, b+1 \,.\, b+2}{a+b+2 \,.\, a+b+3 \,.\, a+b+4}$; enfin la probabilité qu'il ne ſera de l'avis d'aucun des trois, aura pour expreſſion, $\frac{b+1 \,.\, b+2 \,.\, b+3}{a+b+2 \,.\, a+b+3 \,.\, a+b+4}$.

Nous aurons de même pour la probabilité qu'un Votant ſera de l'avis de trois autres qui n'ont aucune influence ſur ſa voix, $v'^4 + e'^4$; pour la probabilité qu'il n'en ſera pas, $v'^3 e' + v' e'^3$; pour la probabilité qu'il ſera de l'avis de deux autres, $3 v'^3 e' + 3 e'^3 v'$; pour la probabilité qu'il ne ſera que de l'avis d'un ſeul, $6 v'^2 e'^2$.

Soient i, $i_{,}$, $i_{,,}$, $i_{,,,}$ ces quatre différences priſes poſitivement. Si on fait $v = v' \,.\, (1 - i)$, $e = e' \,.\, (1 - i)$, $v_{,} = v' \,.\, (1 - i_{,})$, $e_{,} = e' \,.\, (1 - i_{,})$, $v_{,,} = v' \,.\, (1 - i_{,,})$, $e_{,,} = e' \,.\, (1 - i_{,,})$, $v_{,,,} = v' \,.\, (1 - i_{,,,})$, $e_{,,,} = e' \,.\, (1 - i_{,,,})$, nous aurons pour les probabilités des déciſions pour les trois I, pour aucun des I, pour deux I contre un, pour un I contre deux, $v + i + e$, $v_{,} + i_{,} + e_{,}$, $v_{,,} + i_{,,} + e_{,,}$, $v_{,,,} + i_{,,,} + e_{,,,}$. Cela poſé, ſuppoſons que le Tribunal ſoit composé de $2q + 1$ Votans, que les trois Votans I ſoient de même avis, & que cet avis ſoit conforme à la vérité; la probabilité que cette combinaiſon a lieu, ſera v''^3; & pour avoir les combinaiſons des $2q - 2$ autres voix, on prendra les différens termes de $[(v + i) + e_{,}]^{2q-2}$, diviſés par leur ſomme totale.

Si l'on a les trois I du même avis, & que cet avis ſoit

faux, la probabilité de cette combinaison sera e''^3, & pour les combinaisons de $2q - 2$ voix, on prendra les différens termes de $[v_{,} + (e + i)]^{2q-2}$, divisés par leur somme totale.

Si des trois voix I, deux sont pour la vérité & une pour l'erreur, la probabilité de cette combinaison sera $3\,v''^2 e''$; & quant à ceux qui voteront pour la pluralité de I, la probabilité pour chacun qu'il suivra ce vœu, sera $v_{,,} + i_{,,}$; & pour chacun de ceux qui ne le suivront pas, elle sera $e_{,,,}$. On aura donc les combinaisons des $2q - 2$ autres voix, exprimés par les termes de $\frac{[(v_{,,} + i_{,,}) + e_{,,,}]^{2q-2}}{(v_{,,} + i_{,,} + e_{,,,})^{2q-2}}$.

De même, si des trois voix I, une seule est pour la vérité & deux pour l'erreur, $3\,e''^2 v''$ exprimera la probabilité de cette combinaison, & l'on aura les combinaisons des $2q - 2$ autres voix par les termes de $\frac{[(e_{,,} + i_{,,}) + v_{,,}]^{2q-2}}{(v_{,,,} + i_{,,} + e_{,,})^{2q-2}}$.

Si l'on considère maintenant la seconde hypothèse, il faudra prendre $\frac{a'' + 1 \ldots\ldots\ldots\ldots a'' + 4}{a'' + b'' + 2 \ldots\ldots\ldots\ldots a'' + b'' + 5}$ au lieu de v'^4,

$\frac{b'' + 1 \ldots\ldots\ldots\ldots b'' + 4}{a'' + b'' + 2 \ldots\ldots\ldots\ldots a'' + b'' + 5}$ au lieu de e'^4,

$\frac{a'' + 1 \,.\, a'' + 2 \,.\, a'' + 3 \,.\, b'' + 1}{a'' + b'' + 2 \ldots\ldots\ldots\ldots a'' + b'' + 5}$ au lieu de $v'^3 e$,

$\frac{a'' + 1 \,.\, b'' + 1 \,.\, b'' + 2 \,.\, b'' + 3}{a'' + b'' + 2 \ldots\ldots\ldots\ldots a'' + b'' + 5}$ au lieu de $e'^3 v$,

& $\frac{a'' + 1 \,.\, a'' + 2 \,.\, b'' + 1 \,.\, b'' + 2}{a'' + b'' + 2 \ldots\ldots\ldots\ldots a'' + b'' + 5}$ au lieu de $v'^2 e'^2$.

Connoissant ensuite les influences des I dans ces quatre combinaisons, on prendra des nombres c'', $c''_{,}$, $c''_{,,}$, $c'''_{,,}$, tels que a'' étant le nombre des Votans en faveur de la vérité, & b'' le nombre des Votans en faveur de l'erreur; 1.° c'' exprime le nombre des Votans en faveur des I, qui donnent une influence égale à celle qu'on a trouvée pour le premier cas; 2.° que $c''_{,}$ exprime un nombre qui remplisse les mêmes conditions avec celle que $\frac{a_{,}''}{b_{,}''} = \frac{a''}{b''}$, & que $a_{,}'' + b_{,}'' + c_{,}'' = a'' + b'' + c''$; 3.° que $c_{,,}''$ exprime un nombre qui rempliſſe les mêmes conditions, & celles que $\frac{a_{,,}''}{b_{,,}''} = \frac{a''}{b''}$, & $a_{,,}'' + b_{,,}'' + c_{,,}'' = a'' + b'' + c''$, & 4.° enfin que $c''_{,,,}$ exprime cette même influence avec la condition que $\frac{a_{,,,}''}{b''_{,,,}} = \frac{a''}{b''}$, & que $a''_{,,,} + b''_{,,,} + c''_{,,,} = a'' + b'' + c''$, & il ſuffira de mettre $\frac{a'+1 \,.\, a'+2 \,.\, a'+3}{a'+b'+2 \,.\, a'+b'+3 \,.\, a'+b'+4}$ au lieu de v''^3, $3 \,.\, \frac{a'+1 \,.\, a'+2 \,.\, b'+1}{a'+b'+2 \,.\, a'+b'+3 \,.\, a'+b'+4}$ au lieu de $3 v''^2 e''$, $3 \,.\, \frac{a'+1 \,.\, b'+1 \,.\, b'+2}{a'+b'+2 \,.\, a'+b'+3 \,.\, a'+b'+4}$ au lieu de $3 e''^2 v''$, & $\frac{b'+1 \,.\, b'+2 \,.\, b'+4}{a'+b'+2 \,.\, a'+b'+3 \,.\, a'+b'+4}$ au lieu de e''^3. On ſubſtituera à un terme

$$(v+i)^r \,.\, e_{,}^{r'} \frac{\int [\int x^{a''} \,.\, x'^{b''+r'} (1-x-x')^{c''} \,.\, (1-x')^r \partial x] \partial x'}{\int [\int x^{a''} \,.\, x'^{b_{,}''} \,.\, (1-x-x')^{c''} \partial x] \partial x'}$$

au lieu de

$$v_{,}^r \,.\, (i+e)^{r'} \frac{\int [\int x^{a_{,}''+r} \,.\, x'^{b''} (1-x-x')^{c''} \,.\, (1-x)^{r'} \partial x] \partial x'}{\int [\int x^{a_{,}''} x'^{b''} \,.\, (1-x-x')^{c''} \partial x] \partial x'},$$

& ſemblablement pour les autres termes.

En ſuivant avec attention la méthode que nous venons d'expoſer, il eſt aiſé de voir qu'elle n'eſt pas abſolument rigoureuſe, & qu'elle eſt d'autant plus imparfaite, que les nombres a, b, a', b', a'', b'', ſont plus petits. On voit auſſi qu'il faut les avoir aſſez grands pour que, ſi les valeurs des c ne ſont pas des nombres entiers, on puiſſe prendre, ſans une erreur conſidérable, au lieu des c, & des $a_{,}''$, $b_{,}''$, $a_{,,}''$, $b_{,,}''$, $a_{,,}'''$, $b_{,,}'''$, les nombres entiers qui en diffèrent le moins.

Nous allons maintenant ſuivre une méthode plus directe.

Soit v la probabilité de la vérité de I, e celle de l'erreur, i la probabilité qu'un Votant sera de l'avis de I lorsqu'il vote pour la vérité, n qu'il n'en sera pas, i' & n' les quantités correspondantes pour un Votant qui est de l'avis contraire à I; soit un Tribunal composé de $2q + 1$ Votans, dont un est I, $v.(i+n)^{2q} + (e.i'+n')^{2q}$ exprimeront le système de toutes les combinaisons possibles.

Supposons maintenant que sur $a+b$ voix, données par I, il ait jugé a fois pour la vérité, & b fois pour l'erreur; que dans les votations, lorsque I étoit pour la vérité, il y ait eu $a' + b'$ voix données, a' pour I & pour la vérité, b' contre I & contre la vérité; que dans les votations où I s'est trompé, il y ait eu $a'' + b''$ voix données, a'' contre I & pour la vérité, b'' pour I & contre la vérité.

On aura le système de combinaisons possibles pour une décision à rendre par $2q + 1$ Votans, dont I est un, exprimé par

$$\frac{a+1}{a+b+2} \frac{\int x^{a'}.(1-x)^{b'}.(x+(1-x))^{2q}\partial x}{\int x^{a'}.(1-x)^{b'}\partial x} + \frac{b+1}{a+b+2} \frac{\int x^{a''}.(1-x)^{b''}(x+(1-x))^{2q}\partial x}{\int x^{a''}(1-x)^{b''}.\partial x},$$

ces formules étant ordonnées par rapport aux puissances de x & de $1-x$ en q. Le nombre des termes en a, a', a'', qui entrent dans chaque produit, désigne le nombre des voix en faveur de la vérité.

Nous aurons par ce moyen, d'une manière très-simple, les différentes fonctions qni expriment la probabilité; mais il faut observer que ce n'est pas assez pour juger de l'influence de la voix I, puisque les données d'après lesquelles ces probabilités ont été prises, sont supposées avoir été soumises à cette influence, si elle existe. Mais nous avons ici sur $a' + a'' + b' + b''$ Votans, $a' + a''$ qui ont voté pour la vérité, & $b' + b''$ pour l'erreur, en faisant abstraction de la voix I. On prendra donc, 1.° la probabilité que, si on a $a' + a''$ voix pour la vérité, & $b' + b''$ voix pour l'erreur, dans une combinaiſon ; a' voix pour la vérité & b' pour l'erreur dans une autre ; a'' voix pour la vérité & b'' voix pour l'erreur dans une troiſième : il réſultera de l'une de ces combinaiſons plus de probabilité en faveur de la vérité que de l'autre. Les formules de la troiſième Partie nous donneront, pour le cas où la première combinaiſon aura l'avantage ſur la ſeconde,

$$\frac{\int \left\{ x^{a'+a''} . (1-x)^{b'+b''} \left[\int x'^{a'} . (1-x')^{b'} \partial x' \right] \partial x \right\}}{\int \left[x^{a'+a''} . (1-x)^{b'+b''} \partial x \right] \times \int \left[x'^{a'} . (1-x)^{b'} \partial x' \right]}.$$

Pour celui où la première l'aura ſur la troiſième, la même formule, en mettant a'' & b'' au lieu de a' & b' ; & réciproquement pour celui où la ſeconde l'emporte ſur la troiſième, la formule

$$\frac{\int \left\{ x^{a'} . (1-x)^{b'} \left[\int x'^{a''} . (1-x')^{b''} \partial x' \right] \partial x \right\}}{\int \left[x^{a'} . (1-x)^{b'} \partial x \right] . \int x'^{a''} . (1-x')^{b''} \partial x' \right]},$$

les intégrales ſous le ſigne étant priſes depuis $x' = 0$ juſqu'à $x' = x$.

2.° Soit P la première de ces probabilités, P' la ſeconde, P'' la troiſième, $\frac{a+1}{a+b+2} P + \frac{b+1}{a+b+2} P'$ exprimera la probabilité que la combinaiſon de voix, où l'on a égard à l'influence, eſt moins favorable à la vérité que celle où l'on ſuppoſeroit ces mêmes voix priſes en totalité, & ſans égard à l'influence.

3.° P'' eſt la probabilité qu'il y a plus d'avantage en faveur de la vérité, lorſque le Votant I lui eſt favorable. Donc, ſuivant que $\frac{a+1}{a+b+2} P'' + \frac{b+1}{a+b+2} . (1 - P'')$ ſera $> <$ ou $= \frac{1}{2}$, on aura une influence favorable pour la vérité, contre la vérité, ou une influence nulle.

On peut objecter contre cette méthode, que non-ſeulement la diſtribution des voix, mais leur nombre abſolu & la ſupériorité de $a' + a'' + b' + b''$ ſur $a' + b'$ & $a'' + b''$, influent dans les réſultats; d'où il arrive que ſi l'on a $\frac{a'}{b'} = \frac{a''}{b''}$, on pourra encore avoir une probabilité pour ou contre la vérité, causée par l'influence, quoique dans ce cas elle ne doive pas exister. Nous observerons ici que dans une méthode rigoureuse, la grandeur absolue des nombres doit être admise; mais si l'on ne veut avoir égard qu'à leur distribution, on y parviendra, en prenant dans le système qui a le plus de voix toutes les combinaisons possibles d'un nombre de voix égal à celui du systeme qui en a le moins, & en formant ainsi une valeur moyenne des probabilités cherchées.

Enfin, comme nous l'avons observé, pour que la méthode fût réellement rigoureuse, il faudroit qu'on pût comparer à la décision où *I* a voté, des décisions à l'abri de toute influence.

Si l'on suppose trois Votans *I*, dont l'influence a pu agir, & qu'on ait des observations sur le cas seulement où un Votant a exercé cette influence, on pourra prendre la méthode suivante; 1.° on formera toutes les combinaisons possibles de trois Votans prononçant en faveur de la vérité; 2.° de deux Votans prononçant en faveur de la vérité, & un prononçant en faveur de l'erreur; 3.° de deux pour l'erreur & un pour la vérité; 4.° de trois pour l'erreur. Soient $a_{,}$, $a_{,,}$, $a_{,,,}$, a_{iv} les nombres des voix vraies, & $b_{,}$, $b_{,,}$, $b_{,,,}$, b_{iv} les nombres des voix dans ces combinaisons.

Nous aurons la probabilité pour les décisions futures; rendues par $2q+1$ Votans, en développant la série

$$\frac{a+1\,.\,a+2\,.\,a+3}{a+b+2\,.\,a+b+3\,.\,a+b+4} \cdot \frac{\int[x^{a_{,}}\,.\,(1-x)^{b_{,}}\,(x+1-x)^{2q-2}\,\partial x]}{\int[x^{a_{,}}\,.\,(1-x)^{b_{,}}\,\partial x]}$$

$$+3\,.\,\frac{a+1\,.\,a+2\,.\,b+1}{a+b+2\,.\,a+b+3\,.\,a+b+4} \cdot \frac{\int[x^{a_{,,}}(1-x)^{b_{,,}}\,.\,[x+(1-x)]^{2q-2}\partial x]}{\int[x^{a_{,,}}\,.\,(1-x)^{b_{,,}}\partial x]}$$

$$+3\,.\,\frac{a+1\,.\,b+1\,.\,b+2}{a+b+2\,.\,a+b+3\,.\,a+b+4} \cdot \frac{\int[x^{a_{,,,}}\,.\,(1-x)^{b_{,,,}}[x+(1-x)]^{2q-2}\partial x]}{\int x^{a_{,,,}}\,.\,(1-x)^{b_{,,,}}\partial x]}$$

$$+\quad \frac{b+1\,.\,b+2\,.\,b+3}{a+b+2\,.\,a+b+3\,.\,a+b+4} \cdot \frac{\int[x^{a_{iv}}\,.\,(1-x)^{b_{iv}}[x+(1-x)]^{2q-2}\partial x]}{\int[x^{a_{iv}}\,.\,(1-x)^{b_{,}}\,\partial x]}$$

Il est aisé d'appliquer ces mêmes principes à un plus grand nombre de Votans l. Si dans cette détermination on veut éviter les différences de probabilité qui naissent de la grandeur absolue des a & des b, & que les décisions soient rendues par des assemblées où le nombre de voix soit égal, on y parviendra par le moyen que nous venons d'indiquer.

Pour que cette derniere méthode fût rigoureuse, il faudroit avoir immédiatement des décisions soumises à l'influence de trois Votans l. En effet, dans celle que nous donnons ici, on ne connoît pas la manière dont l'influence des trois l agit, & on se borne à supposer que si, par exemple, l Votant pour la vérité détermine m voix sur n, & l Votant pour l'erreur détermine m' voix sur n, trois Votans l s'ils s'accordent pour la vérité, détermineront $3m$ voix sur $3n$; que si deux votent pour la vérité, & un pour l'erreur, ils détermineront $2m - m'$ voix pour la vérité, & semblablement pour les deux autres cas; supposition un peu arbitraire, mais qui paroît très-peu s'écarter de la vérité.

Nous n'avons déterminé jusqu'ici que la probabilité des décisions lorsque l'influence a lieu, & la probabilité que cette influence existe : il reste à en déterminer l'effet, mais cette détermination n'a aucune difficulté; elle consiste à prendre dans chaque hypothèse qu'on veut considérer, la probabilité de la vérité de la décision telle qu'elle seroit si elle étoit débarrassée de l'influence, & telle qu'elle est lorsque l'influence existe. Soit P la probabilité de la vérité de la décision dans le premier cas, & P' dans le second, il est clair que $P' - P$ exprimera l'effet de l'influence en faveur de la vérité. La seconde méthode de la troisième Partie s'applique également à toutes ces questions.

Si l'on connoît seulement les décisions vraies ou fausses, rendues avec la voix du Votant l dans chacune, on aura de même les résultats cherchés ci-dessus; mais alors il faut employer la première méthode de la troisième Partie. Cependant il seroit possible d'y appliquer aussi la seconde, mais cette application ne seroit pas sans difficulté.

Si on a une décision rendue conformément à l'opinion d'un Votant *I*, on aura, *page 255*, $\frac{v''}{e''} \cdot \frac{(v+i)^{2q'}}{(e+i)^{2q'}}$ le rapport de la probabilité de la vérité à l'erreur, la pluralité étant $2q' + 1$. Si on suppose que l'influence agisse sur tous les Votans qui décident conformément à l'avis de *I*, cette formule exprime la vraie probabilité; mais si l'on suppose que cette influence détermine absolument quelques voix, la même formule n'est que la probabilité moyenne; & dans le cas où tous les Votans qui sont de l'avis de *I* se trouveroient décidés par sa seule influence, elle seroit $\frac{v''}{e''} \frac{i^{q+q'}}{i^{q+q}} \frac{e^{q+q'}}{v^{q-q'}}$ $= \frac{v'' \cdot e^{q-q'}}{e'' \cdot v^{q-q'}}$. Or, pour peu que *i* soit grand par rapport à *v*, il est clair que la seconde hypothèse peut avoir lieu. On ne peut donc avoir de confiance en un Tribunal que lorsque *i* est très-petit par rapport à *v*. *Voyez la Question suivante.*

QUATRIÈME QUESTION.

Nous examinerons ici l'influence qui peut résulter de la passion ou de la mauvaise foi des Votans.

Comme la probabilité n'a pu être déterminée que par l'expérience, si l'on suit la première méthode de la *troisième Partie*, ou qu'en suivant la seconde, on suppose que l'influence de la corruption ou de la passion sur les jugemens ne fait pas tomber la probabilité au-dessous de $\frac{1}{2}$, alors il est évident que cet élément est entré dans le calcul, & qu'il n'y a par conséquent rien à corriger.

Or, la supposition que l'influence de la mauvaise foi ou de la passion ne fait pas tomber la probabilité au-dessous de $\frac{1}{2}$, est très-légitime. En effet, on doit non-seulement constituer un Tribunal de manière à remplir les conditions exposées dans la *troisième Partie*, *page 223*; mais on doit encore pourvoir, par le choix des Membres, par des exclusions,

par

par des récusations, à ce que jamais on ne puisse craindre que les passions ou la corruption y aient une influence très-dangereuse; & dans le cas où l'on ne pourroit avoir la même certitude pour toutes les décisions d'après lesquelles on a établi la valeur de la probabilité, il est aisé de sentir que, soit par la réclamation que les décisions auroient excitées, soit par la nature de l'objet sur lequel elles auroient statué, on pourroit distinguer parmi ces décisions celles qui doivent être suspectes, & qu'alors on doit rejeter. Par exemple, s'il s'agit de la probabilité des jugemens en matière criminelle, ceux qui ont été rendus sur des crimes d'État dans un pays agité par des partis, ceux qui ont pour objet des délits locaux, c'est-à-dire, des actions à peu-près indifférentes, dont les préjugés ont fait des crimes, ceux où l'intérêt d'un Tribunal perpétuel a pu agir, &c. doivent être absolument rejetés, & ce n'est pas d'après eux que l'on doit établir la probabilité de la décision de ceux qui ont prononcé les jugemens.

Mais il reste ici une observation importante à faire. Soient v' & e' les probabilités de la vérité ou de la fausseté d'un jugement, en faisant abstraction de toute influence, & soit $2i$ la probabilité de cette influence qui peut déterminer également pour ou contre la vérité; nous aurons, en ayant égard à l'influence, $v = v'(v' + e' - 2i)$, $e = e'(v' + e' - 2i)$, pour les probabilités de la vérité ou de la fausseté de l'opinion, indépendamment de l'influence, $2i$ pour celle de l'influence, & $v + i$, $e + i$ exprimeront la probabilité totale de la vérité ou de la fausseté de la décision.

Cela posé, soit un jugement rendu à la pluralité de $2q' + 1$ voix, le nombre des Votans étant $2q' + 1$, le rapport de la probabilité de la vérité de ce jugement à celle de l'erreur, sera ici $\frac{(v+i)^{2q'+1}}{(e+i)^{2q'+1}} < \frac{v^{2q'+1}}{e^{2q'+1}}$, qu'on auroit eu pour la valeur du même rapport si l'influence étoit nulle. Si i est fort petit par rapport à v, il est clair que cette différence sera peu importante; mais la première expression a été produite par le rapport $\frac{(v+i)^{q+q'+1}.(e+i)^{q-q'}}{(v+i)^{q-q'}.(e+i)^{q+q'+1}}$, en sorte que $\frac{(v+i)^{2q'+1}}{(e+i)^{2q'+1}}$ ne représente que la valeur moyenne du rapport; & que, si on suppose, par exemple, que dans l'avis de la pluralité m aient cédé à l'influence, & que n y aient cédé dans l'avis de la minorité, $\frac{v^{q+q'+1-m}.e^{q-q'-n}.i^{m+n}}{e^{q+q'+1-m}.v^{q-q'-m}.i^{m+n}}$, ou $\frac{v^{2q'+1-m+n}}{e^{2q'+1-m+n}}$ exprime ce rapport dans ce cas particulier.

Or, m peut avoir toutes les valeurs depuis zéro jusqu'à $q+q'+1$, & n toutes les valeurs depuis zéro jusqu'à $q-q'$. Supposons donc $n=0$, & $m=q+q'+1$, ce qui est le cas le plus défavorable à la vérité de la décision, on aura ce rapport exprimé par $\frac{e^{q-q'}}{v^{q-q'}}$, & par conséquent plus petit que l'unité, & d'autant plus petit que q est plus grand.

Une décision étant supposée rendue, on ne peut savoir le nombre des voix que l'influence a déterminées, ni par conséquent les valeurs de m. Soit donc P la probabilité que m ne s'étendra pas au-delà d'une certaine limite, & soit toujours $n=0$, nous aurons une probabilité P que ce rapport ne sera pas au-dessous de $\frac{v^{2q'+1-m}}{e^{2q'+1-m}}$, & il faudra par conséquent que $P.\frac{v^{2q'+1-m}}{v^{2q'+1-m}+e^{2q'+1-m}}=M$, c'est-à-dire, donne une assurance suffisante de la vérité de la décision. Or, supposons que, l'influence étant nulle, on eût $\frac{v^{2q'+1-m'}}{v^{2q'+1-m'}+e^{2q'+1-m'}}=M$,

il faudra que $P=\frac{1+\left(\frac{e}{v}\right)^{2q'+1-m}}{1+\left(\frac{e}{v}\right)^{2q'+1-m'}}$, ce qui oblige à faire $m<m'$, P étant la valeur de V', en mettant $\frac{v}{v+i}$ pour v, $\frac{i}{v+i}$ pour e, $q+q'+1$ pour $2q+1$ ou $2q$, &

ſuppoſant la pluralité $q + q' + 1 - 2m$. Si donc on connoît v, e, la limite au-deſſous de laquelle on peut ſuppoſer i, $2q + 1$, & $2q' + 1 - m'$, on déterminera la valeur de q', qui ſatisfera à cette équation, ou la plus petite valeur de q' qui rendra P plus grand que ſa valeur trouvée ci-deſſus, & l'on aura la pluralité qu'il faut exiger pour avoir une aſſurance ſuffiſante, en ayant égard à l'influence.

CINQUIÈME QUESTION.

Si l'on prend l'hypothèſe huitième de la première Partie, & qu'en conſéquence l'on ſuppoſe que l'on prendra les voix juſqu'à ce que l'unanimité ſe ſoit réunie pour un des deux avis, nous avons vu que le calcul donnoit la même probabilité, ſoit que cette unanimité ait lieu immédiatement, ſoit qu'elle ne ſe forme qu'après pluſieurs changemens d'avis, ſoit que l'on ſe réuniſſe à la majorité, ſoit que l'avis de la minorité finiſſe, par avoir tous les ſuffrages.

Nous avons obſervé alors que cette concluſion étoit contraire à ce que la ſimple raiſon paroît dicter, & en même temps à ce qui doit avoir lieu dans la réalité. En effet, on ſuppoſe ici rigoureuſement égales la probabilité de l'avis d'un Votant, qui décide d'après ſes propres lumières, & celle de l'avis du même Votant, lorſqu'après des débats, il finit par ſe ranger à un avis contraire au premier, ce qui ne peut avoir lieu. Il s'agit donc de trouver des moyens d'évaluer les probabilités dans ce dernier cas.

Nous remarquerons d'abord que, ſi on emploie pour déterminer la probabilité d'une déciſion future la première méthode de la troiſième Partie, & qu'on l'établiſſe d'après des déciſions rendues ſuivant cette forme, alors on aura immédiatement la vraie probabilité, puiſqu'on l'a déduite de déciſions dans leſquelles les probabilités de chaque voix ont été ſoumiſes aux changemens qu'y peut produire cette forme de déciſions.

Mais, 1.° cette méthode ne peut être employée ſi on ne connoît la probabilité des voix que par des obſervations faites ſur des déciſions rendues ſous une autre forme, ou ſi on ne la connoît que par la seconde méthode; 2.° on ne pourroit dans ce cas connoître la plus petite probabilité résultante de cette forme de décisions, ce qu'il est cependant essentiel de connoître toutes les fois que cette connoissance est possible, comme nous l'avons observé, *Partie I, p. 79*. Pour y parvenir, il faut analyser d'abord ce que c'est qu'un avis qui prononce sur la vérité d'une proposition. Si la proposition est susceptible d'une démonstration rigoureuse ou d'une probabilité très-grande & non assignable, l'avis qui l'adopte prononce seulement: *je crois cette proposition prouvée.* Si la proposition est un fait susceptible de plusieurs degrés de probabilité, l'avis qui l'adopte prononce seulement qu'elle a un tel degré de probabilité dont les limites peuvent être plus ou moins étendues, suivant les circonstances, la nature de l'objet, son importance, &c. & dans ce dernier cas, il peut arriver, ou qu'adopter la proposition soit croire qu'elle a tel degré de probabilité, & que la rejeter, ce soit prononcer qu'elle a un moindre degré de probabilité; ou bien qu'en adoptant une proposition, on prononcera seulement qu'elle est plus probable que sa contradictoire. Par exemple, s'il s'agit du jugement d'un accusé, celui qui prononce, *l'accusé est coupable*, prononce seulement que la probabilité du crime de l'accusé est au-dessus d'une certaine limite; & celui qui vote pour le renvoi de l'accusé, prononce seulement au contraire que la probabilité du crime est au-dessous de cette limite. S'il s'agit de prononcer sur la propriété d'un bien disputé par deux personnes, celui qui l'adjuge à l'une d'elles, prononce seulement que le droit de cette personne sur le bien lui paroît plus probable que celui du concurrent.

Pour la première espèce de proposition, la probabilité de chaque voix doit rester la même avant & après les débats: ainsi l'on ne pourroit exiger que toutes les voix se réunissent pour l'unanimité, à moins de supposer que tous les Votans finiront par voir également la vérité, ou de consentir qu'une partie des Votans finisse par décider contre sa conscience. Or, la première supposition ne peut être admise qu'en laissant le temps nécessaire pour dissiper les préjugés qui empêchent de saisir les preuves d'une vérité, ou pour établir ces preuves d'une manière victorieuse: aussi dans aucun pays policé n'a-t-on jamais exigé cette unanimité pour la décision des questions dont la solution dépend du raisonnement.

Dans la seconde classe de propositions, on peut admettre un avis, en lui supposant une probabilité plus ou moins grande, & alors la probabilité de la vérité de la décision, formée par cet avis, peut aussi varier, quoique la sagacité du Votant reste la même. Soit donc v la probabilité qu'un Votant ne se trompe pas en prononçant que la probabilité d'une proposition A est entre 1 & a, & e la probabilité qu'il se trompe, & soit v' la probabilité de cette proposition, nous aurons $v \cdot \frac{1+a}{2} + \frac{a}{2} e = v'$, ou $v = 2v' - a$. Si la proposition A est de la nature de celles en faveur desquelles on ne vote que parce qu'on les regarde comme prouvées, $v \cdot \frac{1+a}{2}$ exprimera la probabilité de la vérité de A, lorsque cette proposition est prouvée, & $\frac{a}{2} e$ la probabilité de la vérité de la même proposition lorsqu'elle n'est pas prouvée. Puisque v' est, d'après l'observation, la probabilité qui résulte du jugement d'un seul Votant dans ce cas, il est clair que $\frac{v'^q}{v'^q + e'^q}$ exprime la probabilité qui résulte du jugement unanime de q Votans, fonction à laquelle on peut substituer $\frac{\left(\frac{v+a}{2}\right)^q}{\left(\frac{v+a}{2}\right)^q + \left(\frac{1+e-a}{2}\right)^q}$; & si l'on n'a égard qu'au cas où la proposition A est à la fois vraie & prouvée, la probabilité sera $\frac{v^q\left(\frac{1+a}{2}\right)^q}{v^q\left(\frac{1+a}{2}\right)^q + \left[\frac{1-a+e.(1+a)}{2}\right]^q}$.

Supposons maintenant qu'un Votant ait prononcé que la probabilité de *A* est au-dessous de *a*, & voté contre *A* en conséquence, qu'ensuite il vote pour *A*, cela peut venir ou de ce que de nouvelles réflexions lui ont fait juger que la probabilité de *A* est au-dessus de *a*, ou parce qu'il s'est déterminé en faveur de *A*, quoiqu'il en juge la probabilité au-dessous de *a*, par la seule raison qu'elle lui paroît au-dessus de $a' < a$, & qu'il l'a jugée suffisante pour se déterminer. Dans ce cas, $\frac{ve}{v^2 + 2ve}$ exprimera la probabilité que celle de *A* est entre 1 & *a*, $\frac{v^2}{v^2 + 2ve}$ celle qu'elle est entre *a* & a', & $\frac{ve}{v^2 + 2ve}$ celle qu'elle est entre a' & o.

La probabilité de la vérité de *A*, sera donc $\frac{ve}{v^2 + 2ve} \cdot \frac{1 + a}{2} + \frac{v^2}{v^2 + 2ve} \cdot \frac{a + a'}{2} + \frac{ve}{v^2 + 2ve} \cdot \frac{a'}{2}$ au lieu de $v \cdot \frac{1 + a}{2} + e \frac{a}{2}$ qu'elle auroit été si le Votant eût d'abord voté pour *A*; & suivant la valeur de *v*, de *a* & de a', l'une de ces quantités peut être plus grande que l'autre. Mais si l'on ne considère que la probabilité de la proposition *A*, regardée à la fois comme prouvée & comme vraie, on aura $\frac{ve}{v^2 + 2ve} \cdot \frac{1 + a}{2}$ dans un cas, & $v \cdot \frac{1 + a}{2}$ dans l'autre. Or, dans cette dernière hypothèse, non-seulement la probabilité qui a lieu après le changement d'avis, est plus petite que celle d'un avis donné immédiatement, mais elle est plus petite que $\frac{1}{2}$, & même plus petite que la probabilité $e \cdot \frac{1 + a}{2}$, qu'on auroit eue en laissant subsister l'avis contraire à *A*, qui a été donné le premier.

Cette espèce de paradoxe est facile à expliquer. En effet, dans le cas où il y a du changement dans la distribution des voix, la combinaison la plus probable est celle qui suppose que la probabilité de *A* est entre *a* & a'; or cette combinaison onne pour la vérité de *A* une assez grande probabilité, : elle donne en même temps une probabilité égale que *A* 'est pas à la fois vrai & prouvé.

Supposons maintenant que la proposition *A* soit celle-ci; *accusé est coupable*, que *p* Votans aient prononcé pour la roposition *A*, & que *p'*, qui avoient prononcé contre, soient nsuite revenus à l'avis des *p* autres, la probabilité que la roposition est vraie, sera exprimée par

$$\frac{(v.\frac{1+a}{2}+e.\frac{a}{2})^p(\frac{ve}{v^2+2ve}.\frac{1+a}{2}+\frac{v^2}{v^2+2ve}.\frac{a+a'}{2}+\frac{ve}{v^2+2ve}.\frac{a'}{2})^{p'}}{(v.\frac{1+a}{2}+e.\frac{a}{2})^p(\frac{ve}{v^2+2ve}.\frac{1+a}{2}+\frac{v^2}{v^2+2ve}.\frac{a+a'}{2}+\frac{ve}{v^2+2ve}.\frac{a'}{2})^p+(v.\frac{1-a}{2}+e.\frac{2-a}{2})^p(\frac{ve}{v^2+2ve}.\frac{1-a}{2}+\frac{v^2}{v^2+2ve}.\frac{2-a-a'}{2}+\frac{ve}{v^2+2ve}.\frac{2-a'}{2})^{p'}}$$

& celle qu'elle est vraie, & prouvée en même-temps, sera

$$\frac{v^p(\frac{ve}{v^2+2ve})^{p'}(\frac{1+a}{2})^{p+p'}}{v^p(\frac{ve}{v^2+2ve})^{p'}(\frac{1+a}{2})^{p+p'}+(1-v.\frac{1+a}{2})^p(1-\frac{ve}{v^2+2ve}.\frac{1+a}{2})^{p'}}.$$

Or, la première valeur est en général plus grande que

$$\frac{(v.\frac{1+a}{2}+e.\frac{a}{2})^{p-p'}}{(v.\frac{1+a}{2}+e.\frac{a}{2})^{p-p'}+(v.\frac{1-a}{2}+e.\frac{2-a'}{2})^{p-p'}},$$

qu'on auroit eue en se tenant à la première décision, & la seconde est toujours plus petite que

$$\frac{(v.\frac{1+a}{2})^{p-p'}}{(v.\frac{1+a}{2})^{p-p'}+(\frac{1-a}{2}+e.\frac{1+a}{2})^{p-p'}},$$ qu'on auroit

dans le même cas, pour la seconde hypothèse. On trouveroit généralement le même résultat, en mettant au lieu de $p-p'$ une pluralité quelconque $q'<p$; d'où il résulte qu'en établissant cette forme de jugement, on a rempli l'intention d'avoir une

probabilité plus grande qu'un accusé condamné n'est pas innocent, mais qu'on a diminué en même temps la probabilité que le crime dont il est accusé soit prouvé, ce qui explique comment cette forme de jugemens a pu paroître préférable à toute autre dans des siècles peu éclairés ; comment elle paroît encore très-séduisante au premier coup-d'œil, & pourquoi en même temps ses avantages ont toujours paru peu certains à quelques esprits accoutumés à réfléchir & à discuter.

Supposons maintenant qu'un Votant ait prononcé en faveur d'une proposition A, & que par conséquent il regarde sa probabilité comme entre 1 & a, & qu'ensuite il prononce contre cette même proposition, parce qu'il regarde sa probabilité seulement comme entre 1 & a', nous aurons la probabilité v^2 que celle de A est entre 1 & a, ev qu'elle est entre a & a', e^2 qu'elle est entre a' & o ; donc la probabilité de la vérité de A sera $\frac{v^2}{v^2+ev+e^2} \cdot \frac{1+a}{2} + \frac{ev}{v^2+ev+e^2} \cdot \frac{a+a'}{2} + \frac{e^2}{v^2+ev+e^2} \cdot \frac{a'}{2}$; & la probabilité qu'elle sera à la fois vraie & prouvée, sera $\frac{v^2}{v^2+ev+e^2} \cdot \frac{1+a}{2}$. Or, la seconde quantité, quoique plus petite que $v \cdot \frac{1+a}{2}$, qui représente la même valeur lorsqu'on s'en tient à la première voix, est cependant encore au-dessus de $\frac{1}{2}$, en sorte que l'on peut voter ici contre A, quoiqu'il soit probable non-seulement que la proposition A est vraie, mais même qu'elle est à la fois vraie & prouvée.

Supposons toujours que A soit la proposition; *l'accusé est coupable*, & qu'il y ait p voix pour le renvoyer, p' pour le déclarer coupable, & qu'ensuite les p' voix reviennent à l'avis du renvoi, la probabilité qu'il est coupable sera

$$\frac{\left(c \cdot \frac{1+a}{2} + v \cdot \frac{a}{2}\right)^p \left(\frac{v^2}{v^2+ev+e^2} \cdot \frac{1+a}{2} + \frac{ev}{v^2+ve+e^2} \cdot \frac{a+d}{2} + \frac{e^2}{v^2+ve+e^2} \cdot \frac{d'}{2}\right.}{\left(c \cdot \frac{1+a}{2} + v \cdot \frac{a}{2}\right)^p \left(\frac{v^2}{v^2+ev+e^2} \cdot \frac{1+a}{2} + \frac{ev}{v^2+ev+e^2} \cdot \frac{a+a'}{2} + \frac{e^2}{v^2+ev+e^2} \cdot \frac{a'}{2}\right)^{p'} + \left(c \cdot \frac{1-a}{2} + v \cdot \frac{2-a}{2}\right)^p \left(\frac{v^2}{v^2+ve+e^2} \cdot \frac{1-a}{2} + \frac{ev}{v^2+ve+e^2} \cdot \frac{2-a-a'}{2} + \frac{e^2}{v^2+ve+e^2} \cdot \frac{2-}{2}\right.}$$

&

& la probabilité que le crime eſt prouvé, par

$$\frac{e^p\left(\frac{v^2}{v^2+ev+e^2}\right)^{p'}\cdot\left(\frac{1+a}{2}\right)^{p+p'}}{e^p\left(\frac{v^2}{v^2+ev+e^2}\right)^{p'}\cdot\left(\frac{1+a}{2}\right)^{p+p'}+\left(1-e.\frac{1+a}{2}\right)^{p}\left(1-\frac{v^2}{v^2+ev+e^2}\cdot\frac{1+a}{2}\right)}$$

Or, comme p peut être égal à l'unité, il peut arriver que cette formule qui repréſente la probabilité que le crime eſt prouvé, comme celle qui exprime la probabilité du crime en lui-même, ſoit très-grande, & que cependant l'accuſé ſoit renvoyé.

D'où il réſulte que, relativement à l'intention que l'on doit ſe propoſer de ne pas laiſſer échapper un coupable lorſque le crime eſt prouvé, cette forme de jugement ne la remplit pas plus ſûrement qu'une forme plus ſimple, & qu'ainſi cette dernière, c'eſt-à-dire, celle où l'on exige pour condamner une pluralité donnée, doit être préférée, à tous égards, à celle qui exige l'unanimité.

Conſidérons maintenant la troiſième eſpèce de propoſition, celle où l'on ſe décide pour A lorſque A paroît ſeulement un peu plus probable que la propoſition contraire. Il eſt aiſé de voir que ce cas ſe réduit au premier, en faiſant ſeulement $a = \frac{1}{2} + z$, & $a' = \frac{1}{2} - z$, ou $a' = \frac{1}{2}$, ſelon qu'on voudra ſuppoſer que la néceſſité de revenir à l'unanimité, ou fait décider même contre ce qu'on croiroit le plus probable, mais à un très-petit degré, ou ſeulement dans le cas d'un doute abſolu; mais comme ce doute abſolu eſt une ſuppoſition preſque abſolument idéale, on peut préférer la première hypothèſe.

Cela poſé, la probabilité de la vérité de A pour un Votant qui a voté pour A, eſt $\frac{v}{2} + \frac{1}{4} + \frac{z}{2}$, & $\frac{1}{2}$ pour le Votant qui, après avoir voté contre, revient à l'avis A; & la probabilité que la propoſition A eſt à la fois vraie & plus probable, eſt, pour la première votation, $v\left(\frac{3}{4} + \frac{z}{2}\right)$, &

pour la ſeconde, $\frac{ev}{v^2+2ve}\left(\frac{3}{4}+\frac{vz}{2}\right)$. On trouvera les formules correſpondantes pour le cas où l'on ſuppoſeroit que ceux qui ont d'abord voté pour *A*, reviennent à l'unanimité en faveur de la propoſition contraire, & on en conclura que dans ce cas, cette forme de Tribunaux n'augmente pas la probabilité de la vérité de la déciſion, & diminue celle que l'avis qui a l'unanimité ſoit en même temps vrai & le plus probable.

Nous avons ſuppoſé ici que l'on connoiſſoit la probabilité v' de la vérité de la déciſion. En effet, ſi on prend la première méthode de la *troiſième Partie*, la probabilité de la déciſion du Tribunal d'examen étant très-grande, on a pour cette probabilité $v = v'$ à cauſe de $\frac{v+a}{2} = v'$ & de $a = v'$. Ainſi l'on peut ſuppoſer que le jugement du Tribunal d'examen décide ſur la vérité abſolue des déciſions. La ſeconde méthode donne également v', parce qu'on peut ſuppoſer que chacun votera pl tôt en faveur de la vérité que de l'erreur.

Il eſt néceſſaire de prévenir ici une objection. Il paroîtroit réſulter de ce qu'on a dit ici, que, ſi un Votant qui prononce qu'une propoſition eſt vraie, parce qu'elle lui préſente une certaine probabilité, produit une probabilité v' de la vérité de la propoſition ; lorſqu'on a l'unanimité de q voix en faveur de cette propoſition, la probabilité de cette même propoſition peut, q étant très-grand, approcher autant qu'on voudra de l'unité, ce qui paroît abſurde en ſoi-même, puiſque la croyance que cent mille perſonnes auront d'un fait, ne rend pas ce fait plus probable qu'il ne l'eſt en lui-même; mais il faut obſerver que ce que nous entendons par la vérité d'un fait, d'une propoſition, n'eſt pas une vérité abſolue, mais l'eſpèce de vérité dont ce fait eſt ſuſceptible. S'il s'agit, par exemple, d'une vérité de démonſtrat on, le témoignage de gens inſtruits dans la ſcience à laquelle cette démonſtration appartient, peut donner une probabilité qui approchera indéfiniment de la vérité. S'il s'agit d'un fait, ce jugement ne dônnera du fait qu'une probabilité approchant indéfiniment de celle que peut avoir le fait en lui-même, dans le cas où il est regardé comme le plus assuré. Aussi dans le cas où la limite a de la probabilité seroit jugée telle par une approximation exacte, ce seroit $v^q \cdot \frac{1+a}{2}$, qu'il faudroit prendre au lieu de $v^q \cdot (\frac{1+a}{2})^q$, & semblablement pour les autres expressions; mais ici cette limite est incertaine, & nous supposons seulement que l'expérience a prouvé qu'il résulteroit du jugement une probabilité v' que la proposition étoit vraie, c'est-à-dire, avoit la probabilité que les preuves dont elle est susceptible peuvent lui donner.

Nous avons préféré la méthode précédente de résoudre la question proposée à celles qui se sont également présentées à nous, parce qu'elle nous a paru la moins hypothétique. En effet, la seule supposition qu'elle renferme est celle de l'égalité de probabilité des deux avis contradictoires, prononcés par la même personne. Or, cette supposition nous paroît légitime, 1.° parce qu'il ne s'agit pas ici d'un simple changement d'avis, qui seroit une suite de la discussion, mais de celui qui a lieu après un premier jugement postérieur à la discussion, & rendu en connoissance de cause: aussi n'est-il pas question ici du cas où, après quelques discussions, les avis se réduisent à l'unanimité, mais de celui où après avoir embrassé & soutenu des avis différens, ils finissent par se réunir; 2.° parce qu'il s'agit moins ici de l'influence du raisonnement & de la discussion, que de celle qui naît de la nécessité de la réunion, qui agit plus sur le caractère que sur la raison, & dont l'effet est moins de diminuer la force de la conviction que de déterminer à voter d'après une conviction moindre; 3.° enfin parce qu'on ne peut nier que cette manière de considérer l'objet ne soit réellement possible, qu'elle n'ait lieu dans un grand nombre de décisions, & que dès-lors cette forme a l'inconvénient d'exposer sans nécessité à décider d'après un avis dénué de la probabilité suffisante, & même contre une très-grande probabilité. Or, comme nous l'avons vu, c'est une raison suffisante de préférer une autre forme, puisqu'il est possible d'éviter cet inconvénient. *Voyez page 79.*

SIXIÈME QUESTION.

On a établi dans quelques pays la règle générale, que si plusieurs personnes, liées entr'elles par certains degrés de parenté, votent dans un même Tribunal, l'avis de ces personnes, considérées à part, forme une seule voix conforme à l'avis qui a la pluralité entr'elles. Cette règle a été établie, parce qu'on a supposé que ces personnes avoient une influence mutuelle l'une sur l'autre. Cela posé, soit $p+1$ leur nombre, que v, e, $2i$ expriment la probabilité pour chacune de la vérité, de la fausseté de leur avis & de l'action de l'influence: nous distinguerons deux cas, celui où il y a unanimité entr'eux & celui où ils se séparent par deux avis. Dans le premier cas, soit p' le nombre des autres Votans, nous formerons V, V' & M, d'après la formule $(v'+e')^{p'}$ $\left[v'.\frac{(v+i)^p}{(v+i)^p+(e+i)^p}+e'.\frac{(e+i)^p}{(v+i)^p+(e+i)^p}\right]$; & dans le second nous les formerons d'après la formule $(v'+e')^{p'}$ $[(v+i)+(e+i)]^{p-1}$, en regardant les termes du second facteur comme ne donnant qu'une seule voix pour v & pour e. Si on examine maintenant la loi générale établie, on verra que, pour qu'elle soit vraie, dans le premier cas, il faut supposer $\frac{(v+i)^p}{(e+i)^p}=1$, ce qui ne peut avoir lieu sans que $v=e$; dans le second cas on aura $\frac{(v+i)^{p_{\prime}}}{(e+i)^{p_{\prime}}}=\frac{v'}{e'}=\frac{v}{e}$, $p_{\prime}$ étant la pluralité, ce qui donne la même solution; & de plus pour $p_{\prime}=1$, $i=0$ pour $p_{\prime}=2$, la solution $i=\sqrt{ev}$; pour $p_{\prime}=3$, la solution $i=\sqrt[3]{v^2e}+\sqrt[3]{e^2v}$. Si on suppose que ceux qui votent pour la pluralité, prise parmi les $p+1$ voix, ſoient ſeuls ſoumis à l'influence, alors il faudra prendre pour chaque combinaiſon

$$(v'+e')^{p'}\left[v'.\frac{(v+i)^{p''}.e'^{p'''}}{(v+i)^{p''}.e^{p'''}+(e+i)^{p''}.v'^{p'''}}+e'.\frac{(e+i)^{p''}.v'^{p'''}}{(v+i)^{p''}.e^{p'''}+(e+i)^{p''}.v'^{p'''}}\right];$$

$p''+p'''=p$, $p''+1$ déſignant le nombre qui a la pluralité.

La règle donne ici $\frac{(v+i)^{p''}}{(e+i)^{p''}}=\frac{v^{p'''}}{e^{p'''}}$, d'où l'on tirera $\frac{v+i}{e+i}$

$$=\left(\frac{v}{e}\right)^{\frac{p'''}{p''}}, \text{ d'où } i=\frac{v\,e^{\frac{p'''}{p''}}-e\,v^{\frac{p'''}{p''}}}{v^{\frac{p'''}{p''}}-e^{\frac{p'''}{p''}}}.$$

Or, il réſulte de ces formules, 1.° que ſi toutes ces voix, qu'on réduit à une ſeule, ſont unanimes, la règle n'eſt d'accord avec la vérité que ſi l'on a $v=\frac{1}{2}$; 2.° que dans les autres cas elle ne l'eſt de plus que pour une certaine valeur de i, & qu'elle peut donner pour les autres une probabilité très-différente de la vraie. Cette règle n'a donc pas été établie d'après un examen approfondi de la nature de cette eſpèce d'influence, mais d'après l'idée qui ſe préſentoit au premier coup-d'œil, qu'elle devoit diminuer la probabilité. On voit enfin, en examinant la queſtion en elle-même, qu'il vaut mieux prendre un moyen qui mette à l'abri de cette influence, que de s'expoſer à l'incertitude que cette influence produit néceſſairement dans la probabilité des déciſions. Ainſi toutes les fois que la cauſe de l'influence peut être la parenté, ou quelqu'autre relation extérieure dont on puiſſe reconnoître l'exiſtence, il vaut mieux ſtatuer que le Tribunal ne pourra contenir de Votans qui aient entr'eux ces relations, que de le permettre en établiſſant ou cette réduction de voix que nous venons d'examiner, ou telle autre que l'on pourroit imaginer.

Les queſtions que nous venons de diſcuter ne ſont pas les ſeules que l'on puiſſe ſe propoſer, mais elles ſuffiſent pour montrer comment on peut rapprocher des queſtions réelles qui peuvent ſe préſenter dans la pratique, les principes généraux & abſtraits établis dans les trois premières Parties.

Il nous reſte à faire ici une dernière obſervation, c'eſt que ſi M exprime une aſſurance ſuffiſante pour ſe décider, &

que l'on exige plusieurs assurances, comme celle d'avoir une certaine pluralité, de n'avoir pas à craindre une influence de quelque nature que ce soit sur plus d'un certain nombre de voix, & ensuite si on a ces premières conditions, d'avoir un jugement conforme à la vérité; & que l'on exprime ces probabilités par M', il faudra que $M'^3 = M$, & de même pour tous les cas semblables.

Fin de la quatrième Partie.

CINQUIÈME PARTIE.

Nous donnerons ici pour exemple de l'application de la théorie précédente, 1.° la conſtitution d'un Tribunal où le tort réſultant de l'erreur eſt le même, quelle que ſoit celle des deux propoſitions contradictoires, qui, quoique fauſſe, a obtenu la pluralité des voix; comme, par exemple, dans le jugement d'une cauſe civile, où deux hommes qui ſe diſputent une propriété, ſont dans un cas également favorable; 2.° la conſtitution d'un Tribunal où l'on ne doit admettre une des déciſions que lorſque la vérité en eſt prouvée, comme, par exemple, dans un jugement criminel, où il faut une aſſurance ſuffiſante qu'un accuſé eſt coupable pour prononcer la condamnation; 3.° une forme d'élection, où l'on ait une aſſurance ſuffiſante que celui des concurrens qui ſera élu ſera le plus digne; 4.° enfin la comparaiſon des probabilités réſultantes d'aſſemblées où l'on ſuppoſe que le nombre des Votans devient de plus en plus grand; mais qu'en même temps la probabilité de la voix de ces nouveaux Votans devient plus petite.

PREMIER EXEMPLE.

Conſtitution d'un Tribunal, dans lequel le tort réſultant d'une déciſion fauſſe eſt le même, quelle que ſoit cette déciſion, & en particulier d'un Tribunal pour les affaires civiles.

I. Dans ce cas, il ſuffit qu'une opinion ſoit plus probable que ſa contradictoire, pour l'adopter de préférence, & nous avons vu ci-deſſus que la probabilité réſultante d'une déciſion ne pouvoit jamais être plus grande que la probabilité réelle que peut avoir la propoſition adoptée; probabilité qui eſt alors, au lieu de l'unité, la limite de celle des décisions. Il résulte de cette observation une première condition, c'est d'avoir des loix assez simples & assez claires pour se procurer une assurance $M_{,}$ que dans une question donnée la probabilité du droit de chacun ne tombera pas au-dessous d'une certaine limite L, en sorte que $\frac{M_{,}+L}{2}$ exprim ra alors la valeur moyenne de la probablilité réelle, & $M_{,} \cdot \frac{1+L}{2}$ cette même valeur, en confondant avec les probabilités contraires les probabilités favorables qui sont au-dessous de L, ou enfin $M_{,} L$, en regardant cette probabilité comme le *minimum* de celles sur lesquelles on peut compter en général. Nous appellerons P cette probabilité.

II. Supposons maintenant qu'il résulte des décisions d'un Tribunal d'examen, que la probabilité de la vérité de chaque voix des Membres d'un Tribunal soit v, & e celle de l'erreur. Si q' est la pluralité à laquelle cette décision est rendue, $P \cdot \frac{v^{q'}}{v^{q'}+e^{q'}} + (1-P) \cdot \frac{e^{q'}}{v^{q'}+e^{q'}}$ exprimera la probabilité de cette décision; & en excluant les termes où la décision n'est vraie que parce que les Votans se sont trompés en admettant une opinion comme la plus probable, & que cette opinion, la moins probable, est cependant la vraie, la probabilité de la vérité, ainsi considérée, se réduira à $P \cdot \frac{v^{q'}}{v^{q'}+e^{q'}}$ seulement, & celle qu'on a suivi l'opinion la plus probable, sera $\frac{v^{q'}}{v^{q'}+e^{q'}}$.

III. Soit maintenant q le nombre des Votans, & $\frac{V'^{q}}{V'^{q}+E'^{q}}$ la probabilité d'avoir la pluralité q', & que $M_{,,}$ exprime cette probabilité; soit ensuite $M_{,,,}$ la valeur de $\frac{v^{q'}}{v^{q'}+e^{q'}}$, il faudra que $M_{,} M_{,,} M_{,,,} = M$, M étant la sûreté qu'on doit exiger, que la décision sera en faveur de l'opinion l'opinion dont la probabilité est au-dessus de L. Cette sûreté n'est ici que pour la décision avant d'être rendue.

IV. Dans le cas de la plus petite pluralité, celle de l'unité, on a la probabilité $M_{,}Lv$ de la vérité de la décision, en écartant tous les cas où cette vérité n'est pas dûe à des erreurs qui se compensent. Si donc on suppose, comme dans la *troisième Partie, page 232*, $M = \frac{23999}{24000}$, ou $\frac{35999}{36000}$, on aura pour condition d'un Tribunal de ce genre, $M_{,}M_{,,}M_{,,,} = \frac{23999}{24000}$, ou $\frac{35999}{36000}$, & $M_{,}L_{,}v > \frac{1}{2}$, en sorte qu'on doit regarder comme défectueux tout Tribunal qui ne remplira pas ces conditions.

V. On peut prendre ici trois partis différens, 1.° celui d'avoir un Tribunal toujours impair, où l'on suivra toujours la pluralité, ne fût-elle que d'une seule voix; 2.° celui d'exiger une pluralité plus grande; & dans le cas où elle n'a pas lieu, de prendre la décision d'un second Tribunal; 3.° enfin on pourroit, dans ce même cas, adopter la décision de la pluralité, mais demander au même Tribunal un jugement d'équité qui diminuât la rigueur du jugement prononcé.

De ces trois partis, le premier a l'inconvénient non d'être injuste, puisqu'il se borne à prendre la plus probable de deux opinions, mais de faire dépendre d'une très-petite probabilité la décision d'un objet important. Le troisième détruit en partie cet inconvénient, en permettant d'user d'une espèce de compensation que la loi pourra limiter: d'ailleurs il est aisé de voir que dans le cas de cette petite pluralité, on peut croire que la probabilité réelle des deux opinions qui forment la décision, ou celle de la voix de chaque Votant, est très-petite. On auroit même, par le Problème V, *troisième Partie*, la probabilité qu'elle est au-dessous d'une limite donnée, & même la limite au-dessus de laquelle on a une assurance ou une très-grande probabilité qu'elle ne s'élèvera pas. Ainsi on peut supposer que dans ce cas le droit de l'un des deux concurrens n'est pas beaucoup plus probable que celui de l'autre, & que par conséquent on peut, sans injustice, accorder une compensation à celui dont le droit a été jugé le moins probable. Le second parti a l'inconvénient de prolonger beaucoup les décisions: & il en a un autre, c'est que si l'on n'a pas égard aux pluralités des premières décisions, regardées comme insuffisantes, on s'expose à suivre l'avis de la minorité; *voyez ci-dessus pages 80 & 81*, & que si au contraire on y a égard, on se trouve forcé de choisir entre l'injustice de rejeter de nouveaux moyens d'instruction & l'incertitude que celle de l'influence qui a pu résulter de ces moyens, jette nécessairement dans les décisions; incertitude qu'on ne pourroit lever sans appeler au second jugement les Juges qui ont voté dans les premiers, & en leur laissant la liberté de changer d'avis, ce qui, comme nous l'avons vu, affoiblit encore la probabilité.

Nous proposons donc, par exemple, un Tribunal impair où l'on exigeroit trois voix. Si les loix sont claires & bien faites, on pourra, dans la plupart des questions, supposer L, ou la limite de la probabilité réelle, égale à $\frac{999}{1000}$, M, sera très-grand, de manière que, sans erreur sensible, on pourra le supposer égal à l'unité. Si donc $\frac{v}{e} = 4$, on aura la probabilité du jugement, dans le cas le plus défavorable, égale à $\frac{999}{1000} \cdot \frac{64}{65} = \frac{63936}{65000}$; & dans le cas où elle n'est que $\frac{3996}{5000}$, & même beaucoup moindre, car il est vraisemblable qu'alors L est beaucoup plus petit, le même Tribunal formant une espèce de cour d'équité, prononceroit sur une compensation, dont les limites & la nature seroient encore fixées par la loi.

Si dans la même hypothèse on fait $\frac{v}{e} = 9$, nous aurons la plus petite probabilité, où il y a décision, égale à $\frac{728271}{730000}$;

où le risque de l'erreur est moindre que $\frac{1}{365}$, & la probabilité, dans le cas de la compensation, plus petite que $\frac{8991}{10000}$, puisque c'est un des cas où L est très-probablement au-dessous de $\frac{999}{1000}$. Or, cette probabilité d'un droit paroît assez petite, pour qu'on puisse, sans injustice, exiger une compensation ou espèce de partage du droit qui en résulte.

Si on fait $q = 25$, $q' = 5$, & $\frac{v}{e} = 9$, on satisfera à la condition $M_{\prime}\, M_{\prime\prime}\, M_{\prime\prime\prime} = M = \frac{35999}{36000}$, c'est-à-dire, qu'il suffira de former le Tribunal de 25 Votans.

La supposition de $\frac{v}{e} = 9$ paroîtra très-petite pour tout Tribunal qui jugera d'après des loix simples & très-claires; mais il est bon d'observer que pour augmenter la sûreté, il ne faut pas prendre pour v la probabilité moyenne, mais la limite de la probabilité, au-dessous de laquelle il y a une assurance M_{iv} que la probabilité ne tombera pour aucun des Membres du Tribunal; en sorte que si v' est cette limite, la valeur ci-dessus de $\frac{v^q}{v^q + e^q}$ exprime réellement $M_{\text{iv}} . \frac{v'^q}{v'^q + e'^q}$, & que dans $M_{\prime} L v$, v est pris pour $M_{\text{iv}} v'$. Or, dans cette hypothèse, la supposition de $\frac{v}{e} = 9$ n'est pas fort au-dessous de la vérité pour des Juges même très-instruits.

Si dans cette même hypothèse, le nombre des Juges excédant toujours 25, est ou pair ou impair, alors on pourra, dans le cas où le nombre des Votans est pair, admettre la compensation pour le cas du partage & pour celui où la pluralité n'est que de deux voix. Dans ce dernier cas, la probabilité, regardée comme insuffisante, est, à très-peu-près, $\frac{80719}{82000}$, & le risque à peu-près $\frac{1}{82}$, mais un peu plus grand, au lieu d'être environ $\frac{1}{10}$, mais un peu plus petit, comme dans le cas où il n'y a que la pluralité d'une seule voix. On peut donc trouver ici à la fois le risque trop petit pour admettre une compensation, & trop grand pour le négliger, & par conséquent exiger que le nombre des Juges soit toujours impair.

SECOND EXEMPLE.

Constitution d'un Tribunal qui ne doit être supposé avoir décidé en faveur d'une des deux opinions, que lorsque la probabilité de la vérité de la décision est très-grande, & en particulier d'un Tribunal pour les causes criminelles.

Nous avons montré dans la *quatrième Partie, page 273*, que l'assurance que l'on doit avoir en ce cas, de ne pas renvoyer un coupable, & de ne pas condamner un innocent, ne peut s'obtenir par une forme de Tribunal, dans lequel on ne prononce le jugement pour ou contre l'accusé que lorsque toutes les voix sont réunies pour le même avis, & qu'il y a des cas où par cette forme on peut renvoyer un coupable, quoique la vérité de son crime soit suffisamment prouvée, & condamner un innocent avec une probabilité inférieure à celle que la Justice doit exiger.

Nous observerons ici de plus, 1.° que l'on doit soigneusement éviter, autant qu'il est possible, toute espèce d'influence sur les voix des Votans. En effet, comme nous l'avons prouvé, *page 79*, toute incertitude qu'il est possible d'éviter, ne peut être introduite par la forme du jugement sans blesser la justice. Il n'est permis de condamner un homme sur une probabilité, quelque grande qu'elle soit, que par la seule raison de l'impossibité d'avoir une certitude. Or, cette forme, où l'on exige l'unanimité, introduit cette incertitude volontaire, puisqu'il est possible que sur douze Juges, onze reviennent à l'avis du douzième, & qu'ils y reviennent par lassitude, par l'effet de la contrainte portée à l'excès, par l'action de la faim : on peut même, à ce dernier égard, faire en quelque sorte, à la loi d'Angleterre, un reproche ſemblable à celui qu'on a fait avec tant de juſtice à la queſtion. On peut dire qu'elle donne beaucoup d'avantage à un Juré robuſte & fripon ſur le Juré foible & intègre.

2.° Si l'on conſidère le riſque de condamner un innocent. ſuppoſons douze Juges, & que v ſoit la probabilité de la voix de chacun, $\frac{v^{12}}{v^{12}+e^{12}}$ exprimera la probabilité que l'accuſé condamné eſt coupable, v étant ici ce que devient la probabilité de chaque voix dans cette forme de votation. Soit maintenant un autre Tribunal qui décide à la pluralité de huit voix ſeulement, & v' la probabilité, il faudra que $\frac{v'^8}{v'^8+e'^8} = \frac{v^{12}}{v^{12}+e^{12}}$, ou $\frac{v'}{e'} = \left(\frac{v}{e}\right)^{\frac{3}{2}}$ pour avoir une égale aſſurance dans les deux cas, c'eſt-à-dire, que pour qu'un Tribunal de Juriſconſultes, où l'on exigeroit une pluralité de huit voix, donne une aſſurance égale à celle d'un Juré d'Angleterre, il ſuffit que l'opinion unanime de deux hommes accoutumés à diſcuter une matière, vaille l'opinion auſſi unanime de trois hommes que le haſard appelle à la décider; égalité qu'on peut accorder ſans faire une ſuppoſition trop favorable aux premiers. Cette conſidération nous déterminera à ſuppoſer qu'on exige une pluralité de huit voix.

Nous aurons ici pour première condition $P M_{\text{iv}} \frac{v'^{q'}}{v'^{q'}+e'^{q'}} = \frac{144767}{144768}$, P étant la probabilité réelle que peut avoir un fait regardé comme rigoureuſement prouvé, & v' étant cette limite au-deſſous de laquelle on a la probabilité M_{iv} que ne tombera pas celle de la vérité de chaque voix. Or, il eſt aiſé de voir que ſi l'on fait $v' = \frac{9}{10}$, ſi P & M_{iv}, qui ſont des quantités du même genre, ſont ſuppoſés de l'ordre $\left(\frac{144767}{144768}\right)^{\frac{1}{3}}$, on ſatisfera à cette première condition.

Paſſons maintenant à la ſeconde condition, c'eſt-à-dire, à la ſûreté que doit avoir un Légiſlateur, ou celui qui diſpoſe de la force publique. que dans tout le cours d'une génération il n'y aura pas un innocent condamné ; cette condition pourrs être exprimée *(voyez page 239)* par $M_{\text{IV}} \frac{V'}{V'+E'}$, ou $M_{\text{IV}} \frac{v'^{q'}}{v'^{q'}+e'^{q'}} = (\frac{1899}{1900})^{\frac{1}{1000}}$, ce qui nous oblige à avoir M_{IV}, $\frac{V'}{V'+E'}$, ou $\frac{v'^{q'}}{v'^{q'}+e'^{q'}}$ de l'ordre $(\frac{1899}{1900})^{\frac{1}{2000}}$. On satisfera encore à cette condition pour ces deux dernières quantités, en faisant $q' = 8$, & $\frac{v'}{e'} = 9$. Quant à M_{IV}, il est clair que sa valeur dépendra du soin que l'on aura mis à bien connoître le degré de probabilité de la voix de chaque Votant.

Si l'on vouloit que $PM_{\text{IV}} \frac{V'}{V'+E'}$ ou $PM_{\text{IV}} \frac{v'^{q'}}{v'^{q'}+e'^{q'}}$ fussent égaux à $(\frac{1899}{1900})^{\frac{1}{1000}}$, il faudroit que les trois facteurs fussent de l'ordre $(\frac{1899}{1900})^{\frac{1}{3000}}$; condition que l'hypothèse de $q' = 8$ & $\frac{v'}{e'} = 9$ remplit également : il faudroit seulement que M_{IV} augmentât de valeur, & que P fût de cet ordre $(\frac{1899}{1900})^{\frac{1}{3000}}$, mais P est ici l'expression de la probabilité réelle que peut avoir un évènement de l'espèce de ceux qui sont la matière de la décision; ainsi il paroît inutile de le faire entrer dans cette seconde condition, & il semble suffisant que le Législateur n'ait pas une crainte au-dessus de celle à laquelle un homme ne fait pas attention pour sa propre vie, que durant une génération un innocent soit condamné faute des précautions nécessaires pour donner à un jugement toute la certitude que la sagacité des hommes & la nature des questions proposées peut lui donner.

La troisième condition, qui a pour objet la nécessité de ne pas laisser de coupables impunis, doit être exprimée ici par $V' = \frac{99,999}{100,000}$ & $1 - V' - E' = \frac{1}{144768}$. La considération de la quantité P ne doit point entrer dans ces évaluations. En effet, la quantité $1 - P$ exprime ici la probabilité de mal juger, en prononçant qu'un homme est ou n'est pas coupable, quoique toute la probabilité dont le fait sur lequel on prononce est susceptible, soit acquise en faveur de l'opinion contraire; & par conséquent l'exemple d'un coupable qui échapperoit dans ce cas, c'est-à-dire, parce qu'il seroit aussi probable qu'il peut l'être que le crime n'est pas prouvé, ne doit pas être regardé comme pouvant encourager le crime par l'exemple de l'impunité. Or, on satisfera à cette dernière condition, en supposant que $q' = 8$, $\frac{v'}{e} = 9$, & que q nombre des Juges soit égal à 30; ce qui, vu la nécessité d'avoir toujours la possibilité de compléter ce nombre, obligeroit à former un Tribunal assez nombreux, surtout si l'on y admettoit un certain nombre de récusations non motivées, comme la justice paroît l'exiger, & si l'on vouloit éviter d'être obligé, excepté dans des cas très-rares, de compléter le Tribunal par des Membres étrangers.

TROISIÈME EXEMPLE.

Forme d'Élection.

Nous examinerons d'abord s'il est à propos que les électeurs aient décidé à la pluralité des voix de l'éligibilité ou la non éligibilité de tous ceux des Candidats qui se présentent ou qui sont présentés par un Corps qui en seroit chargé.

Cette première précaution rend plus simple l'élection qui doit suivre, & elle ne présente au premier coup-d'œil aucun inconvénient; car si plus de la moitié se réunissent pour faire admettre un Candidat indigne de la place, il est évident qu'ils auroient, dans toute forme d'élection, la facilité de l'élire. Si au contraire plus de la moitié se réunit pour exclure un homme de mérite, & que leur intention soit de faciliter le succès d'un Candidat inférieur, il ne résulte encore aucun changement de cette première délibération. Si dans ce même cas c'est par aversion pour le premier qu'ils veulent l'exclure, cette forme vaut mieux, parce qu'elle laisse ensuite la liberté de choisir entre ceux qui restent; au lieu que sans cela, l'idée d'exclure le premier pourroit occasionner des brigues & conduire à faire un plus mauvais choix. Il n'y a qu'un seul cas où cette première délibération puisse avoir des inconvéniens, c'est celui où deux partis, partagés entre deux sujets, se réuniroient pour en exclure un troisième; mais dans ce cas il est aisé de voir qu'en dispersant leurs voix de manière à placer ce troisième Candidat aux derniers rangs de mérite, ils y réussiroient également. Ainsi dans la forme d'élections, que nous avons prouvé, *première Partie*, qu'il falloit préférer, il sera utile de fixer, par une première délibération, le nombre des Candidats.

Chaque électeur donnant ensuite la liste de ces Candidats, suivant l'ordre de mérite qu'il leur attribue, on pourra en déduire pour un nombre n de Candidats les $\frac{n . n-1}{2}$ propositions qui forment l'avis de la pluralité; & prenant toujours pour V & E les mêmes quantités, la probabilité que l'avis de la pluralité ne sera pas au nombre de ceux qui sont formés de propositions qui ne peuvent subsister entr'elles, sera exprimée en général par

$$(V+E)(V^2+VE+E^2)(V^3+V^2E+VE^2+E^3)\ldots\ldots$$
$$(V^{n-1}+V^{n-2}E+V^{n-3}E^2\ldots\ldots\ldots\ldots+E^{n-1}).$$

Cette formule exprime, comme on voit, que l'avis de la pluralité sera en faveur d'une des $n . n-1 \ldots\ldots\ldots 2 . 1$ combinaisons possibles, Si $V=1$, elle devient 1, comme cela doit être. Si $V=E$, elle devient $\frac{1,2\ldots\ldots\ldots\ldots n}{2^{\frac{n . n-1}{2}}}$, comme cela doit être aussi, parce qu'alors toutes les combinaisons devenant également possibles, les probabilités doivent être comme le nombre des combinaisons.

Pourvu que pour un Candidat A, on ait une suite de $n-1$ propositions $A>B$, $A>C$, $A>D$, &c, il est absolument

absolument indifférent que les autres propositions, qui ne règlent les rangs qu'entre les $n-1$ autres Candidats, forment un système vrai ou faux. Ainsi au lieu de $n.n-1 \ldots 2.1$ combinaisons possibles, on peut en compter $n.2^{\frac{n-1.n-2}{2}}$, qui donnent un vrai résultat. La probabilité d'en avoir une devient ici $V^{n-1} + V^{n-2}E \ldots\ldots\ldots\ldots + E^{n-1}$ c'est-à-dire, toujours 1 dans le cas de $V=1$ & $\frac{n}{2^{n-1}}$, ou comme le nombre des combinaisons lorsque $V=E$. La probabilité de la vérité du jugement entier, est dans le premier cas, $V^{\frac{n.n-1}{2}}$, & dans le second V^{n-1}.

Il est bon de remarquer ici que dans cette évaluation de probabilité, on suppose que les combinaisons qui donnent un résultat, ou n'en donnent pas, les systemes qui sont possibles & ceux qui sont absurdes, peuvent avoir également toutes les pluralités possibles. Or, cela n'est vrai que des systèmes possibles; ainsi les probabilités assignées ci-dessus sont telles qu'on les auroit pour le cas où l'on prendroit successivement les voix sur les $\frac{n.n-1}{2}$ propositions qui répondent à n Candidats, en laissant à chaque Votant par conséquent la liberté de choisir un système contradictoire. Ainsi ces valeurs de la probabilité sont trop petites; mais comme les valeurs plus exactes seroient très-difficiles à assigner, & que celles-ci sont défavorables à la méthode que nous proposons de suivre, nous nous en servirons ici.

Si au lieu d'une pluralité simple, on vouloit exiger une pluralité d'un certain nombre de voix, si V & E expriment la probabilité d'avoir dans une décision cette pluralité, soit en faveur de la vérité, soit en faveur de l'erreur, les mêmes formules exprimeront encore la probabilité.

Il résulte de ce qu'on vient de dire, 1.° que V & E restant les mêmes, plus le nombre des Candidats augmente, plus la probabilité d'avoir une décision, & celle d'avoir une décision vraie, diminuent; 2.° que pour avoir une sûreté suffisante, il faut que V^{n-1} soit encore un très-grand nombre, par exemple, si l'on veut que la probabilité d'avoir une décision vraie soit $\frac{1899}{1900}$, *voyez page 239*, il faudra, si l'on choisit entre dix Candidats, avoir $V = (\frac{1899}{1900})^{\frac{1}{9}} = \frac{99995}{100000}$, c'est-à-dire, que le risque d'avoir la pluralité en faveur d'une proposition fausse, ne soit que $\frac{1}{20000}$; 3.° comme $V^{n-1} + V^{n-2}E \ldots E^{n-1} = V^{n-1}(1 + \frac{E}{V} \ldots + \frac{E^{n-1}}{V^{n-1}})$

$$= V^{n-1} \cdot \frac{1 - \frac{E^n}{V^n}}{1 - \frac{E}{V}}$$

, & qu'on doit éviter sur-tout d'avoir une décision fausse, il faudra, à cause de $\frac{E^n}{V^n}$ qu'on peut en général négliger, faire en sorte que $\frac{1}{1 - \frac{E}{V}} = \frac{V}{2V - 1}$ approche beaucoup de l'unité; par exemple, si on veut qu'ayant une décision, la probabilité que toutes les propositions qui la forment sont vraies, soit $\frac{1899}{1900}$, il faudra que $\frac{V}{2V-1} - 1 = \frac{1}{1900}$, ou $V = \frac{1901}{1902}$, ce qui n'exige pas que la probabilité de la voix de chaque Votant soit très-forte; 4.° que plus V est grand, plus n restant le même,

$$V^{n-1} \cdot \frac{1 - \frac{E^n}{V^n}}{1 - \frac{E}{V}}$$

approche de l'unité, plus aussi V^{n-1} est grand par rapport au reste du terme; d'où il résulte que si l'on a un résultat de votation dont il ne soit pas possible de tirer une vraie décision, & qu'il y ait d'autres Votans qui soient désignés dans ce cas pour suppléer aux premiers, plus on appellera de ces Votans, plus la probabilité d'avoir une décision, & celle que la décision rendue est vraie, deviendront grandes.

Si l'on vouloit qu'une seule élection donnât l'ordre entre tous les Candidats, il faudroit alors prendre les premières formules ci-dessus; la probabilité d'avoir une décision vraie sera $V^{\frac{n.n-1}{2}}$, celle d'avoir une décision sera $V^{\frac{n.n-1}{2}}$

$$\frac{\left(1-\frac{E^2}{V^2}\right)\left(1-\frac{E^3}{V^3}\right).\left(1-\frac{E^4}{V^4}\right)\ldots\ldots\ldots\left(1-\frac{E^n}{V^n}\right)}{\left(1-\frac{E}{V}\right)^{n-1}}$$

& la probabilité que la décision une fois rendue sera vraie, aura pour expression

$$\frac{\left(1-\frac{E}{V}\right)^{n-1}}{\left(1-\frac{E^2}{V^2}\right).\left(1-\frac{V^3}{V^3}\right).\left(1-\frac{E^4}{V^4}\right)\ldots\ldots\ldots\ldots\left(1-\frac{E^n}{V^n}\right)}.$$

Nous en conclurons, 1.° que, pour peu que n soit grand, on aura difficilement une assez grande valeur de V. En effet, en prenant toujours pour exemple le nombre $\frac{1899}{1900}$, nous trouverons que pour $n = 5$ seulement, V sera $\frac{99,997}{100,000}$, & le risque de n'avoir pas une décision vraie sur un seul point, devra être moindre de $\frac{3}{100,000}$, & pour dix Votans, V devra être $\frac{999,991}{1,000,000}$, & le risque moindre qu'un cent millième; 2.° que l'on peut représenter, sans une erreur sensible, la formule

$$\frac{\left(1-\frac{E}{V}\right)^{n-1}}{\left(1-\frac{E^2}{V^2}\right).\left(1-\frac{E^3}{V^3}\right).\left(1-\frac{E^4}{V^4}\right)\ldots\ldots\ldots\ldots\left(1-\frac{E^n}{V^n}\right)}$$

par $\frac{(1-\frac{E}{V})^{n-1}}{2-\frac{1}{1-\frac{E}{V}}}$, ou $\frac{(1-\frac{E}{V})^{n}}{1-\frac{2E}{V}}$; d'où nous tirerons, en appelant a la valeur qu'on convient de donner à cette formule $1-\frac{E}{V}=a^{\frac{1}{n}}\left[1-\frac{2}{n-2}(1-a^{\frac{1}{n}})\right]$. Si on veut que $a=\frac{1899}{1900}$, comme ci-dessus, on aura pour $n=10$, $1-\frac{E}{V}=\frac{999,973}{100,000}\times\frac{999,993}{1,000,000}=\frac{999,966}{1,000,000}$; d'où $\frac{E}{V}=\frac{34}{1,000,000}$, c'est-à-dire, $V=\frac{1,000,000}{1,000,034}$, & $E=\frac{34}{1,000,034}$, valeur qu'il n'est pas très-difficile d'obtenir, puisque nous avons vu ci-dessus des hypothèses assez naturelles, donner E au-dessous d'un deux millionième pour un nombre de Votans assez petit; d'où l'on voit que dans ce cas, comme dans le précédent, c'est moins la crainte d'une décision fausse que celle de ne pas avoir de décision qu'on doit avoir en vue; 3.° que, n restant le même, plus le nombre des Votans croît, plus aussi la probabilité d'avoir une décision, celle d'avoir une décision vraie, & celle que la décision obtenue sera vraie, augmentent aussi; d'où il résulte que si l'on a des Votans de même degré de probabilité que les premiers, dont on puisse recueillir les suffrages, lorsque le vœu des premiers ne forme pas d'élection, on aura une probabilité toujours croissante de parvenir à une décision, & que la décision rendue sera vraie.

Si l'on se contente de la pluralité d'une seule voix, le cas le moins favorable est celui où les $n-1$, ou les $\frac{n.\overline{n-1}}{2}$, n'auront que cette probabilité, & alors celle d'une décision vraie sera v^{n-1} ou $v^{\frac{n.\overline{n-1}}{2}}$. Si q' est la pluralité exigée dans la décision, elle sera $\left(\frac{v^{q'}}{v^{q'}+e^{q'}}\right)^{n-1}$ ou $\left(\frac{v^{q'}}{v^{q'}+e^{q'}}\right)^{\frac{n.\overline{n-1}}{2}}$ ce qui, pour avoir dans le cas le plus défavorable une probabilité a, regardée comme suffisante, exige que v, ou $\frac{v^{q'}}{v^{q'}+e^{q'}}$, égalent $a^{\frac{1}{n-1}}$ ou $a^{\frac{2}{n.n-1}}$. Supposant, par exemple, $a = \frac{99}{100}$, ce qui paroît suffisant; si $n = 10$ & que $v = \frac{9}{10}$, il faudra

$$\text{que } q' = \frac{\frac{1}{9}\, l\frac{99}{100} - l\left(1 - \frac{99^{\frac{1}{9}}}{100}\right)}{l\,9} \text{ ou } \frac{\frac{1}{45}\, l\frac{99}{100} - l\left(1 - \frac{99^{\frac{1}{45}}}{100}\right)}{9},$$

c'est-à-dire, dans les deux cas $q' = 4$; & il suffira de prendre un nombre de Votans, tel que $\frac{V'}{V'+E'} = \frac{99{,}991}{1{,}000{,}000}$ dans le second cas, & $\frac{V'}{V'+E'} = \frac{1901}{1902}$ dans le premier, la pluralité étant 4, ce qu'on peut obtenir sans que le nombre des Votans soit très-grand.

Nous pouvons donc nous procurer une forme d'élection avantageuse, avec la seule condition que, s'il est absolument nécessaire d'élire, on pourra, dans le cas où l'élection ne sera pas formée, appeler d'autres Votans jusqu'à ce qu'il résulte de leur vœu une véritable élection.

Si on est obligé d'élire, & qu'après avoir épuisé toutes les voix qu'on peut appeler, on a un résultat tel que l'élection n'est pas formée, on pourra suivre le moyen proposé, *première Partie, pages 124 & 125.*

Mais il faut observer ici, 1.° que l'on ne peut avoir dans ce cas une probabilité au-dessus de $\frac{1}{2}$, d'avoir préféré le meilleur des Candidats, quoiqu'il soit plus probable que le Candidat élu soit le meilleur; 2.° que le résultat de la votation, n étant le nombre des Votans, peut n'être équivoque que pour 3, 4, &c. Candidats, en sorte que l'on peut encore avoir dans ce cas une très-grande probabilité d'avoir choisi un des trois, un des quatre meilleurs, &c. de manière qu'en supposant les électeurs de bonne foi, & la probabilité de leur suffrage au-dessus de $\frac{1}{2}$, il est très-probable qu'ils feront, sinon le meilleur choix, du moins un bon choix, à moins que les Candidats, hors un, ne ſoient tous mauvais.

Chaque Votant ayant donné l'ordre dans lequel il place les trois Candidats *A*, *B* & *C*, par exemple, & cet ordre étant $A>B>C$, les trois propoſitions $A>B$, $A>C$, $B>C$, ont été ſuppoſées juſqu'ici avoir une égale probabilité; cependant il paroîtroit que la propoſition $A>C$ doit être ici plus probable; elle peut en effet être conſidérée comme prouvée, & par la comparaiſon immédiate de *A* avec *C*, & par le réſultat de la comparaiſon entre *A* & *B*, & enſuite entre *B* & *C*. On peut dire encore que, la différence prononcée entre *A* & *C* étant plus grande que celle qui eſt prononcée entre *A* & *B*, on doit moins ſe tromper ſur cette différence.

Mais on peut répondre, 1.° que l'on peut, dans un très-grand nombre de cas, regarder comme également probables deux propoſitions qui prononcent ſur la dtfférence entre deux objets, quoique cette différence ne ſoit pas la même; 2.° ſi la comparaiſon n'a lieu que relativement à une même qualité, la première raiſon alléguée rentre dans la ſeconde, & la probabilité ne paroît pas devoir augmenter, parce que la comparaiſon de *A* avec *B* & de *B* avec *C* ne fournit pas de preuves de la ſupériorité de *A* ſur *C*, que la comparaiſon immédiate de *A* avec *C* ne puiſſe fournir; 3.° ſi la comparaiſon a lieu relativement à deux ou pluſieurs qualités, la même obſervation a lieu encore. Par exemple, ſi *A* l'emporte ſur *B* pour une de ces qualités, & ſur *C* pour l'autre, & qu'enſuite comparant *B* & *C*, je trouve à l'un de l'avantage pour la première de ces qualités; & à l'autre, pour la ſeconde, mon jugement en faveur de *B* ne. ſera que la préférence accordée par moi à la première de ces qualités; & la probabilité que cette préférence eſt juſte, rend probable la valeur plus grande de la différence de *A* & de *C*, mais non l'exiſtence de cette différence en faveur de *A*; 4.° enfin les deux propoſitions $A>B$ & $A>C$, ſi on les a faites ſéparément ſans comparer *B* à *C*, n'en deviennent pas néceſſairement plus probables, quel que ſoit le réſultat de la comparaiſon de *B* avec *C*.

Nous croyons donc qu'il vaut mieux regarder toutes ces propositions en général comme également probables, à pluralité égale, parce que la différence de leur probabilité, souvent nulle, ou très-petite, ne peut être évaluée que d'une manière très-arbitraire.

On pourroit proposer de prendre la décision de chaque Votant, précisément de la même manière que ci-dessus, c'est-à-dire l'ordre dans lequel ils rangent les Candidats, & de supposer ensuite que la valeur de leur voix en faveur du premier étant exprimée par 1, la valeur de la même voix soit exprimée par $b < 1$, en faveur du second, & en faveur du troisième par $c < b$. Cette idée, très-ingénieuse en elle-même, s'est présentée à un Géomètre célèbre. Nous allons exposer ici le motif qui nous a empêché de l'adopter. Supposons qu'il y ait trois concurrens A, B, C, & que des six votations, $A > B > C$, $A > C > B$, $C > A > B$, $B > A > C$, $B > C > A$, $C > B > A$, qui répondent aux combinaisons 1, 2, 4, 5, 7, 8, de la *page 120*, trente voix adoptent la première, répondant à la combinaison 1; une voix la seconde, répondant à la combinaison 2; dix voix la troisième, répondant à la combinaison 4; vingt-neuf la quatrième, répondant à la combinaison 5; dix la cinquième, répondant à la combinaison 7; & une voix la sixième, répondant à la combinaison 8; nous aurons,

pour la proposition $A > B$ 41 voix contre 40,
pour la proposition $A > C$ 60 voix contre 21,
pour la proposition $B > C$ 69 voix contre 12,

c'est-à-dire, une décision en faveur de A. Or, par l'autre méthode, pour qu'elle fût en faveur de A, il faudroit que $31 + 39b + 11c > 39 + 31b + 11c$, ce qui donne $b > 1$; résultat contraire à l'hypothèse.

Si l'on prenoit la méthode discutée, *page 122*, on auroit alors,

pour $A > B$ 41 voix contre 40,
pour $A > C$ 60 voix contre 21,
pour $B > A$ 40 voix contre 41,
pour $B > C$ 69 voix contre 12;

mais pourvu que la probabilité de chaque voix ſoit au-deſſus de $\frac{3}{4}$, il eſt encore évident que la déciſion ſera en faveur de *A*, puiſque la probabilité que les deux propoſitions qui forment cette déciſion ſont vraies à la fois, eſt au-deſſus de $\frac{1}{2}$. Ainſi pour que dans cet exemple la méthode que nous conſidérons ici donne le même réſultat, il faut encore que $b > 1$, ce qui eſt contraire à l'hypothèſe.

QUATRIÈME EXEMPLE.

Examen de la probabilité des déciſions d'aſſemblées de plus en plus nombreuſes, mais où la probabilité diminue à meſure que le nombre augmente, & de la forme la plus ſûre qu'il convient en général de donner aux déciſions qui doivent dépendre de ces aſſemblées.

Nous ſuppoſerons d'abord que la probabilité de la voix de tous les Votans eſt depuis 1 juſqu'à $\frac{1}{2}$, & enſuite que leur nombre eſt en raiſon inverſe des probabilités, nous aurons donc $\int\frac{\overset{\frac{1}{2}}{\partial x}}{x} = l\,2$, & la probabilité moyenne ſera $\frac{\int\overset{\frac{1}{2}}{\partial x}}{\int\frac{\overset{\frac{1}{2}}{\partial x}}{x}} = \frac{1}{2\,l\,2}$ (les logarithmes ſont ici hyperboliques).

Le nombre de voix, dont la probabilité eſt entre 1 & $a > \frac{1}{2}$, ſera donc $\frac{-la}{l\,2}$, & leur probabilité moyenne $\frac{1-a}{-la}$. Par exemple, ſoit $a = \frac{9}{10}$, le nombre de voix ſera $\frac{l\,10 - l\,9}{l\,2}$, & la probabilité moyenne $\frac{1}{10\,(l\,10 - l\,9)}$. Ainſi la probabilité moyenne pour tous les Votans, ſera à peu-près $\frac{1000}{1386}$; le rapport du nombre des voix, dont la probabilité excède $\frac{8}{10}$ au au nombre total, sera $\frac{105}{697}$, & leur probabilité moyenne $\frac{1000}{1005}$; mais comme dans cette hypothèse le nombre des voix, dont la probabilité est 1 étant 1, 2 sera celui des voix dont la probabilité est $\frac{1}{2}$, cette hypothèse est trop favorable à la probabilité des voix, & nous croyons devoir la rejeter.

Nous supposerons plutôt le nombre des voix proportionnel à $1 - x$; alors celui des hommes qui ne se trompent jamais étant zéro, & celui de ceux qui se trompent une fois sur deux étant $\frac{1}{2}$, il paroît qu'elle est plus conforme à la Nature.

Le nombre des voix sera donc ici $\int \frac{\frac{1}{2}}{(1-x).\partial x}$, & la probabilité moyenne $\frac{\int \frac{\frac{1}{2}}{(1-x).x\partial x}}{\int \frac{\frac{1}{2}}{(1-x).\partial x}}$, c'est-à-dire, que le nombre des Votans sera exprimé par $\frac{1}{8}$, & la probabilité moyenne par $\frac{2}{3}$. Pour une probabilité $a > \frac{1}{2}$, le rapport du nombre des Votans sera $8\left(\frac{1}{2} - a + \frac{a^2}{2}\right)$, & la probabilité moyenne sera $\frac{\frac{1}{6} - \frac{a^2}{2} + \frac{a^3}{3}}{\frac{1}{2} - a + \frac{a^2}{2}}$. Soit $a = \frac{9}{10}$, le premier nombre devient $\frac{1}{25}$, & la probabilité moyenne $\frac{14}{15}$. Nous nous arrêterons à cette hypothèse; donc si 2500 est le nombre des Votans, il y en aura 100 dont la voix aura une probabilité au-dessus de $\frac{9}{10}$. Supposons que la pluralité de cinq voix suffise, la probabilité moyenne étant $\frac{14}{15}$, si on cherche le nombre de voix qu'il faut exiger, pour avoir la même sûreté avec la probabilité moyenne $\frac{2}{3}$; il faut faire l'équation $2^{q'} = 14^5$, ou $q' = \frac{5 \cdot l14}{l2}$, c'est-à-dire qu'il faudra prendre $q' > 19$, ou $q' = 20$, à moins que l'on ne se contentât de $q' = 19$, qui approche très-près de la vraie valeur; d'où il eſt aiſé de voir que ſi l'on exige ſeulement une pluralité de 20 voix ſur 2500, on aura, 1.° la même aſſurance dans le cas de la moindre pluralité ; 2.° une probabilité très-ſuffiſante d'avoir une déciſion, & de l'avoir vraie en n'ayant égard qu'à la probabilité moyenne.

Ces formules ſuffiſent pour montrer comment en augmentant le nombre des Votans, de manière qu'ils deviennent de moins en moins éclairés, on voit décroître la probabilité moyenne avec une aſſez grande rapidité; mais cette manière d'évaluer la probabilité n'eſt exacte qu'en ſuppoſant infini le nombre des Votans, d'après lequel on a déterminé la loi, c'eſt-à-dire, en ſuppoſant, par exemple, que ſur les 2500 Votans, dont 100 ont la probabilité moyenne $\frac{14}{15}$, & les 2400 autres la probabilité moyenne $\frac{236}{360}$, lorſque l'un des Votans eſt pris du nombre des 100 premiers, il y a toujours la probabilité $\frac{1}{25}$, & non pas $\frac{99}{2500}$ que le ſecond en ſera auſſi, ce qui n'a lieu que ſi on ſuppoſe la loi établie en général pour la maſſe des hommes dans un très-long temps.

Si on n'a pas admis cette hypothèſe, & qu'on cherche la probabilité dans le cas où un nombre S, par exemple, de Votans eſt aſſujetti à cette loi, mais de manière que ſi n eſt le nombre de ceux qui ont une certaine probabilité moyenne, $\frac{n}{S}$ eſt la probabilité qu'un Votant ſera pris dans ce nombre, & $\frac{n.(n-1)}{S.(S-1)}$ que deux Votans en ſeront tirés, au lieu de $\frac{n^2}{S^2}$ que donne la première hypothèſe; alors la recherche de la probabilité devient plus difficile. Nous allons donner ici les moyens de la déterminer.

Pour cela, nous ſuppoſerons les probabilités diviſées en un nombre n de claſſes, pour chacune deſquelles la probabilité moyenne ſoit N, de manière que la première claſſe ait 1 Votant, la ſeconde 2 . . . . la n^e n, ce qui donne $S = \frac{n'.n'+1}{2}$, n' étant la dernière valeur de n. Il eſt clair,

1.° que la probabilité moyenne d'une ſeule voix ſera $\Sigma \frac{n N}{S}$, la différence finie conſtante étant 1, & l'intégrale priſe depuis 1 juſqu'à n', la probabilité de l'erreur ſera dans le même cas $\frac{\Sigma n . (1 - N)}{S}$, & leur ſomme $\frac{\Sigma n}{S} = 1$, comme cela doit être ; 2.° pour avoir la probabilité de la ſeconde voix, on trouve que ſi la première appartient à la claſſe n, la probabilité de la ſeconde ſera exprimée par $\frac{\Sigma (n N) - N}{S - 1}$; donc la probabilité totale ſera $\frac{\Sigma [n N . (\Sigma n N - N)]}{S . (S - 1)}$. La probabilité pour une déciſion vraie & une fauſſe ſera

$$\frac{\Sigma \{ n N [\Sigma [n . (1 - N)] - (1 - N)] \} + \Sigma [n . (1 - N) (\Sigma n N - N)]}{S . (S - 1)},$$

& pour deux déciſions fauſſes $\frac{\Sigma \{ n . (1 - N) [\Sigma (n . 1 - n) - (1 - N)] \}}{S . (S - 1)}$, dont la ſomme eſt égale à l'unité, comme cela doit être ; 3.° pour une troiſième voix, la probabilité que toutes trois ſeront vraies, ſera exprimée par $\frac{\Sigma [n N . (\Sigma n N - N) (\Sigma n N - 2 N)]}{S . (S - 1) . (S - 2)}$, & dans le même cas, pour quatre voix,

$$\frac{\Sigma [n N (\Sigma n N - N) (\Sigma n N - 2 N) (\Sigma n N - 3 N)]}{S . (S - 1) . (S - 2) . (S - 3)},$$

& pour un nombre q quelconque,

$$\frac{\Sigma \{ n N . (\Sigma n N - N) (\Sigma u N - 2 N) \ldots\ldots\ldots [\Sigma n N - (q - 1) . N] \}}{S . (S - 1) . (S - 2) . (S - 3) \ldots\ldots\ldots\ldots (S - q + 1)},$$

où il faut obſerver que chaque ſigne d'intégrale Σ s'étend ſur tous les termes qui multiplient la quantité $n N$ placée ſous ce ſigne. Si $N = 1$, cette quantité devient 1, comme cela doit être ; ſi $N = v$, v étant conſtant, elle devient v^q, comme elle doit être auſſi dans ce cas. 4.° Si l'on veut avoir, d'après cette formule, la valeur de la probabilité pour un nombre q, on verra que l'on pourra former l'équation $P^q = A P^{q-1} + B P^{q-2} + C P^{q-3} + D P^{q-4} \ldots\ldots\ldots + \&c.$

les P^q, P^{q-1}, &c. désignant les valeurs de cette probabilité, répondantes aux nombres q, $q - 1$, &c. & A étant $= \frac{\Sigma n N}{S-q+1}$, $B = \frac{-(q-1)\Sigma n N^2}{(S-q+2).(S-q+1)}$,

$$C = \frac{(q-1).(q-2).\Sigma n N^3}{(S-q+3).(S-q+2).(S-q+1)},$$

$$D = \frac{-(q-1).(q-2).(q-3).\Sigma n N^4}{(S-q+4).(S-q+3).(S-q+2).S-q+1)}, \text{\&c.}$$

5.° Si on cherche la valeur de la probabilité dans le cas où il y a une voix fausse, on en aura l'expression, soit en mettant dans la première formule de l'article précédent $1 - N$ au lieu de N dans chacun des termes qui la composent; soit, P' désignant cette probabilité, par l'équation

$$P'^q = A' P^{q-1} + 2 B' P^{q-2} + 3 C' P^{q-3} \ldots\ldots\ldots + A P'^{q-1} + B P'^{q-2} + C P'^{q-3} \ldots\ldots$$

A', B', &c. étant ce que deviennent A, B, &c. en mettant $1 - N$ pour un des N. Pour le cas de deux voix fausses, on aura la valeur de la probabilité, en prenant toutes les valeurs de la première formule, *n.*° 3, qu'on obtient en mettant dans chaque combinaison deux à deux des termes qui la composent, $1 - N$ au lieu de N; ou en appelant ce terme P'', on aura

$$P''^q = B'' P^{q-2} + 3 C'' P^{q-3} + 6 D'' P^{q-4} \ldots\ldots\ldots + A' P'^{q-1} + 2 B' P'^{q-2} + 3 C' P'^{q-3} \ldots\ldots\ldots + A P''^{q-1} + B P''^{q-2} + C P''^{q-3} \ldots\ldots\ldots$$

d'où il est aisé de suivre la loi de ces formules. 6.° On pourra aussi représenter P^q sous la forme

$$\frac{\Sigma n N^q - Q' \Sigma n N^{q-2}.\Sigma n N^2 + Q'' \Sigma n N^{q-3}.\Sigma n N^3 + Q''' \Sigma n N^{q-4} \Sigma n N^4 \ldots}{S.(S-1).(S-2) \ldots\ldots\ldots (S-q+1)},$$

Q' étant la somme des nombres $1, 2, 3 \ldots\ldots\ldots q$, Q'' la somme du produit de ces nombres pris deux à deux, Q''' la somme des produits de ces nombres pris trois à trois. De même on aura

$$P'^q = q\Sigma n N^{q-1}.\Sigma n.(1-N) - Q'\left\{\begin{array}{l}(q-2).\Sigma n N^{q-3}.\Sigma n.(1-N).\Sigma n N^2 \\ + 2\ \Sigma n N^{q-2}.\Sigma n N\ (1-N)\end{array}\right\}$$

$$+ Q''\left\{\begin{array}{l}(q-3)\,\Sigma n N^{q-4}\Sigma n.(1+N)\Sigma n N^3 \\ + 3.\ \Sigma n N^{q-3}.\Sigma n N^2 (1-N)\end{array}\right\}\ldots\ldots$$

& ainsi de suite.

$$P''^q = \frac{q.(q-1)}{2}\Sigma n N^{q-2}.\Sigma n.(1-N)^2 - Q'\left\{\begin{array}{l}\frac{(q-2).(q-3)}{2}.\Sigma n N^{q-4}.\Sigma n.(1-N)^2\Sigma n N^2 \\ +2.(q-2).\Sigma n N^{q-3}\Sigma n.(1-N)\Sigma n.N.(1-N) \\ +\Sigma n N^{q-2}\Sigma u^2.(1-N)^2\end{array}\right\}$$

$$+ Q''\left\{\begin{array}{l}\frac{(q-3).(q-4)}{2}\Sigma n N^{q-5}\Sigma n.(1-N)^2.\Sigma n N^3 \\ +3.(q-3).\Sigma n N^{q-4}\Sigma n.(1-N).\Sigma n N^2.(1-N) \\ +3\,\Sigma n N^{q-3}\Sigma n N.(1-N)^2\end{array}\right\}\ldots$$

formule dont la loi est facile à saisir.

Nous ne pousserons pas plus loin ces formules, qui ne nous seroient ici que de peu d'utilité. En effet, nous avons déjà observé plus d'une fois que l'on ne doit pas se contenter d'avoir égard à la probabilité moyenne, mais que l'on doit chercher à se procurer la sûreté nécessaire, même dans le cas de la plus petite probabilité. Ainsi dans ce cas, où la probabilité peut descendre jusqu'à $\frac{1}{2}$, il faut du moins s'assurer une très-grande probabilité que celle d'une décision d'une pluralité donnée ne tombera pas au-dessous d'une certaine limite. Pour cela, soit q' la pluralité qui a lieu, m la limite au-dessous de laquelle on ne veut pas que tombe $v^{q'}$; on aura, 1.° $\frac{1}{6} - \frac{x^2}{2} + \frac{x^3}{3}$ valeur de la probabilité dans cette hypothèse, & on prendra $\int\left[\left(\frac{1}{6} - \frac{x^2}{2} + \frac{x^3}{3}\right)\frac{m^2\partial x}{x^3} - \frac{m^3\partial x}{x^4}\right]$ depuis $x = 1$ jusqu'à $x = m$ si $m > \frac{1}{2}$, & depuis $x = 1$ jusqu'à $x = \frac{1}{2}$ si $m < \frac{1}{2}$. Soit ensuite A cette formule prise depuis 1 jusqu'à x, on prendra $\int\left[A\left(\frac{m^2\partial x}{x^3} - \frac{m^3\partial x}{x^4}\right)\right]$ avec les mêmes conditions, & ainsi de suite, en répétant

$q' - 1$ fois ces intégrations. On prendra, 2.° la formule $\int[(\frac{1}{2} - x + \frac{x^2}{2})\frac{m\partial x}{x^2} - \frac{m^2\partial x}{x^3}]$ avec les mêmes conditions que ci-dessus, & on répétera aussi $q' - 1$ fois la même intégration. Cela posé, soit P la première formule, & P' la seconde, nous aurons la probabilité que $v^{q'}$ sera au-dessus de m, exprimée par $\frac{P}{P'} \cdot (\frac{3}{2})^{q'}$; mais sans entrer dans le détail de ce calcul, il est facile de voir que, pour que cette valeur soit très-grande & égale à $\frac{144767}{144768}$, par exemple, il faudra supposer m trop petit pour que la valeur de $\frac{v^{q'}}{v^{q'} + e^{q'}}$ puisse donner une assurance suffisante, à moins de faire q' très-grand. Il en résulte donc que dans l'hypothèse présente on ne peut parvenir immédiatement à la sûreté qu'il est nécessaire de se procurer dans les décisions sur des objets importans; mais il n'est pas impossible de suppléer à ce défaut. En effet, quoique, par exemple, un grand nombre d'hommes aient des voix d'une très-petite probabilité lorsqu'ils donnent immédiatement une décision sur une affaire qui exige de l'instruction & du raisonnement, il est très-possible que ces mêmes hommes jugent avec beaucoup plus de probabilité, en choisissant pour décider ces mêmes affaires ceux d'entr'eux qu'ils jugent avoir le plus de lumières. Ainsi en les chargeant seulement de cette élection, on peut avoir une probabilité $M' > \frac{144767}{144768}$, ou telle autre limite qu'on jugera devoir assigner, que celle de la voix de chacun de ceux qu'ils ont choisi n'est pas au-dessous de m', de manière que $M' m'$ soit $\frac{9}{10}$. Dès-lors il suffira d'exiger de cette nouvelle assemblée les conditions suffisantes pour la sûreté, ce qui est très-facile, comme nous l'avons exposé ci-dessus; & puisque, *page 297*, sur 2500 Votans, pris dans cette hypothèse, il y en a 100 dont la probabilité est au-dessus de $\frac{9}{10}$; il eſt facile de voir que l'on pourra eſpérer d'avoir le nombre néceſſaire de Votans ayant cette probabilité.

Si au lieu de cette hypothèſe on en choiſit une où l'on ſuppoſe qu'une partie des Votans a une probabilité au-deſſous de $\frac{1}{2}$, on en tirera abſolument les mêmes conſéquences, ſi ce n'eſt que l'on verra diminuer plus rapidement la probabilité à meſure que le nombre des Votans augmentera. Mais il faut obſerver dans ce dernier cas qu'il peut être plus difficile d'avoir une probabilité ſuffiſante que ceux qui ſeroient choiſis à la pluralité des voix pour être chargés de la déciſion, auroient chacun une probabilité $M' m'$ ou $\frac{9}{10}$, parce que comme en général ce ſont des préjugés qui font tomber la probabilité au-deſſous de $\frac{1}{2}$, il paroît naturel que ceux qui votent pour le choix, donnent leur confiance à ceux qui partagent leurs préjugés. Il ne peut donc y avoir aucune reſſource tant que ceux qui paſſent dans un pays pour inſtruits, d'après l'opinion commune, ne ſont pas au-deſſus des préjugés.

D'où il réſulte qu'il y a bien des moyens de former une aſſemblée dont les déciſions ont l'aſſurance néceſſaire, même avec un grand nombre de Votans peu éclairés, en bornant le droit de ceux-ci à choiſir ceux au jugement deſquels ils remettent enſuite la déciſion des affaires, mais qu'il n'y en a aucun, même par cette voie, lorſque les préjugés ſe joignent au défaut de lumières.

Il faut même obſerver que dans ce cas, les précautions que l'on prendroit ne ſerviroient qu'a procurer plus ſûrement une déciſion fauſſe ſur tous les objets auxquels ces préjugés s'étendent; en ſorte qu'il y auroit une plus grande eſpérance d'éviter l'erreur ſi la déciſion ſe trouvoit confiée, par le haſard, à un ou à un très-petit nombre d'hommes de la claſſe de ceux chez qui l'on peut s'attendre à trouver quelque inſtruction.

On voit donc combien il eſt important, non-ſeulement que les hommes ſoient éclairés, mais qu'en même temps tous ceux qui, dans l'opinion publique, paſſent pour inſtruits ou habiles, ſoient exempts de préjugés. Cette dernière condition est même la plus essentielle, puisqu'il paroît que rien ne peut remédier aux inconvéniens qu'elle entraîne.

Nous terminerons ici cet Essai. La difficulté d'avoir des données assez sûres pour y appliquer le calcul, nous a forcés de nous borner à des aperçus généraux & à des résultats hypothétiques : mais il nous suffit d'avoir pu, en établissant quelques principes, & en montrant la manière de les appliquer, indiquer la route qu'il faut suivre, soit pour traiter ces questions, soit pour faire un usage utile de la théorie.

FIN.

Printed in the United States
By Bookmasters